INDUSTRIAL
DESIGN DATA BOOK

工业设计资料集 1
总论

分册主编　刘观庆
总 主 编　刘观庆

中国建筑工业出版社

《工业设计资料集》总编辑委员会

顾　　问	朱　焘　王珮云　（以下按姓氏笔画顺序）	
	王明旨　尹定邦　许喜华　何人可　吴静芳　林衍堂　柳冠中	
主　　任	刘观庆	江南大学设计学院教授
		苏州大学应用技术学院教授、艺术系主任
	张惠珍	中国建筑工业出版社编审、副总编
副 主 任	（按姓氏笔画顺序）	
	于　帆	江南大学设计学院副教授、工业设计系副主任
	叶　苹	江南大学设计学院副教授、副院长
	江建民	江南大学设计学院教授
	李东禧	中国建筑工业出版社第四图书中心主任
	何晓佑	南京艺术学院设计学院教授、院长
	吴　翔	东华大学服装·艺术设计学院副教授、工业设计系主任
	汤重熹	广州大学艺术设计学院教授、院长
	张　同	上海交通大学媒体与艺术学院教授
		复旦大学上海视觉艺术学院教授、空间与工业设计学院院长
	张　锡	南京理工大学机械工程学院教授、设计艺术系副主任
	杨向东	广东工业大学艺术设计学院教授、院长
	周晓江	中国计量学院工业设计系主任
	彭　韧	浙江大学计算机学院副教授、数字媒体系副主任
	雷　达	中国美术学院教授、工业设计系副主任
委　　员	（按姓氏笔画顺序）	

于　帆	王文明	王自强	卢艺舟	叶　苹	朱　曦	刘观庆	刘　星
江建民	严增新	李东禧	李亮之	李　娟	肖金花	何晓佑	沈　杰
吴　翔	吴作光	汤重熹	张　同	张　锡	张立群	张　煜	杨向东
陈丹青	陈杭悦	陈海燕	陈　嬿	周晓江	周美玉	周　波	俞　英
夏颖翀	高　筠	曹瑞忻	彭　韧	蒋　雯	雷　达	潘　荣	戴时超

总 主 编	刘观庆

《工业设计资料集》1
总　论
编辑委员会

主　　编　刘观庆
副 主 编　李亮之　于　帆　周晓江
编　　委　（按姓氏笔画顺序）
　　　　　　丁治中　于　帆　王莉莉　王　智　刘观庆　孙媛媛
　　　　　　沈明杰　宋仕凤　李亮之　李　琳　陈　雨　陈　嬿
　　　　　　陈建荣　何景浩　宗　霞　周美玉　周慧虹　周晓江
　　　　　　周　瞳　高　兴　夏　琳　钱　珏　徐媛媛

总　序

造物，是人类得以形成与发展的一项最基本的活动。自从200万年前早期猿人敲打出第一块砍砸器作为工具开始，创造性的造物活动就没有停止过。从旧石器到新石器，从陶瓷器到漆器，从青铜器到铁器，……材料不断更新，技艺不断长进，形形色色的工具、器具、用具、家具、舟楫、车辆以及服装、房屋等等产生出来了。在将自然物改变成人造物的过程中，也促使人类自身逐渐脱离了动物界。而且，东西方不同的民族以各自的智慧在不同的地域创造了丰富多彩的人造物形态，形成特有的衣食住行的生活方式。而后通过丝绸之路相互交流、逐渐交融，使世界的物质文化和精神文化显得如此绚丽多姿、光辉灿烂。

进入工业社会以后，人类的造物活动进入了全新的阶段。科学技术迅猛发展，钢铁、玻璃、塑料和种种人工材料相继登场，机器生产取代了手工业，批量大，质量好，品种多，更新快，新产品以几何级数递增，人造物包围了我们的世界。一门新的学科诞生了，这就是工业设计。产品设计自古有之，手工艺时代，设计者与制造者大体上并不分离；机器生产时代，产品批量化生产，设计者游离出来，专门提供产品的原型，工业设计就是这样一种提供工业产品原型设计的创造性活动。这种活动涉及到产品的功能、人机界面及其提供的服务问题，产品的性能、结构、机构、材料和加工工艺等技术问题，产品的造型、色彩、表面装饰等形式和包装问题，产品的成本、价格、流通、销售等市场问题，以及诸如生活方式、流行、生态环境、社会伦理等宏观背景问题。进入信息时代、体验经济时代以来，技术发生了根本性的变革，人们的观念改变、感性需求上升，不同文化交流、碰撞和交融，旧产品不断变异或淘汰，新产品不断产生和更新，信息化、系统化、虚拟化、交互化……随着人造物世界的扩展，其形态也呈现出前所未有的变化。

人造物世界是人类赖以生存的物质基础，是人类精神借以寄托的载体，是人类文化世界的重要组成部分。虽然说不上人造物都是完美的，虽然人造物也有许多是是非非，但她毕竟是人类的杰出成果。将这些人类的创造物汇集起来，展现出来，无疑是一件十分有意义的事情。

中国建筑工业出版社从20世纪60年代开始就组织出版了《建筑设计资料集》，并多次修订再版，继而有《室内设计资料集》、《城市规划资料集》、《园林设计资料集》……相继问世。三年前又力主组织出版《工业设计资料集》。这些资料集包含的其实都是各种不同类型的人造物，其中《工业设计资料集》包含的是人造物的重要组成部分，即工业化生产的产品。这些资料集的出版原意虽然是提供设计工具书，但作为各种各样人造物及其相关知识的汇总与展现，是对人类文化成果的阶段性总结，其意义更为深远。

《工业设计资料集》的编辑出版是工业设计事业和设计教育发展的需要。我国的工业设计经过长期酝酿，终于在20世纪七八十年代开始走进学校、走上社会，在世纪之交得到政府和企业的普遍关注。工业设计已经有了初步成果，可以略作盘点；工业设计正在迅速发展，需要资料借鉴。工业设计的基本理念是创新，创新要以前人的成果为基础。中国建筑工业出版社关于编辑出版《工业设计资料集》的设想得到很多高校教师的赞同。于是由具有40多年工业设计专业办学历史的江南大学牵头，上海交通大学、东华大学、浙江大学、中国美术学院、浙江工业大学、中国计量学院、南京理工大学、南京艺术学院、广东工业大学、广州大学、复旦大学上海视觉艺术学院、苏州大学应用技术学院等十余所高校的教师共同参加，组成总编辑委员会，启动了这一艰巨的大型设计资料集的编写工作。

中国建筑工业出版社委托笔者担任《工业设计资料集》总主编，提出总体构想和编写的内容体例，经总编委会讨论修改通过。《工业设计资料集》的定位是一部系统的关于工业化生产的各类产品及其设计知识的大型资料集。工业设计的对象几乎涉及人们生活、工作、学习、娱乐中使用的全部产品，还包括部分生产工具和机器设备。对这些产品进行分类是非常困难的事情，考虑到编写的方便和有利于供产品设计时作参考，尝试以产品用途为主兼顾行业性质进行粗分，设定分集，再由各分集对产品具体细分。由于工业产品和过去历史上的产品有一定的延续性，也收集了部分中外古代代表性的产品实例供参照。

资料集由 10 个分册构成，前两分册为通用性综述部分，后八分册为各类型的产品部分。每分册 300 页左右。第 1 分册是总论；第 2 分册是机电能基础知识·材料及加工工艺；第 3 分册是厨房用品·日常用品；第 4 分册是家用电器；第 5 分册是交通工具；第 6 分册是信息·通信产品；第 7 分册是文教·办公·娱乐用品；第 8 分册是家具·灯具·卫浴产品；第 9 分册是医疗·健身·环境设施；第 10 分册是工具·机器设备。

资料集各分册的每类产品范围大小不尽相同，但编写内容都包括该类产品设计的相关知识和产品实例两个方面。知识性内容包含产品的基本功能、基本结构、品种规格等，产品实例的选择在全面性的基础上注意代表性和特色性。

资料集编写体例以图、表为主，配以少量的文字说明。产品图主要是用计算机绘制或手绘的黑白单线图，少量是经过处理的照片或有灰色过渡面的图片。每页页首有书眉，其中大黑体字为项目名称，括号内的数字为项目编号，小黑体字为该页内容。图、表的顺序一般按页分别编排，必要时跨页编排。图内的长度单位，除特殊注明者外均采用毫米（mm）。

《工业设计资料集》经过三年多时间、十余所高校、数百位编写者的日夜苦干终于面世了。这一成果填补了国内和国际上工业设计学科领域系统资料集的出版空白，体现了规模性和系统性结合、科学性和艺术性结合、理论性和形象性结合，基本上能够满足目前我国工业设计学科和制造业迅速发展对产品资料的迫切需求，有利于业界参考，有利于国际交流。当然，由于编写时间和条件的限制，资料集并不完善，有些产品收集的资料不够全面、不够典型，内容也难免有疏漏或不当之处。祈望专家、读者不吝指正，以便再版时修正、补充。

值此资料集出版之际，谨向支持本资料集编写工作的所有院校、付出辛勤劳动的各位专家、学者和学生们表示最崇高的敬意！谨向自始至终关心、帮助、督促编写工作的中国建筑工业出版社领导尤其是第四图书中心的编辑们致以诚挚的谢意！

愿这部资料集能为推动我国工业设计事业的发展，为帮助设计师创造出更新更美的产品，为建设创新型社会作出贡献！

2007 年 5 月

前　言

工业设计是一个有着鲜明时代色彩的用词。在设计之前冠以"工业"作为前缀，显然表明与人类发展历程中的一个时代——工业时代有关。工业革命带来了工业的大发展，各种工业产品通过大批量生产、大众传播和大量销售的方式源源不断地走进千家万户，工业设计也应运而生。我国在 20 世纪 70、80 年代引进工业设计教育思想，开始时着重理解设计与工业的关系，以区别于与手工业关系密切的工艺美术设计。90 年代随着市场经济的发展，设计与商业的关系日益受到关注，于是设计管理成了设计界的热门话题。进入 21 世纪，工业设计的内涵在悄悄地发生变化。工业设计将更多地关注工业和商业背后的人类生活方式，以及与之相关的人类生存的环境、社会和文化。我们不应当仅仅为了工业和商业去运作工业设计，而应当从本质上为人类的物质生活和精神生活的真正需求、为地球环境和文化的可持续发展去发掘工业设计的潜能。也许，作为"设计"前缀的"工业"两字会慢慢地淡出。从数字化网络技术带来的变换产品功能的多种可能性，从保护地球生态环境的迫切要求，从物质化的产品形态向非物质化的服务形态的过渡，从人们希望占有物质产品发展到追求精神体验的欲望，都让我们重新思考"设计"的意义。

当我们开始选择工业设计资料集第 1 集总论的内容时，曾经有过很多的设想。不过，考虑更多的是把工业时代的设计和古代的设计联系起来。虽然古代的设计不属于本书工业设计的命题范围，但是设计的本质是一致的。工业设计并不是凭空而来的，它与工业之前的设计有着内在的联系。了解昨天，才能理解今天，才能更好地创造明天。所以决定在第 1 集中以最大的篇幅来展现中国古代设计和西方古代及近现代设计。从本书展现的作品中可以看出，前人在设计方面表现出了非凡的才能，他们的作品是彼时彼地人们生活情景和审美思想的真实写照，也包含着诸如权力、宗教、经济、文化、习俗等等的影响。我们在整理中国古代设计作品的过程中，发现资料极其丰富，但是记载的角度通常是历史考古或是工艺美术，从人所使用的工具和用具的角度进行研究较少，很有发掘的必要。人造物品在充当使用工具的同时，也是人类自身文化符号的一种反映。历史的产品不仅是技术的衍生物，而且是某种文化不断延伸发展的载体。理所当然是今天我们进行设计的很好参照物。遗憾的是，当我们设想整理中国近现代设计时，苦于找不到系统的资料，零星的片段难以成篇，只得暂时作罢。

在第 1 集中我们除了介绍中外古代设计和西方近现代设计之外，还以较多篇幅介绍了人体工程学的数据资料，希望对"以人为本"的设计有所裨益。此外，提供了产品包装有关的知识。最后部分特地附录了我国的知识产权法、专利法和商标法，以便参照。设计是创意的工作，模仿是没有出路的，而设计师自己的创造也必须认真加以保护。由于是资料集，考虑到以实用性的材料为主，对于理论问题没有做过多的阐述。除了对设计的概念、要点和趋势简要介绍之外，在设计管理、设计程序方面提供了一些可资参考的图表。

由于编写水平有限，资料更是挂一漏万，书中不足之处在所难免。期望专家和读者们提出有益的批评意见，也望提供宝贵的资料，以便修订。

于丙戌年除夕

目　录

001-067

- 001　1　总论
- 001　概述
- 003　设计管理

- 007　2　中国古代设计
- 009　原始社会工具
- 013　原始社会彩陶
- 025　夏商周（春秋战国）工具
- 027　夏商周（春秋战国）陶瓷
- 029　夏商周（春秋战国）青铜器
- 041　夏商周（春秋战国）漆器
- 045　秦汉六朝工具
- 047　秦汉六朝陶瓷
- 049　秦汉六朝铜器
- 055　秦汉六朝漆器
- 059　秦汉六朝家具
- 060　隋唐五代工具
- 061　隋唐五代陶瓷
- 065　隋唐五代铜镜
- 067　隋唐五代家具

069-147

- 069　宋辽金元工具
- 070　宋辽金元陶瓷
- 079　宋辽金元铜镜
- 080　宋辽金元漆器
- 081　宋辽金元家具
- 083　明清工具
- 085　明清陶瓷
- 089　明清漆器
- 091　明清家具
- 104　明清家具五金装饰
- 107　明清家具名词术语

- 113　3　西方古代设计
- 114　古埃及
- 117　古希腊
- 127　古罗马
- 129　中世纪
- 139　文艺复兴
- 143　巴洛克
- 147　洛可可

151-296

- 151 **4 西方近现代设计**
- 152 工业革命
- 163 工艺美术运动
- 171 新艺术
- 179 装饰艺术
- 187 现代主义
- 199 现代主义之后

- 225 **5 人体工程学**
- 225 静态测量尺度
- 226 立姿人体尺寸
- 240 坐姿人体尺寸
- 248 跪姿人体尺寸
- 258 卧姿人体尺寸
- 264 人体尺寸图表
- 269 动态测量尺度
- 274 人体工程学在工业设计中的应用

- 296 **6 产品包装**
- 296 包装概述

297-344

- 297 分类与标准
- 301 包装材料

- 309 **7 设计法规**
- 309 中华人民共和国著作权法
- 316 中华人民共和国著作权法实施条例
- 319 中华人民共和国专利法
- 325 中华人民共和国专利法实施细则
- 339 中华人民共和国商标法
- 344 中华人民共和国商标法实施条例

概述

工业设计的概念

工业设计的概念有狭义与广义之分，狭义是专指工业产品设计领域，广义延伸到产品包装、平面设计、广告设计等视觉传达设计领域及室内外设计等环境设计领域。在工业产品设计方面，早期着重处理功能和形式的关系，以后，逐渐加入了人体工程学、市场学、环境工程学、语义学等研究内容。随着工业时代向信息时代的转变，出现了非物质化倾向，产品设计的内涵扩展到包括产品在内的服务和系统，全面关注人类社会、地球环境、生活文化的所有方面。

关于工业设计的定义有多种描述。经常被引用的是国际工业设计协会(ICSID, International Council of Societies of Industrial Design)的几个定义：

20世纪70年代：

工业设计，是一种根据产业状况以决定制作产品的适当特征的创造性活动。适当的产品特征，不仅指产品的结构，而是兼顾使用者和生产者双方的观点，使抽象的概念系统化，形成统一而具体化的产品形象，即着眼于根本的结构与功能间的相互关系，并根据工业生产的条件扩大到人类环境方面。

20世纪80年代：

就批量生产的工业产品而言，凭借训练、技术知识、经验和视觉感受而赋予其材料、结构、形态、色彩、表面加工及装饰以新的品质和资格，叫做工业设计。

21世纪初：

目的：设计是一种创造性的活动，其目的是为物品、过程、服务以及它们在整个生命周期中构成的系统建立起多方面的品质。因此，设计既是创新技术人性化的重要因素，也是经济文化交流的关键因素。

任务：设计致力于发现和评估与下列项目在结构、组织、功能、表现和经济上的关系：

- 增强全球可持续性发展和环境保护（全球道德规范）。
- 给全人类社会、个人和集体带来利益和自由。
- 最终用户、制造者和市场经营者（社会道德规范）。
- 在世界全球化的背景下支持文化的多样性（文化道德规范）。
- 赋予产品、服务和系统以表现性的形式（语义学）并与它们的内涵相协调（美学）。

设计关注于由工业化——而不只是由生产时用的几种工艺——所衍生的工具、组织和逻辑创造出来的产品、服务和系统。限定设计的形容词"工业的 (industrial)"必然与工业 (industry) 一词有关，也与它在生产部门所具有的含义，或者其古老的含义"勤奋工作 (industrious activity)"相关。也就是说，设计是一种包含了广泛专业的活动，产品、服务、平面、室内和建筑都在其中。这些活动都应该和其他相关专业协调配合，进一步提高生命的价值。

产品设计的要点

一、实用功能方面
- 根据生活需求合理选择和设计产品的功能效用，符合该产品的使用目的。
- 通过技术设计和工艺处理达到优良的产品性能。
- 符合人体工程学原理，尺度适当，使用舒适，操作方便，界面设计合理，用户不易疲劳。
- 有良好的安全性能，防止误用，防止操作危险。
- 选材适当，结构合理，有较好的耐久性。
- 易于维修保养，便于产品升级。

二、美学方面
- 产品造型有独创性。
- 形态、色彩、材质、肌理、表面处理、装饰、文字等综合构成美的外观，作用于人的视觉、触觉或听觉能引起愉悦的心理感受。
- 形态和色彩设计要能够解读技术，表达产品的性质和用法，体现产品的内涵。
- 形态设计要符合变化统一的形式美规律，通过适当的比例、对称、均衡、节奏、韵律、主次、对比等的审美关系创造和谐的产品形象。
- 色彩设计要符合色彩的规律，恰当处理色相、明度、纯度、光泽度的关系，达到和谐或醒目的作用，注意局部色彩在产品使用过程中的提示、警示和信息显示与反馈等功能作用。

三、经济方面
- 合理选用技术、结构、材料和加工工艺，降低成本，达到合理的性价比。
- 将先进技术和现存技术相结合，充分发挥各自的长处，尽量采用标准化。
- 加强市场调研，针对不同消费层次设计不同要求的产品。

四、象征性方面
- 产品不仅是工具，也是人类的一种象征符号，要体现产品使用者的年龄、性别、职业、身份、地位、地区、个性等特点。
- 产品要体现一定的时代特征、地域文化和民族文化特征。
- 产品要体现一定的企业品牌文化特征。
- 关注流行趋势，根据产品的特点和所处的产品生命周期正确处理和流行的关系。

五、社会性方面
- 产品设计要立足于对人类生活方式的研究，促使人类生活长期健康的发展。
- 产品设计要遵循通用设计的原则，使产品有利于包括老、弱、病、残、孕、幼在内的一切人都能方便地加以利用，促进社会和谐发展。

总论 [1] 概述

• 产品设计要遵循绿色设计的原则，低公害性，节省资源能源，有利于保护生态环境，促使地球环境的可持续发展。

• 产品设计要遵循文化多样性的原则，在设计全球化的同时保护和发扬地方文化与传统文化。

工业设计发展趋势

21世纪是一个高度信息化的时代，以计算机技术和因特网为代表的高新技术对人类社会、经济、文化和环境的发展产生了深远的影响，也为工业设计提出了新的课题。以人为本、创造服务型社会新的生活方式、促进全球环境和文化的可持续发展将成为工业设计的目标追求。

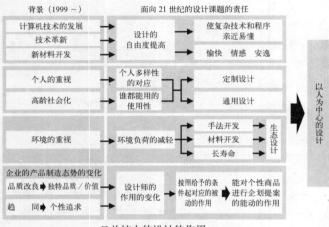

1 某公司设计部门对21世纪设计的展望

一、高技术高人性化设计

设计充分利用新技术、新材料、新工艺，使新产品更便利、更快速、更亲近易懂，更具人性化。数字化将全面改变人类的生活方式。

二、体验设计

体验经济时代的设计更加重视人的精神因素，强调人机交互界面和产品使用中的情感体验，以及通过产品和服务达到人与人之间信息与感情的交流。

三、个性化设计

由大批量生产发展到小批量多品种生产，以及定制生产和DIY方式，充分满足不同人的个性化多样化要求。

四、通用设计

随着老龄化时代的到来，为所有人最大限度地提供便利的产品和服务，是最大的人性化。

五、生态设计

生态设计强调保护地球环境，节省资源能源，追求人类社会的可持续发展。

六、服务设计和系统更新

工业社会是基于物质产品与制造的社会，信息社会可以理解为基于提供服务和非物质产品的社会。服务设计和社会生活系统的更新将是未来设计的重大课题。

七、文化全球化与多元化

在文化全球化背景下人们更加珍惜传统文化和地域文化，设计文化的多元化是永恒的主题。

八、设计管理的重视

设计领域扩大、设计作用提高要求设计的管理和运作方式发生变化，与异领域的交叉合作将会加强。

生态设计

生态设计是一种考虑到产品在整个生命周期内对环境减少影响的设计思想和方法，俗称绿色设计。生态设计在致力于优化环境性能的同时，也维持产品价格、性能和质量标准。生命周期分析方法（LCA法）是对产品的环境性能进行评估的科学方法。

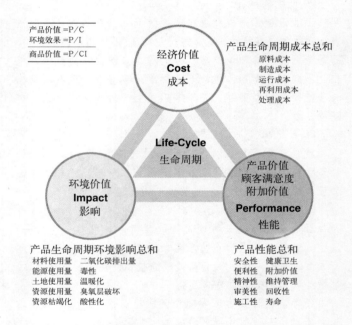

2 生态设计概念图表

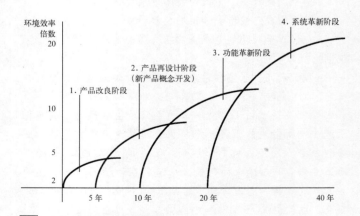

3 可持续设计的四个阶段

以生态设计达到地球环境的可持续发展可以通过产品改良、产品再设计、功能革新、系统革新四个阶段来实现。通过环境性能更好的新概念产品的开发、用非物质化方式实现原有物质产品的功能、革新社会服务系统都会大大减少对环境的影响。最终是要提倡一种合理的消费观念，形成一种生态生活方式。

设计管理

设计管理是企业管理的一部分，包括设计政策、设计组织和设计活动的管理。企业通过确立明确的设计战略和设计政策，提供良好的设计环境，组织健全的设计部门，调动设计人员的创造能力，制定设计计划，有效地控制设计流程，实施各项设计活动，在产品开发、企业文化创造与传播等方面更好地发挥设计的作用，使之成为企业经营的重要资源。企业内的设计管理可以区分为企业设计管理、设计组织管理、产品设计管理三个层面。

企业设计管理是战略水平的管理，是根据企业的经营战略确立设计目标、制定设计政策和策略、强化设计组织、更好地发挥设计在企业经营中的作用。

设计组织管理是战术水平的管理，是对设计部门的管理，包括组织、人事、经费、知识产权、设计方法和程序、设计评价、设计委托等的管理工作，提高设计部门能力。

产品设计管理是实施水平的管理，包括制定产品开发计划、组成设计小组、确定设计流程、组织设计业务、控制设计质量、保证设计项目的顺利完成，也称为设计专案管理。产品开发设计管理研究的重点是如何通过设计创造新的商品价值、生活价值和社会价值。

企业设计机构

企业中的工业设计部门名称各异，如设计研究所、设计中心、设计公司等，隶属于技术部门、产品开发部门或营销部门，也有独立设置的。有的中小企业不设设计部门，而委托外部的设计事务所进行设计。

设计部门常见的设置形式有：

领导直属型：小型企业的场合，由企业经理直接领导设计部门进行产品开发。对于产品比较单纯又需要不断改变设计适应市场的企业，这种形式比较灵活。

分散融合型：设计人员分散在各业务部门，有利于与技术、生产、营销部门人员的沟通和合作，但设计者的权限小，人员分散不利于进行集中的产品开发。

矩阵型：设计部门有相对独立性，既与各职能管理部门发生横向联系，又直接与各事业部发生联系。既能集中设计力量进行产品开发，又便于协调与企划、技术、生产、营销、财务等部门之间的关系，达到经营目标的一致性。

直属矩阵型：这是结合直属型与矩阵型的长处，比矩阵型更加强了设计部门与企业经营者的联系。这种形式不仅有利于在企业经营战略指导下的产品开发，而且便于在更广泛的范围内发挥设计部门的战略水平的作用。

卫星型：这是对应企业的事业部制的管理体制，既在企业本部设有设计中心，又在各事业部内设有设计部门，组成网状组织。设计中心与企业决策人直接联系，综合管理，能使设计活动与经营战略保持整体性，同时在现场的设计师又易于与生产密切配合。卫星型的另一种情况是在企业本部设置设计中心，再在国内外若干个信息量集中的城市设置设计分部，目的是便于更直接、更迅速地获取设计信息，有利于开发出适销对路的产品。

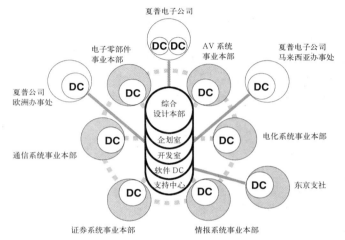

[1] 夏普公司的设计组织

委托设计

企业委托设计事务所设计必须明确相互承担的任务，并以书面形式确认双方合意的内容、各自的责任和义务。书面形式一般是签订合同书，或另加设计任务书或协议书。

委托方的主要责任和义务是：明确委托的内容和目标；各阶段方向的决断；对设计成果不随意改变、挪用或模仿；对有关设计事项作决定时听取设计师意见。

设计师的主要责任和义务是：对商品设计时的类似、模仿等问题负责；遵守决定的日程和内容；不同时接受其他企业的同类业务；严格保守商业机密。

在委托设计中涉及的主要问题有：

具体说明委托的内容：企划书、资料等的提示。对设计工作的范围（调查、构想、企划、效果图、模型图纸、模型制作、移交生产的文件、促销计划等）及必要成果物的设定。图纸、模型等设计移交形式的确认。

有关信息的提供：经营策略、商品目标、市场位置、其他企业的信息、销售战略等商业信息。开发能力、生产技术、设备、试制品、技术资料等技术信息。

日程、设计费用的确认：按照设计业务的各工作环节制定日程计划，日程计划要保持一定的宽松度。设计费用根据业务范围及设计水平进行确定，并对预算及其细目、支付方法、日期等作具体商讨。

总论 [1] 设计管理

成果的权利：外观设计专利权、著作权等除另有协议外归设计师所有，使用权归委托企业所有。

业务的变更：日程的变更应作出书面协议。因某种原因需中止或变更业务时，应处理好费用及知识产权问题，并作出新的协议。单方解约的情况下可以请求损害赔偿。

仲裁机构：当纠纷无法协商解决时，可以请求技术合同仲裁机构或经济合同仲裁机构调解或裁决。合同中可订立仲裁条款并约定仲裁机构，也可事后达成书面仲裁协议。

设计计划

设计计划包括企业设计部门的整体性计划和某一项目的设计计划。

设计部门的计划是根据企业的总计划确定设计部门的工作目标、工作内容、工作进度、人力物力财力的投入，其中核心部分是依据企业产品开发策略制定适合企业竞争地位和条件的产品设计计划。有按年度计划提出开发设计的系列产品，也有视竞争的需要制定临时性产品设计计划。

具体项目的设计计划是对所要设计的产品构想进行系统的说明，以获得上级领导的批准和支持。通常都要写出设计计划书，有的称为产品企划书。计划书的内容包括：

产品开发动机和目的。

产品概念（用途、性能、使用场所、销售对象等）和设计概念（产品操作、携带、保存方法、造型色彩等形象特点）、产品规格（材质、尺寸、功能、机构等）。

市场调查和市场状况：市场动向、需求动向、与竞争企业的关系；价格定位、市场定位、流通渠道和营销计划等。

技术状况：技术的难易度及解决途径；生产的难易度及处理对策。

投资开发费用及回报预测。

开发日程计划。

设计组织与人员计划。

以上内容根据开发设计产品的具体情况有增有减、有详有略。在突击开发产品（临时动议）时可能更为简略，以适应市场竞争的激烈状况。

制定计划书（企划书）的部门或是企划部门，或是设计部门（小组），并需征得各相关部门（经营、技术、生产、营销等）的认可。

设计计划过程中通常要用到各种图表分析方法，以便对产品设计所面临的背景和目标有更明确的理解，使设计循着正确的思路发展。

工业设计流程

设计流程管理也称为设计程序管理，在产品开发中则称为产品开发流程管理。产品开发流程由于企业性质和规模、产品性质和类型、所利用的技术、针对的市场、所需资金和时间等因素而有所不同。

关于产品开发的流程，有各种不同的提法。

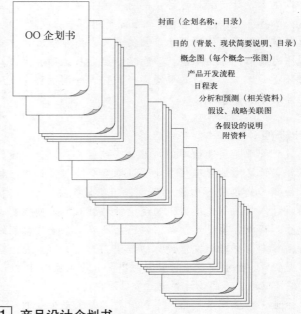

[1] 产品设计企划书

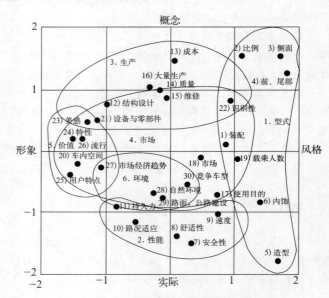

[2] 汽车设计要素分类群组分析图

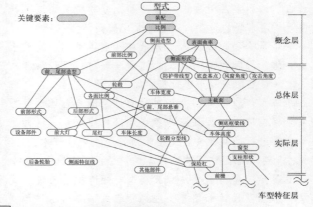

[3] 汽车设计型式要素分层分析图

Walsh 提出产品开发的三个阶段：
计划—设计与发展—制造与销售。
Beckwith 把开发程序分为三个时期：
概念时期（了解问题、分析问题、界定问题）；
设计时期（探究、筛选、修正、符合生产规范）；
实现时期（实现构想、导入市场）。
英国标准局的《BS7000：1989》手册将产品创新程序规定为四个阶段：
动机需求（动机—产品企划—可行性研究）；
创造（设计—发展—生产）；
操作（分销—使用）；
废弃（废弃与回收）。

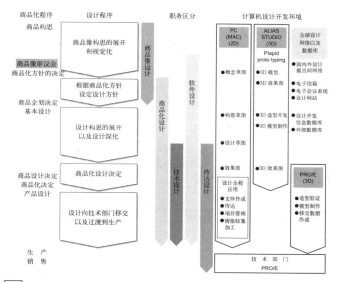

1 企业产品开发设计流程

设计程序管理的目的是为了对设计实施过程进行有效的监督与控制，确保设计的进度，并协调产品开发参与各方的关系。因此，在实务上通常都对设计流程作更详细的说明，并规定各阶段会议参加者及必须准备的资料。为了有效了解设计师的工作状况，要求填写工作进度表。

日本大阪国际设计交流协会为亚洲地区制作的设计手册将设计分为五个阶段：
调查（调查、分析、综合）；
构思（战略、企划、构想）；
表现（发想、效果图、模型）；
制作（工程设计、生产、管理）；
传达（广告、销售、评价）。
具体程序为：

1. 设计咨询(Design consulting)：开发战略、市场战略、综合计划。

2 夏普公司的设计程序

2. 设计计划(Design strategy)：需求调查、开发项目、开发日程表。

3. 概念设计(Concept design)：设计概念、技术背景、成本条件、商品定位。

4. 基本设计(Basic design)：形态设计、构造计划、简易制图和模型、专利调查。

5. 详细设计(Detail design)：详细设计图、模型制作、色彩计划、专利申请。

6. 设计管理(Design controe)：产品制图确认、试制品确认、模具表面处理调整、设计质量管理。

7. 促销设计(Promotion design)：促销计划、样本、命名、包装、展示。

8. 设计评价(Evaluations)：市场评价、优良设计评选、下阶段构想。

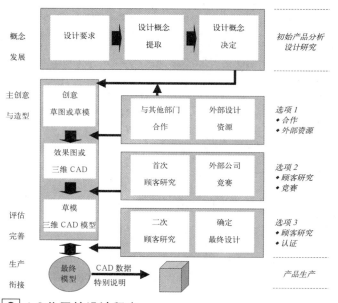

3 LG公司的设计程序

总论 [1] 设计管理

企业自制产品开发流程、OEM产品开发流程、委托设计事务所进行设计开发的流程都有一定的差异，需针对具体情况实施不同的管理。

工业设计程序是由产品开发程序决定的。产品开发是企业的一项具有战略意义的活动。在市场机会不断变化的局面下，企业依靠不断开发新产品、推出新服务维持生存和发展。产品开发是涉及企业多方面人员的复杂活动，为了提高效率多采用同步式（并行式）开发流程。由于企业性质和规模、产品性质和类型、所利用的技术、针对的市场、所需资金和时间等因素的影响，产品开发和工业设计程序有很大的差异。

企业设计部门一般的工业设计程序

企业	工业设计部门		
产品开发程序	设计程序	业务内容	提交文本
1. 事业战略	1. 调查分析	• 企业外部环境的调查分析：市场竞争、顾客需求、政策法规、技术趋势、生态环境，…… • 企业内部环境的调查分析：相关产品构成、盈利状况、技术优势、…… • 对专利资料的调查 • 选择和提出产品开发课题	• 调查报告 • 调查资料 • 参考资料
2. 开发战略	2. 开发计划	• 从设计的观点研究课题的方针、策略和构想 • 产品开发设计战略的提案 • 产品开发计划和日程安排 • 开发团队和负责人	• 产品开发战略方案 • 构想企划书 • 开发日程表
3. 产品企划	3. 概念设计	• 收集与产品开发计划有关的信息 • 产品的目标定位（最终消费者） • 产品的技术背景、成本和市场价格 • 产品概念的创意和提案 • 产品概念的评价和抉择	• 产品调查分析报告 • 产品概念提案 • 产品基本计划 • 产品概念说明版面 • 产品创意形象图
4. 基本设计	4. 基本设计	• 以被采用的产品概念为基础作构思草图 • 完成若干设计方案 • 制作预想效果图 • 制作草模型 • 向上级部门提交方案 • 基本设计方案的抉择，或排列优先顺序	• 构思说明书 • 构思草图 • 预想效果图（2D） • 基本设计图纸 • 草模型
5. 产品设计	5. 详细设计	• 根据被采纳的设计方案进行详细设计 • 与核心设计人员和结构工程人员讨论设计方案 • 完成外观设计（和结构设计）图纸 • 完成最终设计的模型制作 • 完成产品色彩、平面印刷设计 • 最终设计的提交与验收 • 从生产技术的观点进行研究（包括对材料、环境等方面的考虑） • 完成专利申请的资料准备工作	• 最终确认设计图纸 • 最终确认3D效果图 • 最终确认模型 • 设计说明书 • 印刷用图稿
6. 量产准备	6. 设计管理	• 与制造部门商讨技术上的调整 • 与材料、零部件供应商商讨技术上的调整 • 与颜料供应商共同确认最终产品颜色的色板 • 完成试制品的制图，从设计角度对试制提出建议 • 从设计的观点对模具、工装具进行检查 • 对量产试制品及生产初期产品的评价 • 对产品包装的提案和管理	• 设计修改、变更图 • 设计管理报告（色彩、材料、表面处理等） • 试制品图纸
7. 销售准备	7. 促销计划	• 销售战略、广告宣传企划提案 • 促销企划提案 • 协助制作商品手册、使用说明书 • 样本、招贴、电视广告、网页、展示会、促销活动、纪念品等提案 • 商品名的提案及标志设计	• 促销企划提案 • 促销概念版面 • 促销用模型 • 促销设计图稿
8. 市场导入	8. 设计评价	• 对所开发设计的商品作市场反馈调查 • 对下一代产品需解决的课题的提案 • 开发过程中存在问题的探讨 • 重新构建今后的市场战略	• 调查资料 • 评价分析报告

[2] 中国古代设计

工业设计是人类造物活动在工业时代的延伸和发展。人类区别于动物的根本点在于人类能够根据需要的变化有意识地进行创造活动。这种创造活动最初是从造物——制造工具开始的。人类在改造自然物的同时也改造了自身,从而脱离了动物界。

人类创造的工具最初主要是石器和木器(由于木器易于腐烂,考古发掘见到的工具主要是石器)。旧石器时代以打制石器为主,新石器时代是在打制基础上进一步磨制和加工。前者形状有较大偶然性,后者更能体现制作者的意图。因此可以说,人类设计思想萌芽于旧石器时代,形成于新石器时代。

中国古代设计在彩陶、青铜、漆器、玉器、瓷器、家具、生产工具等方面都取得了举世瞩目的成就,创造了具有东方特色的灿烂辉煌的设计文化。其风格特征是一脉相承的,又是多姿多彩的和各具时代特征的。

人类进化表　　　表1

代	纪	世	距今年代(万年)	类别	发现地区	考古文化
新生代	第三纪	渐新世	约3500~3000	猿类	原上猿	发现于埃及	
			约2800		埃及猿	发现于埃及法雍地区	
		中新世	约2500~1000		森林古猿	在亚洲、欧洲、非洲各地发现,云南开远发现十余枚牙齿	
			约1400~800	类人猿	腊玛古猿	发现于印度	身高约1m,能直立行走,能使用石块、木棒等天然工具
		上新世	约500~300		南方古猿	发现于非洲	后期的阿发种已属人科,至少已经接近人类(原始群)
	第四纪		约350~200	成形中的人	早期猿人	肯尼亚人、埃塞俄比亚人、四川巫山人、云南元谋人	埃塞俄比亚"露西小姐"化石已具相当完整的人类少女骨骼,肯尼亚特卡纳湖发现的石器测定距今261万年,元谋石器距今170万年
			约180~25		晚期猿人	印尼爪哇人、陕西蓝田人、北京周口店人、坦桑尼亚人、德国海德堡人	蓝田人使用的石器距今100万至75万年,百色石斧距今80万年,欧洲最早的石器距今80万年,北京人在60~50万年前已能熟练用火
			约20~5		早期智人	德国尼安德特人、中国马坝人、丁村人、长阳人、桐梓人、非洲布罗肯山人、萨尔纳人	旧石器时代进入中期,母系氏族形成。石器种类增多,开始分工,有砍砸器、三棱尖状器、小尖状器和石球。骨工具开始出现,发明了人工取火
			约5~1		晚期智人	欧洲克罗马农人、中国河套人、山顶洞人	旧石器时代晚期,山顶洞人已能用磨制和钻孔技术制造石器、骨器。石器形变小、多样化,广泛使用复合工具,已能使用弓箭。骨针表明开始用兽皮缝制衣服

原始社会各文化年代表　　　表2

时代	距今年代	社会形态	考古文化	神话传说	工具状况
旧石器时代	200万年	原始群	元谋人	有巢氏	旧石器早期,打制石器,砍砸器,用火采集为主
	80万年		蓝田人		
	50万年		北京人	燧人氏	旧石器中期,尖状器、刮削器、骨器、钻木取火
	10万年		丁村人		
			长阳人		
	4万年		马坝人	伏羲氏	旧石器晚期,磨制石器、骨角器、渔猎为主
	2万年		河套人		
			山顶洞人		
新石器时代	1万年	母系氏族公社	裴李岗文化	神农氏	新石器时期,磨制石器、细石器、钻孔
	8千年		磁山文化		陶器、编织物
	7千年				
	6千年		仰韶文化		彩陶、纺织物
		父系氏族公社	马家窑文化、齐家文化		木结构建筑、玉器
			河姆渡文化		
	5千年		青莲岗文化	黄帝	黑陶
			良渚文化	尧	丝织物
	4千年		大汶口文化、龙山文化	舜	象牙器

中国古代设计 [2]

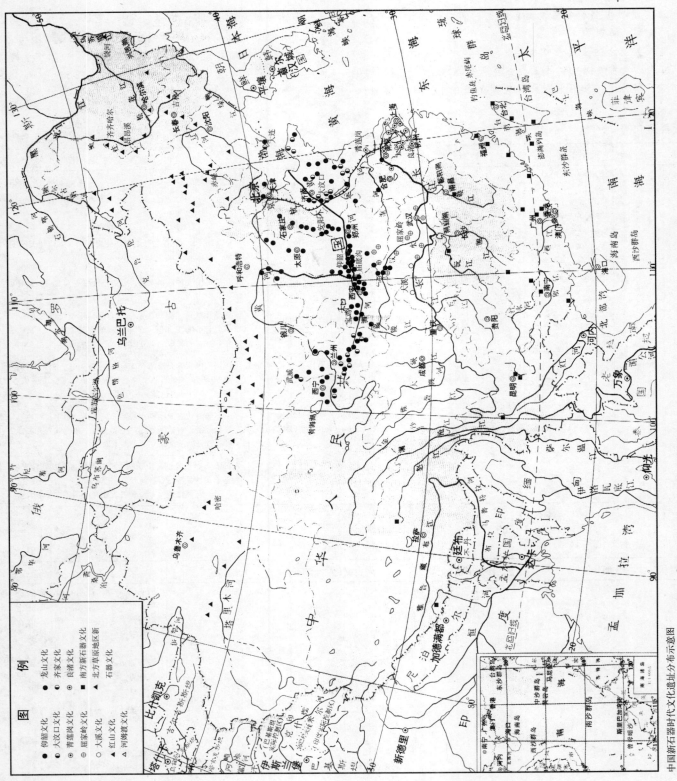

中国新石器时代文化遗址分布示意图

资料来源于：王玉哲《中华远古史》；底图来源于：湖南地图出版社，《中国地图册》，2007年1月

原始社会工具

石器是人类最早制造的工具。考古学界和人类学界根据石器制作方法的不同划分出旧石器时代和新石器时代。旧石器是用石击石的方法打制出的工具，主要有砍砸器、刮削器和尖状器。新石器是在打制的基础上进行刮削、刻琢、钻孔、磨光等深入加工制成的，有的还绑扎木柄等，有石斧、石镰、石锄、石耘田器、石刀、石矛、石磨等。造型日益精美，功能日益广泛，工具的分工更加多样化。同时还利用兽骨、贝壳、龟甲等制造各种工具和装饰品，玉器亦开始出现。

砍砸器主要使用于旧石器时代早期，制作极为简单和粗陋。从一面或两面把砾石的边缘打出刃来，将另一端再加工成把柄状，当作手斧来使用。这类石器比较粗大；主要用于砍砸、切断、劈材、挖土等。

a、b、c. 旧石器砍砸器

1 砍砸器

刮削器是旧石器时代应用比较普遍的石器。把石片的边缘打制成平刃、突刃、凹刃、多边形刃，或者把圆形石板周围加工成刃。这类石器一般比砍砸器小，一般用于刮削木头或兽皮。

a、b、c. 旧石器刮削器

2 刮削器

尖状器的制作比砍砸器和刮削器要复杂和精致。一般是把石英或燧石质的石板加工出尖和刃来，其中两刃一尖的形制最为多见。三棱器是最为典型的尖状器。

a. 大三棱尖状器（陕西蓝田出土）
b. 石厚三棱尖状器（丁村出土）
c. 尖状器（周口店出土）

3 尖状器

细石器文化是我国新石器时代文化之一，以细小的打制石器为主要特征，主要分布在东北、内蒙古、西北边疆地区。

a、b、c、d、e. 细石器（宁夏陶乐出土）

4 细石器

石斧主要用于垦荒、种植。新石器时代的原始人类已开始注意石材的选择。制作石斧的石材硬度很大，而且一半多选用长方形的石块，以便稍加打磨就可应用。

5 石斧　*a、b.* 石斧（河姆渡出土）*c.* 新石器晚期石斧（新疆阿克塔拉出土）*d.* 新石器有段石斧（湖北出土）*e.* 石斧（江苏南京北阴阳营出土）

中国古代设计 [2] 原始社会工具

从原始文化遗址出土的石镰来看,除了材料不同以外,在设计原理、造型结构等方面,与今天的镰刀没有很大区别。

[1] 石镰 a.裴李岗石镰 b.新石器石镰(新疆阿克塔拉出土) c.新石器石镰 d.骨镰(大汶口出土) e.骨镰复原图

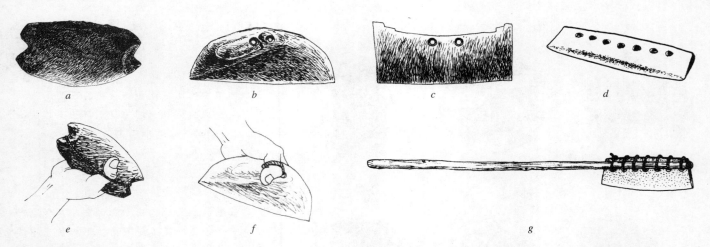

[2] 石刀 a.石刀(半坡出土) b、c.石刀(江西修水跑马岭出土) d.七孔石刀(北阴阳营出土) e、f、g.石刀使用方法示意图

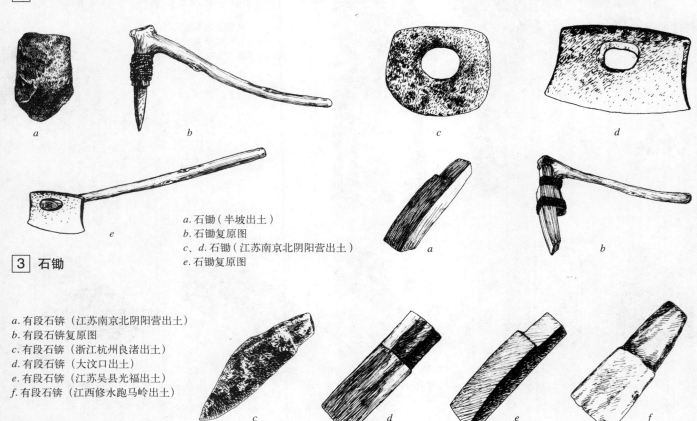

a.石锄(半坡出土)
b.石锄复原图
c、d.石锄(江苏南京北阴阳营出土)
e.石锄复原图

[3] 石锄

a.有段石锛(江苏南京北阴阳营出土)
b.有段石锛复原图
c.有段石锛(浙江杭州良渚出土)
d.有段石锛(大汶口出土)
e.有段石锛(江苏吴县光福出土)
f.有段石锛(江西修水跑马岭出土)

[4] 有段石锛

原始社会工具 [2] 中国古代设计

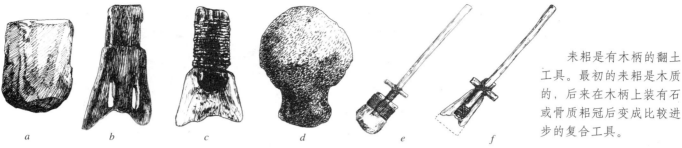

耒耜是有木柄的翻土工具。最初的耒耜是木质的，后来在木柄上装有石或骨质耜冠后变成比较进步的复合工具。

1 耒耜　　a.石耜（半坡出土）b.骨耜（河姆渡出土）c.骨耒（河姆渡出土）d.石耜冠（河南临汝大张出土）
　　　　　e.石耜复原图 f.骨耜复原图

 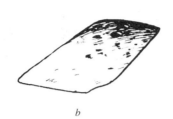 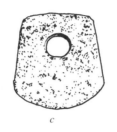

石铲是用于垦荒、种植的器具。

磁山石磨盘是我国新石器时期遗址中发现的人类的早期的石质农用加工工具，是人们用于加工谷物的工具。早期的磨具结构较简单，由石磨盘，石磨棒和支足三部分构成。

2 石铲　a.石铲（河南临汝大张出土）b.石铲 c.石铲（湖北出土）　　3 磨具　　磁山石磨具

 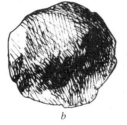 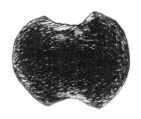  

石球是系在飞石索上的狩猎工具，能捕获较大的动物。

4 石球　a、b.石球（丁村出土）　　　　　5 网坠　a、b.石网坠（半坡出土）c.蚌网坠（广西南宁出土）

钻形器是用来在骨上钻孔的器具。

6 雕刻器　a.石雕刻器（湖北宜都红花套出土）b.石雕刻器（大溪出土）　　7 匕　a.双鸟纹骨匕（河姆渡出土）
　　　　　c.石凿（大汶口出土）d.河姆渡钻形器　　　　　　　　　　　　　b.骨匕（大汶口出土）c.蚌匕（南宁出土）

中国古代设计 [2] 原始社会工具

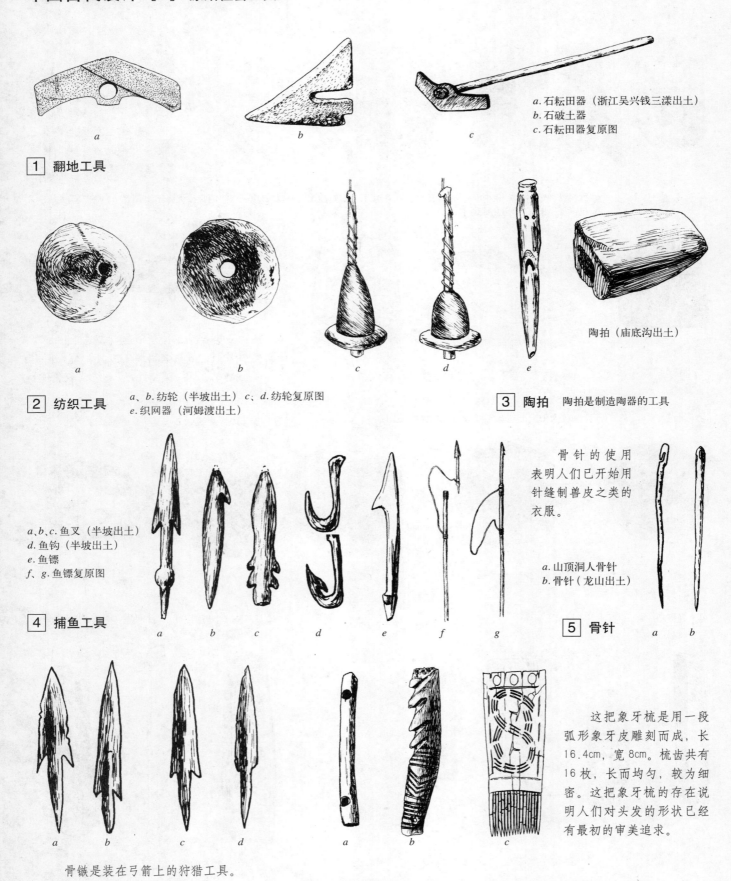

1 翻地工具　　a. 石耘田器（浙江吴兴钱三漾出土）　b. 石破土器　c. 石耘田器复原图

2 纺织工具　　a、b. 纺轮（半坡出土）　c、d. 纺轮复原图　e. 织网器（河姆渡出土）

3 陶拍　陶拍是制造陶器的工具

4 捕鱼工具　　a、b、c. 鱼叉（半坡出土）　d. 鱼钩（半坡出土）　e. 鱼镖　f、g. 鱼镖复原图

5 骨针　骨针的使用表明人们已开始用针缝制兽皮之类的衣服。　a. 山顶洞人骨针　b. 骨针（龙山出土）

6 骨镞　a、b、c、d. 新石器骨镞　骨镞是装在弓箭上的狩猎工具。

7 其他骨器　a. 骨哨（河姆渡出土）　b. 骨锯（河姆渡出土）　c. 象牙梳（大汶口出土）

这把象牙梳是用一段弧形象牙皮雕刻而成，长16.4cm，宽8cm。梳齿共有16枚，长而均匀，较为细密。这把象牙梳的存在说明人们对头发的形状已经有最初的审美追求。

原始社会彩陶

彩陶是新石器时代中晚期母系氏族公社繁荣时期的一种绘有黑色、红色或红黑两色的陶器，因含铁烧成后呈红、褐或橙黄色，制作时选用淘洗过的黏土，小型器可以直接成型，大型器则用泥条盘筑成型，风干后用含铁或锰的矿物颜料绘制纹样，有些在绘制前还加一层白色陶衣，然后烧制而成。彩陶的出土以黄河中上游的仰韶文化和马家窑文化最为丰富。

仰韶文化

仰韶文化因1921年在河南渑池仰韶村首见而得名，它分布在以河南、陕西、山西、河北为中心的广大地区，时间为距今7000年到5000年间，有2000多年发展过程，仰韶文化彩陶由于时间和地域的不同，在器型种类和装饰纹样方面表现出较大的差别，又可分为半坡、庙底沟等几种主要类型。

半坡型

半坡型彩陶是因在1953年陕西西安半坡村新石器文化遗址发现而得名。陶器以卷唇圆腹和折腹的圜底盆、钵，花苞状口的细颈壶，直口鼓腹尖底瓶，敛口束腰葫芦形等器形为主要特色。

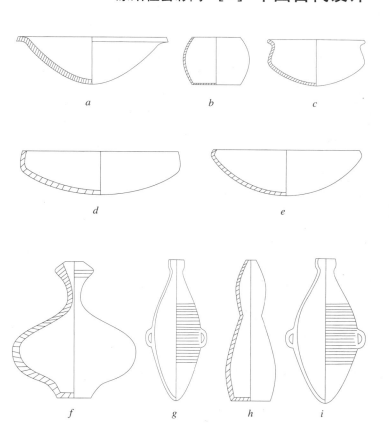

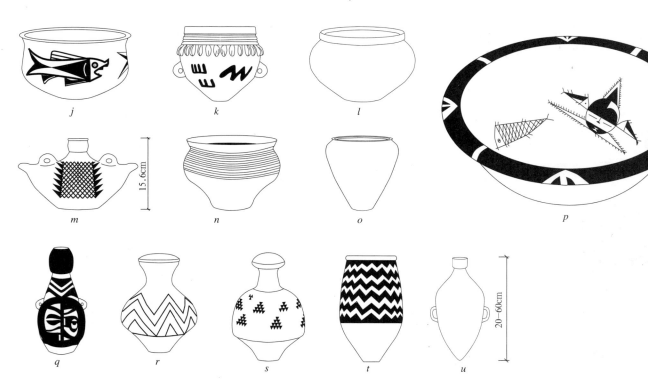

a. 卷唇圜底盆　　　　　h. 敛口束腰葫芦瓶　　　p. 人面鱼纹盆
b. 敛口鼓腹平底钵　　　j. 鱼纹彩陶盆　　　　　q. 人面纹葫芦瓶
c. 侈口折腹圜底盆　　　k. 双耳罐　　　　　　　r. 三角纹细颈壶
d、e. 敛口圜底盆　　　　l、n. 罐　　　　　　　　s. 葫芦形壶
f. 细颈壶　　　　　　　m. 网船形彩陶壶
g、i、u. 尖底瓶　　　　 o、t. 瓮

[1] 半坡型

中国古代设计 [2] 原始社会彩陶

庙底沟型

庙底沟型是由于1953年在河南陕县庙底沟发现这一类型的典型遗址而得名，时间为距今6000～5000年前，是继承半坡型发展而来，其影响比较大，向西可达青海东部。这一类型陶器，以深腹曲壁的碗和盆、敛口浅腹盆、敛口罐、长颈罐、重唇尖底或平底瓶等为其特色。

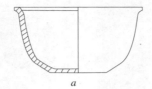
a

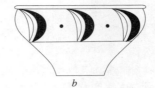
b

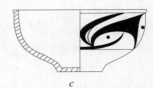
c

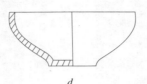
d

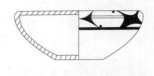
e

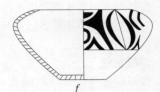
f

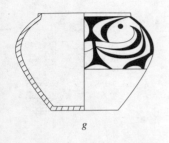
g

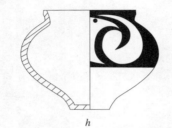
h

i

j

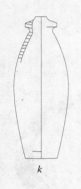
k

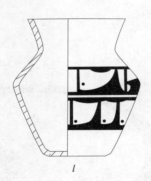
l

m

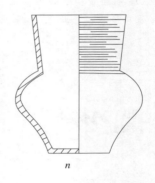
n

o

p

q

r

s

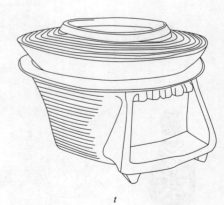
t

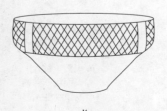
u

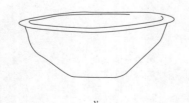
v

a、c、d. 深腹曲壁碗　　j. 大口深腹罐　　o. 鹰尊
b. 深腹曲壁盆　　　　k. 重唇平底瓶　　r. 人首瓶
e、f. 敛口钵　　　　　l. 长颈罐　　　　s. 双耳瓶
g、h. 罐　　　　　　　m、q. 重唇尖底瓶　t. 釜灶
i. 深腹曲壁盆　　　　　n、p. 长颈罐　　　u、v. 盆

[1] 庙底沟型

大司空村型

中原地区，除了上述的半坡类型和庙底沟类型外，还有一些和这两种有关系但在纹饰的内容和风格上略有不同的彩陶体系。考古界有些学者把它们单独分类，但也有的将它们都归在庙底沟类型中。

大司空村类型的彩陶，主要分布在豫北洹河流域和冀南漳河流域一带，陶器器形以敛口鼓肩斜腹平底钵，直口内弧折腹平底盆，敛口高折领深腹罐为主。

1 大司空村型

a、e、f、g. 罐
b. 直口圜底盆
c. 敛口平底盆
d、i、k. 直口平底盆
h、j. 敛口平底钵
l. 敛口深腹罐
m、n、o、p. 器口装饰
q、r、s、t、u、v. 器壁装饰

中国古代设计 [2] 原始社会彩陶

马家窑文化

马家窑文化在时间上晚于仰韶文化，距今 5000 年至 4000 年前，分布在甘肃、青海地区，主要类型有马家窑型、半山型和马厂型。马家窑文化和仰韶文化有明显的继承关系。

马家窑型

马家窑在洮河东岸，属临洮县。马家窑型彩陶在艺术风格上继承了庙底沟型彩陶的许多因素，是庙底沟型在甘肃、青海地区的继承和发展，并将彩陶工艺推向新的高潮。从造型上看，除了半坡、庙底沟已有的盆、钵外，还出现了瓶、壶、瓮等大型器形，还出现了不少束腰、尖底瓶、三连杯等奇特的造型，其中"旋纹双耳尖底瓶"不仅造型优美，纹样生动且有很好的使用功能。

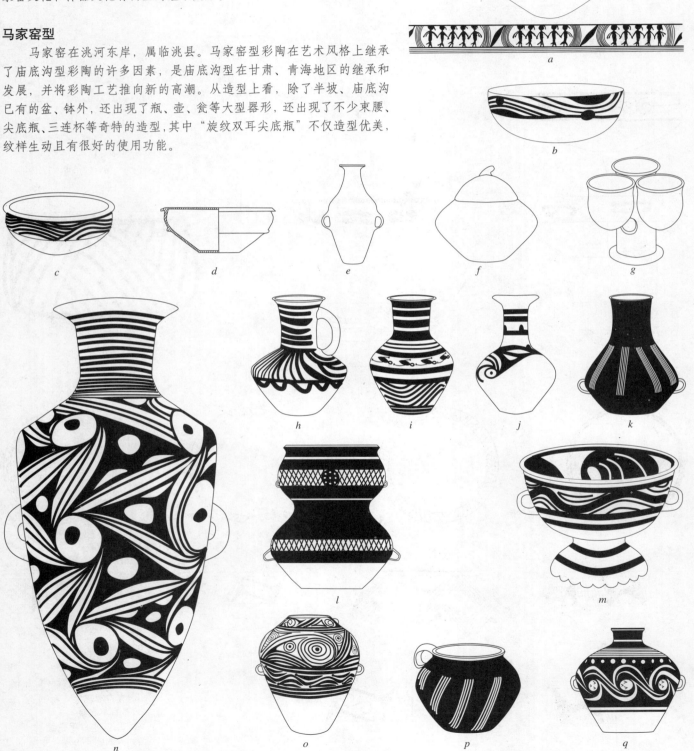

1 马家窑型

a. 舞蹈纹盆 b. 钵 c、d. 盆 e. 双耳瓶 f. 罐 g. 三连杯 h. 长颈单耳瓶 i、j. 长颈瓶 k. 长颈双耳瓶 l. 束腰罐 m. 豆 n. 旋纹双耳尖底瓶 o. 瓮 p. 单耳罐 q. 双耳罐

原始社会彩陶 [2] 中国古代设计

半山型

半山型彩陶以甘肃宁定（今广河县）半山的发现为代表，其成型技术和装饰艺术在马家窑基础上更上一层楼。典型器形为壶、罐等，主体部分更接近球形形体并具有扩肩、鼓腹、敛底等特征，通常显得矮胖、敦厚，一般在球形体基础上加长颈的为壶，加短颈的为罐、瓮等。

a　　　　　　　*b*　　　　　　　*c*

　　　　　　　d　　　　　*e*　　　　*f*　　　　*g*

h　　　　*i*　　　　*j*　　　　*k*　　　　*l*

m　　　　*n*　　　　*o*　　　　*p*　　　　*q*

a. 双流双耳壶　　c、o. 钵　　　e、g、h、j、n. 双耳壶　　f、k、m、p. 双耳罐
b、q. 罐　　　　d. 单耳壶　　i、l. 单耳罐

[1] 半山型

马厂型

马厂型彩陶因首见于青海乐都马厂而得名，其分布地区比半山更为向西发展，并以西宁与兰州之间的乐都、民和、永靖等县出土最为丰富。马厂型彩陶的艺术风格，早晚期有较大变化，早期继承半山型彩陶并有所发展，造型仍以壶、罐为主，器身逐渐向高耸发展，多短颈的罐类。马厂晚期发生较大变化，首先造型出现小型化、多样化趋势，装饰纹样却日益简单。

a　　　　　*b*　　　　　*c*

g　　　　　*h*　　　　　*i*

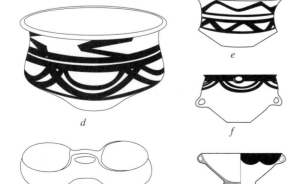

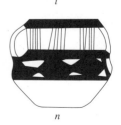

　　　　　　　l　　　　　*m*　　　　　*n*

a、b. 单耳罐　　f、g、h、i、n. 双耳罐　　k. 双耳盆
c. 单耳壶　　　l、m. 双耳壶
d、e. 折腹盆　　j. 双联罐

[2] 马厂型

中国古代设计 [2] 原始社会彩陶

齐家文化

黄河上游，在马厂晚期和马厂以后，甘肃、青海地区的齐家文化代替了马家窑文化的发展。从造型上看，齐家文化的双耳罐和马厂型晚期有些相似，双耳多从颈部至肩部，有些双耳大到使整个器形呈椭圆形。

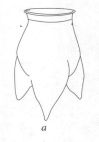
a

b

c

d

e

f

g

a. 鬲
b. 罐
c. 双耳罐
d. 双大耳罐
e. 双耳罐
f. 高领折肩罐
g. 豆

[1] 齐家文化

辛店文化

辛店文化的彩陶，是1929年在洮河流域辛店发现的。在时间上晚于马家窑、半山、马厂三种类型，是属于中原已经进入青铜器时代的一种文化。辛店类型的器型有罐、杯、盆、钵等，以双耳高颈瓶为代表。

a

b

c

d

e

a、d. 双肩耳罐
b. 双耳杯
c. 鬲
e. 双腹耳罐

[2] 辛店文化

大汶口文化

黄河下游，在山东和江苏北部一带的大汶口文化，发展时间和马家窑文化相重但延续时间稍长，陶器造型有陶背壶、钵、鬶、杯、镂空陶豆等。少量为白陶，如鬶，大量采用黑陶，磨光发亮，尤以蛋壳黑陶最引人注目。

a

b

c

d

e

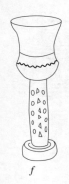
f

g

h

i

a. 三足盉
b. 豆
c. 罐
d. 鬶
e. 狗形鬶
f. 高柄杯
g. 鼎
h. 单耳杯
i. 盉

[3] 大汶口文化

18

龙山文化

龙山文化因1928年在山东章丘龙山镇发现有黑、薄、光、亮的陶器而得名，它分布在以黄河中下游为中心波及长江下游和渤海湾地区，是上承仰韶文化、下接奴隶制夏代的一种原始文化。

　　　　a　　　　　　b　　　　　　c　　　　　　d

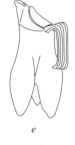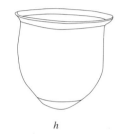
　e　　　　　f　　　　　　g　　　　　　h　　　　　i

　　　j　　　　　　　k

a. 鬲　　*e*. 盉　　*i*. 鬶
b. 单耳罐　*f*. 双耳罐　*j*. 折腹盆
c. 双大耳罐　*g*. 罐　　*k*. 盆
d. 鼎　　*h*. 罐

① 龙山文化

河姆渡文化

长江下游的河姆渡文化与仰韶文化时期相同，虽彩陶不多，但彩绘已较为复杂。纹样主要为鱼草纹和几何纹。

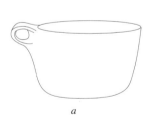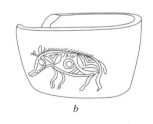
　　　a　　　　　　b　　　　　　c　　　　　　d

② 河姆渡文化　　*a*.带把钵 *b*.猪体钵 *c*.双耳罐 *d*.釜

大溪文化

四川大溪文化发表的材料较少，直筒型陶瓶很有特点，装饰以人字纹和相绞波纹为主。

　　a　　　　　b　　　　　c　　　　　d　　　　　e

③ 大溪文化　　　　　　　　　*a*.圈足盘 *b*.瓶 *c*.罐 *d*.簋 *e*.鼎

中国古代设计 [2] 原始社会彩陶

良渚文化

良渚文化分布在长江下游地区。

a　　　　　　b　　　　　　c　　　　　　d　　　　　　e

1　良渚文化　　　a.盆　b.壶　c.簋　d.豆　e.鼎

马家浜文化

马家浜文化是代表江浙地区新石器时代的早期文化。其分布区域，主要在江苏和浙江杭嘉湖一带。这一文化的渊源可能和余姚河姆渡文化是一脉相承的。其文化内涵和时间序列可分为：河姆渡期，马家浜下期，松泽中期，良渚前期。马家浜文化以彩绘陶器的制作而言，真可谓凤毛麟角，是不能和中原相提并论的。彩陶的稀少，也许就是这一系统的特色所在。

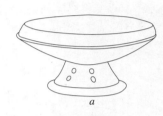 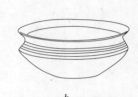

a　　　　　　b

c　　　　　　d　　　　　　e　　　　　　f　　　　　　g

2　马家浜文化　a.豆 b.盆 c.腰沿釜 d.鼎 e.壶 f.豆 g.罐

屈家岭文化

屈家岭文化是在长江中游的江汉地区，它是新石器时代长江流域一支具有强烈地方特色的文化类型，具有浓厚的地区气息。器形除敞口宽唇锐折叙弧壁的盆、钵和高圈足壶形器等有强烈的屈家岭特征外，不少器形和长江下游东南地区的原始文化有比较密切的关系。

 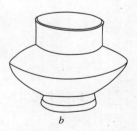

a　　　　　　b

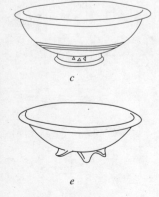 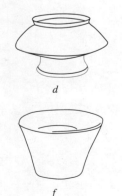  

c　　　　　　d　　　　　　g　　　　　　h

e　　　　　　f

a.鼎　　　e.三足盘
b.壶　　　f、g.蛋壳彩陶杯
c、d.圈足碗　h.豆

3　屈家岭文化

彩陶装饰纹样

原始社会彩陶有着极其丰富的彩绘纹饰。彩绘早期多黑彩，晚期近紫的红彩转多。纹饰包括动物纹、几何纹、植物纹和编织纹。各地区反映出不同的风格特征，也有一定的渊源关系。

半坡类型以动物纹形象最为突出。早期多象形的人面鱼纹和以鱼、鹿、蛙、羊为对象。鱼的变化最丰富。从描绘有鳞片的鱼，到变化为抽象的鱼形图案，运用的装饰手法多种多样。在描绘数条鱼并行时，鱼的行列充满生气；而将这样的行列再加以变化，就变成为既有对称规律又富有生动感的菱形图案。

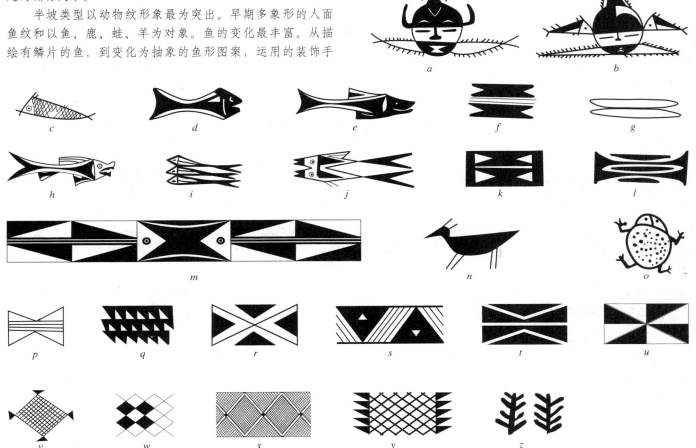

[1] 半坡文化　　a、b.人面鱼纹　c、d、e、h、i、j.鱼纹　f、g、k、l.菱形纹　m.菱形鱼纹　n.鹿纹　o.蛙纹　p、q、r、s、t、u.几何形纹　v、w、x、y.编织纹　z.植物纹

大司空类型彩绘近似庙底沟类型中叶状植物纹的图案，但组织单调松散，没有庙底沟的圆润顺畅。除叶形外，还有贝形、对垒的半圆形纹、堆山纹、同心圈纹、羊角纹、平行波纹。

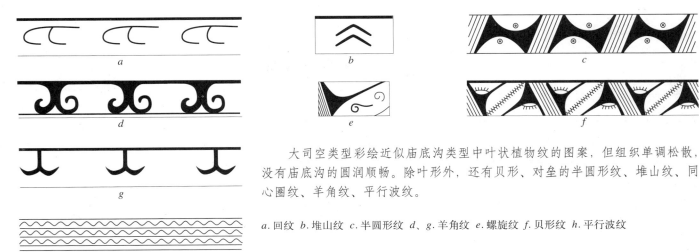

a.回纹　b.堆山纹　c.半圆形纹　d、g.羊角纹　e.螺旋纹　f.贝形纹　h.平行波纹

[2] 大司空村文化

中国古代设计 [2] 原始社会彩陶

庙底沟类型 彩绘主要用黑和带紫的黑色，红色很少见。也有在白色色衬上兼用红、黑彩绘的。彩绘的部位，一般在器的肩、腹和口沿上，器的内壁很少彩绘。纹样装饰的风格，和半坡类型好用劲直的线、面组合不同，而是多用弧线、富有圆润的流畅感。纹饰的素材属性，主要是植物纹和动物纹，编织纹、几何形纹所占比重极少。

植物纹是庙底沟型彩陶中最有普遍性的纹样。表现形式有两种：一种是放射形、类似卷瓣花朵纹样的旋花纹，通常是用二方连续组织环绕器身描绘。另一种是叶状纹，以单叶为母题，联系起来组成图案。

a、b、c、d、e、f、g.旋花纹　h、i、j、k、l、n、q.叶状纹　m.立鸟纹　o.星形纹　p.编织纹

1 庙底沟文化

马家窑类型 典型的纹饰是充分表现傍水而居的生活气息，这是任何其他地方所不及的。最常见的纹饰有卷草纹、蝌蚪形纹、蛙形纹、水浪纹四种。此外，还有一种与卷草纹、水浪纹有关的圆点纹和凹弧形纹。

  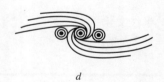

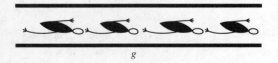 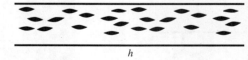

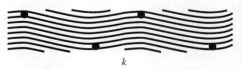

2 马家窑文化　　a、b、c、d.同心圈纹　e.舞蹈纹　g、i、j.蛙形纹　h.蝌蚪形纹　k.水浪纹　l.叶状纹

原始社会彩陶 [2] 中国古代设计

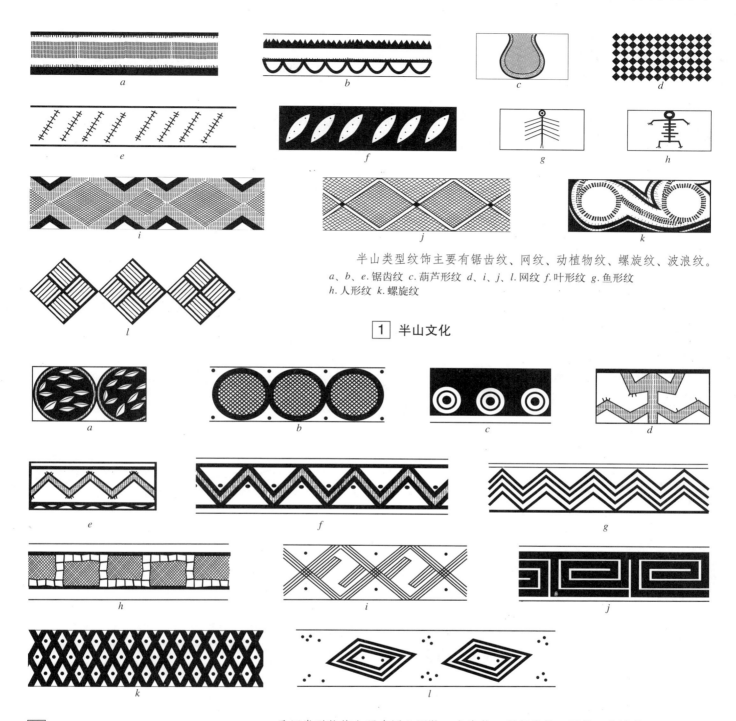

半山类型纹饰主要有锯齿纹、网纹、动植物纹、螺旋纹、波浪纹。
a、b、e.锯齿纹 c.葫芦形纹 d、i、j、l.网纹 f.叶形纹 g.鱼形纹
h.人形纹 k.螺旋纹

1 半山文化

马厂类型纹饰主要有同心圈纹、象生纹、平行线纹、回纹、钩连纹。
a、b、c.同心圈纹 d、e.象生纹 f.波纹 g.平行线纹 h、i、j.回纹、钩连纹 k、l.几何纹

2 马厂文化

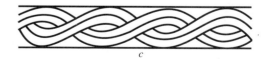

a.平行线圆点纹 b.回纹 c.相绞波纹 d.植物纹

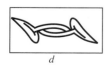

3 大溪文化

中国古代设计 [2] 原始社会彩陶

1 辛店文化

辛店类型纹饰最有代表性的是类似羊角的"兀"纹和象形的动物纹饰。

a、f. 螺旋纹　b. 回纹　c. 钩连纹
d. 波纹　e. 编织纹　g. 羊角纹
h. 人形纹　i、j. 动物纹

2 大汶口文化

a. 编织纹　b. 相绞波纹　c. 三角纹
d. 星形纹　e、i. 波纹　f、h. 叶状纹
g. 同心圈纹　j. 螺旋纹

3 后岗文化

a、b. 平行线纹

4 秦王寨文化

a. 同心圈纹　b、d、h、i、j. 几何纹
c、g. 编织纹　e、f. 钩连纹
k. 梳齿鱼状纹　l. 回纹

夏商周（春秋战国）工具 [2] 中国古代设计

夏商周（春秋战国）工具

进入奴隶社会后，青铜器开始兴起，石制工具渐渐消失。随着农业、畜牧业的发展，涌现出大批的青铜工具。由于生产力的进步，工具的种类更加多样，制作也更加精良。青铜是铜和锡的合金，制作青铜器须经过炼矿、制范、熔铸等程序，已有泥模法、蜡模法等不同方法。

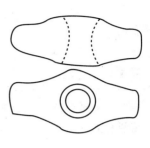

a.夏石刀 b.商石镰 c.商石斧　　　　西周石锤（北京昌平白浮西周木椁墓）

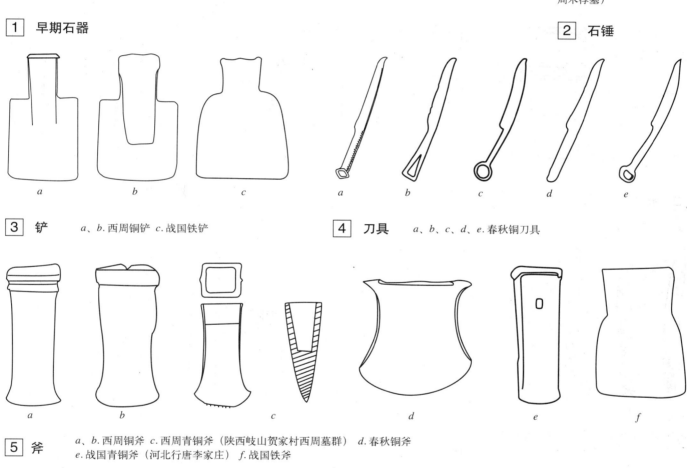

1 早期石器

2 石锤

3 铲　a、b.西周铜铲 c.战国铁铲

4 刀具　a、b、c、d、e.春秋铜刀具

5 斧　a、b.西周铜斧 c.西周青铜斧（陕西岐山贺家村西周墓群） d.春秋铜斧
　　e.战国青铜斧（河北行唐李家庄） f.战国铁斧

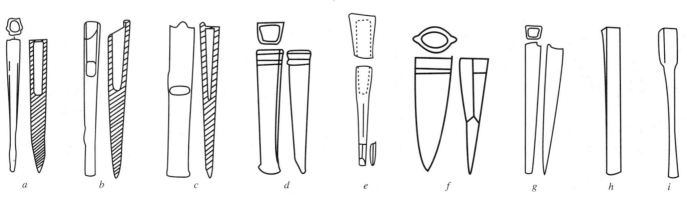

6 凿　a、b、c.西周青铜凿（陕西岐山贺家村西周墓群）　d、e、f.西周青铜凿（北京昌平白浮西周墓椁墓）
　　g.西周青铜凿（甘肃灵台白草坡西周墓） h、i.战国青铜凿（河北行唐李家庄）

中国古代设计 [2] 夏商周（春秋战国）工具

斤是古代砍伐树木的工具。我国于新石器时代就发明了用楔解木的方法，即沿一条直线揳下若干楔子，然后将整个木料撕扯下来。由于解下的木料起伏不平，修整起来相当费力，这就需用"斤"将板材大致砍平。斤就是"锛"。

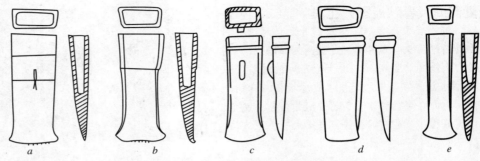

1 斤　a、b.西周青铜斤（陕西岐山贺家村西周墓群）　c、d.西周青铜斤（北京昌平白浮西周木椁墓）　e.春秋青铜斤（山东蓬莱柳格庄）

斨是古代一种斧子。

锛是用来砍平木料的一种工具

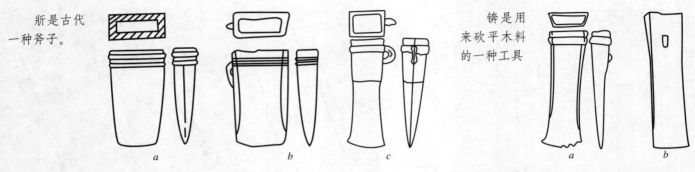

2 斨　a、b.西周青铜斨（北京昌平白浮西周木椁墓）c.西周青铜斨（甘肃灵台白草坡西周墓）

3 锛　a.西周青铜锛（甘肃灵台白草坡西周墓）b.战国青铜锛（河北行唐李家庄）

砺石是一种粗磨刀石。

a.西周砺石（北京昌平白浮西周木椁墓）
b.战国砺石（河北行唐李家庄）

战国青铜锥（河北行唐李家庄）

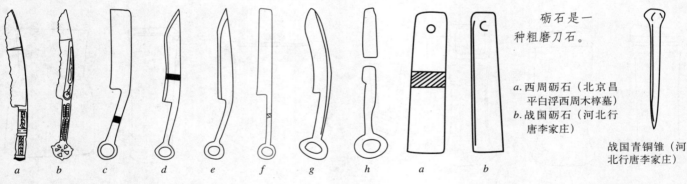

a、b.西周青铜削（甘肃灵台白草坡西周墓）c、d、e、f.春秋青铜削（山东蓬莱柳格庄）g、h.战国青铜削（河北行唐李家庄）

4 削　　5 砺石　　6 锥

铁犁铧是安装在犁上用来破土的铁器

战国铁犁铧　　战国铁锄　　战国铁镰

该楚笔出土于长沙左家公山战国晚期木椁墓。该笔笔杆长185mm，杆径4mm，笔毛长25mm。
该竹笔套为竹制，长235mm，可将整支笔装入其中。

a.战国毛笔　b.战国笔筒
c.楚笔　d.楚笔筒

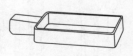

此升为当时秦国商鞅变法时所用的一种用来称量粮食的方形器具。

战国商鞅方升

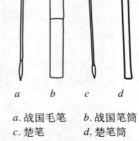

7 犁铧　　8 锄　　9 镰　　10 毛笔　　11 商鞅方升

夏商周（春秋战国）陶瓷 [2] 中国古代设计

夏商周（春秋战国）陶瓷

夏商周（春秋战国）时期制陶技术得到长足的发展，并发明了原始青瓷，取得划时代的伟大成果。

虽然这一时期青铜器的制作更为辉煌，但是在生活日用品的使用上，陶器仍占有很大比重，制陶工艺技术也有很大的发展。在陶器品种上，除了原有的灰陶、黑陶、红陶及南方的印纹陶外，商代创烧成功刻纹白陶和釉陶，并使釉陶发展成原始瓷器。这一时期制陶主要有轮制和模制，对少量不规则器形或足、鼻、鋬等附件也仍用手制。

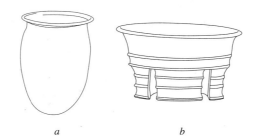

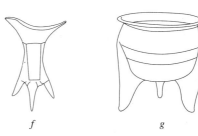

夏文化以河南偃师二里头文化遗址和山西夏县东下冯遗址为代表，这些遗址发掘出的陶器种类有灰陶、灰褐陶、黑陶以及少量的白陶、红陶。

a. 罐　　*g*. 鼎
b. 三足盘　*h*. 深腹罐
c. 豆　　*i*. 瓮
d. 深腹罐　*j*. 罐
e. 盉　　*k*. 器盖
f. 爵

1 夏代陶器

商周是中国奴隶社会的发展时期，商代的手工业已很发达，普通人日常生活的主要用具仍然以陶器为主。

商周陶器以灰陶为主，到后期则以白陶和印纹硬陶为主。其中，尤以白陶的洁白精美，成为不可多得的艺术珍品。

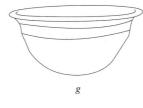

a. 大口尊　*d*. 盉　　*g*. 盆　　*j*. 鬲
b. 斝　　*e*. 瓮　　*h*. 三足盘　*k*. 豆
c. 深腹罐　*f*. 器盖　*i*. 角

2 商代早期陶器

中国古代设计 [2] 夏商周（春秋战国）陶瓷

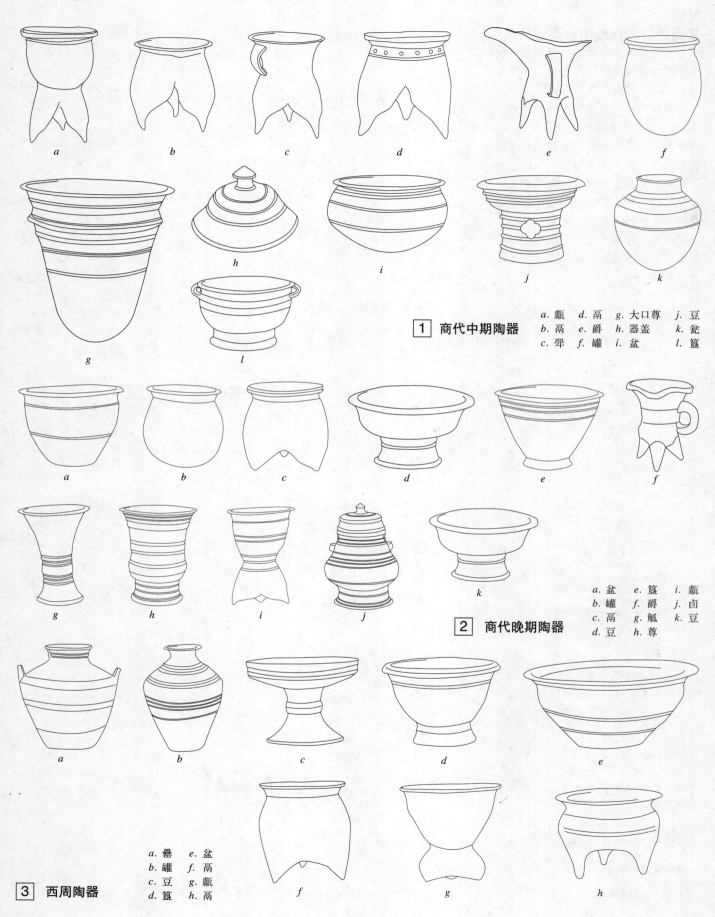

1 商代中期陶器
a. 甑　d. 鬲　g. 大口尊　j. 豆
b. 鬲　e. 爵　h. 器盖　　k. 瓮
c. 斝　f. 罐　i. 盆　　　l. 簋

2 商代晚期陶器
a. 盆　e. 簋　i. 甑
b. 罐　f. 爵　j. 卣
c. 鬲　g. 觚　k. 豆
d. 豆　h. 尊

3 西周陶器
a. 罍　e. 盆
b. 罐　f. 鬲
c. 豆　g. 甑
d. 簋　h. 鬲

夏商周（春秋战国）青铜器 [2] 中国古代设计

夏商周（春秋战国）青铜器

类别	器名	朝代	商	西周	春秋	战国
食器	鼎 ding		蟠纹鼎	毛公鼎	鲁侯鼎	鸟纽雷纹高足鼎
	鬲 li		纵深鬲	横宽鬲	双耳鬲	高鬲
	甗 yan		妇好分体甗	带挂箅式	圆甗	蹄足大甗
	簋 gui		无耳式簋	圆三足簋	华盖式簋	三足式簋
	盨 xu			伯多父盨	蟠螭纹盨	
	簠 fu			伯公父簠	宋公铠簠	
	敦 dun				敦	牛敦
	豆 dou		兽面纹豆	平底豆	深盘细柄豆	深盘低柄豆
	盘 pan		无耳浅盘	季孚子白盘	双兽三轮盘	平底无足盘
	盂 yu		後小室盂	素盂	齐侯盂	
水器	匜 yi			子孙匜	攻吴季生匜	鸟首高足匜
	鉴 jian			伯匜冰鉴	吴王夫差鉴	曾侯乙冰鉴
	缶 fou		方缶	素缶		蔡侯朱缶
	瓿 bu		妇好瓿	绳耳瓿		
乐器	铙 nao		兽面纹铙	象纹铙		
	钟 zhong			铙钟	秦公编钟	荆南编钟

商周重要青铜器器形图

中国古代设计 [2] 夏商周（春秋战国）青铜器

续表

类别 器名 朝代	爵 jue	角 jiao	觯 zhi	彝 yi	觚 gu	觥 gong	尊 zun	卣 you	盉 he	杯 bei	斝 jia	壶 hu	罍 lei	鉴 ling	镈 bo	錞于 chun yu
														酒器		乐器
商	妇好爵	父癸角	父辛觯	兽面纹方彝	兽面纹觚	牛形觥	祖丁尊	父癸卣	祖辛盉		弦纹斝	贯耳壶	兽面纹方罍			
西周	鸡爵	亚角	刑觯	鲁侯彝	素觚	日己觥	子尊	鱼卣	素盉	双耳杯	丁亥斝	纽耳杯盖壶	兽耳罍	仲义父鉴		
春秋								蛇纹卣	龙流盉			莲鹤盖方壶			栒镈	素錞
战国									几何纹龙首盉	八环杯		提梁壶		蟠蛇络纹		虎纽錞于

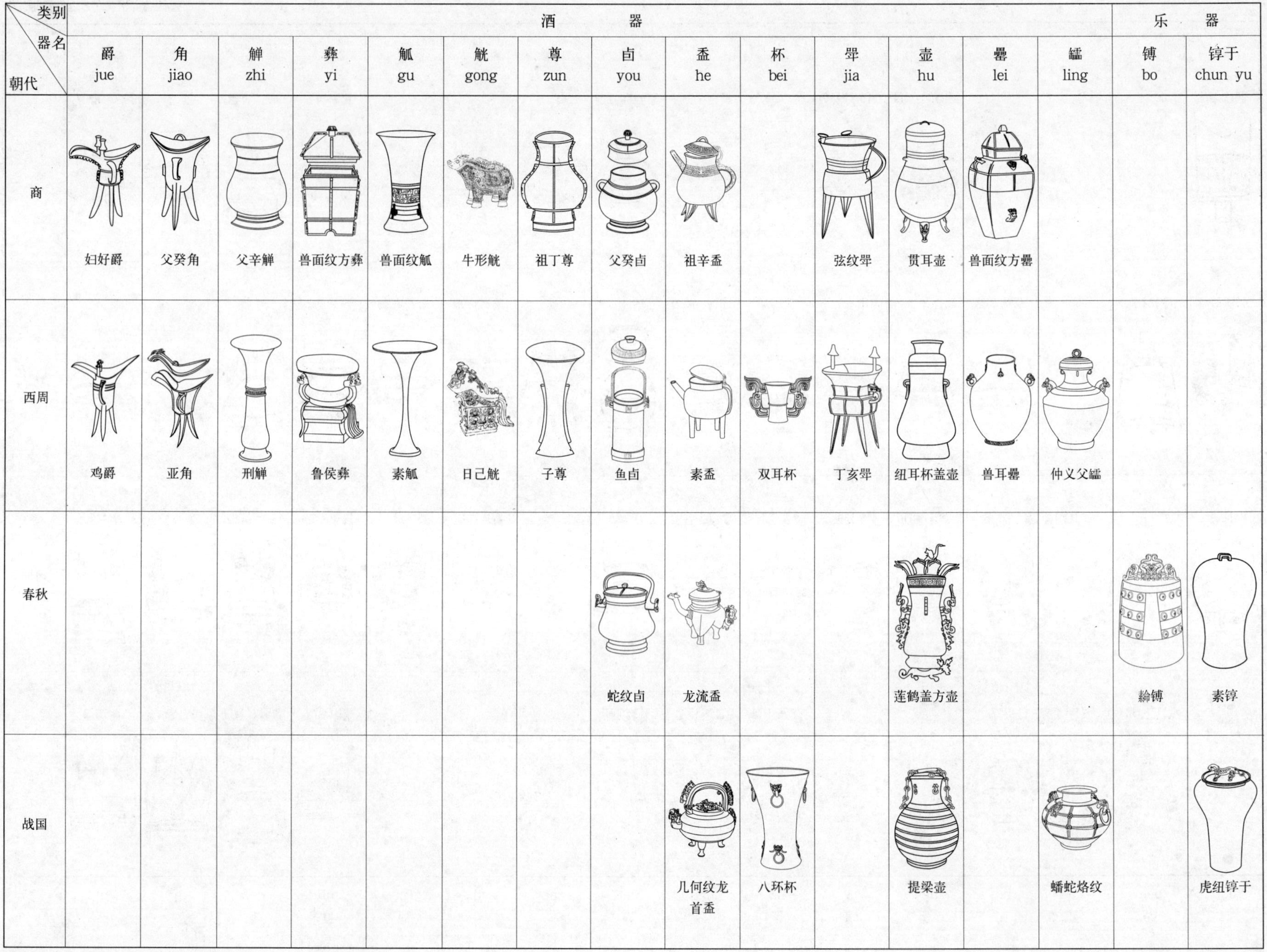

商周重要青铜器器形图

夏商周（春秋战国）青铜器 [2] 中国古代设计

食器

青铜器是我国古代继彩陶之后的又一杰出创造，始于新石器时代晚期，盛于商周春秋战国时代。青铜器主要的成分是铜和锡，调整铜锡比例可以适合器物的不同功能。制作工艺由冷煅发展到熔铸，商周时用"合范法"，春秋晚期和战国时期用失蜡法，能浇铸出复杂的造型体。青铜器按用途分类有食器、酒器、水器等日用器和乐器、兵器、工具、杂器等。一些日用青铜器由于用于祭祀和典礼时的陈设而逐渐成为青铜礼器，造型和装饰亦愈加威严精美，具有极高的艺术价值。

食器可分为煮食器和盛食器两种，鼎是煮食器。由腹、足、耳三部分组成，腹盛物，足扬火，耳穿杠搬运。鼎是最为重要的青铜礼器。

1 鼎

西周大盂鼎解剖图　　商代人面纹方鼎

- a. 早商　　夔纹鼎
- b. 商代中期　兽面纹鼎
- c. 商代　　父乙鼎
- d. 商代晚期　司母戊大方鼎
- e. 西周　　大盂鼎
- f. 西周　　毛公鼎
- g. 春秋　　蟠夔鼎
- h. 春秋　　吴王孙无壬鼎
- i. 战国　　鸟纽雷纹高足鼎

鬲是用来煮粥盛粥的器具，由鼎演变而来，比鼎小，足上部肥大内空，下部为锥足，受热面积大。

2 鬲
- a. 中商　　纵深式
- b. 西周　　横宽式
- c. 西周　　有耳横宽式
- d. 西周后期　无耳横宽式
- e. 战国　　平沿有耳横宽式
- f. 战国末期　鬲鼎

甗是用来蒸饭的器具，上部是甑，用以盛米，下部是鬲，用以煮水，中间有箅用以通气。

3 甗
- a. 晚商时期妇好分体甗
- b. 西周前期带挂箅式
- c. 春秋中后期的圆甗
- d. 战国前期的圆甗
- e. 战国中后期的甗
- f. 战国末期的大甗

中国古代设计 [2]　夏商周（春秋战国）青铜器

食器

簋是盛放蒸熟的黍、稷、稻、粱等饭食的用具，在祭祀和宴享时与鼎配合，其重要性仅次于鼎，以使用多少来表示奴隶主贵族身份等级。

a. 晚商　无耳式
b. 西周　双耳带珥式
c. 西周中期　带盖式
d. 西周后期　圆三足式
e. 春秋晚期　华盖方座式
f. 战国先期　方座式
g. 战国先期　三足式
h. 战国末期　无足式

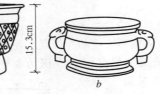

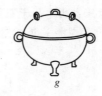

[1] 簋

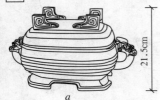

盨也是盛放蒸熟的黍、稷、稻、粱等饭食的用具，在祭祀和宴飨时使用。主要流行于西周晚期，形为方中带圆，似椭圆形，有耳有盖。

簠是盛粮食的盛食器，形体为长方形，有盖，盖打开为相同两器，这一特点古称却置或却立。器身与器盖各有两个短足。

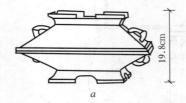

[3] 簠
a. 西周晚期斜壁浅腹
b. 春秋晚期直壁深腹

[2] 盨
a. 西周晚期　伯多父盨
b. 西周晚期　晋侯𧊒盨
c. 春秋早期　蟠螭纹盨

豆是盛放腌菜、肉酱等调味品的专器。上有盘，中有柄，底有圈足。

a. 西周　浅盘直壁平底粗式
b. 东周初年　豆式
c. 春秋　深盘有盖细柄式
d. 战国　深盘有盖低柄式
e. 战国末年　深盘高柄式

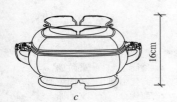

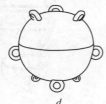

敦是由鼎和簋的形制结合发展而成，用以盛放饭食，主要流行于春秋晚期到战国时期。

[4] 敦
a. 春秋晚期　敦式
b. 战国晚期　圆足式
c. 战国末期　三足式
d. 战国齐国　午敦

豆盖纹饰展开

豆腹纹饰展开

[5] 豆　　春秋　狩猎纹

夏商周（春秋战国）青铜器 [2] 中国古代设计

酒器

酒器分为盛酒器和饮酒器两种。爵是古代贵族在祭祀和宴享时用于饮酒的礼器，也可温酒。

- a. 夏代晚期　乳钉纹爵
- b. 商代早期　兽面纹独柱爵
- c. 商代中期　兽面纹独柱爵
- d. 商代晚期　妇好爵
- e. 西周　　　鸡爵

角是饮酒器，也可温酒。形制为无柱。

- a. 夏代晚期　长管流角
- b. 商代晚期　父癸角
- c. 西周　　　亚角

[1] **爵**　西周 父辛爵的结构及各部分名称

觚是饮酒器，形制为圆腹，侈口束颈、鼓腹圈足，似瓶，有的有盖。

- a. 商　父辛觯
- b. 商　饕餮觯
- c. 西周　亚觯
- d. 西周　邢觯

[3] **觯**

彝是盛酒器，彝和尊本为青铜礼器的总称。方彝形制高方身，带盖，顶部有纽，器身多带扉棱，腹有曲直两种。

- a. 商代晚期　兽面纹方彝
- b. 商代　　　祖丁彝
- c. 西周　　　鲁侯彝
- d. 西周　　　毛伯彝
- e. 西周　　　宝彝
- f. 西周　　　蟠夔彝

[4] **彝**

觚是一种饮酒器，形制为长身、束腰、侈口，口足部均成喇叭口状。

- a. 商代早期　兽面纹觚
- b. 商代中期　斜角雷纹觚
- c. 商代晚期　戍马觚
- d. 商代晚期　亚址方觚
- e. 西周　　　素觚
- f. 西周　　　蟠螭觚

[5] **觚**

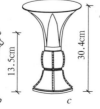
a

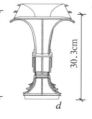
b

c

觥是盛酒器，也可作为饮酒器。形制为椭圆形腹或方形腹，器身有流，有圈足或四足，有盖并做成有角的兽头形。

- a. 商代晚期　　　牛形觥
- b. 西周昭王时期　折觥
- c. 西周中期　　　日己觥

[6] **觥**

33

中国古代设计 [2] 夏商周（春秋战国）青铜器

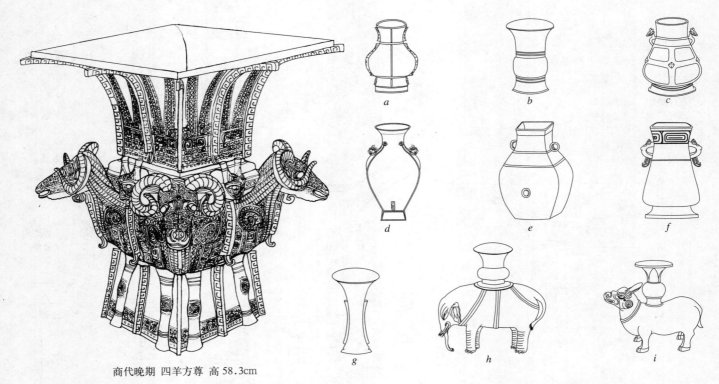

商代晚期 四羊方尊 高58.3cm

① 尊

尊是一种重要的盛酒器，始见于早商，形制一般为圆形，侈口圈足。另有一种鸟兽形尊，形体为动物造型，其背部凿口并有盖，可注入酒，是专用祭器。

a. 商　祖丁尊
b. 商　立戈尊
c. 商　父己尊
d. 西周　乙公尊
e. 西周　蟠螭尊（之一）
f. 西周　蟠螭尊（之二）
g. 西周　子尊
h. 西周　象尊
i. 西周　牺尊

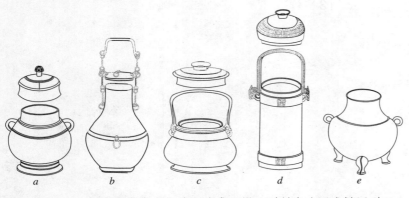

② 卣

卣是专盛高级香酒的盛酒器，形制多为圆或椭圆形口，深腹圈足，有盖和提梁。

a. 商　父癸卣
b. 西周　环梁卣
c. 西周　素卣（之一）
d. 西周　鱼卣
e. 西周　素卣（之二）

斝是古代贵族用来温酒和盛酒举行祼礼（将酒撒在地上）的用具。

a. 商代中期　弦纹斝
b. 西周　丁亥斝
c. 西周　围斝
d. 西周　子孙斝

③ 斝

盉是盛酒器，也可作为调和酒浓度的器具，同时可温酒。形制为深腹圆口有盖，前有流，后有鋬，三足或四足。

a. 商　祖辛盉
b. 西周　素盉
c. 西周　云雷盉
d. 西周　田盉

④ 盉

⑤ 杯

a. 西周　双耳杯
b. 战国　八环杯

夏商周（春秋战国）青铜器 [2] 中国古代设计

酒器、水器

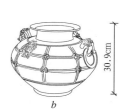

罍是盛酒器，也可盛水或贮酒。形制多小口扩肩，下腹瘦，小平地，肩有两耳。商代有方形和圆形两种，西周后多圆形。

[1] 罍
- a. 商代中期　兽面纹罍
- b. 商代晚期　兽面纹方罍
- c. 西周　兽耳罍
- d. 西周　立戈罍

罎是由罍演变而来，也是盛酒器，出现在西周晚期，沿用到春秋。

[2] 罎
- a. 西周晚期　仲义父罎
- b. 战国早期　蟠蛇络纹罎

斗是把取酒浆的用具。

[3] 斗　西周早期　龙凤纹斗

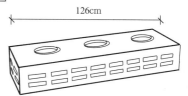

禁是承放酒尊、卣、觥等器物的案子。

[4] 禁　西周早期　龙纹禁

壶是盛酒器，形制仿自陶壶，圈足圆腹、有盖有耳。早期为贯耳，到西周中后期变成半环耳，盖成圆顶可倒置作为杯盘使用。

- a. 晚商中晚期　无盖贯耳圆足壶
- b. 西周早期　无盖贯耳壶
- c. 西周中期　带盖贯耳壶
- d. 西周后期　纽耳杯盖壶
- e. 东周初期　通行的壶式
- f. 春秋中期　莲鹤方壶
- g. 战国早期　平盖橄榄式壶
- h. 战国时期　新兴的提梁壶
- i. 战国时期的基本壶式

[5] 壶

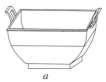
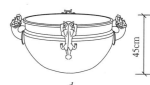

盂是盛水器，也是大型盛饭器。形制为圆腹侈口、圈足有耳。

[6] 盂
- a. 商代晚期　寝小室盂
- b. 西周　蟠虺盂
- c. 西周　素盂
- d. 春秋晚期　齐侯盂

鉴是盛水器，除了盛水外，还可供人淋浴或盛冰，在铜镜大量生产前，鉴盛水还可以用来照人容貌。形制有圆或方两种，形体较大。

[7] 鉴
- a. 西周　冰鉴（之一）
- b. 西周　冰鉴（之二）
- c. 西周　冰鉴（之三）
- d. 春秋　吴王夫差鉴
- e. 战国　曾侯乙冰鉴

中国古代设计 [2] 夏商周（春秋战国）青铜器

水器

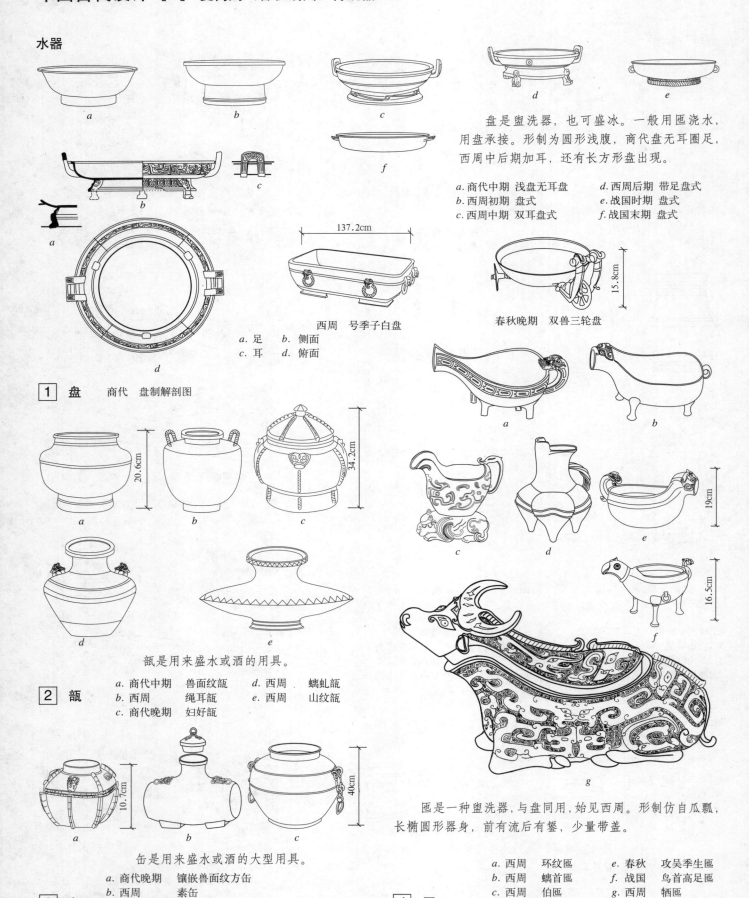

盘是盥洗器，也可盛冰。一般用匜浇水，用盘承接。形制为圆形浅腹，商代盘无耳圈足，西周中后期加耳，还有长方形盘出现。

a. 商代中期　浅盘无耳盘　　d. 西周后期　带足盘式
b. 西周初期　盘式　　　　　e. 战国时期　盘式
c. 西周中期　双耳盘式　　　f. 战国末期　盘式

西周　虢季子白盘

a. 足　　b. 侧面
c. 耳　　d. 俯面

春秋晚期　双兽三轮盘

[1] 盘　商代　盘制解剖图

瓿是用来盛水或酒的用具。

a. 商代中期　兽面纹瓿　　d. 西周　螭虬瓿
b. 西周　　　绳耳瓿　　　e. 西周　山纹瓿
c. 商代晚期　妇好瓿

[2] 瓿

缶是用来盛水或酒的大型用具。

a. 商代晚期　镶嵌兽面纹方缶
b. 西周　　　素缶
c. 春秋晚期　蔡侯朱缶

[3] 缶

匜是一种盥洗器，与盘同用，始见西周。形制仿自瓜瓢，长椭圆形器身，前有流后有鋬，少量带盖。

a. 西周　环纹匜　　e. 春秋　攻吴季生匜
b. 西周　螭首匜　　f. 战国　鸟首高足匜
c. 西周　伯匜　　　g. 西周　牺匜
d. 西周　子孙匜

[4] 匜

夏商周（春秋战国）青铜器 ［2］ 中国古代设计

乐器

铙是我国使用最早的一种打击乐器，流行于商代晚期。一般铙口向上，有中空的短柄，使用时手执或插在座上。

钲流行于商周，比铙高大厚重，大小不等。

錞于也是一种打击乐器，出现在春秋时期，盛行于战国至西汉前期，用于祭祀、集会和军阵。

1 铙　a. 商代晚期　兽面铙
　　　b. 春秋时期　象纹铙

2 钲

3 錞于　a. 春秋素錞于
　　　　b. 战国晚期　虎钮錞于

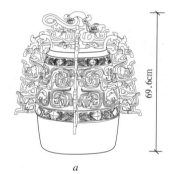

西周　蟠夔铎

镈是一种大型打击乐器，出现在西周晚期，盛行于春秋战国时期，是贵族宴享和祭祀时与编钟、编磬相和使用的乐器。上部有纽，乳钉扁平，下部边缘成直线。

鼓是指挥乐队节奏、指挥军队进退的乐器。

4 铎

5 镈　a. 春秋时期　秦公镈　b. 春秋时期　𪭢镈

6 鼓　商代晚期　兽面纹鼓

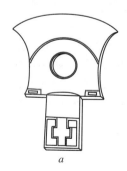

舞铙为宫廷使用，流行于商晚期，周初沿用。

7 戚　a. 西周　舞戚（之一）
　　　b. 西周　舞戚（之二）

8 舞铙

钟是由铙发展而来的，也是一种打击乐器。钟口向下，多成弧形，顶部有筒形的甬可供悬挂，早期是3或5件一组，西周晚期发展至十几件一组，到战国时更出现几十件一组的大型编钟。

a. 西周　𨰝钟　　c. 春秋　秦公编钟
b. 西周　蟠螭钟　d. 西周　宝钟

9 钟

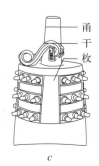

甬
干
枚

37

中国古代设计 [2] 夏商周（春秋战国）青铜器

青铜器装饰纹样

　　青铜器装饰纹样与造型结合紧密，或威严、或怪异、或细密、或凝重、或纤丽，反映了商周时代特定的社会宗教意义。内容主要是几何纹样和动物纹样及少数人物纹样。几何纹样有云雷纹、目雷纹、乳钉雷纹、火纹、鱼鳞纹、窃曲纹、四瓣目纹等。动物纹样有兽面纹（饕餮纹）、龙纹（夔纹）、凤鸟纹及其他动物纹样。针对浇铸工艺的特点，青铜装饰采用浅浮雕和线刻结合的方法，主体感、层次感强，多用对称形式，富有节奏感，表现方法多样。

　　兽面纹又称饕餮纹，以变形的兽面为主，巨眼阔嘴，有犄角，是商代和西周中期最常见的装饰主题。

[1] 兽面纹

　　龙纹，又称夔纹或夔龙纹，侧身头部较大，张口卷舌，一角一爪，身体蜿蜒。两两相对组合如饕餮纹；多龙缠绕叠压则成蟠龙纹；头部省略，尾部翘起如羽毛，则成羽翅纹。

　　凤鸟纹可分为凤纹和鸟纹，均侧身，区别在于凤纹有华丽的高冠，与龙纹一样，常作为青铜器的主体纹样，缩小多个排列时，则成为辅助纹样。

[3] 凤鸟纹

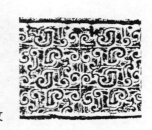
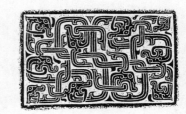

[2] 龙纹　　　[4] 羽翅纹　　　[5] 蟠龙纹

夏商周（春秋战国）青铜器 ［2］ 中国古代设计

动物纹样种类很多，一般采用较为写实的手法，或稍作抽象的处理。

1　动物纹

　　a. 蛇纹　　d. 鱼纹　　g. 蛙纹
　　b. 鹿纹　　e. 象纹　　h. 龟纹
　　c. 牛纹　　f. 虎纹　　i. 蝉纹

2　人像纹　　人像纹较少，有的变形添加兽类特征，春秋战国时期出现的青铜器出现人物活动画像纹。

3　几何纹　　a、b. 绳索纹　c、d. 鱼鳞纹　e、f. 绳索纹

中国古代设计 [2] 夏商周（春秋战国）青铜器

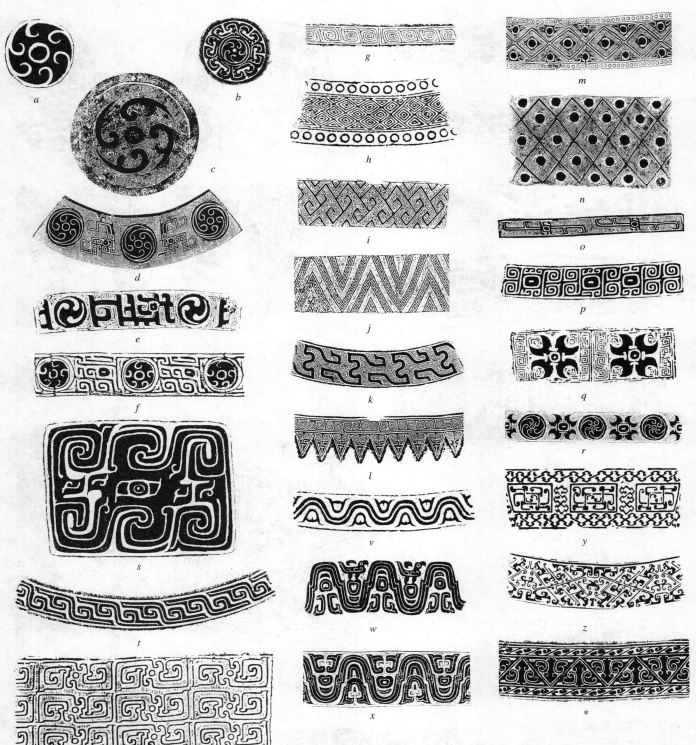

青铜器的几何纹样是原始几何纹样的延续和发展，失去了天真和谐，增强了规范结构。西周以前多作辅助纹饰，春秋战国时期开始作为装饰主题。

1 几何纹

a、b、c. 火纹，或称涡纹（水纹）
d、e、f. 火龙纹，火纹与龙纹相互间隔组成的形式
g、h、i、j、k、l. 云雷纹，又称回纹，由连续的回旋线条构成，圆形的为云纹，方形的为雷纹
m、n. 乳钉雷纹，斜方格连续图案，每格中有圆形乳突，四周有细密雷纹
o、p. 目雷纹，以目纹为中心，四周或两侧围以云雷纹
q、r. 四瓣目纹，以目纹为中心，四周各有一花瓣状装饰，常与火纹组合排列
s、t、u. 窃曲纹，也称兽体变形纹，以目纹为中心，两端有回钩，成S状，也有的省略目纹
v、w、x. 环带纹
y、*. 其他纹饰

夏商周（春秋战国）漆器 [2] 中国古代设计

夏商周（春秋战国）漆器

战国漆器品种涉及生活各个方面，饮食器有耳杯、勺、盘、豆、壶，容器有鉴、奁、盒、箱，家具有俎、案、几、床、榻、座屏及车具，乐器有琴瑟、钟鼓架等。大体在中原地区多为壶、盒、鉴等，而南方则多为杯、盘、案、几等。

漆器成型工艺开始主要为木胎，在木材上直接剜制成型，然后髹漆，后来发展到木片卷粘胎、夹纻胎和皮胎漆器。漆器的色彩一般是红黑两色，对比明快，朴素中显华美。其装饰工艺有彩绘、针刻、雕绘、金银扣等。

耳杯，是当时的饮酒器。杯体成椭圆形，双耳成羽状，古称"羽觞"，《楚辞》："瑶浆密勺，实羽觞些"。

a

b

a. 战国　变形龙凤纹耳杯
b. 战国　凤纹耳杯
c. 战国　漆绘勾连云纹耳杯
d. 战国　凤鸟带流杯
e. 战国　龙纹带流漆杯

c

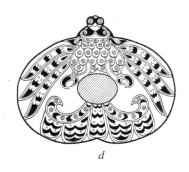

d

e

[1] 耳杯

a

b

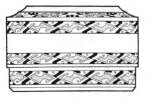

c

a. 战国　变形凤鸟纹奁
b. 战国　蟠凤纹奁
c. 战国　卷云纹漆奁

奁，我国古代妇女梳妆用的镜匣，可盛放珠宝类装饰品、香料、钱币或精致物件。

[2] 漆奁

中国古代设计 [2]　夏商周（春秋战国）漆器

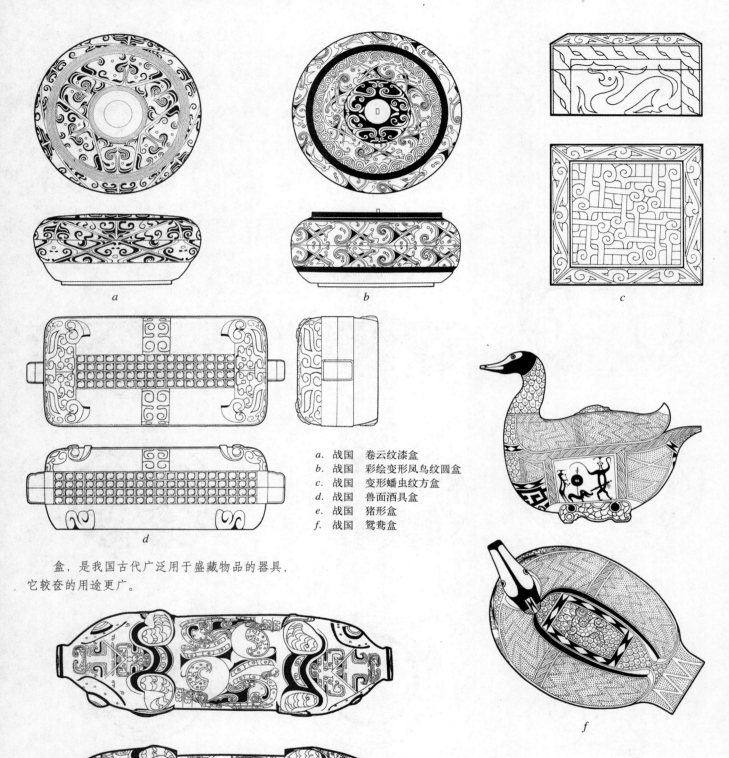

a. 战国　卷云纹漆盒
b. 战国　彩绘变形凤鸟纹圆盒
c. 战国　变形蟠虫纹方盒
d. 战国　兽面酒具盒
e. 战国　猪形盒
f. 战国　鸳鸯盒

盒，是我国古代广泛用于盛藏物品的器具，它较奁的用途更广。

战国漆器的装饰纹样取材广泛，主要分四类：一是社会生活题材（车马、狩猎、歌舞、宴乐、建筑等）；二是表现神话题材（神仙、云龙纹等）；三是沿袭青铜传统纹样（龙凤、变形鸟纹、变形夔纹等）；四是几何纹样（云气纹、云雷纹、菱形纹、三角纹、折线、斜线等）。

夏商周（春秋战国）漆器 [2] 中国古代设计

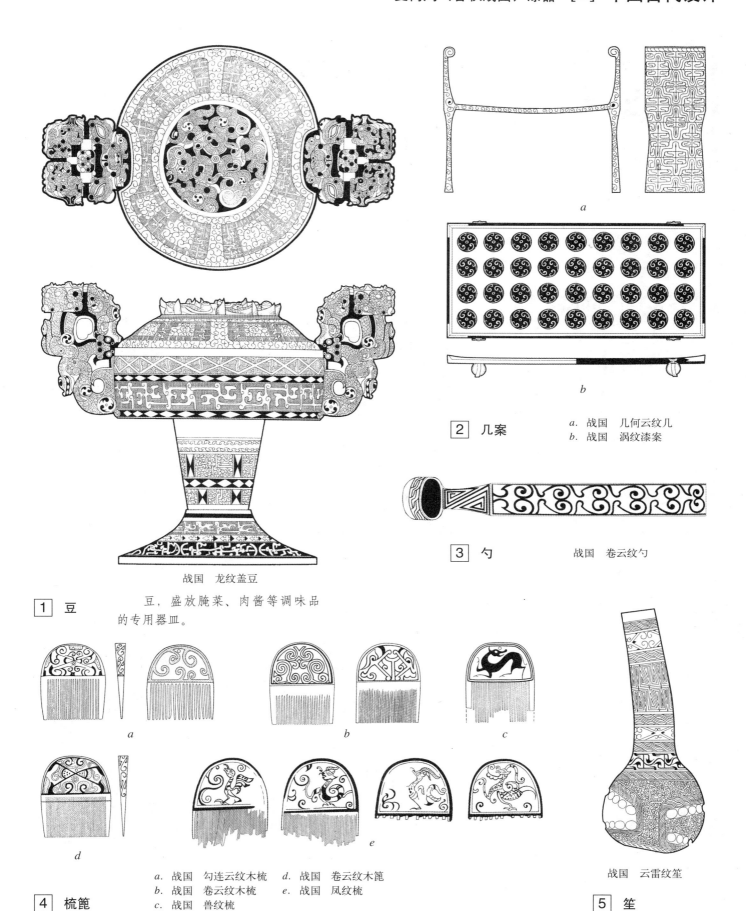

[1] 豆　战国　龙纹盖豆
豆，盛放腌菜、肉酱等调味品的专用器皿。

[2] 几案
a. 战国　几何云纹几
b. 战国　涡纹漆案

[3] 勺　战国　卷云纹勺

[4] 梳篦
a. 战国　勾连云纹木梳
b. 战国　卷云纹木梳
c. 战国　兽纹梳
d. 战国　卷云纹木篦
e. 战国　凤纹梳

[5] 笙　战国　云雷纹笙

中国古代设计 [2]　夏商周（春秋战国）漆器

　　　　　　　　　　　　 a　　　　　　　　　　　　　　　　　　　　　　b

1　镜　　a. 战国　漆绘方格卷云纹铜方镜
　　　　　b. 战国　凤凰纹彩漆铜镜

战国　夸父追日衣箱

a. 俯视（四兽纹）
b. 正视（夸父追日及兽纹）
c. 侧视（蘑菇状云纹）
d. 侧视（鸟云纹）

2　衣箱

战国　蟠蛇卮

卮，盛酒的器皿。

3　卮

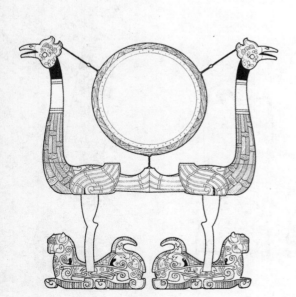

战国　虎座鸟驾悬鼓

4　鼓

战国　变形雷纹木桶

5　木桶

战国　凤鸟纹漆筒

6　漆筒

秦汉六朝工具 [2] 中国古代设计

秦汉六朝工具

秦汉时期出现了大量的铁制农具，大大提高了生产力。随着经济的繁荣，出现了称量工具、交通工具。指南车、地动仪、日晷的出现，说明科学技术在这一时期有了很大的发展。

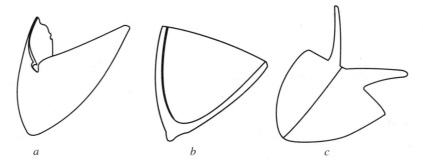

铁铧是耕犁发土的锋口，它在犁的前端承受最大的冲击力和摩擦力。铧的前端成锐角或钝角，前低后高，中部突起，有的上有突脊，而下面板平，有的上下都有突起，从而利于入土和发土。

1 铁耙　　两汉时期铁耙

2 铁铧　a. 秦铁犁铧（秦始皇陵出土）　c. 两汉时期装有辟土的铁铧
　　　　b. 两汉时期铁铧

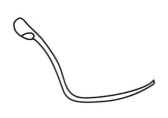

西汉　铁钹镰

汉　双进料手推磨

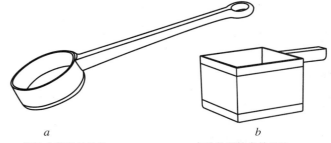

a. 籥是古代容量单位。　　b. 方斗是量粮食的器具。

3 铁钹镰　　4 手推磨　　5 称量器具　a."新莽始建国之年"籥
　　　　　　　　　　　　　　　　　　b."新莽始建国之年"方斗

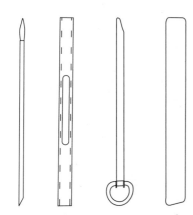

该毛笔笔长182mm，直径4mm，笔毛长25mm。笔套的终端有一个长85mm的对穿空槽，从两侧可以看到笔套内的笔杆。铜削既可用来削磨竹简上不平的表面，又可刮去竹简、木牍上的错字，便于书写。

a. 秦　毛笔（湖北云梦县城关西部睡虎地秦墓出土）
b. 秦　毛笔套（同上）
c. 秦　铜削（同上）
d. 秦　铜削套（同上）

该毛笔与笔筒均为竹制杆，笔杆长219mm，直径6mm。笔头长16mm，插在笔管的空腔内。

e. 汉　毛笔（甘肃武威磨嘴子49号汉墓出土）
f. 汉　毛笔筒（甘肃武威磨嘴子49号汉墓出土）

6 毛笔

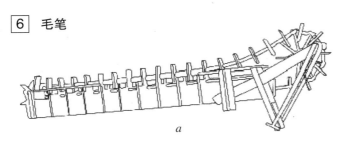

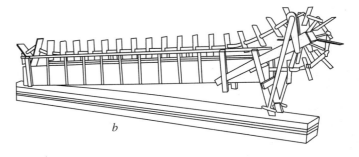

7 水车　　a. 东汉　龙骨水车
　　　　　b. 三国　水排

中国古代设计 [2]　秦汉六朝工具

轺车是古代一种轻便的小马车。

a. 西汉　栈车（湖南长沙伍嘉陵）
b. 汉　铜轺车
c. 东汉　木牛车
d. 东汉　马车
e. 东晋　铜牛车

乘坐牛车是汉人的习惯，盛行于东晋贵族间。

[1] 车

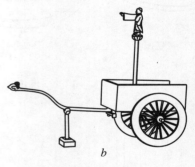

指南车是我国古代一种机械定向装置，是古代皇帝出巡时所用的仪仗车辆。

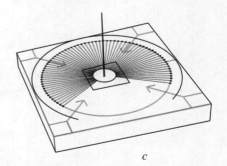

日晷，是我国古代一种根据太阳在天空中运行的实际位置来测定时间的器具。托克托日晷晷面为275mm×274mm，厚度为35mm，晷面从里到外刻画有三个圆圈，外圆圈直径约234mm。在中圆圈与外圆圈间刻有1～69的数字，这些数字与中圆上的小孔相对应。晷针处于晷面中心，其投影所对应的数字就是准确时间。

地动仪青铜制造，如果哪个方向发生了地震，朝着那个方向的龙嘴就会自动张开，把铜球吐进蛤蟆的嘴里，发出响亮的声音，作出地震警报。

a. 东汉　地动仪
b. 三国　马钧指南车
c. 秦末汉初　托克托日晷（内蒙古呼和浩特托克托地区）

[2] 仪器

秦汉六朝陶瓷

名称\时代 器形	三国	西晋	东晋	南朝
虎子				
鸡壶				
香薰				
砚				
蛙形水盂				
槅				
碗				
钵				
盆				
罐				
唾壶				
盘口壶				

三国、两晋、南朝南方青瓷常见器物演变图

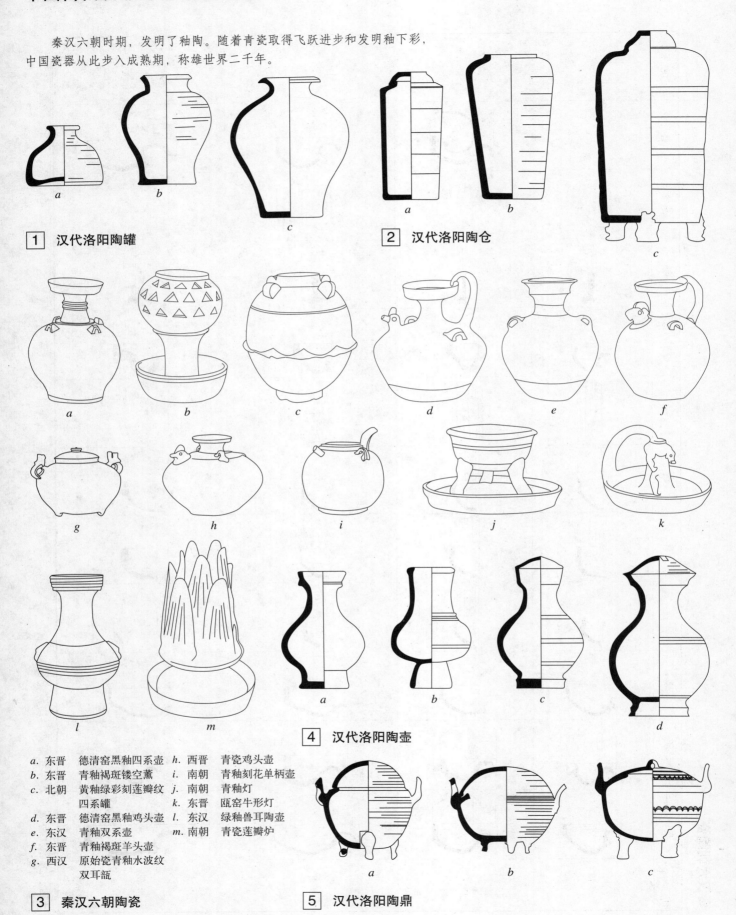

秦汉六朝铜器 [2] 中国古代设计

秦汉六朝铜器

秦汉以来，铜器工艺呈现出多样化的发展，突破了商周以来那种威严、凝重的特征，变得清新活泼起来。器物逐渐失去了祭祀和礼器的功用，增加了生活、享乐的功能。日用器方面，产量较大的有铜镜、洗、壶、灯、炉、奁等，这些器物一方面是应新生活需求而兴起的，另一方面则是漆器和瓷器不能全面取代它们。鼎、盘、匜也仍在继续使用，其他传统器型则基本绝迹了。汉代由于科技的发展，铜器还用于制作一些仪器和用具，如地动仪、温酒炉等。

秦汉六朝时期的铜器，以造型见长，器形多构思奇巧，日用器具中很多能集艺术与技术于一体，装饰除刻纹外，以金银错为主，充分展示材料本身之美。

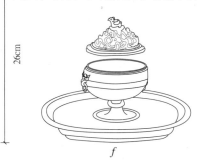

铜炉是秦汉时期兴起的新品种，有熏炉（又称博山炉）、暖手炉和温酒炉等类别。其中，熏炉是古代贵族焚香的用具，炉内燃烧香料，使室内充满香气。

[1] 铜炉
a. 汉代　兽炉　　c. 汉代　镀金银足节熏炉　　e. 汉代　错金流云纹神兽博山炉　　g. 汉代　提炉
b. 汉代　熏炉　　d. 汉代　博山炉（之一）　　f. 汉代　博山炉（之二）

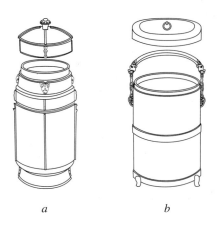   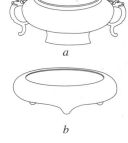

铜奁仿自漆奁，又称酒樽，是盛酒和温酒的器皿，也有的铜奁饰有镂空花纹，是为日常盛物或妇女化妆盒用。铜奁通常圆形体深，有盖，盖上带活环，圆腹旁有两个铺首（即兽面）活环耳，下有三兽足，内设多层，方便使用。

[2] 铜奁
a. 汉代　饕餮奁　　c. 汉代　兽环奁
b. 汉代　带纹奁　　d. 汉代　云纹奁

[3] 铜盂
a. 汉代　素盂
b. 汉代　宋盂

   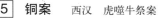

镳斗又称刁斗，有柄，是温食用的。

[4] 镳斗
a. 汉代　素　镳斗
b. 汉代　龙首镳斗
c. 汉代　熊足　镳斗

战国以来，铜器用于家具，继前代的禁、俎发展出现案、几、床。

[5] 铜案　西汉　虎噬牛祭案

中国古代设计 [2] 秦汉六朝铜器

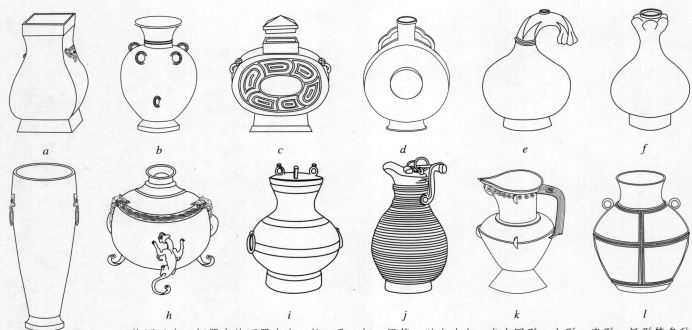

战国以来，铜器中的酒器有壶、钫、盉、杯、卮等，以壶为主。壶有圆形、方形、扁形、瓠形等多种形式，从功能上看，壶取代了以前尊和卣的地位。汉代的壶，圆形称为钟，方形称为钫，通常为鼓腹、小颈、侈口、圈足，腹的两侧多有铺首衔环。

[1] **铜壶**

- a. 汉代　蟠夔方壶
- b. 汉代　素壶
- c. 汉代　兽环扁壶
- d. 汉代　素扁壶
- e. 汉代　曲颈温壶
- f. 汉代　蒜头温壶
- g. 汉代　兽环壶
- h. 汉代　三螭壶
- i. 西代　鸟篆文壶
- j. 汉代　鹰首壶
- k. 汉代　梅花纹壶
- l. 汉代　烙纹壶

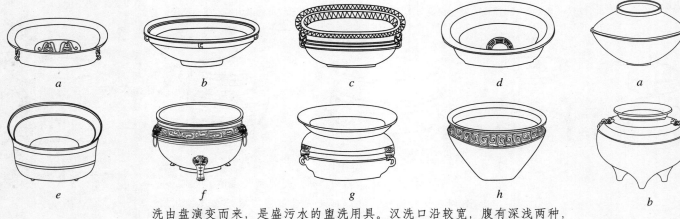

洗由盘演变而来，是盛污水的盥洗用具。汉洗口沿较宽，腹有深浅两种，多为平底，也有圜底。洗内底多有凸线的鱼纹装饰，并多有铭文，有"长宜子孙"、"富贵昌宜侯王"、"大吉羊"等吉祥语。

[2] **铜洗**

- a. 汉代　双鱼浅腹洗
- b. 汉代　素洗（之一）
- c. 汉代　弦纹洗
- d. 汉代　八卦洗
- e. 汉代　素洗（之二）
- f. 汉代　蟠夔洗
- g. 汉代　泉洗
- h. 汉代　云纹深腹洗

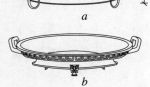

盘的形制多口大腹浅、圈足、双耳，便于搬动和放置。战国末期出现无足无耳式，有向汉洗转化的倾向。

[3] **铜盘**

- a. 西汉　漆绘铺首衔环盘
- b. 汉代　回纹盘

[4] **铜盦**

- a. 汉代　盘云盦
- b. 汉代　螭耳盦

[5] **铜鍑**

- a. 汉　素鍑
- b. 汉　蟠虺鍑
- c. 汉　金鍑

秦汉六朝铜器 [2] 中国古代设计

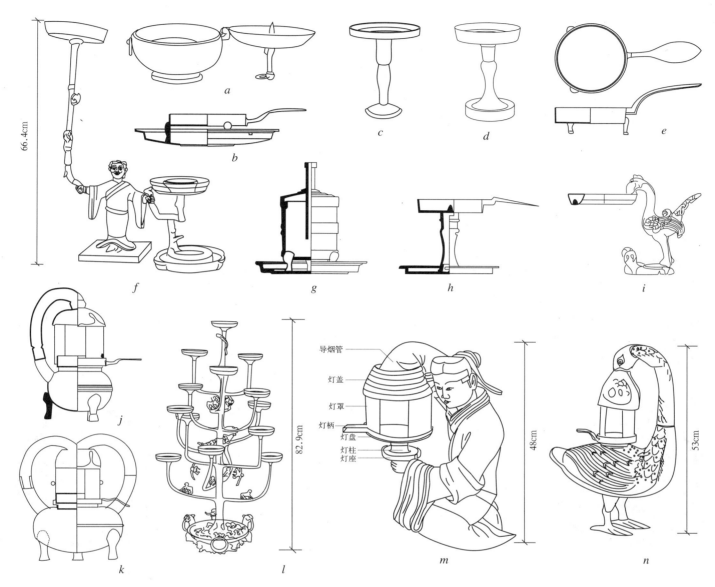

1 铜灯

灯是照明用的器物，战国时期的铜灯，造型上一般做成动物形、人物形和植物形。汉代的灯应用更加广泛，更加注重实用性和技术性，形式主要有筒灯、行灯、吊灯、盘灯和虹管灯，其主体部分仍以动物、人物的雕塑为主。

- a. 战国　簋形铜灯
- b. 汉代　铜拈灯
- c. 战国　勾连云纹灯
- d. 西汉　豆形铜灯
- e. 汉代　铜行灯
- f. 战国中期　银首俑灯
- g. 东汉　奁形铜灯
- h. 汉代　铜盘灯
- i. 汉代　朱雀盘灯
- j. 汉代　单烟管鼎形铜灯
- k. 汉代　双烟管鼎形铜灯
- l. 战国中期　十五连盏灯
- m. 西汉　长信宫灯
- n. 西汉　雁鱼灯

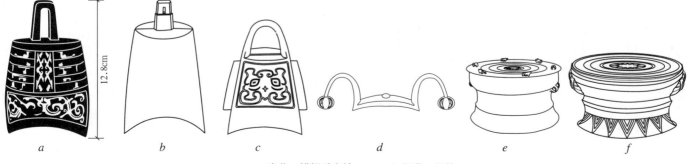

2 乐器

- a. 秦代　错银乐府钟
- b. 汉代　檐铎
- c. 汉代　风铃
- d. 汉代　旂铃
- e. 汉代　五铢钱纹铜鼓
- f. 汉代　铜鼓

中国古代设计 [2]　秦汉六朝铜器

铜镜

铜镜是青铜器中独成体系的妆奁用器，萌芽于金石并用时期，即传说中的夏代，形成于东周，盛于汉唐，而衰于宋元。盛水以照身影的铜器称为鉴，故镜又称鉴。铜镜的装饰主要在背面，内容非常丰富，创造了很多适合圆形的纹样，具有极高的艺术价值。

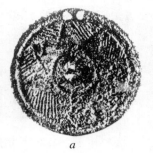

1　早期铜镜

东周以前的铜镜除了少数异形镜外，多为扁圆形，背面均铸有半圆形系纽。装饰以素面为主，间有几何图案和简单动物图形纹，线条简单朴素。

a. 齐家文化　七角星几何纹铜镜　　b. 商代晚期　连珠沿羽状纹铜镜　　c. 西周时期　动物纹铜镜

2　战国铜镜

战国时期的铜镜多为圆形薄胎，背面中心有乳状、鼻形和川字形小纽。外缘素卷或作连弧状。装饰特点为有主、地纹的双层花式，根据主纹的变化可分为多种镜纹，此外还有不饰主纹的纯地纹镜。地纹主要有回纹、羽状纹。

a. 羽状纹地五山纹铜镜，直径19.5cm
b. 羽状纹方连纹铜镜，直径11.7cm
c. 羽状纹地四叶纹铜镜，直径11.2cm
d. 羽状纹铜镜，直径10.3cm
e. 兽面纹地叶纹铜镜，直径10.7cm
f. 羽状纹地变形五兽纹铜镜，直径19.5cm
g. 云纹地三龙纹铜镜，直径11.5cm
h. 刺绣状凤纹铜镜，直径18.5cm

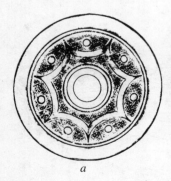

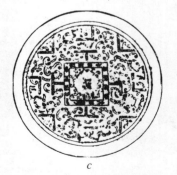

3　西汉铜镜

a. 云锦纹地连弧纹铜镜，直径19cm
b. 云锦纹地方连龙凤纹铜镜，直径19.2cm
c. 大乐贵富规矩龙纹铜镜，直径14.2cm
d. 涡纹地方蟠龙纹铜镜，直径13cm

秦汉六朝铜器 [2] 中国古代设计

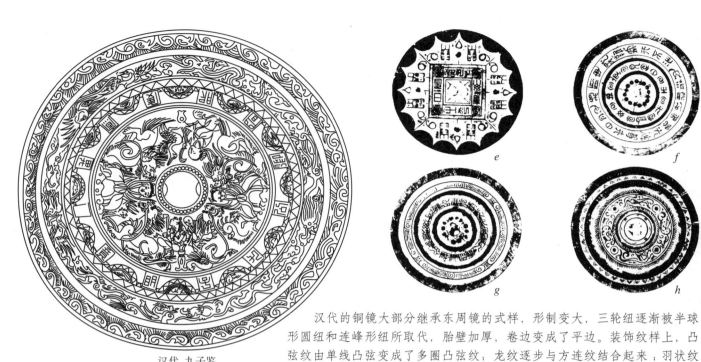

汉代 九子鉴

1 西汉铜镜

汉代的铜镜大部分继承东周镜的式样，形制变大，三轮纽逐渐被半球形圆纽和连峰形纽所取代，胎壁加厚，卷边变成了平边。装饰纹样上，凸弦纹由单线凸弦变成了多圈凸弦纹；龙纹逐步与方连纹结合起来；羽状纹地和云锦纹地逐渐向大涡纹演变，规矩纹和没有地纹的铭文镜开始流行。

e. 见日之光连弧沿草叶纹铜镜，直径 13.7cm
f. 日光昭明连珠纹铜镜，直径 13.4cm
g. 铜华锦带纹铜镜，直径 12.5cm
h. 鸟纹铜镜，直径 10.5cm

2 新莽铜镜

这个时期铜镜的装饰特点是带状花边大量流行，主纹中的四神、四灵和仙人瑞兽大量涌现。

a. 四乳四灵纹铜镜，直径 11.7cm
b. 规矩禽兽纹铜镜，直径 19.2cm
c. 四乳禽兽纹铜镜，直径 16.3cm
d. 上太山规矩禽兽纹铜镜，直径 18.8cm

a. 锦带钱文铜镜，直径 12.3cm
b. 六乳四灵纹铜镜，直径 13.5cm
c. 六乳鸟纹铜镜，直径 11.5cm
d. 巧工刻之六乳人物纹铜镜，直径 19cm
e. 尚方作规矩鸟纹铜镜，直径 13cm
f. 长宜子孙规矩仙人禽兽纹铜镜，直径 20cm

中国古代设计 [2] 秦汉六朝铜器

g　　　　　h　　　　　i　　　　　j

k　　　　　l

1　东汉铜镜

东汉铜镜开始出现浮雕式向圆雕和剪纸状工艺演变，其边缘除素面宽缘外，绝大部分饰以多种花边。镜纽逐渐变大，呈半圆形。装饰图案以仙人和禽兽为主，也出现人物和神兽照像镜。

g. 规矩四神纹铜镜，直径 11.3cm
h. 汉有善铜规矩仙人四灵纹铜镜，直径 21.8cm
i. 四龙纹铜镜，直径 14.8cm
j. 位至三公变形鸟纹铜镜，直径 17cm
k. 长宜子孙龙虎纹铜镜，直径 20.3cm
l. 虎纹铜镜，直径 9.8cm

a　　　　　b

c　　　　　d

汉代　八乳鉴

汉代　尚方鉴

2　六朝铜镜

六朝时期铜镜制作工艺趋于衰落。制作工艺显得粗糙。具有时代特征的新式样有扁圆形大纽诸镜。

a. 七乳雁纹铜镜，直径 10cm
b. 辟不祥纹铜镜，直径 19.4cm
c. 三羊作虎纹铜镜，直径 11.2cm
d. 位至三公连弧纹铜镜，直径 13.6cm
e. 东王父龙纹铜镜，直径 21.2cm
f. 三兽纹铜镜，直径 8.6cm
g. 对鸟纹铜镜，直径 9.5cm
h. 云纹铜镜，直径 9.5cm

e　　　　　f

g　　　　　h

秦汉六朝漆器 [2] 中国古代设计

秦汉六朝漆器

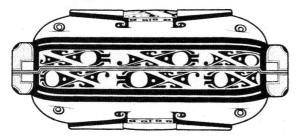

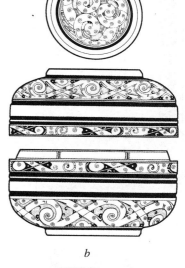

a. 秦 彩绘变形鸟纹双耳长盒
b. 汉 凤纹漆圆盒
c. 汉 云纹耳杯盒

[1] 盒

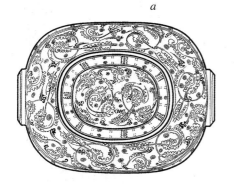

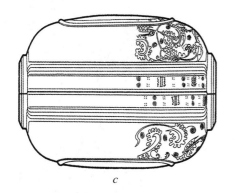

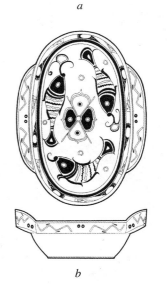

秦代漆器主要为生活日用器皿，轻巧华丽，为了显贵耀富，多用金银铜扣。秦代漆器以木胎为主，新器形有卮、匙、盂、扁壶、圆盒、双耳长盒、椭圆奁、凤鸟形勺等。彩绘仍以红黑为主，黑底绘红、赭色纹为多。纹样主要有凤纹、鸟纹、云气纹、卷云纹等。

汉代漆器在历史上达到一个高潮。漆器成型工艺仍以木胎、卷胎、夹纻胎为主，此外还有竹胎、皮胎等。汉代漆器的品种比战国丰富，有杯、匙、勺、盘、案等成套饮食器具；奁、盒、匣、箱等日用器具；还有大件器物如漆鼎、漆壶、漆钫等。

汉代漆器装饰手法以彩绘为主，一般器内红、器外黑，黑底上绘红为主兼有黄、白、绿、褐、金、银、蓝、灰等色，绘纹或细腻精致，或信笔挥洒。锥画、铜扣等技法继续流行。装饰纹样题材主要有：云气纹、人物纹、动物纹、植物纹、几何纹等。其装饰风格与战国时代相比，更加注重表现形式，追求强烈的节奏以及动感中的韵律。

[2] 耳杯

a. 秦 龙纹耳杯
b. 汉 彩绘三鱼纹耳杯
c. 汉 凤纹耳杯

中国古代设计 [2] 秦汉六朝漆器

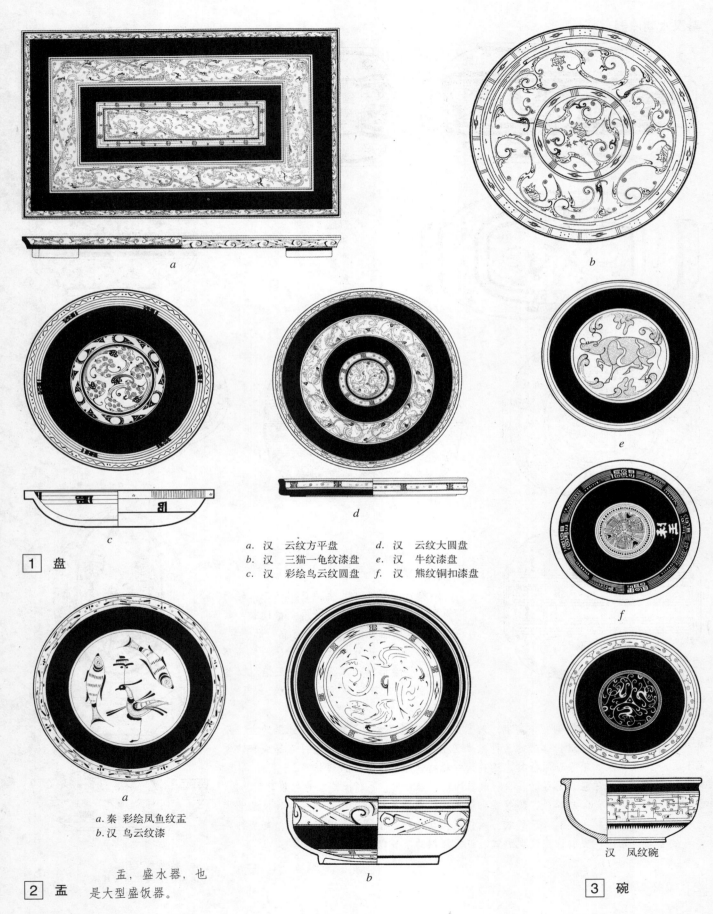

1 盘

a. 汉　云纹方平盘　　d. 汉　云纹大圆盘
b. 汉　三猫一龟纹漆盘　e. 汉　牛纹漆盘
c. 汉　彩绘鸟云纹圆盘　f. 汉　熊纹铜扣漆盘

2 盂

a. 秦　彩绘凤鱼纹盂
b. 汉　鸟云纹漆

盂，盛水器，也是大型盛饭器。

3 碗

汉　凤纹碗

秦汉六朝漆器 [2] 中国古代设计

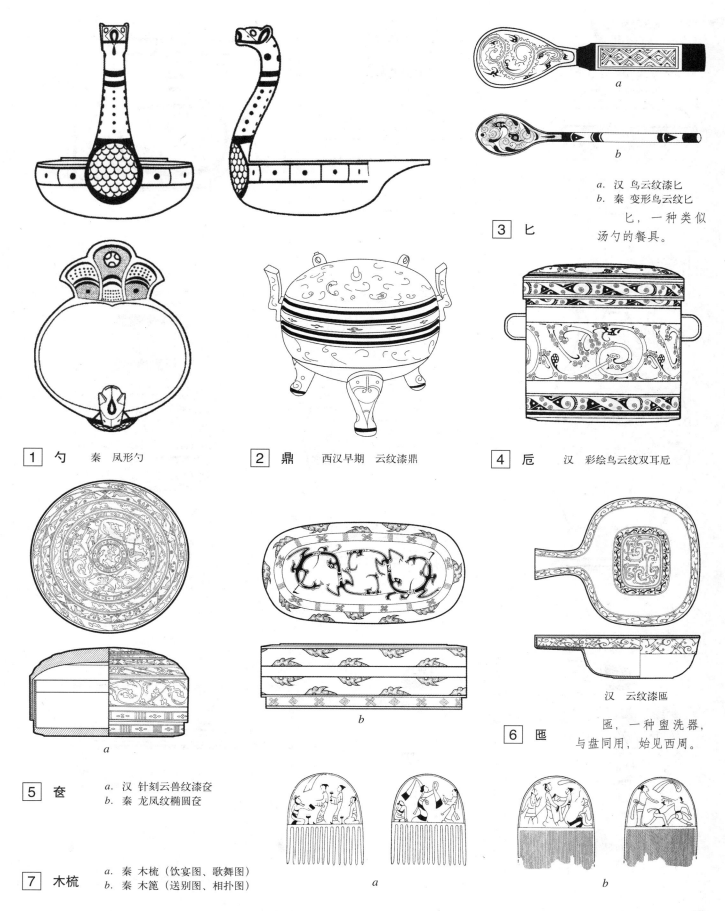

1 勺　秦 凤形勺

2 鼎　西汉早期 云纹漆鼎

3 匕
　a. 汉 鸟云纹漆匕
　b. 秦 变形鸟云纹匕
　匕，一种类似汤勺的餐具。

4 卮　汉 彩绘鸟云纹双耳卮

5 奁
　a. 汉 针刻云兽纹漆奁
　b. 秦 龙凤纹椭圆奁

6 匜　汉 云纹漆匜
　匜，一种盥洗器，与盘同用，始见西周。

7 木梳
　a. 秦 木梳（饮宴图、歌舞图）
　b. 秦 木篦（送别图、相扑图）

中国古代设计 [2] 秦汉六朝漆器

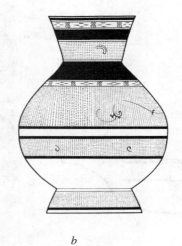
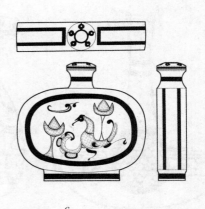

a. 秦 变形鸟纹壶
b. 汉 点纹漆壶
c. 秦 彩绘凤纹扁壶

1 壶

2 钫

钫，酒器，方口大腹。

a. 汉 鸟云纹漆绘陶钫
b. 汉 云纹漆钫

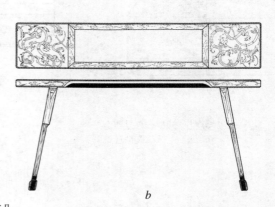

a. 汉 云纹漆几
b. 汉 龙纹漆几

3 几

58

秦汉六朝家具

中国家具历史悠久。产生于新石器时代，并于商、周形成雏形。铜器中的"俎"的形象代表了后代的几、案、杌、桌的母体形象，"禁"的形象则是后来的箱橱柜的起源。该时期的家具造型古朴，用线粗壮，漆饰单纯，纹饰拙犷。到春秋战国时期，髹漆工艺趋于成熟，故而出现了大量髹漆彩绘的案、俎、木几、木床等，坐榻、坐凳、框架式柜都是这个时期的新品种。该时期家具因席地而坐的生活方式，形制都很矮。秦汉到三国两晋南北朝时期，家具发展到床、榻、席、几、案、屏风、箱和衣架等，新品种有坐榻、坐凳、框架式柜。南北朝时，随着民族融合和佛教影响，高家具（如凳、胡床）开始出现。

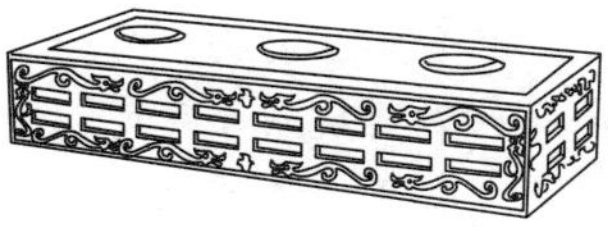

俎是一种用于奴隶主和贵族们在祭祀时放置宰屠牛羊的器具。

禁是一种用于祭祀时放置酒器的礼器。

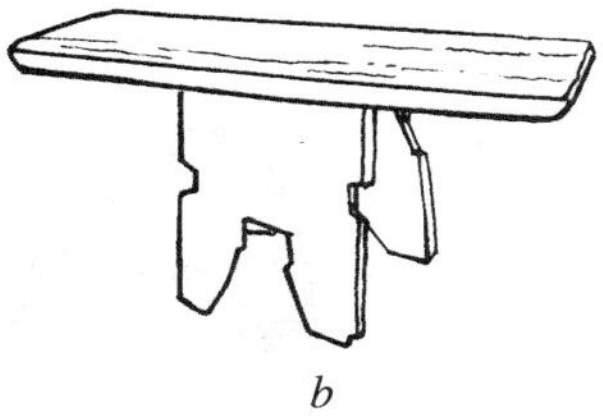

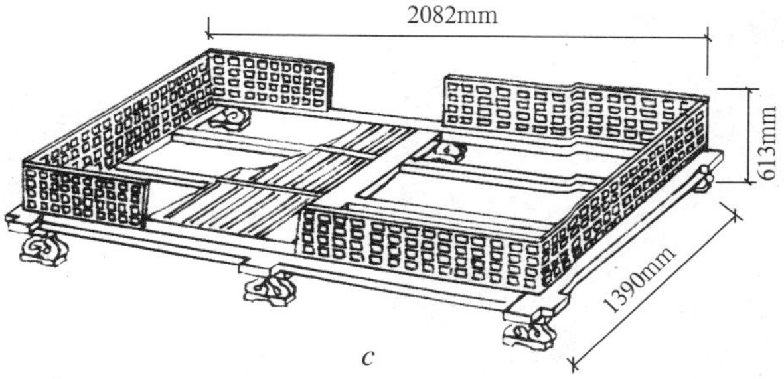

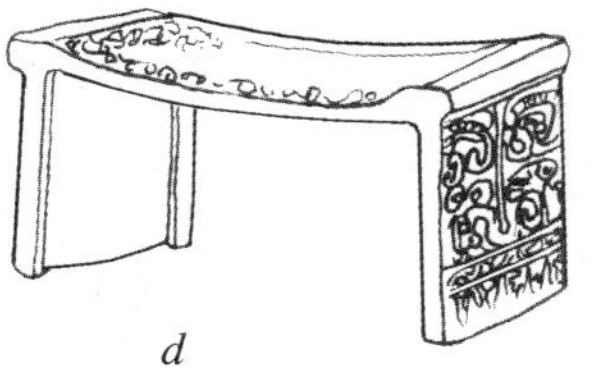

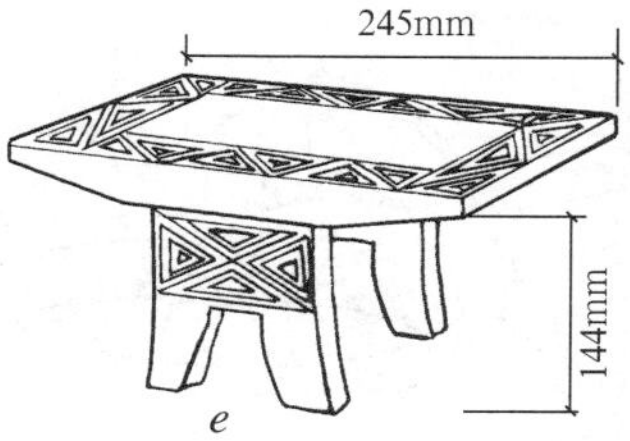

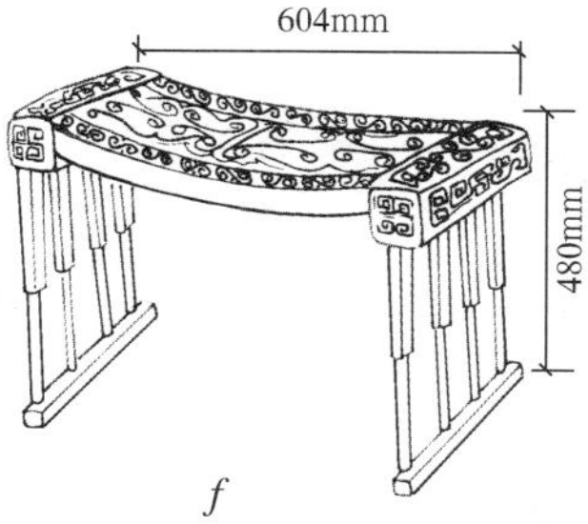

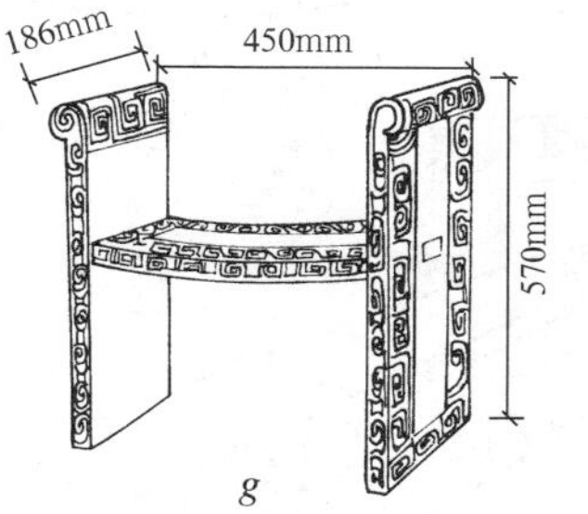

a. 商　铜禁
b. 战国　木俎　湖北江陵望山一号楚墓
c. 战国　卧榻式床　河南信阳长台关楚墓
d. 战国　俎
e. 战国　髹黑漆朱绘三角纹　河南信阳长台关楚墓
f. 商　木雕花几　河南信阳长台关楚墓
g. 战国　髹黑漆朱绘云纹木几　河南信阳长台关楚墓

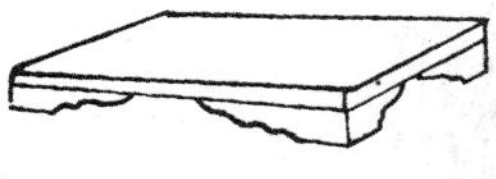

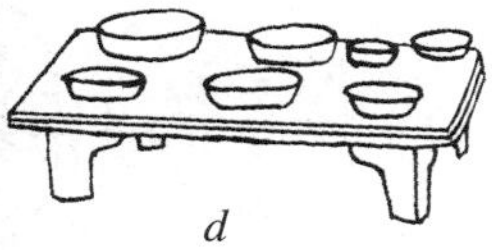

[1] 商—战国

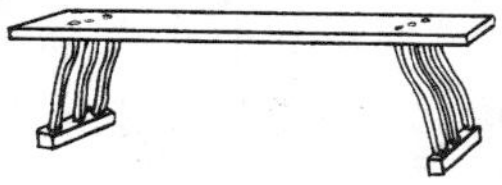

a. 汉　木几
b. 汉　翘头案
c. 汉　石榻　望都汉墓
d. 汉　陶案　江西南昌东汉墓
e. 汉　陶案　河南辉县百泉汉墓
f. 汉　长方四足案
g. 汉　陶橱（模型）
h. 汉　漆屏风　马王堆一号墓

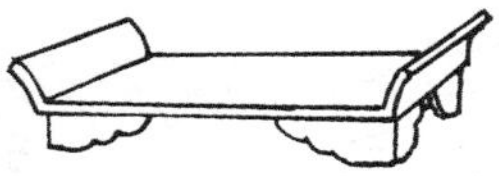

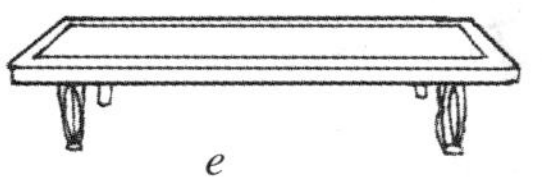

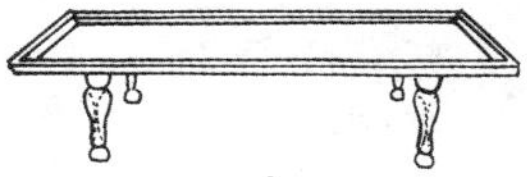

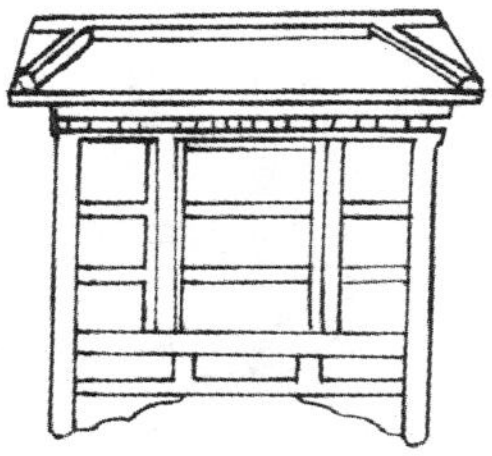

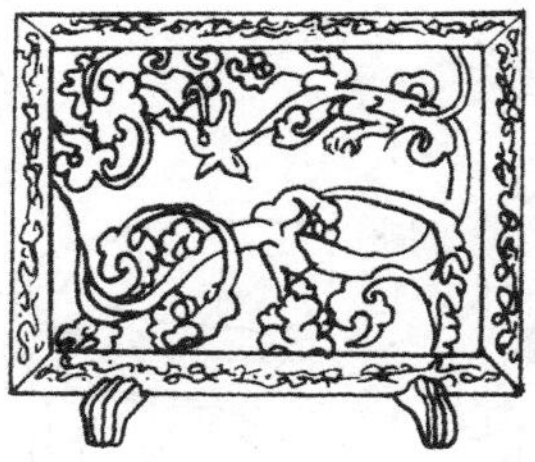

[2] 秦汉

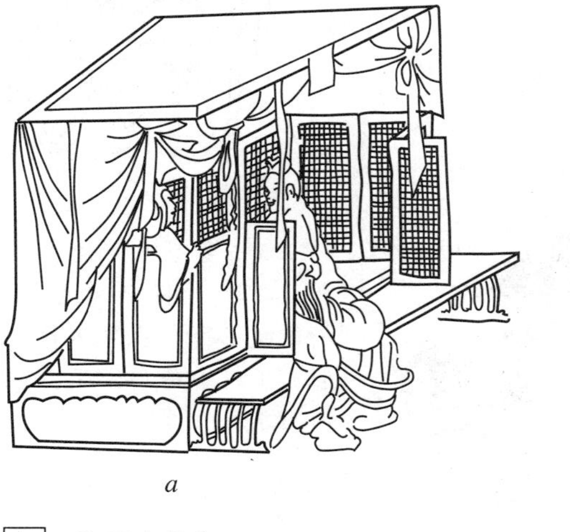

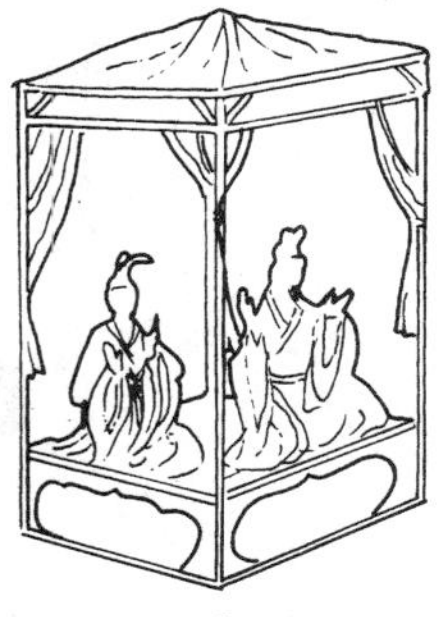

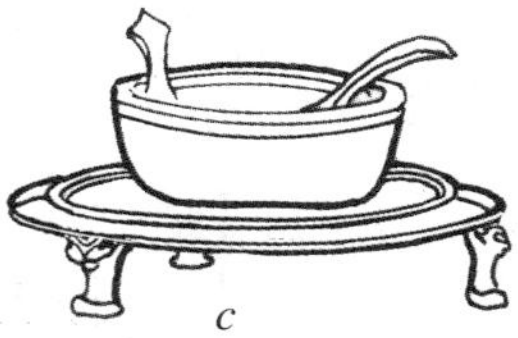

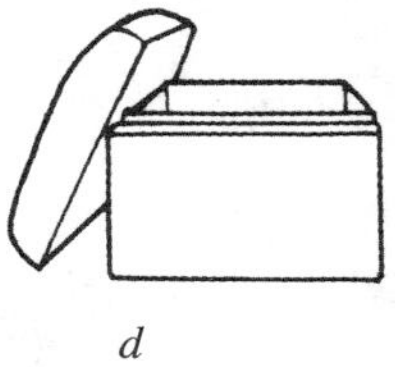

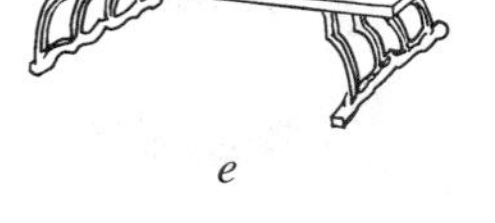

[3] 魏晋南北朝

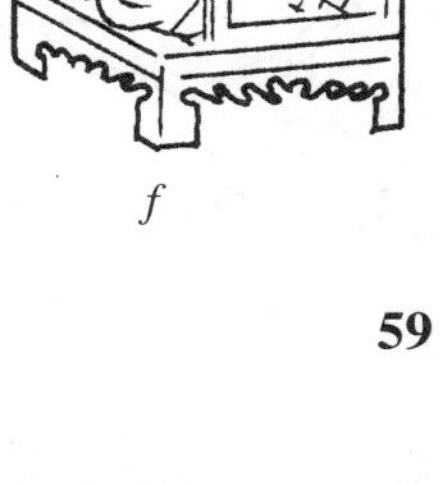

a. 东晋　床榻
b. 晋、南北朝　榻
c. 东晋　陶厄案
d. 晋、南北朝　箱
e. 南北朝　几
f. 晋、南北朝　独坐小榻

中国古代设计 [2] 隋唐五代工具

隋唐五代工具

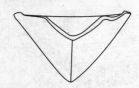

1 铁铧　唐铁犁铧

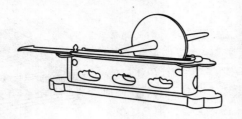

2 茶碾　唐鎏金鸿雁流云纹银茶碾子
（陕西扶风法门寺地宫出土）

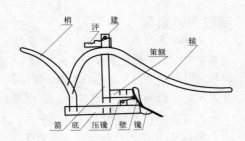

3 犁　唐曲辕犁结构及名称示意图

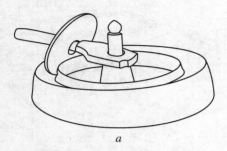
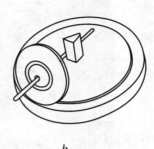

这是一组明器陶模，碾、米碓都与粮食加工有关。从一个侧面反映了唐时粮食加工的情况。

4 碾　a.隋唐白陶碾　b.唐陶碾　c.唐陶碾

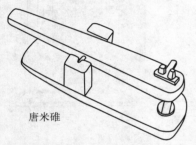

唐米碓

5 米碓　米碓是一种捣米的器具，多用石、木制成。

6 刀　唐掐丝菱纹柄金刀

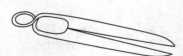

7 剪刀　唐外科手术剪刀

8 笔　a、b.唐毛笔　c.唐毛笔套

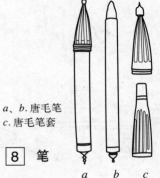

唐高转筒车

10 水车

9 砚　a.唐辟雍砚　b.唐白瓷砚台

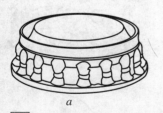
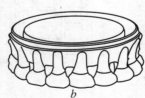
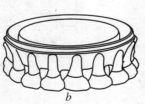
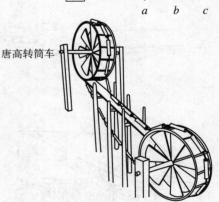

11 唐俑

这一组唐代彩绘俑展现了当时人们的劳动场景。从中我们可以看到唐代人们加工粮食的加工工具和加工方法。

a.唐簸粮俑
b.唐舂粮俑
c.唐烙饼俑

隋唐五代陶瓷 [2] 中国古代设计

隋唐五代陶瓷

　　隋唐时期的陶瓷业，在魏晋南北朝发展的基础上，在全国大一统的社会经济文化条件下，进入了一个全新的历史阶段。

　　青瓷是隋代瓷器生产的主要产品。青瓷器物造型基本上继承了南北朝时期的风格，但又有所变化，并创制了许多新的器形。常见器物有碗、盘、盂、杯、尊、壶、坛、罐、钵、盆、缸、烛台等。四系盘口瓶、高足盘等是隋代新创的器形。

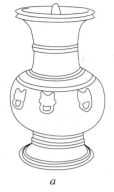
a

b

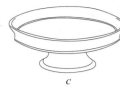
c

d

e

f

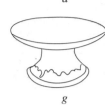
g

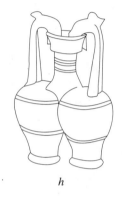
h

i

j

k

l

m

n

o

p

q

r

s

t

u

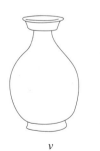
v

w

x

y

z

*

a. 白釉贴花带盖尊
b. 青釉杯
c. 青釉高足盘
d. 青釉高足盘
e. 青釉杯
f. 青釉高足盘
g. 青釉高足盘
h. 白釉龙耳双身瓶
i. 白釉四系瓶
j. 盘口壶
k. 盘口壶
l. 盘口瓶
m. 白釉烛台
n. 青釉莲瓣纹八系罐
o. 青釉四系盖罐
p. 青釉四系罐
q. 青釉印花四系罐
r. 白釉龙柄鸡头壶
s. 青釉印花四系壶
t. 青釉印花唾壶
u. 白釉唾壶
v. 青釉瓶
w. 青釉双系瓶
x. 酱釉玉壶春瓶
y. 青釉印花钵
z. 青釉四系盖罐
*. 青釉高足盘

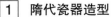
1　隋代瓷器造型

中国古代设计 [2] 隋唐五代陶瓷

时期＼器形 类别	唾壶		四系罐	四系罐	罐
唐高祖					
武则天 唐中宗					
唐代宗 唐德宗					
唐哀帝					

1 唐代典型器物示意图

隋唐五代陶瓷 [2] 中国古代设计

a. 五代　瓯窑褐彩执壶
b. 唐　邢窑白釉执壶
c. 唐　青瓷刻花花卉纹瓶
d. 唐　白釉双龙耳瓶
e. 唐　白釉花口壶
f. 隋　青釉莲瓣纹四系盘口瓶
g. 唐　越窑青釉八棱瓶
h. 唐　越窑青釉四系尊
i. 唐　越窑褐彩云纹镂花薰炉
j. 唐　三彩烛台
k. 唐　长沙窑贴花壶
l. 五代　越窑鸟式杯
m. 隋　青瓷莲花纹盘
n. 唐　白瓷辟雍砚
o. 五代　三瓣花式白瓷碟
p. 隋　白瓷四耳壶
q. 隋　白釉罐
r. 隋　青釉兔钮莲瓣纹权
s. 隋　青釉四系罐
t. 唐　白瓷海棠杯
u. 唐　花瓷腰鼓

唐代陶瓷得到更大发展，各制瓷中心已有窑名。种类有青瓷（越窑）、白瓷（邢窑）、彩瓷、唐三彩等。

[1] 隋唐五代陶瓷

中国古代设计 [2] 隋唐五代陶瓷

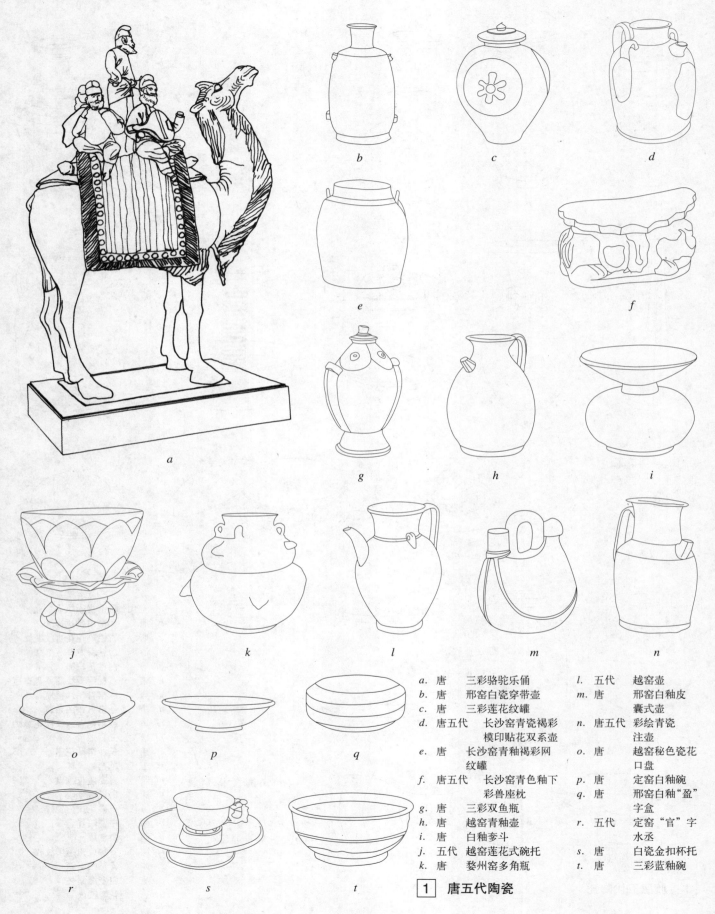

a. 唐　　三彩骆驼乐俑
b. 唐　　邢窑白瓷穿带壶
c. 唐　　三彩莲花纹罐
d. 唐五代　长沙窑青瓷褐彩模印贴花双系壶
e. 唐　　长沙窑青釉褐彩网纹罐
f. 唐五代　长沙窑青色釉下彩兽座枕
g. 唐　　三彩双鱼瓶
h. 唐　　越窑青釉壶
i. 唐　　白釉麦斗
j. 五代　越窑莲花式碗托
k. 唐　　婺州窑多角瓶
l. 五代　越窑壶
m. 唐　　邢窑白釉皮囊式壶
n. 唐五代　彩绘青瓷注壶
o. 唐　　越窑秘色瓷花口盘
p. 唐　　定窑白釉碗
q. 唐　　邢窑白釉"盈"字盒
r. 五代　定窑"官"字水丞
s. 唐　　白瓷金扣杯托
t. 唐　　三彩蓝釉碗

[1] 唐五代陶瓷

隋唐五代铜镜 [2] 中国古代设计

隋唐五代铜镜

隋代铜镜的胎壁较厚重，出现高缘和重缘装饰。绮丽的词句、生动活泼的瑞兽和珠圆玉润的圆雕式装饰逐渐兴起。

a. 落花四神纹铜镜，直径 16.6cm
b. 临池瑞兽纹铜镜，直径 13.5cm
c. 仙山并照四灵图

1 隋代铜镜

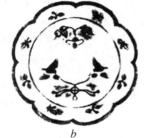

铜镜的制作、铸造工艺发展到唐代进入了第二个高峰期。装饰别具一格，在中国青铜铸造史上占有重要的地位。

a. 八枝形卷草纹铜镜，直径 4.8cm
b. 葵花形鸟衔同心结铜镜，直径 13.6cm
c. 葵花形万字纹铜镜，直径 14.2cm
d. 葵花形十二属飞天纹铜镜，直径 14.6cm
e. 葵花形八卦十二属纹铜镜，直径 14.7cm
f. 方形龙纹铜镜，直径 12.5cm
g. 四神鉴
h. 菱形双鸾衔同心结铜镜，直径 15cm
i. 葵花形蝶恋花铜镜，直径 21.5cm
j. 菱形葡萄花鸟纹铜镜，直径 10.9cm
k. 海兽葡萄鉴
l. 双龙鉴

2 唐代铜镜

中国古代设计 [2] 隋唐五代铜镜

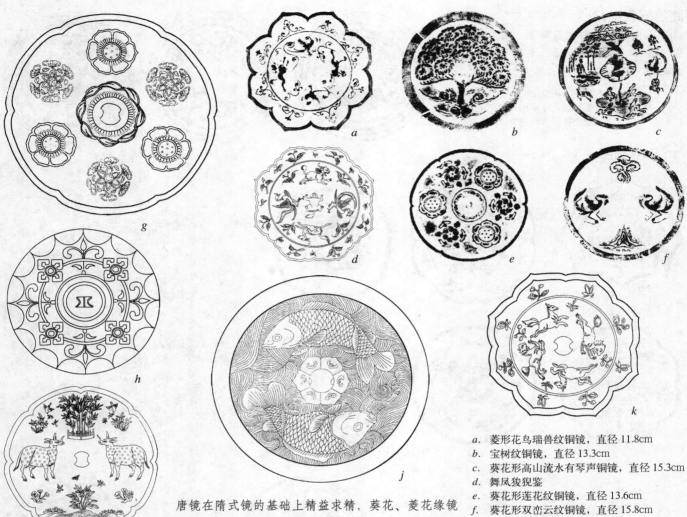

a. 菱形花鸟瑞兽纹铜镜，直径 11.8cm
b. 宝树纹铜镜，直径 13.3cm
c. 葵花形高山流水有琴声铜镜，直径 15.3cm
d. 舞凤狻猊鉴
e. 葵花形莲花纹铜镜，直径 13.6cm
f. 葵花形双峦云纹铜镜，直径 15.8cm
g. 宝相花鉴
h. 四乳鉴
i. 福禄鉴
j. 双鱼鉴
k. 瑞兽鉴

唐镜在隋式镜的基础上精益求精，葵花、菱花缘镜逐渐增多，还出现了亚字形镜。装饰纹样的内容开始由仙人、禽兽纹转向象征幸福和爱情的鸾凤、鸳鸯、花朵和蝴蝶等，风格一改汉代庄严肃穆、对称式的格调，出现放射状、散点状的图形分布，装饰变得更加自由活泼。

1 唐朝铜镜

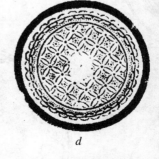

五代时期的铜镜铸造趋向轻薄，工艺较粗放，镜纽变小，模铸后大多用刀凿加工。造型上除了方、圆和花镜外，亚字形镜格外流行。

a. 亚字形孔雀双飞纹铜镜，直径 15cm
b. 方形宝相莲花纹铜镜，直径 11.5cm
c. 方形蝶恋花铜镜，直径 9.5cm
d. 连钱纹铜镜，直径 11.2cm
e. 符箓铭文铜镜，直径 11.5cm

2 五代铜镜

隋唐五代家具

隋唐五代是中国家具史上承上启下的时代，以"席地而坐"为特点的早期低矮家具向以"垂足而坐"为特点的高足家具过渡，从而出现了高低家具一时并用的局面。该时期家具种类繁多，有短几、长案、短案、高桌、低桌、方凳、圆凳、靠背椅、扶手椅、藤墩、床、榻、巾架、衣架、屏风、箱、橱、柜等，其中扶手椅、靠背椅、高桌条案和束腰筌蹄、壸门大案都是新出现的家具，同时传统家具都有增大尺寸的趋势。装饰方法有螺钿、平脱、金银绘、密陀僧绘、夹缬、蜡缬等。

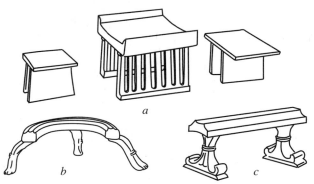

a、*b*、*c*. 均由河南安阳张盛墓出土。凭几是用以前伏或侧身依靠的几。春秋战国后开始流行。
a. 隋　瓷凳、瓷案
b. 隋　瓷凭几
c. 隋　瓷凭几

1　隋代家具

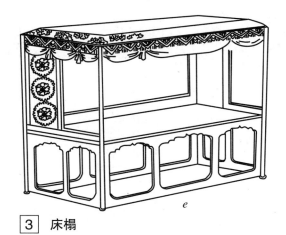

3　床榻

桌是由几案演变而来的，最早出现在唐代，有敦煌85号窟壁画为证。椅最早称倚，图片资料见于高元珪墓壁画，其形象拙朴，椅角粗大。

a. 唐　燕尾翘头案　　*d*. 唐　禅椅
b. 唐　壸门方案　　　*e*. 唐　圈椅
c. 唐　香几　　　　　*f*. 唐　公案

2　唐代桌椅

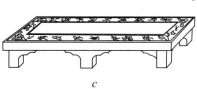

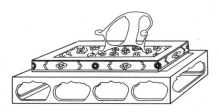

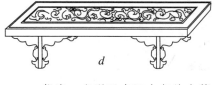

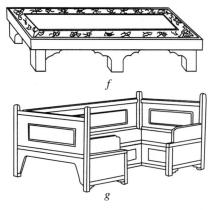

胡床，出现于东汉末年的少数民族地区，后传入中原。这种床是一种坐具，像现在的马札。早期的胡床由两木相交叉，床面用绳索连成，可以折叠。隋唐时期，形制发生变化。榻，实际为可坐可卧的小床，尺寸相对于床较小。唐代的床，有的上部设顶帐，四周围置可卸矮屏，下部多以壸门为饰，床上除有倚躺填腰的隐囊，还有依靠的凭几。

a. 唐　胡床
b. 唐　壸门重台禅榻及靠椅
c. 唐　壸门榻
d. 唐　卧榻　　　*f*. 五代　榻
e. 唐　壸门架子床　*g*. 唐　围床

中国古代设计 [2] 隋唐五代家具

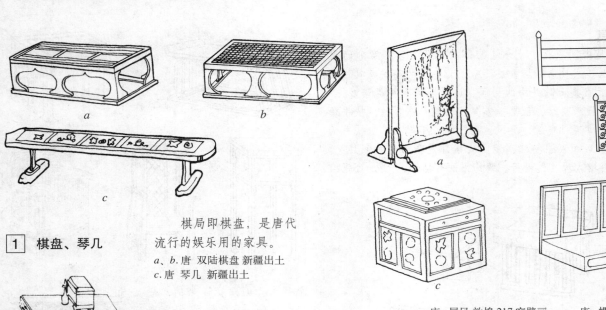

1 棋盘、琴几

棋局即棋盘，是唐代流行的娱乐用的家具。
a、b. 唐 双陆棋盘 新疆出土
c. 唐 琴几 新疆出土

2 屏风等

a. 唐 屏风 敦煌217窟壁画　　c. 唐 螺钿木盒 新疆出土
b. 唐 帷幄　　　　　　　　　d. 唐 床上屏风

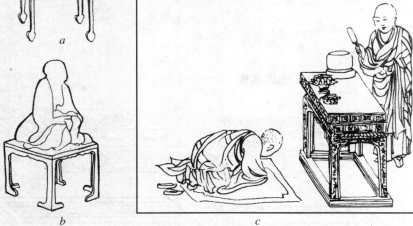

3 佛教家具

a. 唐 香案　　c. 唐 香案
b. 初唐 佛座　d. 唐 竹禅椅、足承

4 五代家具

南唐《韩熙载夜宴图》中出现的扶手椅、长桌、长凳、床、榻等家具造型合理实用，尺寸与人体比例较为协调。

a. 五代 带帐幔围屏床、围屏榻、条案、烛架
b. 五代 围屏拐角榻、条几、靠背椅、鼓架

宋辽金元工具 [2] 中国古代设计

宋辽金元工具

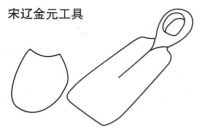

宋朝的犁由犁床、犁壁组成，犁壁置于犁床前端，用来耕地翻土。为了减轻翻土的阻力，当时多将犁壁制成桃形。

| 1 | 犁 | 北宋铁犁壁 |

这件农具形状类似现在农民使用的弯锄，是耕作所必需的主要农具。

| 2 | 锄 | 北宋铁弯锄 |

| 3 | 铲 | 辽宋西夏金时期的铁铲 |

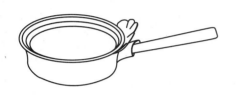

| 4 | 熨斗 | 辽宋西夏金时期熨斗 |

铜则是流行于11世纪中国贸易市场中的称量工具。它的重量单位是当时的标准重量"担"（百斤），折合为现在的重量是64公斤。需两个壮劳力借助从器具上端的圆孔中穿过的粗木棒才能提起。这种量器通常用于粮食业和盐业的贸易中。

| 5 | 称量工具 |

元大都路铜权，断面呈菱形，一侧阴刻汉文"大德八年大都路造"，另一侧刻"五十五斤秤"。

a. 北宋铜则
b. 元的秤砣

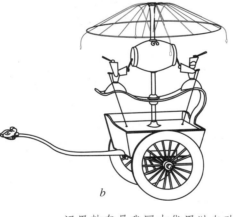

记里鼓车是我国古代用以自动记程的器械。

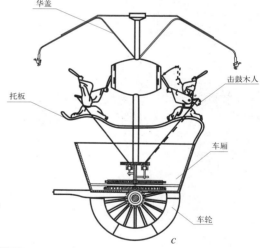

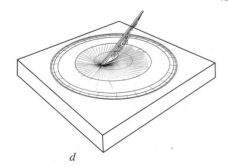

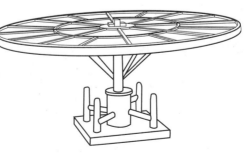

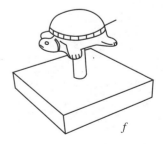

元方日晷由元代著名天文学家郭守敬所制造，铜制，方形，可以用来测量太阳的方位和高度，属于赤道日晷的一种。

农学家王祯设计发明了转轮排字盘。字盘为圆盘状，分为若干格，活字字模依韵排列在格内。

| 6 | 仪器 | a. 宋缕悬法指南针　c. 宋记里鼓车结构及名称示意图　e. 元转轮排字盘
| | | b. 宋记里鼓车　　　　d. 元方日晷　　　　　　　　　　　f. 元司南坊

中国古代设计 [2] 宋辽金元陶瓷

宋辽金元陶瓷

宋辽金元时期，迎来中国陶瓷史上百花齐放的黄金时代，形成六大窑系，五大名窑，宋瓷成为后世追仿的典范和无价瑰宝。

与唐代陶瓷大量吸收外域文化的影响相比，宋代则具有极为鲜明的中国特色和民族意识。宋瓷没有唐瓷那样雍容华贵、气氛热烈；也没有明清瓷器那样繁缛纤细、色彩艳丽；而是表现出一种崇高端庄、气魄恢宏、清纯冷峻的时代精神。

宋代陶瓷品类极其繁多，曾有"唐八百，宋三千"之说。事实上，从宋代开始，陶瓷器物已完成了生活日用品和艺术陈设品之间的分离。

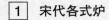　宋代各式炉

景德镇 j、m、n；龙泉窑 c、p；哥窑 b、k；建窑 f、i；钧窑 d、q；耀州窑 a、e、g、h、l、o。

a. 刻花五足炉
b. 三足炉
c. 鱼耳炉
d. 海棠式炉
e. 刻花模印力士炉
f. 青白瓷镂空薰炉
g. 五足薰炉
h. 镂空炉
i. 青白瓷浮雕莲瓣炉
j. 青白瓷镂空薰炉
k. 鼎式炉
l. 刻花炉
m. 青白瓷炉
n. 刻花五足炉
o. 青白瓷镂空薰炉
p. 鬲式炉
q. 三足炉

宋辽金元陶瓷 [2] 中国古代设计

1　宋代各式瓶

景德镇 c、s；龙泉窑 e、n、r、v；官窑 o；哥窑 u；磁州窑 t；磁州窑系 g；登封窑 m；定窑 k、l；耀州窑 b、h、i、p、q。

- a. 白釉莲瓣口六管瓶
- b. 凸雕龙纹瓶
- c. 青白瓷瓜棱瓶
- d. 珍珠地划花六管瓶
- e. 琮式瓶
- f. 白地褐花瓶
- g. 白地黑花瓶
- h. 刻花瓶
- i. 刻花瓶
- j. 白釉瓶
- k. 刻花螭纹瓶
- l. 刻花瓶
- m. 珍珠地划花双虎纹瓶
- n. 双耳瓶
- o. 弦纹瓶
- p. 刻花瓶
- q. 刻花瓶
- r. 弦纹瓶
- s. 青白瓷瓶
- t. 白地黑花瓶
- u. 哥窑瓶
- v. 双耳瓶

71

中国古代设计 [2]　宋辽金元陶瓷

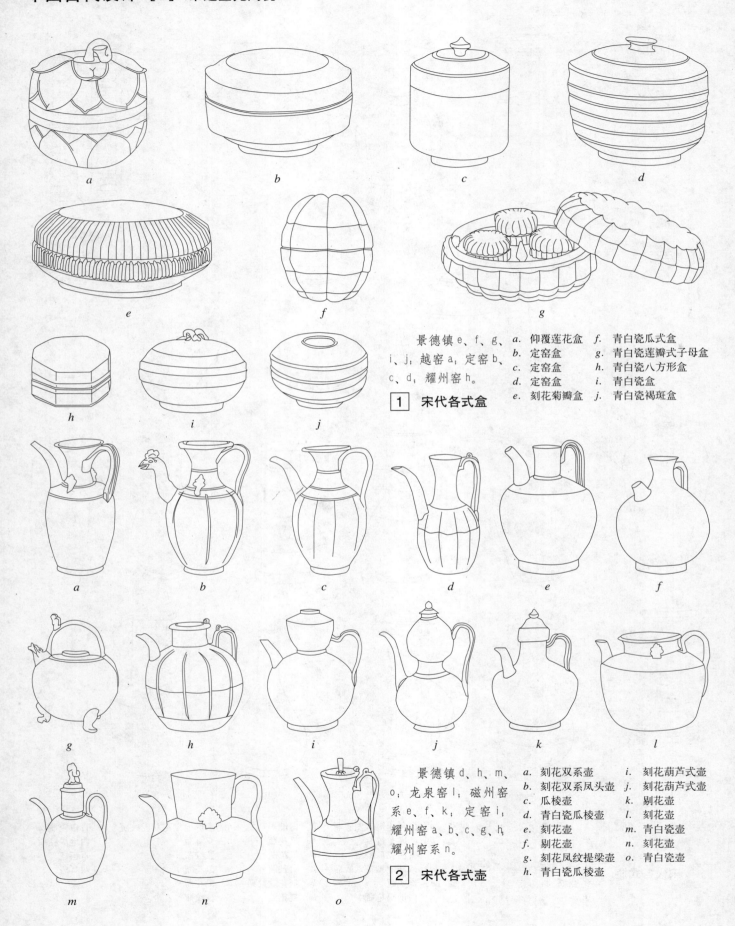

景德镇 e、f、g、i、j；越窑 a；定窑 b、c、d；耀州窑 h。

a. 仰覆莲花盒　　f. 青白瓷瓜式盒
b. 定窑盒　　　　g. 青白瓷莲瓣式子母盒
c. 定窑盒　　　　h. 青白瓷八方形盒
d. 定窑盒　　　　i. 青白瓷盒
e. 刻花菊瓣盒　　j. 青白瓷褐斑盒

1 宋代各式盒

景德镇 d、h、m、o；龙泉窑 l；磁州窑系 e、f、k；定窑 i；耀州窑 a、b、c、g、h；耀州窑系 n。

a. 刻花双系壶　　　　i. 刻花葫芦式壶
b. 刻花双系凤头壶　　j. 刻花葫芦式壶
c. 瓜棱壶　　　　　　k. 剔花壶
d. 青白瓷瓜棱壶　　　l. 刻花壶
e. 刻花壶　　　　　　m. 青白瓷壶
f. 剔花壶　　　　　　n. 刻花壶
g. 刻花凤纹提梁壶　　o. 青白瓷壶
h. 青白瓷瓜棱壶

2 宋代各式壶

宋辽金元陶瓷 [2] 中国古代设计

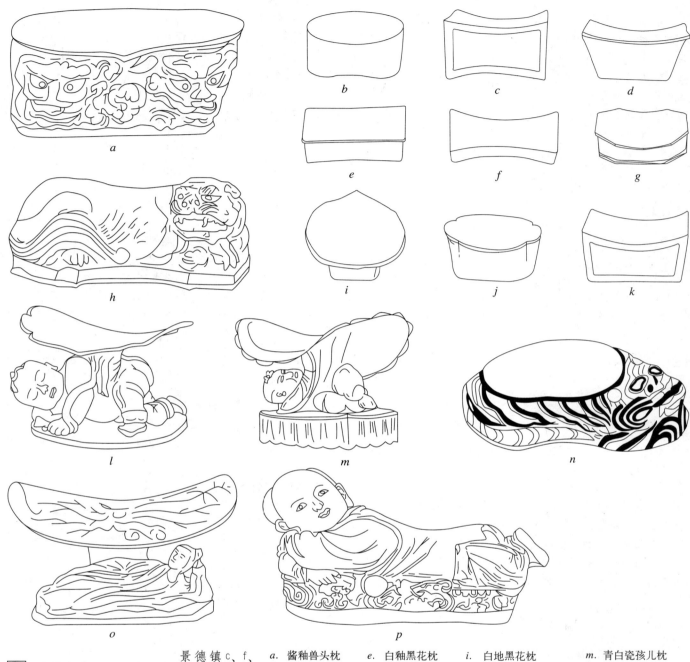

[1] 宋代各式枕

景德镇 c、f、m、o；瓷州窑 e、i、k；磁州窑系 n。

a. 酱釉兽头枕
b. 白釉剔花枕
c. 青白瓷枕
d. 酱釉枕
e. 白釉黑花枕
f. 青白瓷枕
g. 白釉黑花枕
h. 白釉卧虎枕
i. 白地黑花枕
j. 珍珠地划花枕
k. 白釉刻花枕
l. 耀州窑系孩儿枕
m. 青白瓷孩儿枕
n. 虎枕
o. 青白瓷卧女枕
p. 定窑孩儿枕

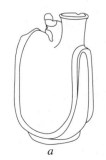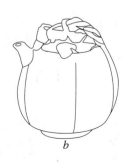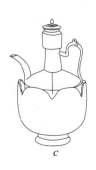

a. 辽白釉皮囊壶
b. 辽白釉瓜形提梁壶
c. 辽白釉注壶托碗
d. 辽褐绿釉龙梁皮囊壶
e. 辽褐釉马镫壶

[2] 辽代陶瓷

73

中国古代设计 [2] 宋辽金元陶瓷

越窑，中国最早的瓷窑之一，开烧制"青瓷"先河，从而结束了中国由陶到瓷的漫长历程，开创了瓷器生产新纪元。

a. 北宋　越窑青瓷刻花莲瓣纹多管壶

定窑，宋代五大窑中惟一烧制白瓷的窑场，首创瓷器覆烧工艺，并以印花、刻花、划花装饰瓷器而著称于世。

定窑白瓷的器物，口部不挂釉，露出胎体而成毛边，俗称"芒口"，即是采用覆烧工艺，把盘碗反扣的方法烧制，这是定窑的首创。

1 越窑

a. 宋　　白釉盏托
b. 北宋　定窑白瓷瓜式壶
c. 宋　　定窑盘口梅瓶
d. 北宋　定窑白釉刻花净瓶
e. 南宋　定窑白瓷凤首瓶
f. 北宋　定窑带盖水壶
g. 北宋　定窑五足薰炉

2 定窑

3 官窑

官窑，从北宋汴京"开封官窑"，到南宋杭州"修内司官窑"和"郊坛下官窑"，以"紫口铁足"为特征，成为稀世之宝。

开封官窑的传世器物主要有碗、瓶、洗等。采用支钉支烧，青釉釉色很淡，器身开纵横交错的大块纹片。因以含铁量较多的瓷土制胎，胎色紫黑，足部不上釉，铁骨外露。

郊坛下官窑的器物釉色都以粉青为主，有纹片。在器物的底部落脱处、口沿和棱角釉薄处，胎都会烧成紫褐色，称为"紫口铁足"。

a. 南宋　官窑粉青葵瓣口洗
b. 南宋　官窑青瓷八角瓶
c. 南宋　官窑贯耳瓶
d. 南宋　官窑天青釉罐
e. 宋　　官窑葵瓣洗

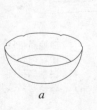  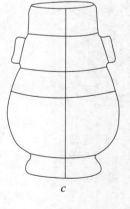 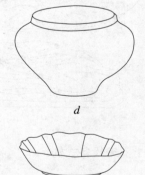

宋代吉州窑专烧黑釉瓷器，以釉面色泽千变万化而著称。

a. 金　黑釉剔花瓶
b. 元　黑釉铁锈花花卉纹瓶
c. 元　吉州窑鸟食罐一对
d. 金　黑釉褐彩花卉纹瓶

  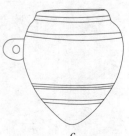 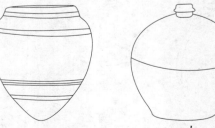

4 吉州窑

宋辽金元陶瓷 [2] 中国古代设计

汝窑，宋代五大名窑中最短命的窑场，传世仅存70余件，价值连城，弥足珍贵。

汝窑瓷器的主要特征是集众家之长，又有自己的独创。它采用了南方越窑的釉色，继承了定窑的印花技术，创造了印花青瓷的独特风格。汝窑主要生产碗、盘、碟、出戟尊、玉壶春瓶、十瓣葵花口碗、葵瓣盏托、椭圆形水仙盘等器。其中椭圆形四足盆是汝窑的独特造型。

汝窑瓷器的烧造有两种方法，一种是支钉支烧，另一种是垫圈或垫饼垫烧。采用前者的器物通体施釉，器底留有支钉痕，支钉细小如芝麻状。

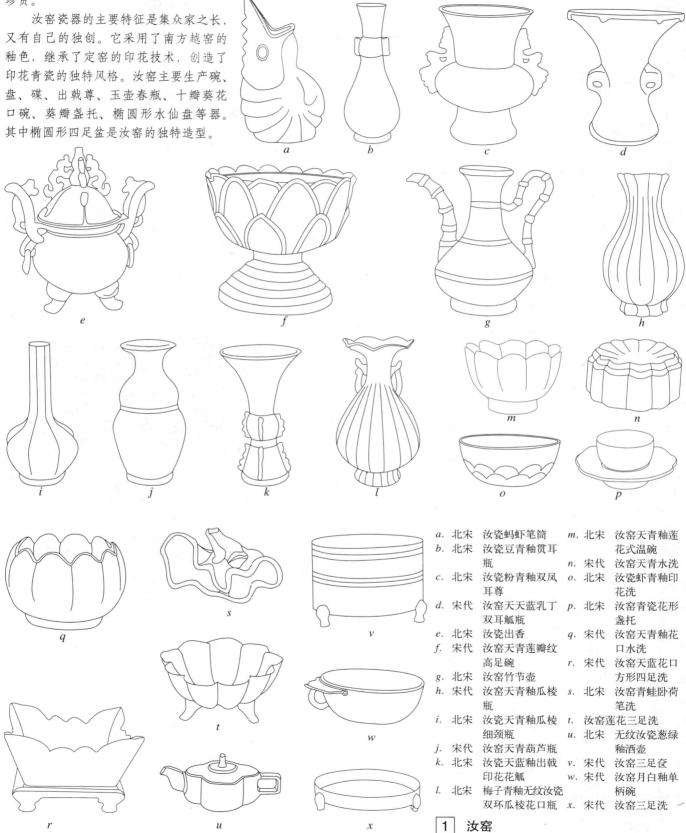

a. 北宋　汝瓷蚂虾笔筒
b. 北宋　汝瓷豆青釉贯耳瓶
c. 北宋　汝瓷粉青釉双凤耳尊
d. 宋代　汝窑天天蓝乳丁双耳觚瓶
e. 北宋　汝瓷出香
f. 宋代　汝窑天青莲瓣纹高足碗
g. 北宋　汝窑竹节壶
h. 宋代　汝窑天青釉瓜棱瓶
i. 北宋　汝瓷天青釉瓜棱细颈瓶
j. 宋代　汝瓷天青葫芦瓶
k. 北宋　汝窑天蓝釉出戟印花花觚
l. 北宋　梅子青釉无纹汝瓷双环瓜棱花口瓶
m. 北宋　汝窑天青釉莲花式温碗
n. 宋代　汝窑天青水洗
o. 北宋　汝瓷虾青釉印花洗
p. 北宋　汝窑青瓷花形盏托
q. 宋代　汝窑天青釉花口水洗
r. 宋代　汝窑天蓝花口方形四足洗
s. 北宋　汝窑青蛙卧荷笔洗
t. 　　　 汝窑莲花三足洗
u. 北宋　无纹汝瓷葱绿釉酒壶
v. 宋代　汝窑三足奁
w. 宋代　汝窑月白釉单柄碗
x. 宋代　汝窑三足洗

[1] 汝窑

中国古代设计 [2] 宋辽金元陶瓷

哥窑瓷器以炉、瓶、洗、盘、碗等仿古式样为主，其最显著的特征是大开片中套小裂纹，即所谓的"铁线金丝"。哥窑瓷器的釉属于无光釉，有米黄、粉青、灰绿等多种颜色。釉层极厚，有时达到与胎的厚度相等的程度。釉面开有大小各异的纹片，这是因为釉的收缩率大于胎的收缩率。釉的膨胀差异而造成的釉面开裂，本来是一种缺陷，但哥窑却通过人工控制，使釉表面出现冰裂状或鱼子状的纹片，再染上或黄或黑、深浅相间的颜色，形成一种残缺美，真可谓化腐朽为神奇。

1 哥窑

a. 宋　双耳三足炉
b. 南宋　哥窑五足洗
c. 宋　哥窑八方碗
d. 宋　哥窑鱼耳瓷炉
e. 宋　哥窑三足炉
f. 北宋　哥窑贯耳八棱瓶
g. 宋　哥窑弦纹瓶
h. 元　哥窑八角小杯

钧窑，宋代五大名窑之一，以色彩斑斓的"唐钧"和艳丽绝伦的"窑变釉"极大地丰富了陶瓷装饰内容，并填补了两色釉的空白。

钧窑在北宋时期被朝廷垄断为官窑，所烧钧瓷除少量碗、盘等日常生活器皿外，大多是为满足官廷需要而生产的花盆、盆奁、尊、瓶、洗等陈设用瓷。

a. 北宋　钧瓷盘口壶
b. 北宋　钧瓷葫芦壶
c. 宋　钧窑月白釉尊
d. 元　钧窑淀青釉贴花双耳三足炉
e. 北宋　钧瓷龙凤提梁壶
f. 北宋　海棠红釉出戟尊
g. 宋　钧窑单柄洗
h. 北宋　钧窑花口碗
i. 金　钧窑龙首把杯
j. 北宋　钧窑玫瑰紫盆托
k. 宋　钧窑玫瑰紫海棠式瓷花盆
l. 北宋　钧窑鼓钉洗

2 钧窑

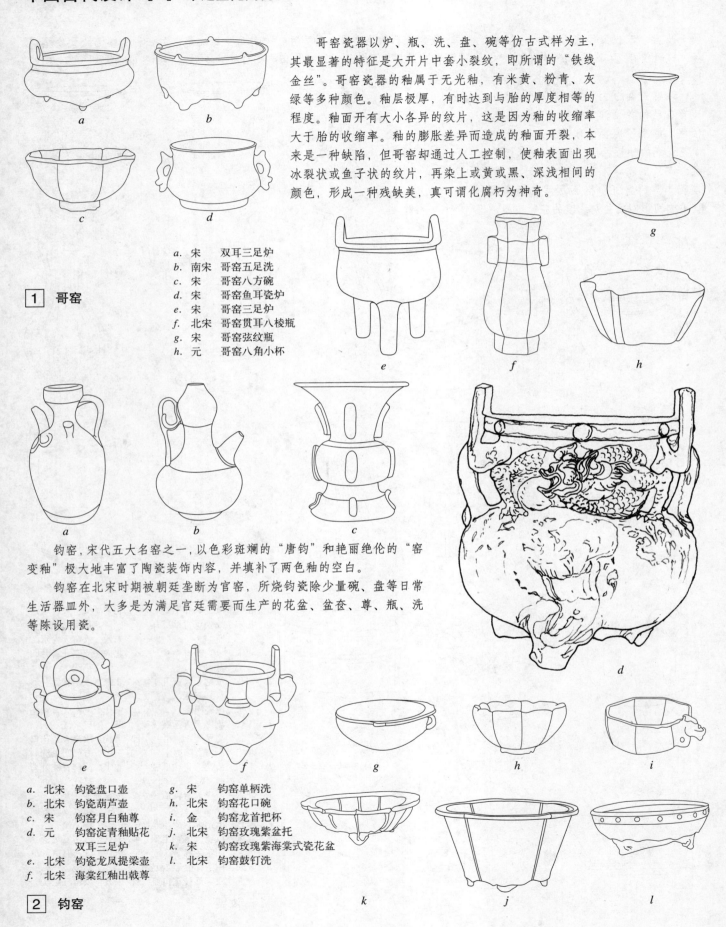

宋辽金元陶瓷 [2] 中国古代设计

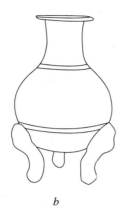

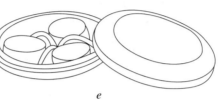
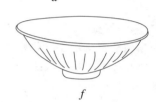

a. 金代　耀州窑月白釉三足炉
b. 北宋　耀州窑刻花三足瓶
c. 北宋　耀州窑牡丹纹瓶
d. 北宋　耀州窑青釉刻花提梁壶
e. 北宋　耀州窑印花多子盒
f. 　　　耀州窑刻印花婴戏纹小碗

耀州窑是继汝窑之后又一著名青瓷窑，但色质不及汝窑，釉色青中微带黄色。装饰方法有刻花、剔花、印花、镂空等。

1　耀州窑

龙泉窑，南方青瓷的典型代表，以淳朴厚重为造型特点，首创粉青釉和梅子青釉，达到中国青瓷的历史顶峰。

处于初创时期的龙泉窑青瓷，胎体粗厚，釉色淡青，釉层较薄。器物的品种以盘、碗、壶为主，装饰手法多为刻花，并辅以划纹或篦点。随着越窑、瓯窑的渐趋衰弱，北宋中期以后龙泉窑得到了迅速发展，并逐渐形成了自己的风格。器物品种增多，炉、瓶、盘、渣斗以及塑像等都有多种式样，装饰仍以刻花为主，造型与纹饰与同时期的耀州窑有异曲同工之妙。

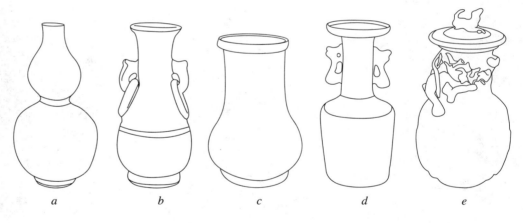
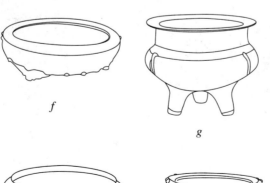
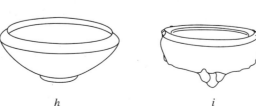
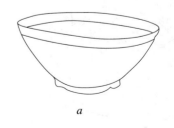

建窑，以在宋代盛产黑釉瓷而闻名于世，"斗茶"习俗的盛行和"建盏"茶具的流行珠联璧合，更使"天目釉"饮誉海外。

a. 元　　龙泉窑青瓷葫芦瓶
b. 元　　龙泉窑加彩环耳瓶
c. 南宋　龙泉窑直耳瓶
d. 南宋　龙泉窑凤耳瓶
e. 南宋　龙泉窑龙虎瓶
f. 南宋　龙泉窑鼓钉炉
g. 宋　　龙泉窑三足炉
h. 南宋　龙泉窑钵
i. 元　　泉窑青瓷香炉

2　龙泉窑

3　建窑　a. 南宋 建窑兔毫盏

中国古代设计 [2]　宋辽金元陶瓷

　　磁州窑，宋代北方著名的民窑，以别具一格的白地黑花剔刻瓷和瓷枕闻名于世，逐渐形成北方重要的制瓷窑系。磁州窑瓷器品种繁多，主要有瓶、罐、盆、碗、缸、枕等，其中尤以各种瓷枕闻名于世，枕以长方形和如意头枕面两种形式为多。

a　　　　　　b　　　　　　c

d　　　　　　e

a. 金　　黑地刻花枕
b. 北宋　磁州窑童子垂钓枕
c. 金　　磁州窑白地绘黑花罐
d. 北宋　磁州窑缠枝白剔花壶
e. 北宋　磁州窑莲花纹瓷枕

1　磁州窑

　　景德镇窑，自元代起确立了中国瓷都的地位，至明清时期更雄踞一方，独领风骚，以绚丽多彩的瓷品风靡于世。

　　青白釉瓷器的胎体质薄轻巧，釉质透明如水。景德镇青白瓷品种有碗、盒、盘、瓶、注子等。造型上常做成瓜棱口、花瓣等形状，纹饰有牡丹、梅花、芙蓉、莲花、鸳鸯、鱼、鸭及儿童形象等。

a

b

c

d

e

a. 北宋　景德镇窑青白釉瓜棱形盒
b. 元　　青花凤纹葫芦形瓶
c. 元　　青花凤纹扁壶
d. 北宋　景德镇窑青白瓷注壶托碗
e. 北宋　景德镇窑青白釉钵

2　景德镇窑

宋辽金元铜镜 [2] 中国古代设计

宋辽金元铜镜

a. 钱文铜镜，直径3.8cm
b. 蹴鞠纹铜镜，直径11.3cm
c. 葵花形仕女梳妆纹铜镜，直径13.7cm
d. 菱形凤穿牡丹纹铜镜，直径12cm
e. 方形仙人过海纹铜镜，直径9cm
f. 亚字形雁蝶纹铜镜，直径12.3cm
g. 盾形安明双剑纹铜镜，高16.5cm
h. 桃形观星望月气功图铜镜，高13.4cm
i. 钟形炼铁为鉴铜镜，高11.2cm
j. 带柄扇形飞龙纹铜镜，通长21cm
k. 瓶形炼铁为鉴铜镜，高21cm
l. 炉形双龙纹铜镜，通高16.6cm
m. 带座月宫玉兔捣药纹铜镜，高17.5cm

两宋时期的铜镜推崇实用而轻装饰，胎壁趋于轻薄，显得疏松质软，外表涂附水银以增强亮度。造型式样多种多样，新出现了桃形、瓶形、带座形、炉形、钟形和大量带柄式样。装饰图形以凤鸟花卉为主，此外，写意画、人物故事和具有道家养身修炼的装饰画逐渐兴起。

1 两宋铜镜

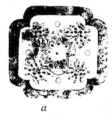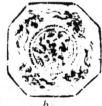

辽金时期的铜镜与两宋镜大致相同，胎壁薄，喜欢用人物故事和双鱼作为装饰主题。

a. 辽　字形莲花纹镜，高15.2cm
b. 金　八角形飞天纹铜镜，直径4.7cm
c. 金　莲花双鱼纹镜，直径15.2cm
d. 金　柳毅传书人物故事纹铜镜，直径17.2cm
e. 宋元　钟形袁家永用万字纹铜镜，通高19.5cm
f. 宋元　炉形海浪币纹铜镜，通高24.6cm

2 辽金铜镜

元代的铜镜基本上为圆形，主纹以双鱼莲花、龙纹为主，吉祥语和象征吉祥的图形逐渐增多。

a. 双鱼纹铜镜，直径18.7cm
b. 变形规矩四神十二属铜镜，元仿唐式，直径28.8cm
c. 元至元四年龙纹铜镜，直径21.6cm
d. 八仙过海纹铜镜，直径23cm

3 元代铜镜

中国古代设计 [2] 宋辽金元漆器

宋辽金元漆器

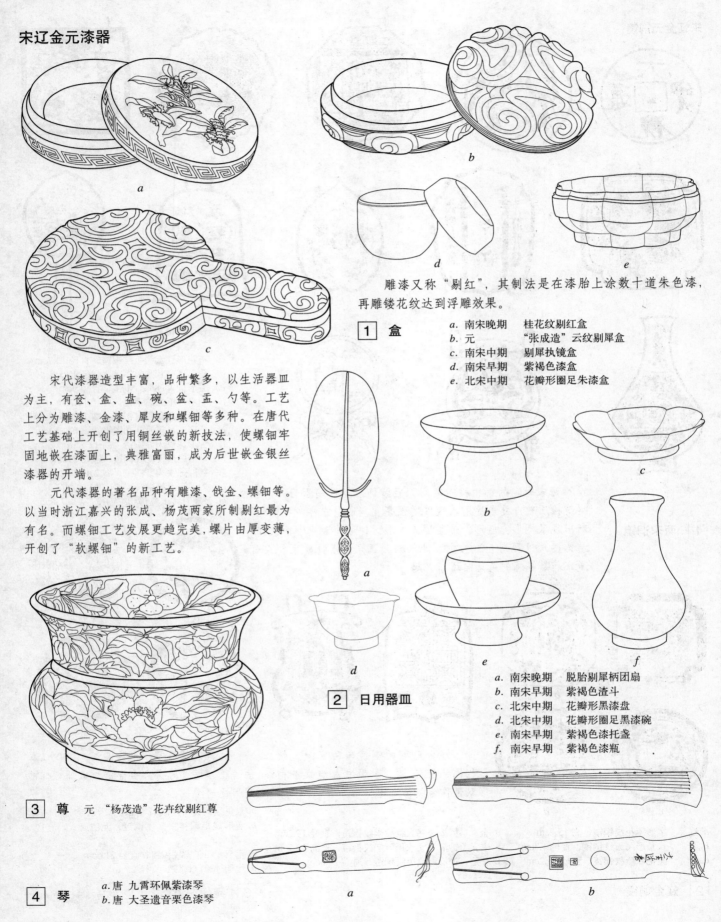

宋代漆器造型丰富，品种繁多，以生活器皿为主，有奁、盒、盘、碗、盆、盂、勺等。工艺上分为雕漆、金漆、犀皮和螺钿等多种。在唐代工艺基础上开创了用铜丝嵌的新技法，使螺钿牢固地嵌在漆面上，典雅富丽，成为后世嵌金银丝漆器的开端。

元代漆器的著名品种有雕漆、戗金、螺钿等。以当时浙江嘉兴的张成、杨茂两家所制剔红最为有名。而螺钿工艺发展更趋完美，螺片由厚变薄，开创了"软螺钿"的新工艺。

雕漆又称"剔红"，其制法是在漆胎上涂数十道朱色漆，再雕镂花纹达到浮雕效果。

1 盒
a. 南宋晚期　桂花纹剔红盒
b. 元　　　　"张成造"云纹剔犀盒
c. 南宋中期　剔犀执镜盒
d. 南宋早期　紫褐色漆盒
e. 北宋中期　花瓣形圈足朱漆盒

2 日用器皿
a. 南宋晚期　脱胎剔犀柄团扇
b. 南宋早期　紫褐色渣斗
c. 北宋中期　花瓣形黑漆盘
d. 北宋中期　花瓣形圈足黑漆碗
e. 南宋早期　紫褐色漆托盏
f. 南宋早期　紫褐色漆瓶

3 尊　元　"杨茂造"花卉纹剔红尊

4 琴
a. 唐　九霄环佩紫漆琴
b. 唐　大圣遗音栗色漆琴

宋辽金元家具

宋代家具在唐代家具的基础上，过渡到了一个高家具普及的时代。两宋常见的高家具有桌、椅、凳、床柜、折屏、带托泥大案。因受建筑梁、枋、柱及替木等影响，唐代那种箱柜壸门式结构已被梁柱式柜架结构取代。同时，宋代家具开始使用各类线脚和束腰做法，甚至有内翻马蹄和外翻马蹄的新做法。

宋代室内布置的特点在于均衡和对称，一般厅堂在屏风前面正中置椅，两侧各有四椅相对或仅在屏风前置两圆凳；而书房和卧室多取不对称，无定法。矮型炕桌安放在榻上作为待客茶几，这也是新的布置方法。

a. 辽　桃形沿面雕木椅（面长335mm、宽365mm）
b. 宋　靠背椅
c. 宋　靠背椅
d. 宋　靠背椅
e. 宋　桌、椅、足承
f. 宋　荷花扶手交椅
g. 金代　扶手椅
h. 宋　扶手禅椅（日）
i. 宋　交椅
j. 宋　陶椅、陶桌

[1] 椅

a. 金代　供桌
b. 宋　高桌
c. 宋　供桌
d. 宋　方桌
e. 辽　云板足木桌
f. 金代　炕桌

[2] 几案

中国古代设计 [2] 宋辽金元家具

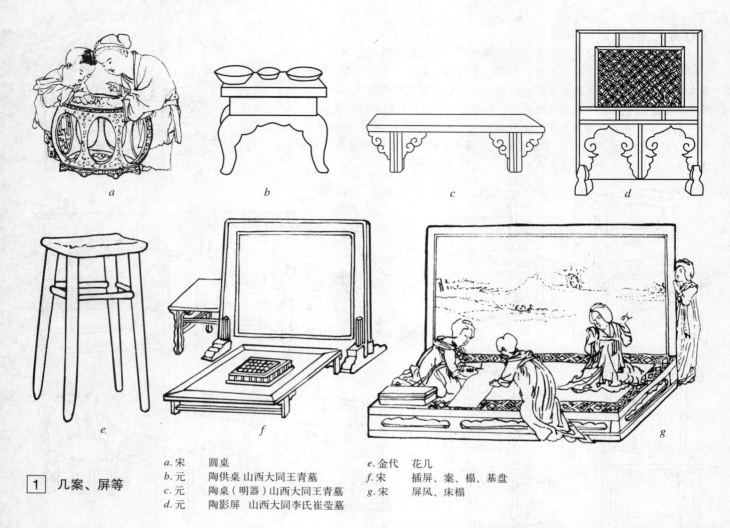

1 几案、屏等

- a. 宋　　圆桌
- b. 元　　陶供桌　山西大同王青墓
- c. 元　　陶桌（明器）山西大同王青墓
- d. 元　　陶影屏　山西大同李氏崔莹墓
- e. 金代　花几
- f. 宋　　插屏、案、榻、棋盘
- g. 宋　　屏风、床榻

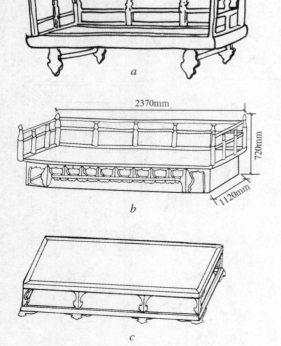

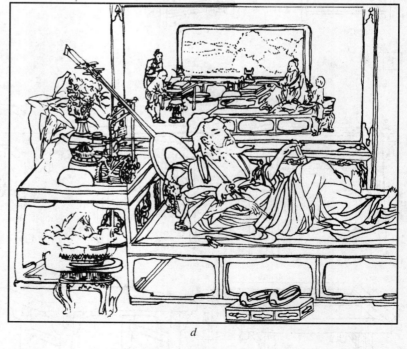

2 床榻

- a. 金代　孩床
- b. 辽　　桃形沿面雕木床
- c. 宋　　榻
- d. 元　　榻、桌、屏风、足承

明清工具 [2] 中国古代设计

明清工具

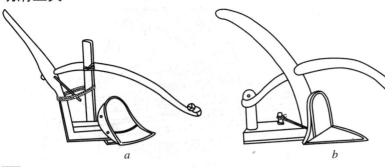
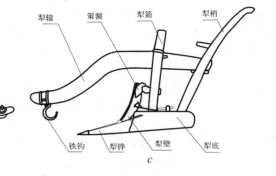

犁辕　策额　犁箭　犁梢
铁钩　犁铧　犁壁　犁底

1 犁　　a、b.明徐启光《农政全书》所绘的犁　　c.犁的结构及名称示意图

甘蔗凳与常见的板凳不同，该器具用材结实，做工考究，凳前倾后高呈斜坡状。凳面中间有一凹槽，榨甘蔗时，甘蔗段置于前端杠下用力压杠，榨出的汁液便顺着凹槽流出。此凳长290mm，宽110mm，高270mm。

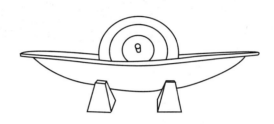

2 甘蔗凳　青红木甘蔗凳

3 碾　清火药碾子

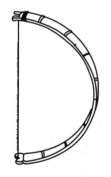

钢丝锯为弓锯中的一种，弓锯由竹板制成，锯用细钢丝剁出齿刺，故称钢丝锯，是雕刻工常用的工具，其主要适用于不规则切割。

这件推背器是清代官廷所使用的保健器具，可隔衣在身上滚摩，治疗肌肉酸疼，促进局部或全身的气血运行，达到舒筋骨活气血的目的。

4 锯　钢丝锯　　5 保健器具　清宫廷推背器　　6 弓　清御用桦皮弓

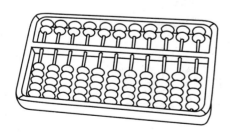

这把算盘制作精良，珠子灵活，至今仍操作方便，是迄今发现的最早的算盘实物。

戥是一种小型的秤，用来称金、银、药品等分量小的东西。此戥杆为牙制，悬两毫，砣与盘为白银镏金，底刻"万历年制"款。制作精良，分刻精确，可以称出两以下钱和分的重量。

7 算盘　明代象牙算盘　　8 称量工具　　a.戥　b.秤砣放大图

中国古代设计 [2] 明清工具

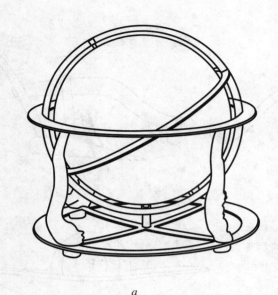

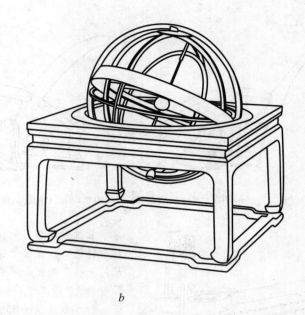

这是齐彦槐根据天象计时制作的天球仪，内部仿钟表的办法，用发条作动力，自动运转报时，制成于道光十年。这座天球仪标志清代天文学的发展。

这是康熙八年（1669年），南怀仁送给康熙皇帝的演示性仪器。

1 仪器

a. 清天球仪
b. 南怀仁款浑天仪

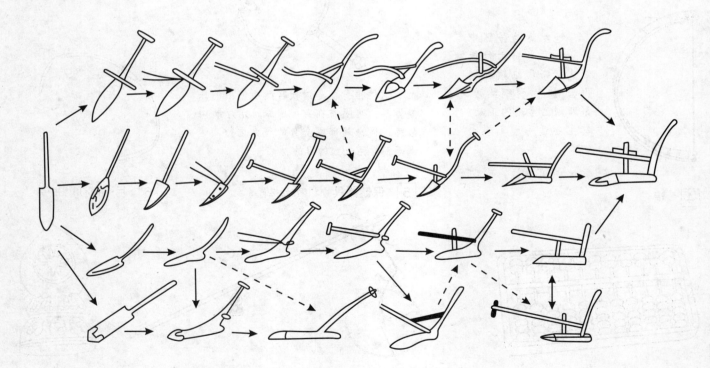

犁系由耒耜发展而来，最原始的农具就是木质的耒耜，由尖木棍发展而来，在其下端安一横木，可以借用脚的力量，这就是单尖耒。而后又衍生出双尖耒，提高了挖土的功效。新石器晚期的崧泽文化遗址和良渚文化遗址均出土了石犁，石犁的产生使主宰新石器时代数千年的用耒耜翻土的间歇性劳作发展成连续动作的犁耕。

2 耒到犁的演变图

明清陶瓷 [2] 中国古代设计

明清陶瓷

明清时期，优雅华丽的明瓷，精巧艳丽的清瓷，共同铸造了中国陶瓷史上空前辉煌的成就。

明代是中国陶瓷业空前辉煌的时期。从明代开始，景德镇的官窑和民窑蓬勃发展，成为全国瓷业的中心。另外，福建德化的白瓷，江苏宜兴的紫砂和钧陶，山西和江西的法华器，浙江龙泉的青瓷，也都在中国陶瓷史上写下了光彩夺目的篇章。

明代在瓷器品种上不断有所创新，如明初的青花红彩，宣德时期的斗彩、五彩，嘉靖时期的素三彩等，都是新的发明，在中国陶瓷史上，具有开拓性的重要意义。

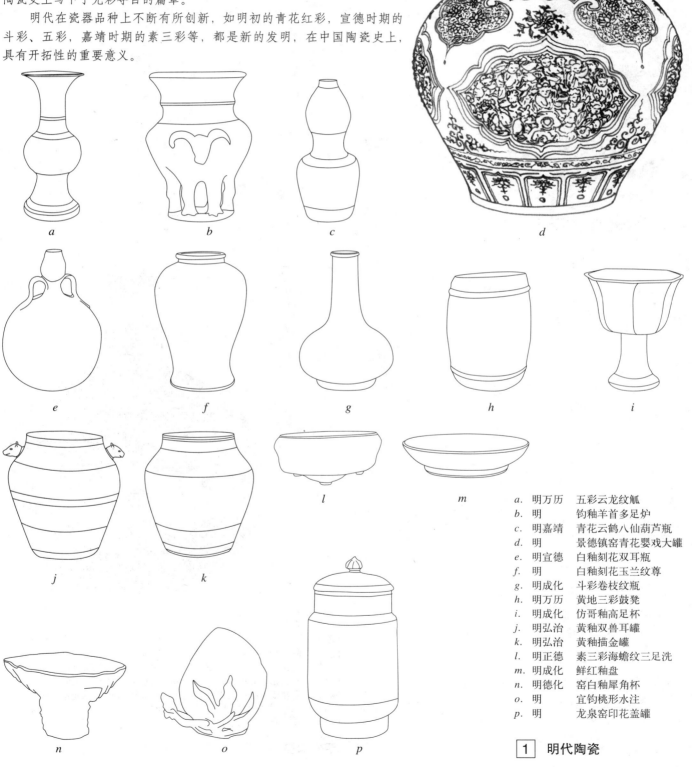

a. 明万历　　五彩云龙纹觚
b. 明　　　　钧釉羊首多足炉
c. 明嘉靖　　青花云鹤八仙葫芦瓶
d. 明　　　　景德镇窑青花婴戏大罐
e. 明宣德　　白釉刻花双耳瓶
f. 明　　　　白釉刻花玉兰纹尊
g. 明成化　　斗彩卷枝纹瓶
h. 明万历　　黄地三彩鼓凳
i. 明成化　　仿哥釉高足杯
j. 明弘治　　黄釉双兽耳罐
k. 明弘治　　黄釉描金罐
l. 明正德　　素三彩海蟾纹三足洗
m. 明成化　　鲜红釉盘
n. 明德化　　窑白釉犀角杯
o. 明　　　　宜钧桃形水注
p. 明　　　　龙泉窑印花盖罐

[1] 明代陶瓷

中国古代设计 [2] 明清陶瓷

a. 明　　　青花缠枝花卉纹执壶
b. 明宣德　青花执壶
c. 明永乐　甜白釉梨形壶
d. 明宣德　青花花果纹带盖梅瓶
e. 明　　　时大彬紫砂提梁壶
f. 明隆庆　青花团龙纹提梁壶
g. 明嘉靖　白釉红蟠螭蒜头瓶
h. 明　　　釉里红鱼纹高足碗
i. 明　　　青花花果纹执壶
j. 明　　　龙泉窑青瓷高足杯
k. 明成化　青花山石花卉纹盖罐
l. 明　　　宜兴紫砂提梁壶
m. 明永乐　青花大扁壶
n. 明宣德　鲜红釉菱花式洗
o. 明　　　青花海水云龙纹扁瓶

[1] 明代陶瓷

明清陶瓷 [2] 中国古代设计

清代是中国最后一个封建王朝，康熙、雍正、乾隆三代是中国陶瓷业发展的鼎盛时期。清代前期制瓷业和明代一样，代表当时最高水平的仍然是瓷都景德镇，无论是官窑还是民窑，烧瓷技术在明代基础上，又有了进一步的发展和提高。

a

b

c

d

e

[1] 清代陶瓷

a. 清　褐釉描金蟠桃灵芝纹瓶
b. 清　景德镇窑青花胭脂红花卉纹瓶
c. 清　粉彩镂空转心瓶
d. 清　珐琅彩龙凤纹双联瓶
e. 清　珐琅彩人物螭耳瓶

87

中国古代设计 [2] 明清陶瓷

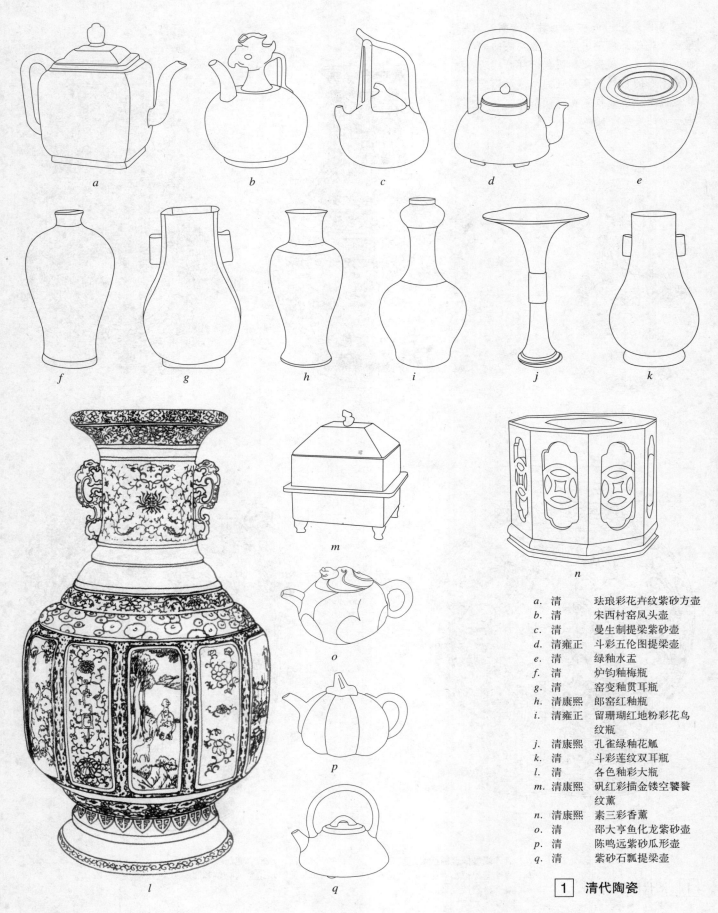

a. 清　珐琅彩花卉纹紫砂方壶
b. 清　宋西村窑凤头壶
c. 清　曼生制提梁紫砂壶
d. 清雍正　斗彩五伦图提梁壶
e. 清　绿釉水盂
f. 清　炉钧釉梅瓶
g. 清　窑变釉贯耳瓶
h. 清康熙　郎窑红釉瓶
i. 清雍正　留珊瑚红地粉彩花鸟纹瓶
j. 清康熙　孔雀绿釉花觚
k. 清　斗彩莲纹双耳瓶
l. 清　各色釉彩大瓶
m. 清康熙　矾红彩描金镂空饕餮纹薰
n. 清康熙　素三彩香薰
o. 清　邵大亨鱼化龙紫砂壶
p. 清　陈鸣远紫砂瓜形壶
q. 清　紫砂石瓢提梁壶

[1] 清代陶瓷

明清漆器 [2] 中国古代设计

明清漆器

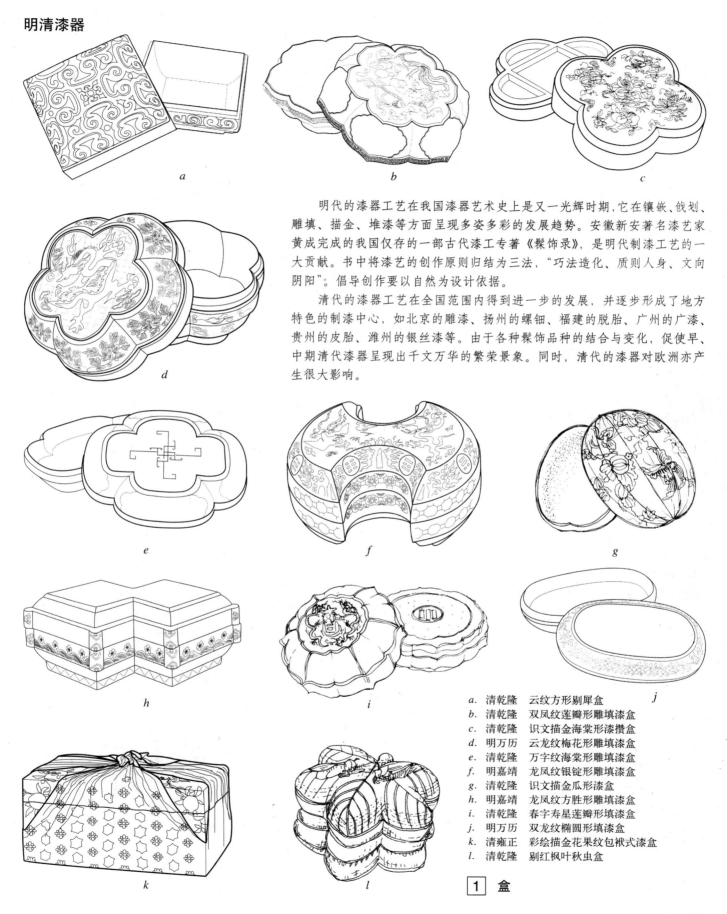

明代的漆器工艺在我国漆器艺术史上是又一光辉时期,它在镶嵌、戗划、雕填、描金、堆漆等方面呈现多姿多彩的发展趋势。安徽新安著名漆艺家黄成完成的我国仅存的一部古代漆工专著《髹饰录》,是明代制漆工艺的一大贡献。书中将漆艺的创作原则归结为三法,"巧法造化、质则人身、文向阴阳"。倡导创作要以自然为设计依据。

清代的漆器工艺在全国范围内得到进一步的发展,并逐步形成了地方特色的制漆中心,如北京的雕漆、扬州的螺钿、福建的脱胎、广州的广漆、贵州的皮胎、潍州的银丝漆等。由于各种髹饰品种的结合与变化,促使早、中期清代漆器呈现出千文万华的繁荣景象。同时,清代的漆器对欧洲亦产生很大影响。

a. 清乾隆　云纹方形剔犀盒
b. 清乾隆　双凤纹莲瓣形雕填漆盒
c. 清乾隆　识文描金海棠形漆攒盒
d. 明万历　云龙纹梅花形雕填漆盒
e. 清乾隆　万字纹海棠形雕填漆盒
f. 明嘉靖　龙凤纹银锭形雕填漆盒
g. 清乾隆　识文描金瓜形漆盒
h. 明嘉靖　龙凤纹方胜形雕填漆盒
i. 清乾隆　春字寿星莲瓣形填漆盒
j. 明万历　双龙纹椭圆形填漆盒
k. 清雍正　彩绘描金花果纹包袱式漆盒
l. 清乾隆　剔红枫叶秋虫盒

1 盒

89

中国古代设计 [2] 明清漆器

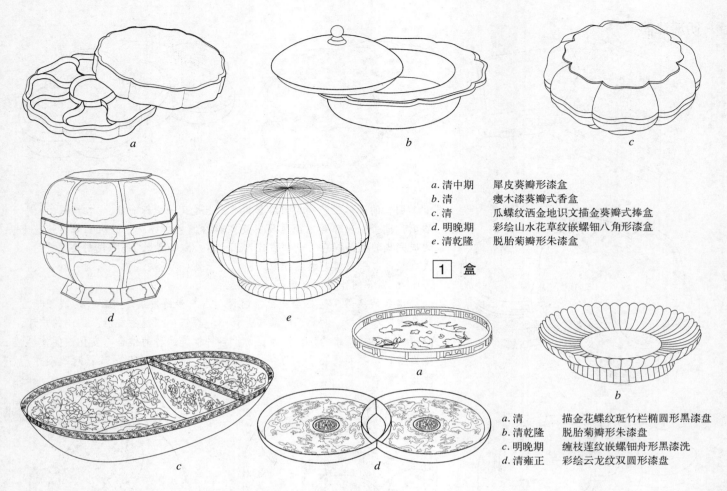

a. 清中期　　犀皮葵瓣形漆盒
b. 清　　　　瘿木漆葵瓣式香盒
c. 清　　　　瓜蝶纹洒金洒地识文描金葵瓣式捧盒
d. 明晚期　　彩绘山水花草纹嵌螺钿八角形漆盒
e. 清乾隆　　脱胎菊瓣形朱漆盒

1 盒

a. 清　　　　描金花蝶纹斑竹栏椭圆形黑漆盘
b. 清乾隆　　脱胎菊瓣形朱漆盘
c. 明晚期　　缠枝莲纹嵌螺钿舟形黑漆洗
d. 清雍正　　彩绘云龙纹双圆形漆盘

2 盘　　螺钿是一种在黑漆上用钿片镶嵌的工艺，黑白对比，清秀典雅。

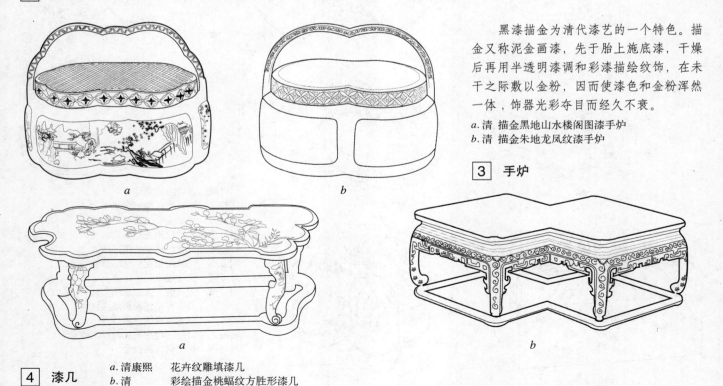

黑漆描金为清代漆艺的一个特色。描金又称泥金画漆，先于胎上施底漆，干燥后再用半透明漆调和彩漆描绘纹饰，在未干之际敷以金粉，因而使漆色和金粉浑然一体，饰器光彩夺目而经久不衰。

a. 清　描金黑地山水楼阁图漆手炉
b. 清　描金朱地龙凤纹漆手炉

3 手炉

a. 清康熙　　花卉纹雕填漆几
b. 清　　　　彩绘描金桃蝠纹方胜形漆几

4 漆几

明清家具

明代家具，史称"明式家具"。明式家具种类齐全，可分为凳椅类、几案类、床榻类、橱柜类、台架类、屏座类六大类。此外，出现了成套家具的概念，按建筑空间功能划分为厅堂、卧室、书斋等配套家具。明式家具在造型艺术、制作工艺、功能尺度等方面都达到前所未有的高度。造型大方，比例适度，轮廓简练舒展，能做细致的雕刻和线脚处理。工艺制作上，应用精密、科学的榫卯结构，出现了罗锅枨、霸王枨、高束腰等新做法。功能尺度上，比例合理，极耐推敲，从而形成简、厚、精、雅的独特风格。

清代家具，史称"清式家具"。清早期的家具造型风格基本延续了明式家具的特点，结构也无多大变化。进入"康乾盛世"之后，清代家具逐渐形成了有别于明代家具的独特风格。造型上，突出强调稳定、厚重的雄伟气度；装饰内容上大量采用隐喻丰富的吉祥瑞庆题材，体现人们的生活愿望和幸福追求；制作手段汇集雕、嵌、描、绘、堆漆、剔犀等高超技艺，镂镘雕刻巧夺天工。品种上，清代家具不仅具有明代家具的类型，还衍生出多种形式的新家具，诸如多功能陈列柜、折叠与拆装桌椅等。

椅凳类，又称"杌椅类"。包括杌凳、坐墩、交杌、长凳、椅、宝座等六小类。"杌"本义是"树无枝也"，故杌凳被用作无靠背坐具的名称。

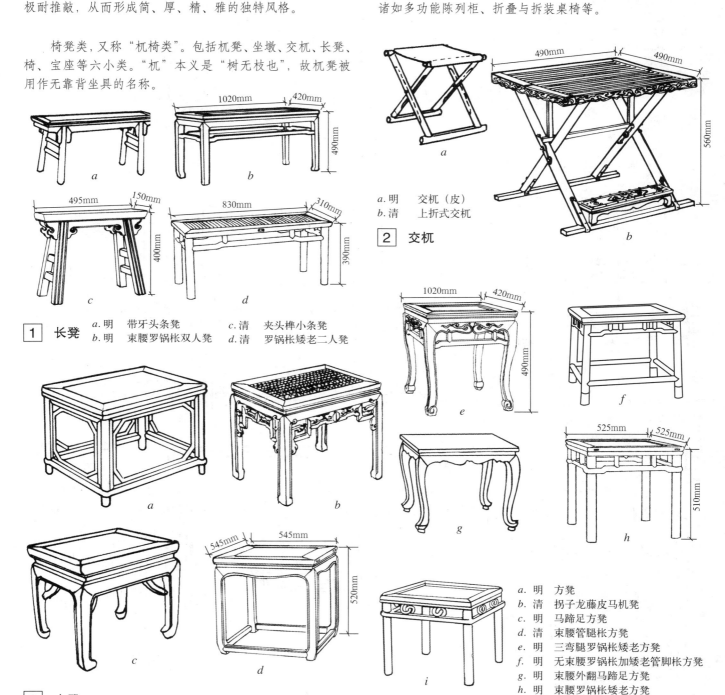

1 长凳
a. 明　带牙头条凳
b. 明　束腰罗锅枨双人凳
c. 清　夹头榫小条凳
d. 清　罗锅枨矮老二人凳

2 交杌
a. 明　交杌（皮）
b. 清　上折式交杌

3 方凳
a. 明　方凳
b. 清　拐子龙藤皮马杌凳
c. 明　马蹄足方凳
d. 清　束腰管腿枨方凳
e. 明　三弯腿罗锅枨矮老方凳
f. 明　无束腰罗锅枨加矮老管脚枨方凳
g. 明　束腰外翻马蹄足方凳
h. 明　束腰罗锅枨矮老方凳
i. 明　双套环卡子花方凳

中国古代设计 [2] 明清家具

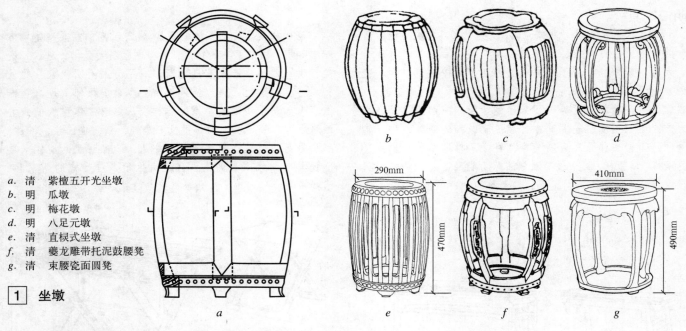

a. 清 紫檀五开光坐墩
b. 明 瓜墩
c. 明 梅花墩
d. 明 八足元墩
e. 清 直棂式坐墩
f. 清 夔龙雕带托泥鼓腰凳
g. 清 束腰瓷面圆凳

1 坐墩

明及清前期的椅大体上可以分为靠背椅、扶手椅、圈椅、交椅四个种类。

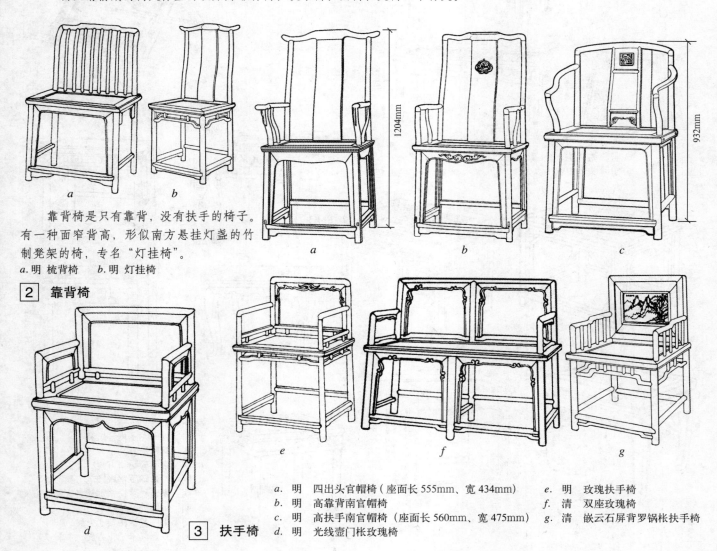

靠背椅是只有靠背，没有扶手的椅子。有一种面窄背高，形似南方悬挂灯盏的竹制凳架的椅，专名"灯挂椅"。

a. 明 梳背椅　b. 明 灯挂椅

2 靠背椅

a. 明 四出头官帽椅（座面长555mm、宽434mm）
b. 明 高靠背南官帽椅
c. 明 高扶手南官帽椅（座面长560mm、宽475mm）
d. 明 光线壸门枨玫瑰椅
e. 明 玫瑰扶手椅
f. 清 双座玫瑰椅
g. 清 嵌云石屏背罗锅枨扶手椅

3 扶手椅

明清家具 [2] 中国古代设计

扶手椅是指除圈椅、交椅外，有靠背又有扶手的椅子，主要包括"玫瑰椅"、"官帽椅"和"南官帽椅"。"玫瑰椅"是一种形制矮小，后背和扶手与椅座垂直的椅子，南方又称"文椅"。"官帽椅"又称"四出头官帽椅"，因搭脑和扶手都探出头而得名。"南官帽椅"的搭脑和扶手则不出头，前后腿弯转相交。

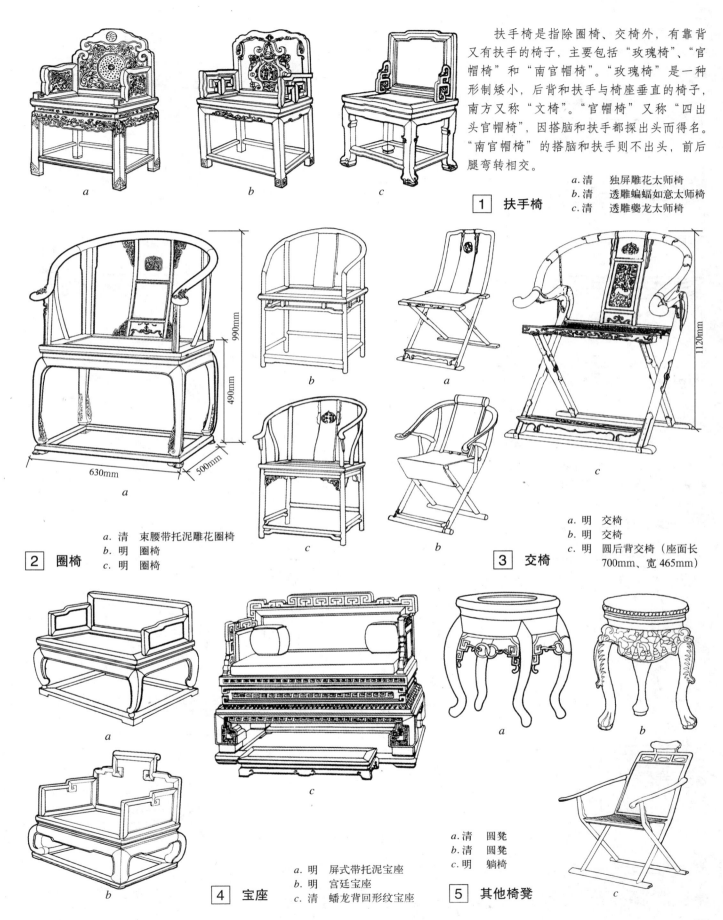

1 扶手椅
 a. 清　独屏雕花太师椅
 b. 清　透雕蝙蝠如意太师椅
 c. 清　透雕夔龙太师椅

2 圈椅
 a. 清　束腰带托泥雕花圈椅
 b. 明　圈椅
 c. 明　圈椅

3 交椅
 a. 明　交椅
 b. 明　交椅
 c. 明　圆后背交椅（座面长700mm、宽465mm）

4 宝座
 a. 明　屏式带托泥宝座
 b. 明　宫廷宝座
 c. 清　蟠龙背回形纹宝座

5 其他椅凳
 a. 清　圆凳
 b. 清　圆凳
 c. 明　躺椅

中国古代设计 [2] 明清家具

桌案类家具主要是用来工作陈列，包括（1）炕桌、炕几、炕案；（2）香几、花几、琴几等；（3）酒桌、半桌；（4）条几、条桌、条案；（5）方桌；（6）画桌、画案、书桌、书案；（7）其他桌案。

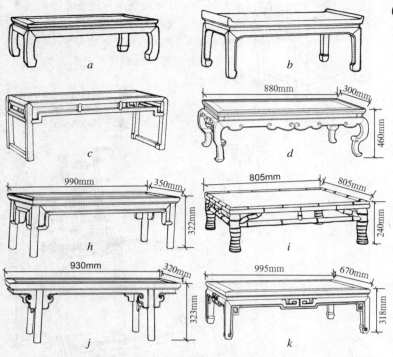

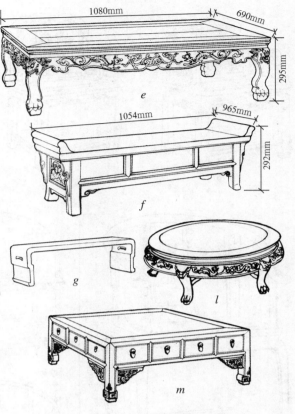

这几种都为炕上使用的矮型家具。其差别：炕桌有一定的宽度，用时放在炕或床的中间；炕几炕案较窄，放在炕的两侧使用。炕几和炕案区别：腿足位于四角作桌形结体的叫炕几；凡腿足缩进安装，作案形结体的叫炕案。

a. 明　束腰内翻马蹄炕桌　　h. 清　罗锅枨牙条炕桌
b. 明　束腰翘头炕桌　　　　i. 清　仿竹节方炕桌
c. 明　罗锅枨炕桌　　　　　j. 清　夹头榫炕桌
d. 明　束腰三弯腿炕桌　　　k. 清　束腰镂空牙条炕桌
e. 明　束腰齐牙条炕桌　　　l. 清　夔龙足圆炕桌
f. 明　黄花梨三屉炕案　　　m. 清　十一屉草卷纹角炕案
g. 明　板足式炕几

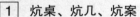

1　炕桌、炕几、炕案

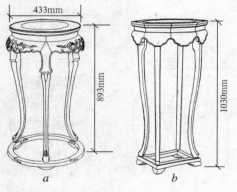

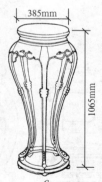

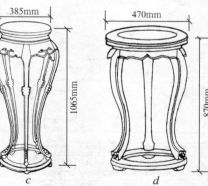

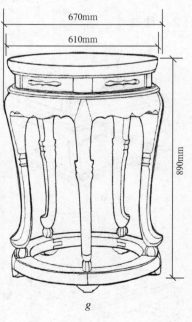

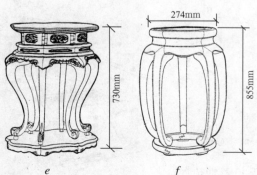

香几因承置香炉而得名。一般家具多作长方形或方形，香几则圆多于方，腿足弯曲较为夸张。入清后，香几渐不流行，不及茶几。

a. 明　三足香几
b. 明　四足八方香几（面长505mm、宽372mm）
c. 明　壶门式膨牙带托泥香几（肩径485mm）
d. 明　三腿香几
e. 明　束腰六足香几（面长505mm、宽392mm）
f. 明　五足内卷香几
g. 明　束腰五足香几

2　香几、花几、琴几等

明清家具 [2] 中国古代设计

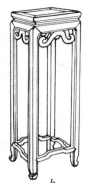

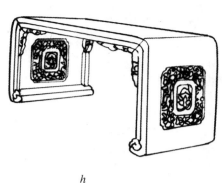
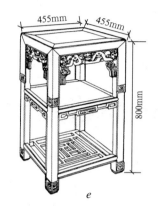

花几因承置花栽与盆景而得名。清代花几以方形见多。

a. 明　撇腿羊蹄花几
b. 清　束腰外翻马蹄足花几
c. 清　百宝嵌梅枝霸王枨花几
d. 清　夔龙透雕灵芝团花几
e. 清　回纹如意透雕几
f. 清　百宝嵌如意双层几
g. 明　方几
h. 明　琴几

[1] 花几

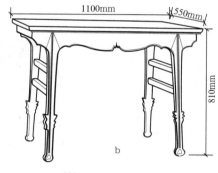
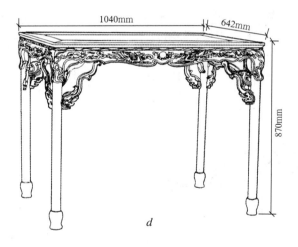
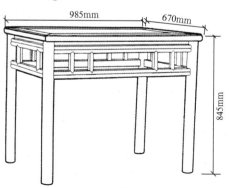

a. 明　束腰斗栱式半桌
b. 明　插肩榫酒桌
c. 清　直枨加矮老半桌
d. 清　矮展腿式半桌

酒桌和半桌都是形制较小的长方形桌案。酒桌远承五代、北宋，常用于酒宴，沿面边缘多起一阳线，名曰"拦水线"。这种家具明为案形结构，却称为"桌"，只能说少有的例外。半桌约半张八仙桌大小，又叫接桌。

[2] 酒桌、半桌

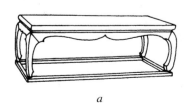
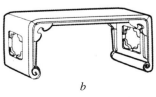
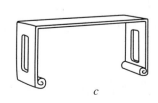

a. 明　条几
b. 明　几
c. 明　板足开光条几

[3] 条几

中国古代设计 [2] 明清家具

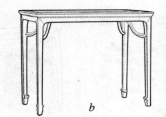
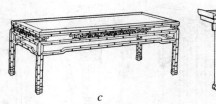
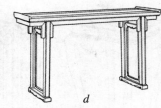

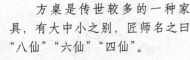

条几、条桌、条案都是狭而长的家具。条几结构以三块板直角相交为常式。条案可分为：案面两端齐平的叫"平头案"，两端高起的叫"翘头案"。

a. 明　小翘头霸王枨暗屉条桌
b. 明　霸王枨条桌
c. 清　高束腰仿竹节条桌
d. 明　壸门侧翘头案
e. 清　翘头案

1　条几、条桌、条案

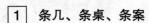

方桌是传世较多的一种家具，有大中小之别，匠师名之曰"八仙""六仙""四仙"。

a. 清　绳纹连环套八仙桌
b. 明　一腿三牙罗锅枨加卡子花方桌
c. 明　方桌
d. 明　梅枝雕方桌

2　方桌

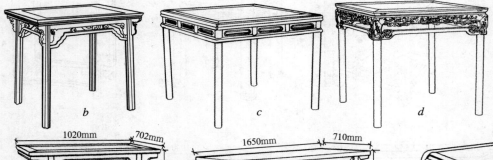
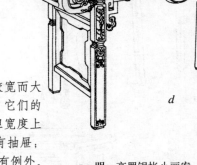

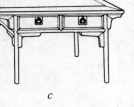

画桌、画案、书桌、书案是四种比较宽而大的长方形家具，就是小的，也大于半桌。它们的结构、造型，往往与条桌、条案相同，但宽度上要增加。其四者区别：画桌、画案都没有抽屉；书桌、书案（明代）则都有抽屉，清代则有例外。桌案的区别则依其结体的不同而区分。

a. 明　高罗锅枨小画案
b. 明　平头画案
c. 明　书案
d. 清　古币绳纹灵芝头卷书桌

3　画桌　画案

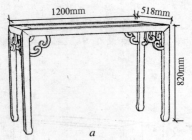
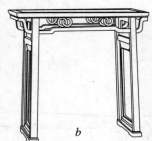

其他类的桌案品种尚多，如月牙桌、扇面桌、棋桌、琴桌、抽屉桌、供桌、供案、架几案等。但传世实物均不多。

a. 明　两卷角牙琴桌
b. 清　双套环卡子花平头案
c. 清　外撇腿组合大圆桌
d. 清　羊蹄腿高束腰双层桌

4　其他桌案

明清家具 [2] 中国古代设计

床榻类家具供偃卧睡眠之用，按照北京匠师说法，床榻包括榻、罗汉床、架子床三种。

榻是一种只有床身，上无任何装置且较窄的卧具。有时亦叫"床"或"小床"。

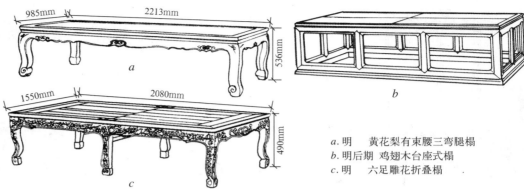

a. 明　黄花梨有束腰三弯腿榻
b. 明后期　鸡翅木台座式榻
c. 明　六足雕花折叠榻

[1] 榻

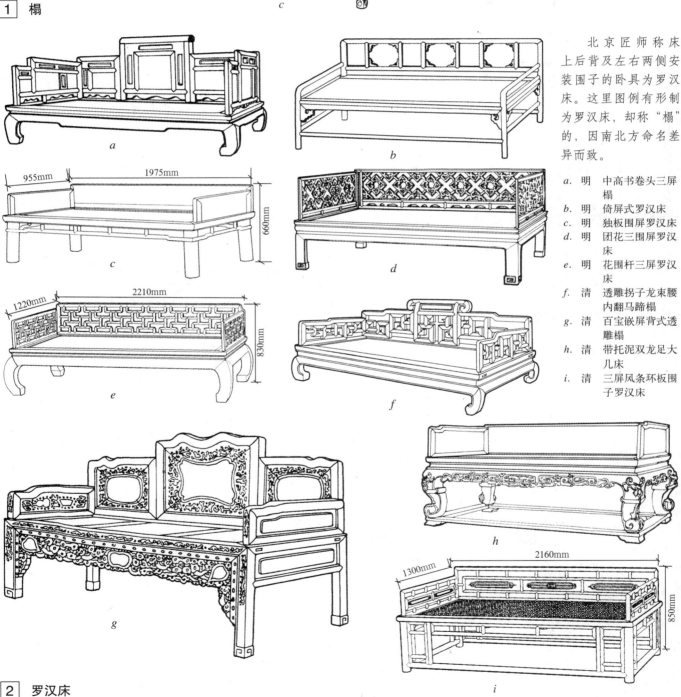

北京匠师称床上后背及左右两侧安装围子的卧具为罗汉床。这里图例有形制为罗汉床，却称"榻"的，因南北方命名差异而致。

a. 明　中高书卷头三屏榻
b. 明　倚屏式罗汉床
c. 明　独板围屏罗汉床
d. 明　团花三围屏罗汉床
e. 明　花围杆三屏罗汉床
f. 清　透雕拐子龙束腰内翻马蹄榻
g. 清　百宝嵌屏背式透雕榻
h. 清　带托泥双龙足大几床
i. 清　三屏风条环板围子罗汉床

[2] 罗汉床

中国古代设计 [2] 明清家具

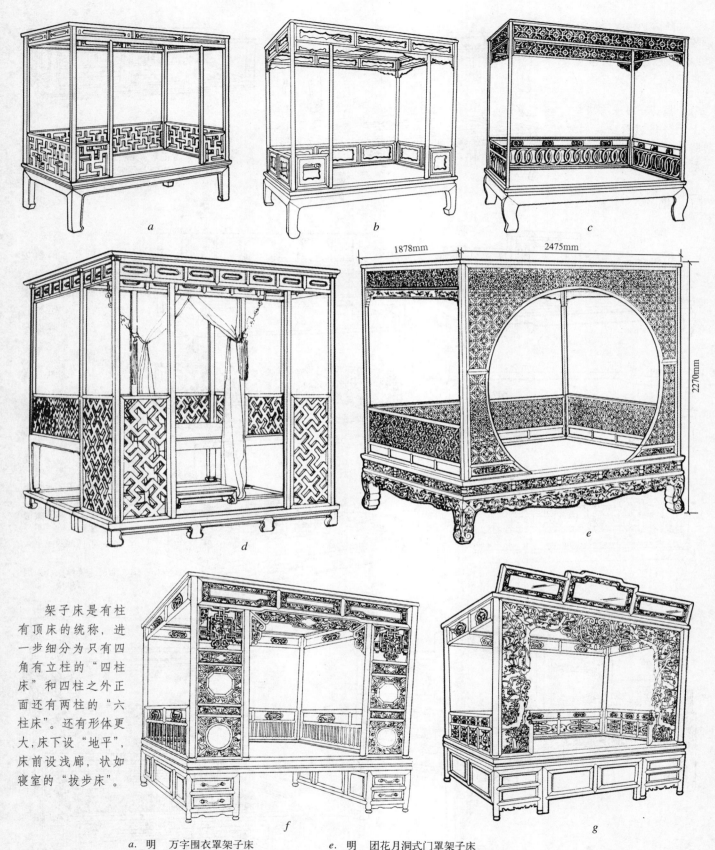

架子床是有柱有顶床的统称，进一步细分为只有四角有立柱的"四柱床"和四柱之外正面还有两柱的"六柱床"。还有形体更大，床下设"地平"，床前设浅廊，状如寝室的"拔步床"。

1 架子床

- a. 明　万字围衣罩架子床
- b. 明　中空花围架子床
- c. 明　连环套衣罩架子床
- d. 明　万字围框柜式架子床（拔步床）
- e. 明　团花月洞式门罩架子床
- f. 清　嵌云石炕罩式架子床
- g. 清　透雕天地长春花罩架子床

98

明清家具 [2] 中国古代设计

橱柜类家具主要用来储存物品，包括各种柜、橱、箱、盒等。

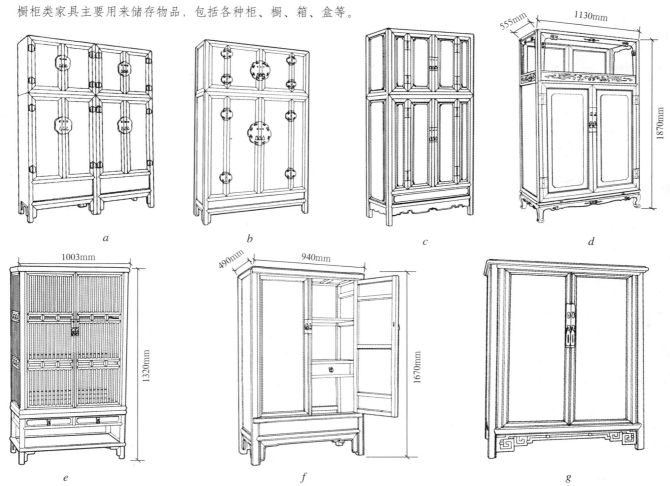

高格柜是柜子和亮格相结合的家具，亮格在上柜子在下，兼备陈置和收藏的功能。其中有一种固定形式，上为亮格，中为柜子，下为矮几，专称"万历柜"。方角柜四角见方，上下同大，腿足垂直无侧脚。可分四件、三件、两件等。圆角柜柜顶前、左、右三面有小檐喷出，名曰"柜帽"，成圆角，故得名。

[1] 柜

a. 明　四件柜　　c. 明　竖柜　　　　e. 明　直棂式画玩柜　g. 清朝中期　桂圆木小圆角柜
b. 明　两件柜　　d. 明　单层亮格万历柜　f. 明　圆角立柜

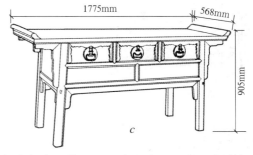

闷户橱由于抽屉下设有闷仓而得名，它兼备陈置与储藏两种功能。北京匠师将闷户橱更多地用来作为此种家具的总称。闷户橱的分类，按抽屉的多少可分为"联二橱"、"联三橱"等。

a. 明　矮柜
b. 明　联二闷户橱
c. 明　联三闷户橱
d. 明　龙纹联二橱
e. 明　闷户橱

[2] 橱

99

中国古代设计 [2] 明清家具

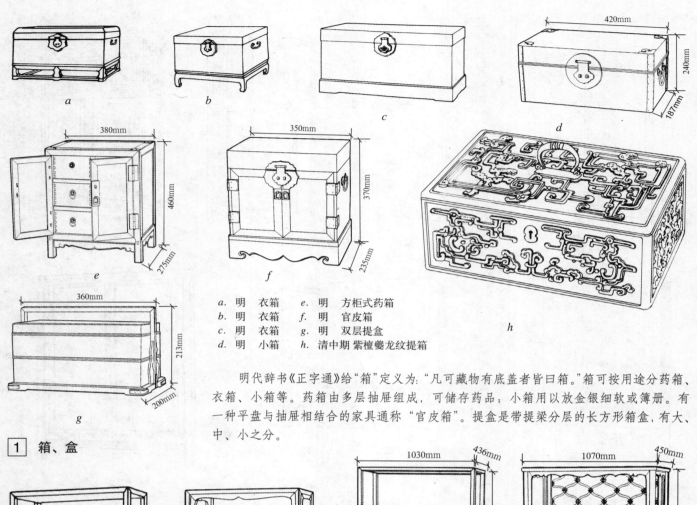

a. 明　衣箱　　　e. 明　方柜式药箱
b. 明　衣箱　　　f. 明　官皮箱
c. 明　衣箱　　　g. 明　双层提盒
d. 明　小箱　　　h. 清中期 紫檀夔龙纹提箱

明代辞书《正字通》给"箱"定义为："凡可藏物有底盖者皆曰箱。"箱可按用途分药箱、衣箱、小箱等。药箱由多层抽屉组成，可储存药品；小箱用以放金银细软或簿册。有一种平盘与抽屉相结合的家具通称"官皮箱"。提盒是带提梁分层的长方形箱盒，有大、中、小之分。

1 箱、盒

a

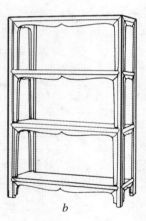
b

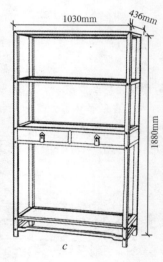
c

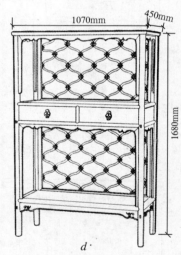
d

台架类家具有烛台、花台、衣架、镜架、面架、承足、承盘等。

架格或称"书格"或"书架"，其用途不一定专放图书。架格的基本形式是以立木为四足，用横板将空间分隔成若干层，可在上、中、下设抽屉。

a. 明　直方腿四层格架　　d. 明　枣花波纹背壶门式架格
b. 明　三层壶门式书格　　e. 明　两层两屉书格
c. 明　三层架格　　　　　f. 明　两屉立字层书格

e

f

2 架格

明清家具 [2] 中国古代设计

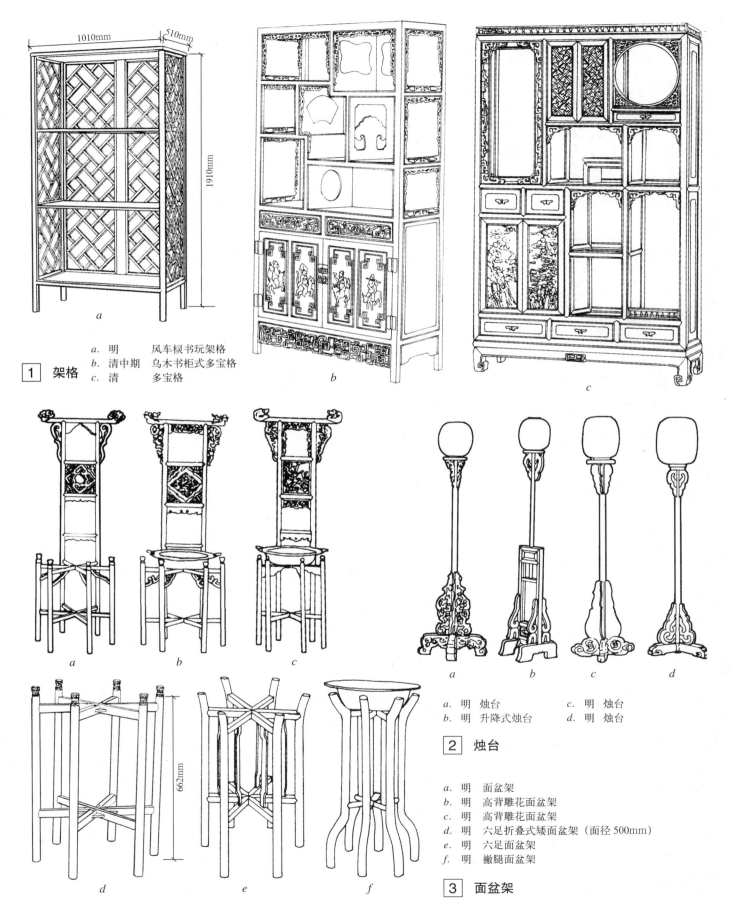

1 架格

a. 明　　　风车棂书玩架格
b. 清中期　乌木书柜式多宝格
c. 清　　　多宝格

a. 明　烛台　　　　c. 明　烛台
b. 明　升降式烛台　d. 明　烛台

2 烛台

a. 明　面盆架
b. 明　高背雕花面盆架
c. 明　高背雕花面盆架
d. 明　六足折叠式矮面盆架（面径500mm）
e. 明　六足面盆架
f. 明　撇腿面盆架

3 面盆架

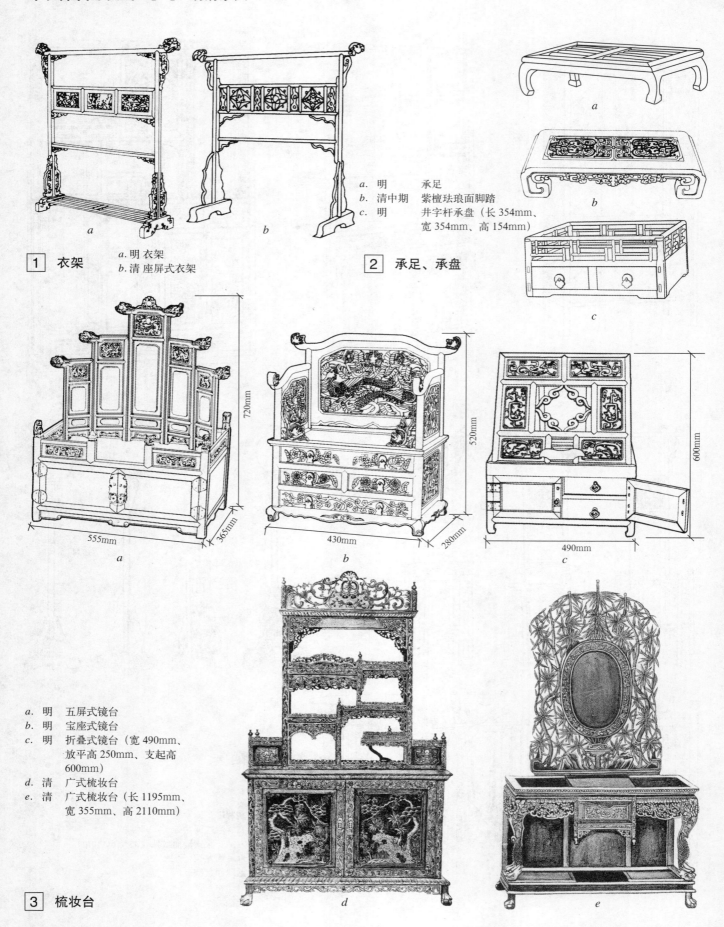

明清家具 [2] 中国古代设计

屏座类家具作屏障装置之用，有镜屏、插屏、围屏、座屏、炉座、屏座等。

a. 明　小座屏（底座长 735mm、宽 395mm）
b. 明　插屏式小座屏（底座长 380mm、宽 150mm）
c. 明　座屏
d. 明　小座屏风
e. 清末　楠木圆景座屏风
f. 清　红木嵌大理石小插屏

1 屏风

中国古代设计 [2] 明清家具五金装饰

明清家具五金装饰

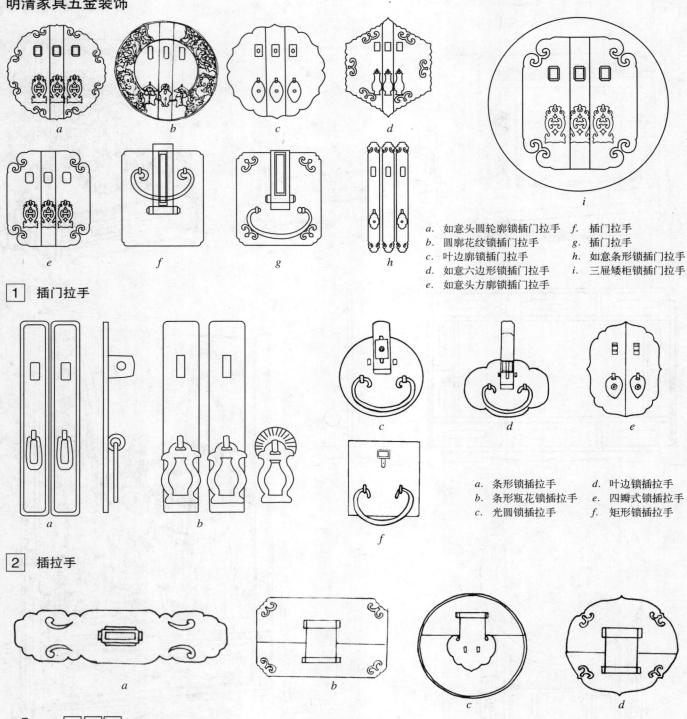

a. 如意头圆轮廓锁插门拉手
b. 圆廓花纹锁插门拉手
c. 叶边廓锁插门拉手
d. 如意六边形锁插门拉手
e. 如意头方廓锁插门拉手
f. 插门拉手
g. 插门拉手
h. 如意条形锁插门拉手
i. 三屉矮柜锁插门拉手

1 插门拉手

a. 条形锁插拉手
b. 条形瓶花锁插拉手
c. 光圆锁插拉手
d. 叶边锁插拉手
e. 四瓣式锁插拉手
f. 矩形锁插拉手

2 插拉手

a. 如意花锁插
b. 角花方形箱锁插
c. 光圆叶面花箱锁插
d. 圆形如意纹箱锁插
e. 条形锁插
f. 如意团花箱锁插
g. 如意头箱锁插

3 锁插

明清家具五金装饰 [2] 中国古代设计

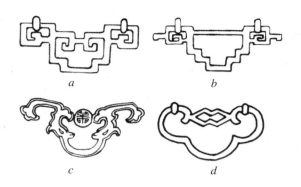

a. 回纹拉手　　c. 夔龙团寿拉手
b. 夔龙纹拉手　d. 双菱拉手

a. 方菱拉手　　d. 花瓣拉手
b. 腰圆拉手　　e. 锁纹拉手
c. 花瓣拉手

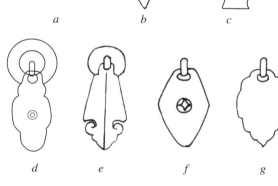

a. 方齿拉手　　c. 光环拉手
b. 叶茎拉手　　d. 叶茎拉手

a. 团心拉手　　d. 腰鼓形拉手　g. 叶面拉手
b. 芯叶花拉手　e. 箭头拉手
c. 花瓶拉手　　f. 圆菱拉手

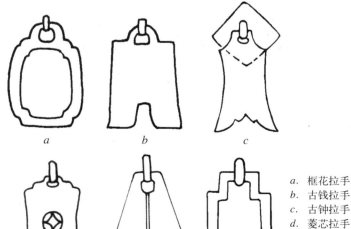

a. 框花拉手
b. 古钱拉手
c. 古钟拉手
d. 菱芯拉手
e. 菱夹拉手
f. 凸方框拉手

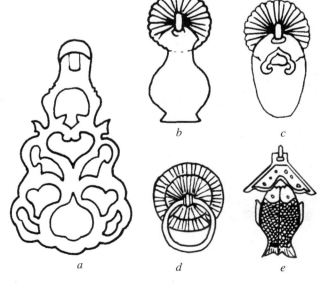

a. 花茎纹拉手　d. 圆环拉手
b. 瓶花拉手　　e. 双鱼拉手
c. 腰圆花拉手

1 拉手

105

中国古代设计 [2]　明清家具五金装饰

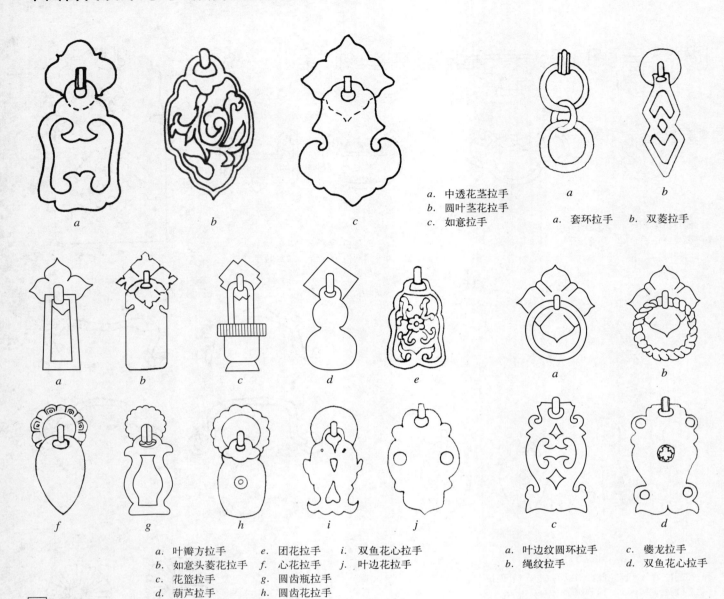

a. 中透花茎拉手
b. 圆叶茎花拉手
c. 如意拉手

a. 套环拉手　　b. 双菱拉手

a. 叶瓣方拉手　　　e. 团花拉手　　　i. 双鱼花心拉手　　a. 叶边纹圆环拉手　　c. 夔龙拉手
b. 如意头菱花拉手　f. 心花拉手　　　j. 叶边花拉手　　　b. 绳纹拉手　　　　　d. 双鱼花心拉手
c. 花篮拉手　　　　g. 圆齿瓶拉手
d. 葫芦拉手　　　　h. 圆齿花拉手

[1] 拉手

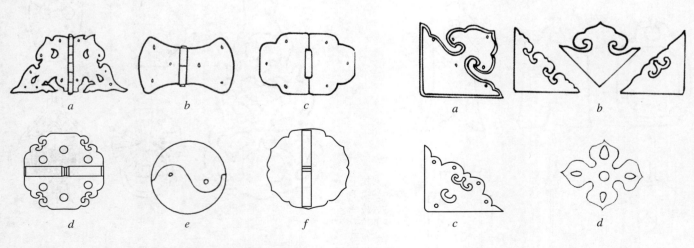

a. 蝴蝶花铰链　　d. 如意头轴心铰链
b. 蝶结铰链　　　e. 太极圆轴芯铰链
c. 凸边铰链　　　f. 叶边纹轴心铰链

[2] 铰链

a. 如意花箱包角　　c. 叶边纹箱角
b. 如意纹箱包角　　d. 四芯花包角

[3] 包角

明清家具名词术语

矮老	短柱，多用在枨子和它的上部构件之间。
单矮老	每个矮老之间的距离相等，有别于双矮老、三矮老等的分组排列。
搭脑	椅子后面最上的一根横木，因可供倚搭头脑后部而得名。引而广之，其他家具上与此部位相似的构件也叫搭脑。
枨子	用在腿足之间的联结构件。
顺枨	桌案正面联结两腿的枨子。
霸王枨	安在腿足上部内侧的斜枨。下端用勾挂垫榫与腿足接合，上端承托面板下的穿带。
管脚枨	贴近地面安装，能把家具腿足管牢的枨子。
裹腿枨	枨子高出腿足表面，四面交圈，仿佛将家具缠裹起来的一种造法。
横枨	案形结体家具侧面联结两足的枨子。有时泛指连接任何两根立材的横木。
罗锅枨	中部高起的枨子。
一腿三牙罗锅枨	方桌的常见形式之一。每根腿足与左右两个牙条及一个角牙相交，其下还有罗锅枨，故名。
案	腿足缩进安装，并不位在四角的家具为案。但有个别例外。
案形结体	家具造型采用腿足缩进安装的造法。
桌形结体	采用桌形结构的家具，即腿足位于四角的家具。
一腿三牙	每根腿足与左右的两根牙条即一个角牙相交，故曰"一腿三牙"。
板足	炕几、条几用厚板造成的足，或虽非厚板而貌似厚板的足。
半榫	榫眼不凿透，榫头不外露的榫卯。
包角	镶钉在家具转角处的金属饰件。
抱鼓	在墩子上的鼓状物，用以加强站牙，抵夹立柱。
边框	用大边及抹头，或以弧形歪材攒成的方形、长方形、圆形或其他形状的外框。
边抹	大边与抹头合称边抹，方形的及长方形的边框由此二者构成。
边线	沿着构件的边缘造出高起的阳线或踩下去的平线或阴线。
冰裂纹	模仿天然冰裂的图案，如用短而直的木条做成冰裂状的棂格。
冰盘沿	指边框立面外缘各种上舒下敛的线脚。
波折形	模拟织物下垂或荷叶边弯曲的形状。
踩地	将花纹之外的地子去掉，使花纹突出。
侧脚	古建筑用语，相当于北京匠师所谓的搩揪，言家具腿足下端向外扽开。

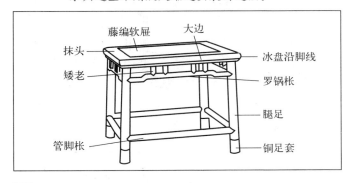

1 无束腰罗锅枨加矮老管脚枨方凳

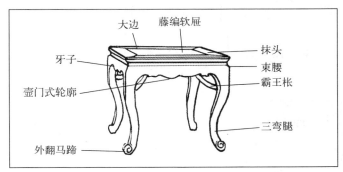

2 有束腰三弯腿霸王枨方凳

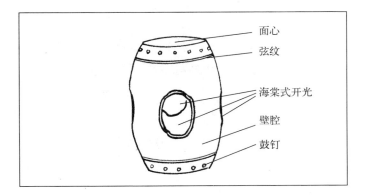

3 四开光坐墩

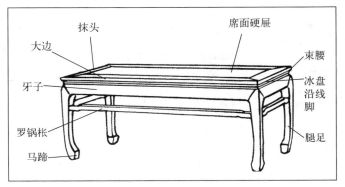

4 有束腰罗锅枨二人凳

中国古代设计 [2] 明清家具名词术语

插肩榫	案形结体的两种基本造法之一。腿足上端出榫并开口，形成前后两片。前片切出斜肩，插入牙条为容纳斜肩而凿剔的槽。拍合后腿足表面与牙条平齐。
铲地	用光地作地子的浮雕花纹。光地须用铲刀铲出，故名。
抽屉脸	抽屉正面外露的部分，谓如人的脸面。
穿带	贯穿面心背心面、出榫与大边的榫眼结合的木条。
攒	用攒接的方法造成一个构件叫"攒"，与"挖"相对。
攒边装板围子	用攒边打槽装板的方法造成的床围子。
攒斗	攒接与斗簇两种造法的合称。
攒角牙	用攒接方法造成的角牙。
攒接	用纵横或斜直的短材，经过榫卯攒接拍合，造成各种透空图案。
攒接围子	用攒接的方法造成的床围子。
攒框	用攒边方法造成的边框。

打洼	线脚的一种，把构件的表面造成凹面。
大边	四框如为长方形，长而出榫的两根为大边。如为正方形，出榫的两根为大边。如为圆形，外框的每一根都可称之为大边。
大挖	用大料挖制弯形的构件曰"大挖"，一般指挖制鼓腿彭牙的腿足。
大挖马蹄	鼓腿彭牙腿足的马蹄。
大挖外翻马蹄	三弯腿外翻较多的马蹄。
挡板	有管脚枨或托子的炕案、条案，在枨子或托子之上，两足之间，打槽安装的木板，往往有雕饰。
倒棱	削去构件上的硬棱，使其柔和。
吊头	案形结体家具腿足缩进安装，案面探出在腿足之外的部分叫"吊头"。
顶架	架子床的床顶叫"顶架"。
斗	斗合、拼凑的意思。家具工艺造法之一。
斗簇	用大小木片、木块经过锼镂雕刻，斗合成透空图案。

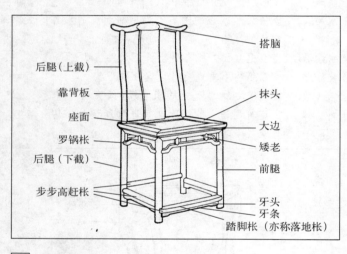

[1] 灯挂椅

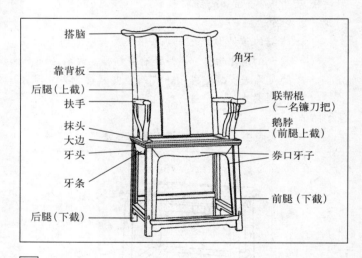

[2] 扶手椅

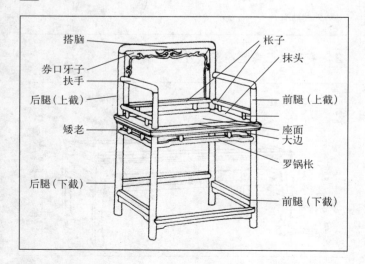

[3] 玫瑰椅

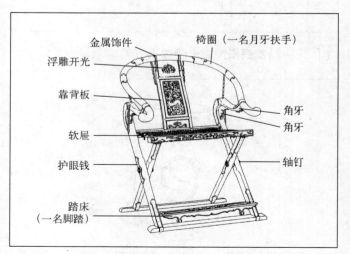

[4] 圆后背交椅

明清家具名词术语 [2] 中国古代设计

独　板　1. 指厚板，如椅壁桌案的面，不用攒边法造成，而用厚板。
　　　　2. 指整板，如椅子靠背不用攒框分段装板法造成，而用一块整板。
墩　子　座屏、衣架、灯台等底部为树植立木而设的略似桥形的厚重构件。
墩　座　指墩子本身，或由两个墩子中施横木而构成的底座。
垛　边　顺着边抹底面外缘加贴的一根木条，借以增加边抹看面的厚度。多用于裹腿做及一脚三牙罗锅帐式的家具。
鹅　脖　椅子扶手下靠前的立木，往往与前足一木连做，少数为另木安装。
方　材　家具主要构件的断面为方形者称之为"方材"。
分心花　刻在牙条下缘正中的花纹。
扶　手　设在坐具两侧，可以扶手及支承肘臂的装置。
浮　雕　表面高起的雕刻花纹。
格　板　架格足间由横顺枨及木板构成的隔层。
格　肩　将榫子上端切出三角形或梯形的肩。
构　件　现代工程用语。盖指家具中任何一个元件。
鼓　腿　向外支出的腿足。
鼓腿彭牙　有束腰家具形式之一。牙条与腿足自束腰以下向外彭出，腿足上下端又向内兜转，以大挖内翻马蹄结束。
瓜棱城　腿足分棱瓣的线脚，多见于无束腰方桌及圆角柜等家具上。
挂　牙　上宽下窄，纵边长于横边的角牙。
柜　帽　圆角柜柜顶向外喷出的部分。
柜　膛　柜门之下到柜底之上一段空间。
柜膛板　柜膛正面的立墙。
荷叶托　镜架或镜台上承托铜镜的荷叶形木托。
混　面　线脚的名称，即高起的素凸面，可上溯到《营造法式》。
活扇活　随意可装可卸的扇活，一般有活销装置。
夹头榫　案形结体家具的基本选法之一。腿足上端出榫并开口，中夹牙条、牙头，出榫与案面底面的榫眼接合。
减　地　雕刻术语，减去地子的高度，使花纹高出。
交　圈　不同构件的线和面，上下左右，连贯衔接，浑然一气，周转如圈，是谓"交圈"。
角　牙　安装在两构件相交成角处的牙子。
开　光　家具上界出框格内施雕刻，或经锼挖任其空透，或安圈口内镶文木或文石等均可称之为"开光"。

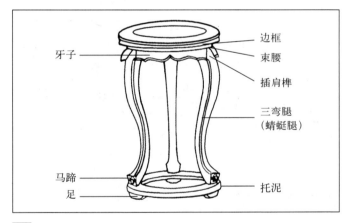

[1] 三足圆香几

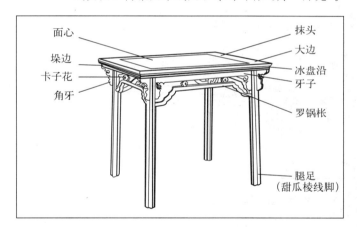

[2] 一腿三牙罗锅枨加卡子花方桌

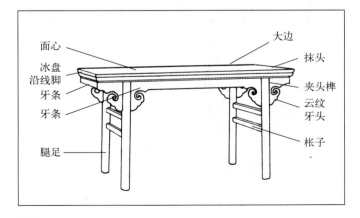

[3] 夹头榫画案

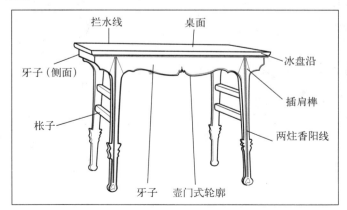

[4] 插肩榫酒桌

中国古代设计 [2] 明清家具名词术语

壸门　唐宋时常用在须弥座及床座上的开光。
壸门式轮廓　锼成壸门式形状的轮廓。
壸门牙条　锼出壸门顶尖及曲线的牙条。
拦水线　沿着桌案面的边缘起阳线，借以防止汤水倾仄，流污衣衫。
栏杆　家具上出现形似栏杆的装置。
落堂　装板低于边框的造法叫"落堂"。
落堂踩鼓　将装板四边踩下去，使它低于边框，但中部不动，形成高起的小平台，此种造法为"落堂踩鼓"。
立面　横材露在外面，可见其厚度的一面。
联帮棍　扶手椅扶手之下，鹅脖与后腿之间的一根立材。它下植在椅盘上，上与扶手连接。
两炷香　腿足正面起两道阳线，多见于条案。
亮格　架格的格，因没有门，敞亮于外而得名。
棂格　窗户边框以内的格子，并用作家具类似装置的名称。
露明　构件未被其他构件遮没，显露在外的部分。
马蹄　1. 腿足下端向内兜转或向外翻出的增大部分。
　　　2. 石板面心的边造出斜坡以便装入边框。此斜坡叫"马蹄边"，或简称"马蹄"。

抹头　1. 边框如作长方形，短而凿眼的两根为"抹头"；如作正方形，凿眼的两根为"抹头"。
　　　2. 门扇及围屏边框，连接两根大边的各根横材为"抹头"。
　　　3. 厚板的纵端，为了防止它开裂及掩盖其断面木纹而加贴的木条亦称"抹头"。
门围子　架子床门柱与角柱之间的两块方形的围子。
门轴　木轴门上下出头纳入臼窝的部分。
闷仓　闷户橱抽屉之下可以密藏物品的空间。
面心　嵌装在边框之内的板片。
面叶　金属构件的一部分，钉在箱、柜正面或抽屉脸上的叶片。
明榫　外露可见的榫卯。
木轴门　用木轴作开关转枢的门，多用于圆角柜。
拍　拍合的意思。将凿眼的构件安装到出榫的构件上去，因须拍打，故曰"拍"。
拍子　箱具金属构件的一部分，因外形像一把拍子而得名。
喷面　向外探伸的桌面。
彭牙　随着鼓腿向外彭出的牙子。
披水牙子　座屏风上连接两个墩子的前后两块倾斜如八字的牙子。

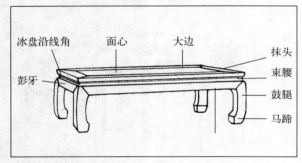

1　有束鼓腿彭牙炕桌

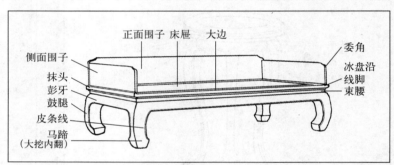

2　三屏风独板围子罗汉床

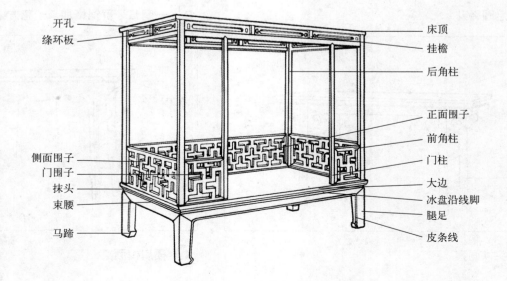

3　带门围子架子床

明清家具名词术语 [2] 中国古代设计

劈料	在构件上造两个或更多的平行混面线脚。
皮条线	比灯草线宽而扁平的阳线。
平镶	1. 装板不落膛，与边框平齐。亦称"平装"。 2. 用卧槽法镶铜饰件，镶毕与家具表面平齐。
齐牙条	有束腰家具的形式之一。牙条不格肩，两端与腿足直线相交。
起边线	沿着构件的边缘造出阳线。
卡子花	用在矮老部位的雕花木块。
翘头	家具面板两端的翘起部分，多出现在案形结体的家具上。
曲尺式	棂格图案名称。《园冶》称之为"尺栏"。
圈口	四根板条安装在方形或长方形的框格中。形成完整的周圈，故曰"圈口"。
券口	三根板条安装在方形或长方形的框格中，形成拱券状，故曰"券口"。
券口牙子	构成券口的三根板条，尤指安在椅盘以下者。
如意头	三弯腿外翻马蹄上有时出现的云头状雕刻花纹。
软屉	用棕藤、丝绒或其他纤维编织的家具屉面。
三接	圈椅扶手用三根弯材接成的叫"三接"。
五接	圈椅扶手用五根弯材接成的叫"五接"。
扇活	"活"有活计之意，等于工作成品。每件成扇的成品如屏风、门窗等均可称为"扇活"。

闩杆	两扇柜门之间的立柱。
双混面	线脚的一种，造成两个平行的混面。
四簇云纹	用板片锼挖或用木片锼挖后斗合而成的四个云纹聚簇的图案。
四面平	家具造型之一，自上而下四面皆平直，故曰"四面平"。
素地	即"平地"或"光地"。
素牙头	无雕饰的牙头。
榫卯	榫子与卯眼的合称，泛指一切榫子和卯眼。
束腰	家具面板与牙子之间的向内收缩的部分。
高束腰	束腰较高，能看到壸门台座痕迹的一种形式。
有束腰	面板和牙条之间有收缩部分的家具。
无束腰	家具面板和牙条之间无收缩部分。
绦环板	用在家具不同部位，以家具构件为外框的板片，一般都有雕饰。
甜瓜棱	圆足或方足起棱分瓣线脚的总称。
透榫	榫眼凿通，榫端显露在外的榫卯。
托角牙子	角牙或称"托角牙子"。
托泥	承托家具腿足的木框，多见于有束腰家具，或四面平式。
托腮	牙条和束腰之间的台层。

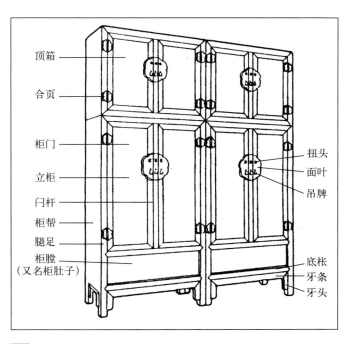

1 四件柜

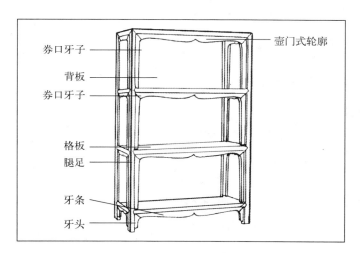

2 三层架格

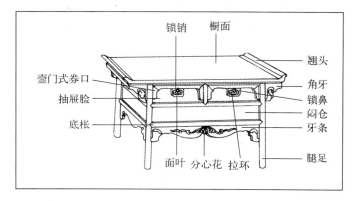

3 联二闷户橱

111

中国古代设计 [2] 明清家具名词术语

托腮	牙条和束腰之间的台层。
托子	承托案形结体家具腿足的两根横木。
挖	用镂挖的方法造成一个构件叫"挖"，与"攒"相对而言。
洼面	即凹面。
洼堂肚	牙条中部下垂，成弧线形。常见于椅子上的券口牙子。
外圆内方	腿足朝内的两面平直，朝外的两面做成弧形。椅凳及圆角柜腿足常见的线脚。
弯材	开成弧形的材料，如圈椅的扶手，圆形家具的边框及托泥等。
望柱	栏杆的柱子，多树立在两块栏板之间。
线脚	现代建筑及室内装饰用语，今用作各种线条及凹凸面的总称。
镶嵌	用与家具本身有区别的物料来拼镶、填嵌，造出花纹，取得装饰效果。
杌	没有靠背及扶手的坐具。
须弥座	有束腰的台座。
压边线	沿着构件的边缘造出平线。
阳线	高起的阳文线。
一木连做	两个或更多的构件由一块木料造成。
椅圈	圈椅上的圆形扶手。
椅盘	椅子的屉盘，一般由四根边框，中设软屉或硬屉构成。
牙条	长而直的牙子为牙条。
牙头	1.牙条两端下垂部分，不论是与牙条一木连做的，还是另外安装的均得称为"牙头"。2.夹头榫牙条以下宽出腿足的左右对称部分，也叫"牙头"。
牙子	牙条、牙头、角牙、挂牙等各种大小牙子的总称。
阴刻	阴文的线雕。
硬木	各种硬性木材的统称，与软木相对而言。
硬屉	攒边装板的屉及软屉改为木板贴席的屉均为硬屉。
鱼门洞	绦环板或束腰上的开孔。此称见于《则例》，南方较流行。
圆材	主要构件的断面为圆形的家具，亦泛指一般断面为圆形的木料。
圆槽	刀口底槽圆缓的阴文线雕，与"尖槽"相对而言。
圆球	造在腿足下端，落到地面或落在托泥上的圆球。
圆托泥	圆形家具足下的圆形托泥。
栽榫	构件本身不出榫，另取木块栽入构件作榫。
站牙	立在墩子上，从前后抵夹立柱的牙子，即《则例》所谓的"壶瓶牙子"。
直棍	古代窗台多用直棍，故直棍又称"直枨"。
直足	无马蹄，直落到地的腿足。
中牌子	安装在衣架中部的扇活，或高面盆架搭脑下部方形有装饰的部分。
装板	边框的裹口打槽，将板心四周的榫舌嵌装入槽为"装板"。
仔框	大边框内的小框。

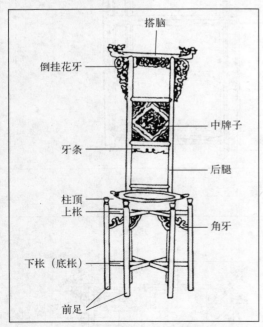

1 脸盆架

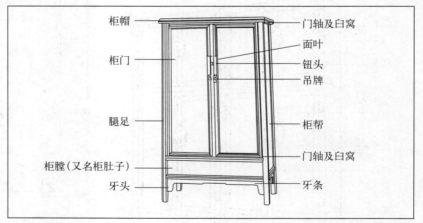

2 圆角柜

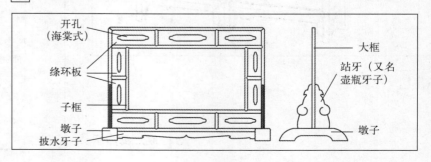

3 小座屏风

[3] 西方古代设计

在漫漫的历史长河之中，人类在地球上休养生息，为使生活更加丰富、充实，人们制造了许多既便利又美妙的物品，为了与现代工业设计有所区别，我们姑且把这种开物成物的行为和结果称之为"造物设计"。可以这样说，整个人类文明史就是不断突破包括客观世界和人类自身在内的自然局限性、按照自身不断进取和发展需求去创造新的生存空间的历史，设计越是先进，人就越是进化，社会就越向前发展，设计由原始造物设计，或经由社会第二次的分工的"手工业设计"（即传统手工艺）发展到工业设计乃至当代信息时代的"后工业设计"，正越来越充分地显示出人的本质特征。尽管因地理位置、环境气候、宗教信仰和历史文化传统各有差异，西方古代设计史显示出不同的风格样式，但就总体而言还是存在着很多共性，为了给某一时代、某一领域所积累的一定造型特征加上标记，人们或多或少地在修辞概念上达成一致和默认，甚至直接用某一地域或时期来命名，如"古埃及"、"古希腊"、"古罗马"、"中世纪"（包括"拜占庭"、"罗马式"和"哥特式"等）、"巴洛克"和"洛可可"等等。所谓"风格"意味着与众不同、具有一个我们所赏识的协调统一的整体感，它是设计师的造型语言，而形式、线条、色彩、肌理和材料又构成这种语言的语法；与此同时，风格又是一种分类的手段。这就是为什么风格对于研究设计和设计史有十分重要意义的原因，它为我们提供了一把理解赖以产生的文化的钥匙。

a. 古埃及　　黄金面具
b. 古希腊　　长柄陶瓶
c. 古罗马　　大理石桌支撑架
d. 拜占庭　　罗马主教座椅
e. 罗马式　　礼拜堂
f. 哥特式　　座椅
g. 文艺复兴　两层架衣橱
h. 巴洛克　　镀金御椅
i. 洛可可　　弯腿扶手椅

西方古代设计风格特点及演变总表

风格样式	起止年代	设 计 特 点
古埃及	公元前3000年（第一王朝）~公元前600年（第二十五王朝）	呈现庄重、浑厚、遒劲、永恒风韵以及充满神秘主义和宗教气息
古希腊	公元前9世纪~公元前1世纪（公元前31年）	体现"静穆的伟大、单纯的崇高"精神，追求完美的艺术性
古罗马	公元前4世纪~公元4世纪	关注实用性和灵活生动的传达效果，酷爱追求宏伟气魄和比例关系
中世纪/拜占庭	3~6世纪	探求象征主义，热衷于色彩表现
中世纪/罗马式	9~13世纪	以帝王艺术、深刻宗教性、乡村分散性的多样化表现形式为特征
中世纪/哥特式	12~16世纪	以矢状券、小尖塔和彩色玻璃镶嵌来体现"上帝即光明"的境界
文艺复兴	14~16世纪	建构"人文主义"精神和秩序严谨、协调的古典美理想
巴洛克	16~18世纪中叶	追求不规则形式、起伏的线条以及处于理性和激情之间的天主教和君主宫廷室内奇异装饰
洛可可	18世纪	表现优雅轻快、非对称曲线、华丽柔和、奇思遐想以及异国情调，营造亲密感、喜庆感和沙龙式居住环境

西方古代设计 [3] 古埃及

古埃及

埃及地处非洲东北部尼罗河沿岸,古埃及人早在公元前4000年就掌握了冶金技术,是最早进入人类文明的古国之一,古埃及人以其伟大的智慧,掀起了整个人类设计史上的第一个浪潮。需要指出的是,虽然埃及(连同美索不达米亚)在地理位置上不属于西方(欧美)国家,许多史学家甚至将其与之后的波斯一起列为东方阵营,但无论造型装饰还是美的法则,它都对东、西方设计,尤其是古希腊设计乃至近代的装饰艺术风格产生深远的影响。设计作品反映着当时、当地的环境特色和社会发展,尼罗河地理条件为古埃及设计提供了特殊的物质载体,石头是主要自然资源,故古埃及人就用它来制作工具、家具、器皿和装饰品,具有非常高的成就,到中王朝时期出现青铜工具。由于干燥的气候和古埃及盛行厚葬之风,所以出土了大量的家具,而这一时期最辉煌的范例就是金璧辉煌的法老王座。

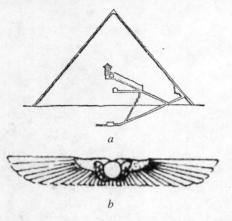

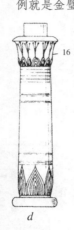

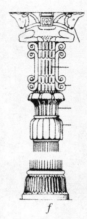

1 金字塔造型及柱式

古埃及建筑样式,尤其是柱式以其绚丽、宏伟和豪华给后来的诸如装饰艺术派等西方设计风格产生深远影响。

a. 埃及金字塔及其墓室构造　b. 埃及日轮(徽)
c. 莲花式柱子　d. 纸草花式柱子　e. 棕榈叶式柱子
f. 双牛式柱子　g. 上有雕饰的柱子

a. 两只鸭子的重叠与并列
b. 手臂与身体的重叠、平行关系
c. 两个人物之间的相互重叠和穿插以及满构图处理方式

2 "侧面律"造型原则

在埃及壁画中始终遵循着古老的"侧面律"造型原则,而这种艺术处理手法一直延续到古希腊、古罗马以及中世纪时期的绘画之中。

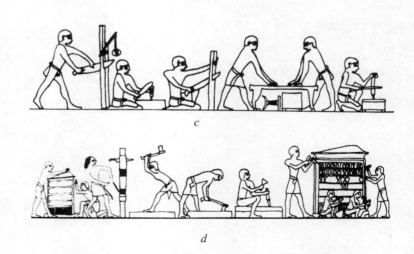

3 墓室壁画　　a. 古埃及壁画上的弓箭　b. 耕作场景　c. 第五王朝木匠制作图　d. 第十八王朝木匠制作图

古埃及 [3] 西方古代设计

a　　　　　　　　　b　　　　　　　　　c　　　　　　　　　d

1 交通工具　　a."龙舟"　b.普通帆船　c.雪橇,公元前2000年　d.赫特芬雷斯王后的抬轿

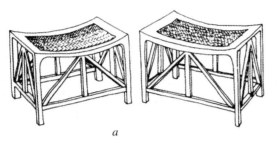  

a　　　　　　　　　　　　　　　　b　　　　　　　　c

2 凳　　a.有着凹面座位的花格凳设计,其结构受芦苇家具的影响
　　　　b.有动物腿装饰的凳子,涂白色,镀金铁花烙,第十八王朝　　c.喇叭腿凳,公元前1400～前1350年

埃及家具的种类很多,床、椅、柜、桌、凳样样齐全,其中不少是折叠式或可拆卸式的。埃及家具几乎都带有兽形样腿,而且前后腿方向一致,埃及早期家具造型线条僵挺,连靠椅的靠背板都是直立的;后期家具背部加上了支撑,从而变成了弯曲而倾斜的形状,这说明了埃及设计师开始注意到家具的舒适性,这对以后的家具设计产生深远的影响。

a. 有象征装饰的头垫,真可谓"大脑的座椅"
b. 折凳形枕头,公元前1350～前1300年

3 枕　　　　　　　　　a　　　　　　　　　　b

a　　　　　　　b　　　　　　　c　　　　　　　d

a. 赫特芬雷斯王后的椅子
b. 礼仪椅和脚凳,该椅有一个非同寻常的弯曲座部,仿制牛皮,背部镶嵌宝石和黄金片
c、d. 两张埃及椅
e. 靠背椅,高62cm,椅背上镶有象牙并有残存编织座垫,第十八王朝
f、g. 杜坦赫曼御椅,雕刻木头,黄金画线,镶嵌有银、花饰陶器,多彩玻璃和珍贵石头

4 椅　　　　e　　　　　　　f　　　　　　　g

西方古代设计 [3] 古埃及

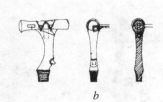

a. 床腿为公牛形状的木制床细部，显示其连接方法
b. 一张床的构造图，第一王朝时期
c. 第一王朝时期用象牙制作的公牛腿，有皮带孔
d. 第十八王朝时期有着踏板和狮子腿的床，支承在用珠子装饰的小圆柱上
e. 赫特芬雷斯王后的床、罩篷及椅子，第四王朝
f. 神牛床，木制，涂石膏粉和镶金

[1] 床

[2] 桌
a. 第十八王朝时期由芦苇制作的桌（一种前期木头材料）接合处被裹缠着，常被用于坟墓中置放祭品
b. 芦苇架构造

[3] 柜
a. 用象牙镶嵌的赌博盘，安放在乌木架上 b. 乌木和雪松木柜子
c. 箱子的前面弯成弓形，乌木精美薄板装饰

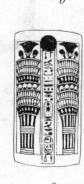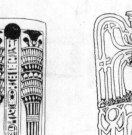

古埃及陶器大约出现在新石器时代，早期陶器多为黑胎粗陶，造型上以模仿草篮和植物写实形态为主，其装饰多为平行线、三角、直线等几何纹样，后期发展为彩陶，带耳、尖底并出现了动物造型，在中王朝时期（公元前2134～前1991年），埃及的金属工艺开始发展，出现很多的金属制品；此外，古埃及的玻璃、木工制品等也非常发达。

a. 埃及雕刻上的陶瓶 b. 黄金拖鞋，第二十一王朝 c. 黄金耳坠，第十九王朝 d. 金手镯，公元前940年
e. 雪花石首饰盒盖，阿台契伯法老墓出土 f. 雪花石座瓶，第十八王朝 g. 法老木乃伊胸部鹰状金链镶宝石挂饰
h. 图坦卡蒙黄金面具，约公元前1340年

[4] 其他物品

古希腊 [3] 西方古代设计

古希腊

古希腊是欧洲文明发源地，它包括希腊半岛、爱琴海半岛和小亚细亚的西部沿海地带，早期的"迈锡尼文化"与"克里特文化"一起构成"爱琴文化"。这一时期的建筑、雕刻和瓶画达到了世界艺术史之巅，追求"静穆的伟大、单纯的崇高"这一完美的艺术性，虽然古希腊三柱式及雕刻不属于产品设计范畴，但是，它对以后各个时期，尤其是文艺复兴和新古典主义生活用品、家具乃至工业革命以后的机床等产品设计产生深远的影响。

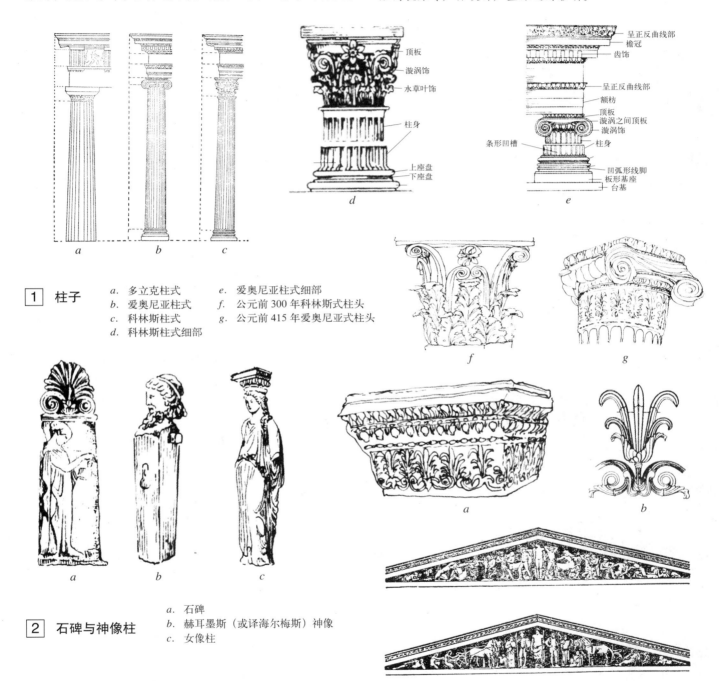

1 柱子
- a. 多立克柱式
- b. 爱奥尼亚柱式
- c. 科林斯柱式
- d. 科林斯柱式细部
- e. 爱奥尼亚柱式细部
- f. 公元前300年科林斯式柱头
- g. 公元前415年爱奥尼亚式柱头

2 石碑与神像柱
- a. 石碑
- b. 赫耳墨斯（或译海尔梅斯）神像
- c. 女像柱

3 其他建筑装饰
- a. 雅典卫城伊瑞克先神庙中楣装饰，公元前415年
- b. 雅典神庙中楣细部
- c. 帕提农神庙山墙

西方古代设计 [3] 古希腊

希腊瓶画是西方古代设计的一枝奇葩，它既是艺术品又属于实用品，其陶瓶造型和工艺制作都极为精美，使用功能良好，并且达到了一定的标准化程度，甚至出现了某些工业化生产特点以及设计与生产分离的现象。从器形上来看，每一种产品造型都有其特定的使用目的，不同造型具有不同的用途，德国著名学者米海里士曾经鲜明地指出："希腊的瓶器每一种都符合生活的需要，并且同时把它们变成了形式"；而古希腊陶器形态之所以显得生动活泼，又与画在器皿上的优雅绘画作品、图案以及所述故事情节分不开的，故我们称其为"希腊瓶画"，陶瓶"功能美"与绘画艺术美相得益彰。

古希腊陶瓶多为轮制，以绘有红、黑两色的陶瓶最为出色。最初，其样式、形制比较简单，到公元前6世纪，器皿样式趋向定型化、多样化。

a、d、r. 双耳瓶（有直耳和扁耳之别），供盛酒或油料用
b、c. 三耳瓶，运水器皿
e. 独耳小杯，为油灯加油用
f. 双耳酒杯和酒碗
g、l. 双耳调酒器
h. 香料油液容器
i. 羊首状酒杯
j. 独耳酒罐
k. 盛灯油小壶
m. 化妆品和首饰容器
n. 双耳酒瓶，供置放在平坦的台柱上用
o. 冷却酒的容器，常放在装有清凉泉水的调酒器中
p. 高底座上的双耳圆形瓶，妇女盥洗器皿
q. 扁圆形宽口壶，供稀释酒用

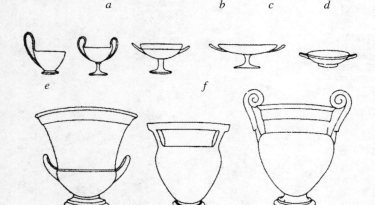

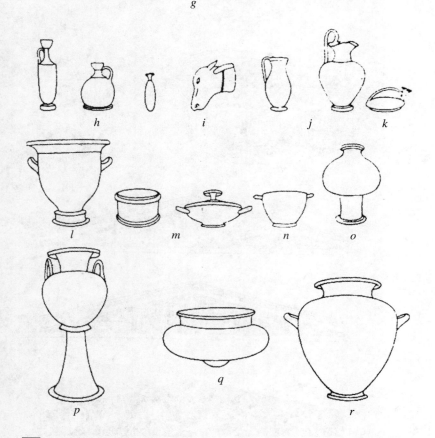

a. 典型立面整体造型、装饰细节分布情况
b. 比例尺度与节奏韵律等形式美感分析

[1] 器形种类、样式发展与比较

[2] 典型器形分析

古希腊 [3] 西方古代设计

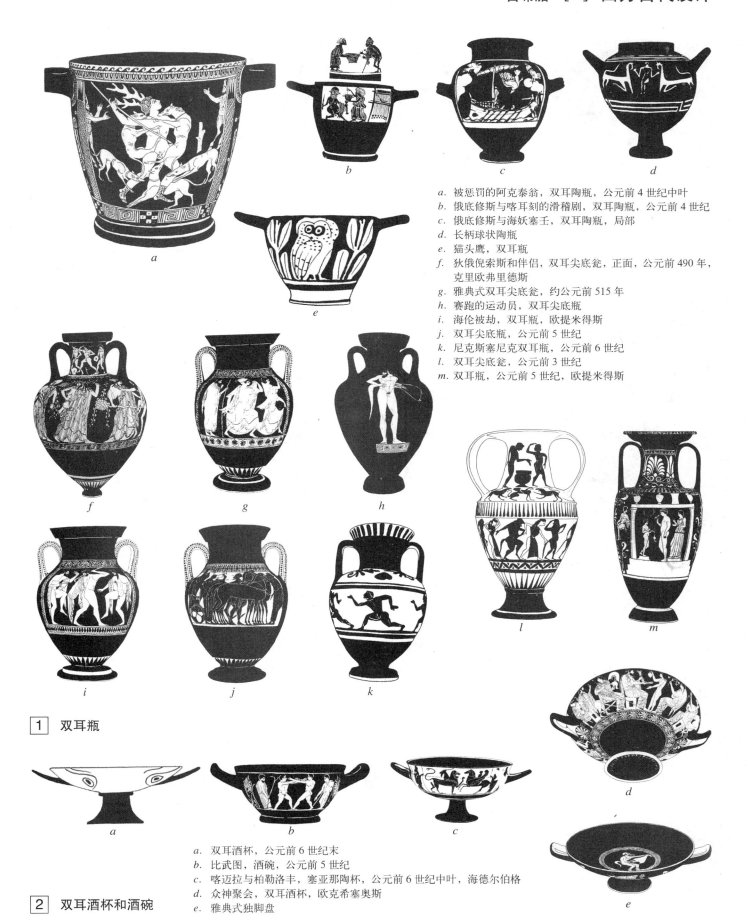

a. 被惩罚的阿克泰翁，双耳陶瓶，公元前4世纪中叶
b. 俄底修斯与喀耳刻的滑稽剧，双耳陶瓶，公元前4世纪
c. 俄底修斯与海妖塞壬，双耳陶瓶，局部
d. 长柄球状陶瓶
e. 猫头鹰，双耳瓶
f. 狄俄倪索斯和伴侣，双耳尖底瓮，正面，公元前490年，克里欧弗里德斯
g. 雅典式双耳尖底瓮，约公元前515年
h. 赛跑的运动员，双耳尖底瓶
i. 海伦被劫，双耳瓶，欧提米得斯
j. 双耳尖底瓶，公元前5世纪
k. 尼克斯塞尼克双耳瓶，公元前6世纪
l. 双耳尖底瓮，公元前3世纪
m. 双耳瓶，公元前5世纪，欧提米得斯

[1] 双耳瓶

a. 双耳酒杯，公元前6世纪末
b. 比武图，酒碗，公元前5世纪
c. 喀迈拉与柏勒洛丰，塞亚那陶杯，公元前6世纪中叶，海德尔伯格
d. 众神聚会，双耳酒杯，欧克希塞奥斯
e. 雅典式独脚盘

[2] 双耳酒杯和酒碗

西方古代设计 [3] 古希腊

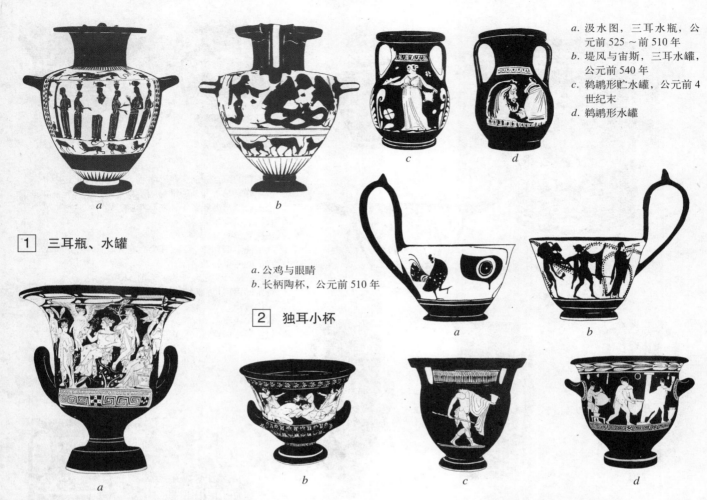

a. 汲水图，三耳水瓶，公元前 525～前 510 年
b. 堤风与宙斯，三耳水罐，公元前 540 年
c. 鹈鹕形贮水罐，公元前 4 世纪末
d. 鹈鹕形水罐

[1] 三耳瓶、水罐

a. 公鸡与眼睛
b. 长柄陶杯，公元前 510 年

[2] 独耳小杯

[3] 双耳调酒器
a. 双耳调酒器，公元前 4 世纪
b. 赫剌克勒斯战胜安泰俄斯，双耳调酒器，公元前 5 世纪，欧菲罗尼奥斯
c. 双柄调酒器，公元前 5 世纪初
d. 制陶作坊场景，双耳调酒器，公元前 5 世纪

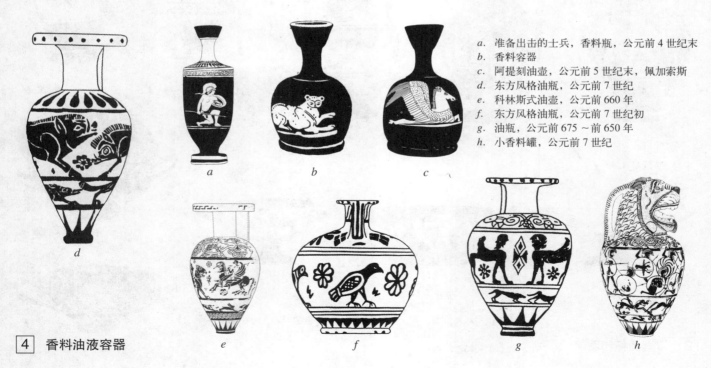

a. 准备出击的士兵，香料瓶，公元前 4 世纪末
b. 香料容器
c. 阿提刻油壶，公元前 5 世纪末，佩加索斯
d. 东方风格油瓶，公元前 7 世纪
e. 科林斯式油壶，公元前 660 年
f. 东方风格油瓶，公元前 7 世纪初
g. 油瓶，公元前 675～前 650 年
h. 小香料罐，公元前 7 世纪

[4] 香料油液容器

古希腊 [3] 西方古代设计

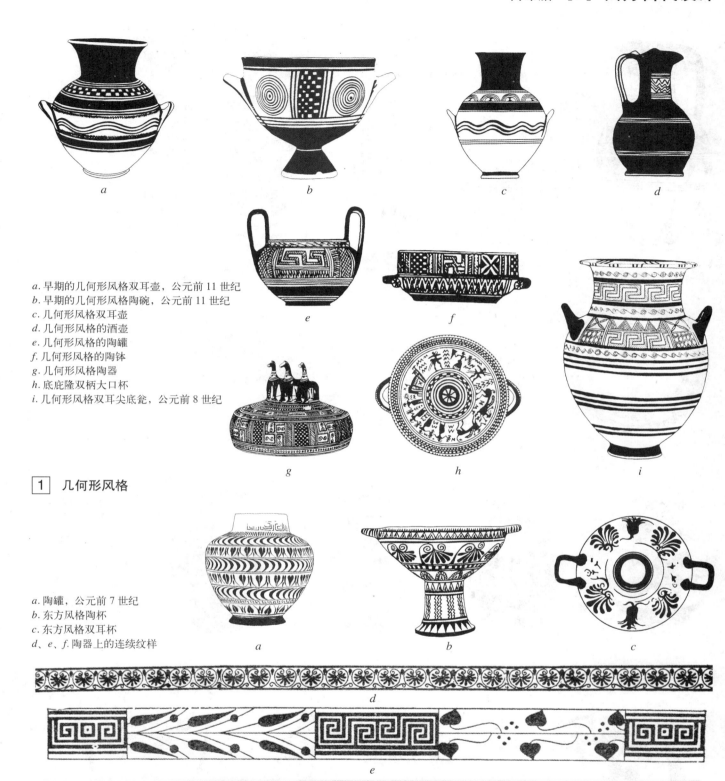

a. 早期的几何形风格双耳壶，公元前 11 世纪
b. 早期的几何形风格陶碗，公元前 11 世纪
c. 几何形风格双耳壶
d. 几何形风格的酒壶
e. 几何形风格的陶罐
f. 几何形风格的陶钵
g. 几何形风格陶器
h. 底庇隆双柄大口杯
i. 几何形风格双耳尖底瓮，公元前 8 世纪

1 几何形风格

a. 陶罐，公元前 7 世纪
b. 东方风格陶杯
c. 东方风格双耳杯
d、e、f. 陶器上的连续纹样

2 植物纹样

西方古代设计 [3] 古希腊

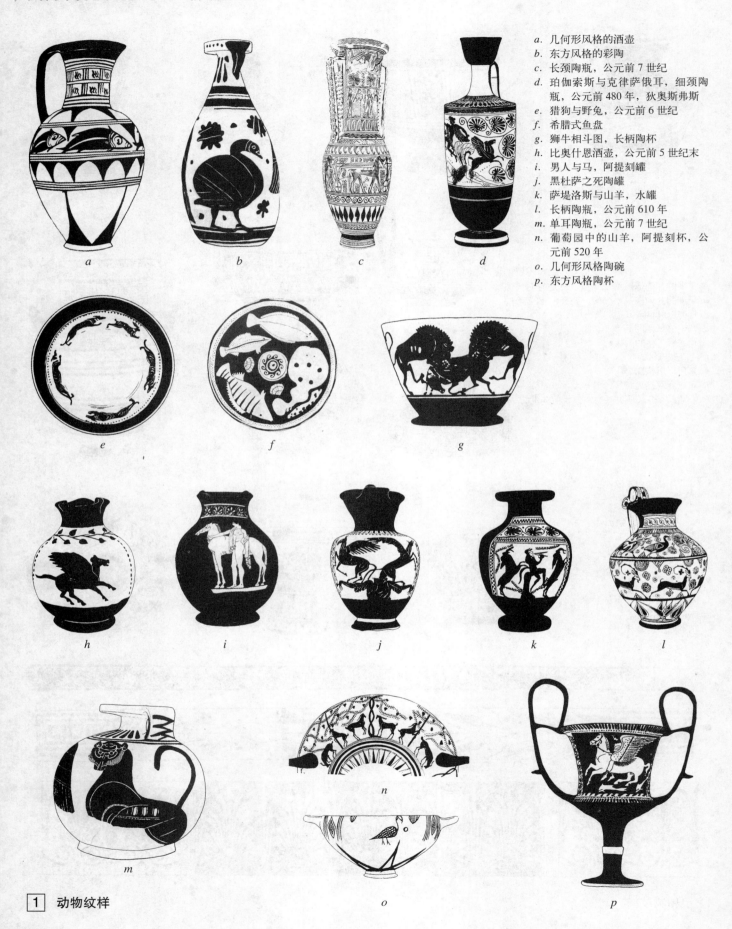

a. 几何形风格的酒壶
b. 东方风格的彩陶
c. 长颈陶瓶，公元前 7 世纪
d. 珀伽索斯与克律萨俄耳，细颈陶瓶，公元前 480 年，狄奥斯弗斯
e. 猎狗与野兔，公元前 6 世纪
f. 希腊式鱼盘
g. 狮牛相斗图，长柄陶杯
h. 比奥什恩酒壶，公元前 5 世纪末
i. 男人与马，阿提刻罐
j. 黑杜萨之死陶罐
k. 萨堤洛斯与山羊，水罐
l. 长柄陶瓶，公元前 610 年
m. 单耳陶瓶，公元前 7 世纪
n. 葡萄园中的山羊，阿提刻杯，公元前 520 年
o. 几何形风格陶碗
p. 东方风格陶杯

1 动物纹样

古希腊 [3] 西方古代设计

1	肖像	a. 双耳杯　　c. 魔头
		b. 酒神头形杯　d. 黑杜萨脸谱，陶瓶

古希腊瓶画形态生动活泼，具有浓厚的生活趣味和艺术美感，这与发达的古希腊哲学思想、"静穆之伟大、单纯之崇高"审美追求和丰富的神话典故密切相关。可以这样说，每一件作品都无声地描述着一段非同寻常的故事。

a. 醉酒少年与少女，陶绘酒碗，公元前490～前480年间，布里格斯通过富有特征的动作刻画，表现出人物之间的感情交流，如温文尔雅的少女为醉酒呕吐少年扶头的动作和他们的亲昵关系，画得相当精妙生动
b. 两眼之间的萨堤洛斯，长柄陶杯，公元前515年
c. 塔罗斯之死，双耳陶瓶，公元前4世纪
d. 为少女荡秋千的萨堤洛斯，陶罐，公元前5世纪末
e. 狄俄倪索斯和萨堤洛斯，酒杯，公元前510年
f. 阿耳戈英雄远征中的场面，陶杯，公元前5世纪
g. 宴乐的青年，陶杯，里德
h. 赫剌克勒斯与特里同比武，陶杯，公元前550年

2　神话故事艺术化、情趣化表现之一

西方古代设计 [3] 古希腊

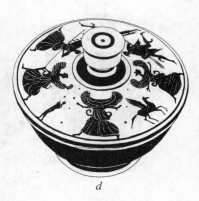

a. 梳妆打扮的妇女，双耳水罐，公元前 5 世纪
b. 贮酒罐，公元前 5 世纪中期
c. 舞蹈场面，双柄大口杯
d. 戈耳工与珀耳修斯，阿提刻珠宝陶盒，公元前 475 年
e. 狄俄倪索斯在船上，黑绘，作者在圆形构图中通过细节的巧妙安排构成一幅韵律和节奏感很强的画面。狄俄倪索斯是神话中的酒神，传说他为宙斯的情妇塞莫勒所生，由于为宙斯之妻赫拉所不容，送到异乡抚养。当狄俄倪索斯成年后，在返回希腊的航海途中，不幸坐上了盗匪的帆船，盗匪给他钉上镣铐，要把他卖为奴隶，但是镣铐突然脱落，在船的桅杆周围出现结了果实的葡萄藤，盗匪在惊恐之余纷纷投海，变成了海豚。
f. 喝醉酒的萨堤洛斯，冷酒器，公元前 5 世纪
g. 艺妓图，供冷却酒料用的陶壶上的彩绘 3 个裸体艺妓在音乐的伴奏下饮酒和玩的一种游戏，把一滴酒泼在地上，为自己的情人祝福
h. 穿鞋的裸女，双耳瓶，公元前 6 世纪末
i. 妇女日常生活图，药罐展开示意图，公元前 5 世纪

1 故事描述与情趣化表现之二

古希腊 [3] 西方古代设计

希腊瓶画是我们研究古希腊时期设计的一大宝库，各种日用品、劳动工具、家具、乐器、兵器以及交通工具等无所不包，真可谓"设计中的设计"。

a. 造头盔的年轻铁匠
b. 赫耳墨斯塑像制作图
c. 忒修斯的7件工作，雅典式陶杯，公元前5世纪
d. 希腊工匠在制作
e. 木工工具

a　　　　　　b　　　　　　c

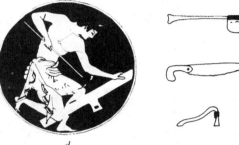 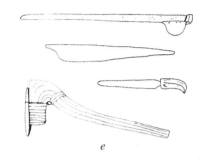 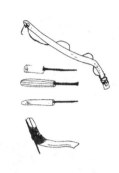
　　d　　　　　　　　　　　　　　e

[1] 制作工艺与工具

希腊家具中最杰出的代表是一种克里斯姆斯靠椅，线条极其优美，向外撇而弯曲呈优美弧形的椅腿，从力学角度看是科学的；与人体脊柱弯曲度相适应的靠背也非常舒适。也许这种优美单纯的形式与古希腊人思想、精神上的解放有关。

 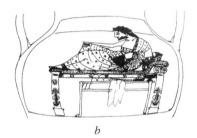
　　　a　　　　　　　　　　b

 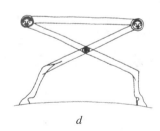 
　c　　　　　d　　　　　e

　f　　　　g　　　　h　　　　i

a. 有镟木腿的长椅，3条狮爪腿的矩形桌子，公元前625～前600年
b. 矩形腿边上有深切口的长椅，公元前5世纪
c. 腿部有雕刻和绘画的椅子，玫瑰花瓶和扇叶状矮棕榈装饰图案
d. 饰有圆形狮面具、山羊脚向外转动的折叠凳
e. 狮子脚向内转动的折叠凳
f. 细长型椅，其腿部和靠背有些弯曲
g. 有凹曲靠背、围栏和弯曲椅腿的漂亮希腊椅
h. 源自埃及的圆木制希腊桌子，3条动物造型腿，顶端有鸟头装饰
i. 3腿青铜桌

[2] 家具

西方古代设计 [3] 古希腊

a. 音乐教授图，双耳陶杯，公元前 5 世纪，杜里斯
b. 雅典贵族家中的诗歌吟唱会，双耳水瓶，公元前 5 世纪
c. 演奏的赫剌克勒斯，雅典式双耳尖底瓮，公元前 6 世纪末
d. 青年与歌伎，酒碗
e. 狄俄倪索斯和萨堤洛斯，酒杯，公元前 510 年
f. 迈那得斯与萨堤洛斯，酒杯
g. 坐在神奇的三角凳上飞速穿越海洋的阿波罗，三耳水瓶，公元前 5 世纪

1 乐器

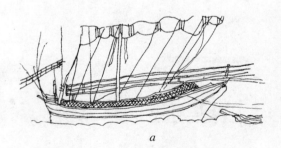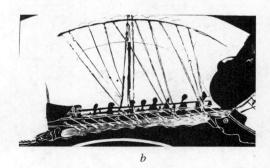

2 兵器　a. 阿波罗和阿尔忒弥斯射死尼俄柏儿女的陶瓶，局部，公元前 5 世纪
b. c. 特洛亚战争图，酒碗，公元前 490～前 480 年，布里戈斯

3 船　a. 商船，画于双耳酒杯，公元前 6 世纪
b. 多桨帆船

古罗马 [3] 西方古代设计

古罗马

罗马人征服了希腊人并统一意大利之后，其设计直接继承了古希腊传统和技法，并将这种文化逐渐扩展到了欧洲各地，甚至罗马帝国时期的大量制品都是希腊时期的复制品。但他们也有所发展，例如，形成了特有的建筑与室内设计风格——关注于实用性和灵活生动的传达效果，酷爱追求宏伟气魄和比例关系，故其"罗马式"为后世所效仿。罗马家具的基本造型结构便表明了自己的特点，即银器和青铜器家具的大量涌现，银器上的装饰多为古希腊神话或哲学家、政治家、诗人的肖像，多采用浮雕装饰手法，但因其豪华外观和不菲的价格，多为贵族所用。在大众生活中，青铜器皿乃是主流，其造型和装饰手法更为丰富，其中一些模仿兽腿的桌子造型对欧洲文艺复兴时期以后的家具产生了很大的影响。

a. 罗马住宅屋内，通过门廊可以看到列柱中庭
b. 罗马坟墓的天花
c. 罗马镶嵌工艺

[1] 建筑与室内设计及其影响

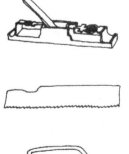

[2] 古罗马人使用的工具　　a. 工匠制作情形
　　　　　　　　　　　　　　b. 木工工具

[3] 银器　a. 化妆盒，象牙和金属制成
　　　　　　b. 罗马利库尔戈斯杯，4世纪

127

西方古代设计 [3] 古罗马

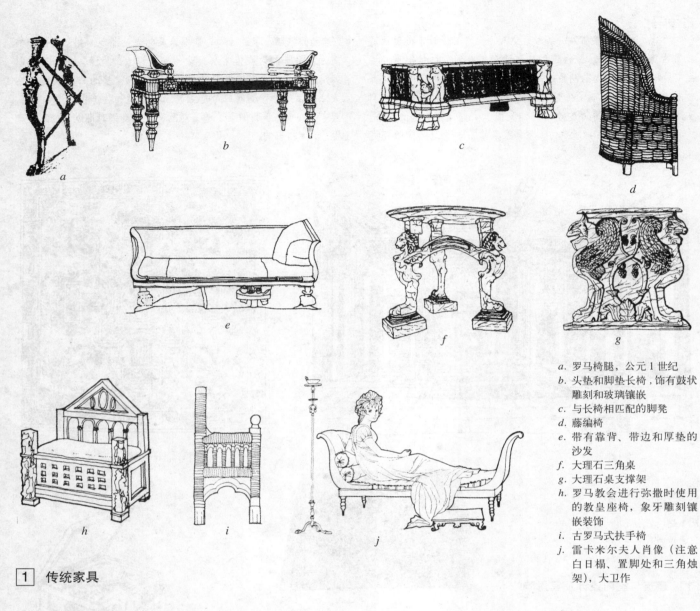

a. 罗马椅腿，公元1世纪
b. 头垫和脚垫长椅，饰有鼓状雕刻和玻璃镶嵌
c. 与长椅相匹配的脚凳
d. 藤编椅
e. 带有靠背、带边和厚垫的沙发
f. 大理石三角桌
g. 大理石桌支撑架
h. 罗马教会进行弥撒时使用的教皇座椅，象牙雕刻镶嵌装饰
i. 古罗马式扶手椅
j. 雷卡米尔夫人肖像（注意白日榻、置脚处和三角烛架），大卫作

1 传统家具

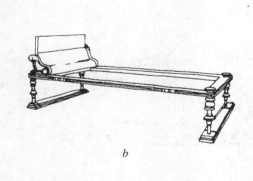

2 青铜家具

a. 青铜三腿祭坛，来自庞贝城
b. 青铜床
c. 青铜凳子，为浇铸工艺设计
d. 青铜烛架

中世纪 [3] 西方古代设计

中世纪

公元476年西罗马帝国灭亡标志着欧洲奴隶社会结束、封建社会逐步确立,此后长达近千年直至文艺复兴的这段时间(约5~14世纪)史称"中世纪",无论是艺术、设计还是人们的日常生活,基督教精神一直居于主宰地位。就中世纪绘画或雕刻艺术而言,与古希腊、古罗马的古典艺术相比似乎出现了倒退,但中世纪在金属器具、家具设计等方面例外,发明或改良设计活动一直没有停止过。中世纪的金属工艺,尤其是贵金属制品设计相当发达,其特点是金属、珐琅和宝石镶嵌工艺的综合运用。像中世纪最具风格特征的哥特式设计乃至手工艺行会,成为后来工艺美术运动竭力推崇的理想;而中世纪设计一般都长于结构的逻辑性、经济性和创造性,这些正是包豪斯的设计师们所追求的东西。

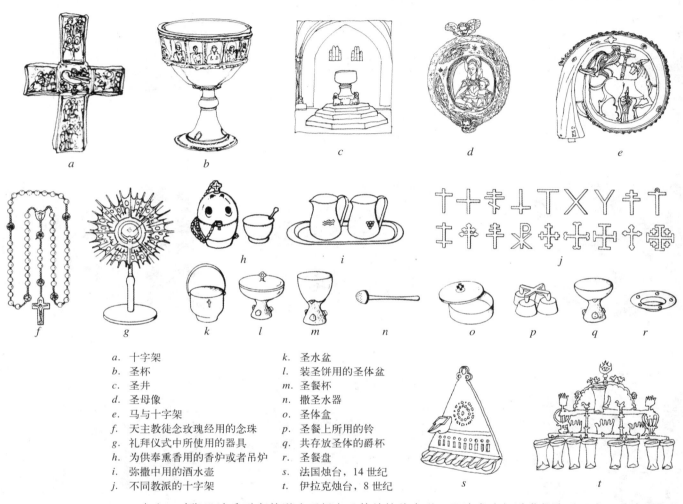

- a. 十字架
- b. 圣杯
- c. 圣井
- d. 圣母像
- e. 马与十字架
- f. 天主教徒念玫瑰经用的念珠
- g. 礼拜仪式中所使用的器具
- h. 为供奉熏香用的香炉或者吊炉
- i. 弥撒中用的酒水壶
- j. 不同教派的十字架
- k. 圣水盆
- l. 装圣饼用的圣体盆
- m. 圣餐杯
- n. 撒圣水器
- o. 圣体盒
- p. 圣餐上所用的铃
- q. 共存放圣体的爵杯
- r. 圣餐盘
- s. 法国烛台,14世纪
- t. 伊拉克烛台,8世纪

1 教堂用具　在这一时期设计受到宗教影响而倾向于精神性的表现,设计成为超脱世俗沟通天堂、讲述圣经故事的工具。

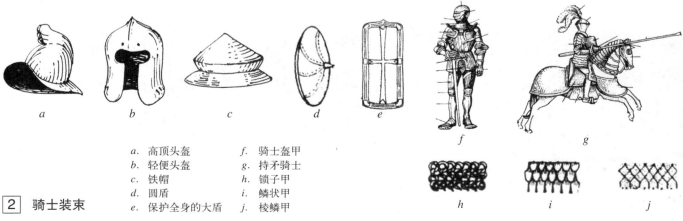

- a. 高顶头盔
- b. 轻便头盔
- c. 铁帽
- d. 圆盾
- e. 保护全身的大盾
- f. 骑士盔甲
- g. 持矛骑士
- h. 锁子甲
- i. 鳞状甲
- j. 棱鳞甲

2 骑士装束

西方古代设计 [3] 中世纪

a. 天文钟，1364年，乔凡尼唐迪设计
b. 威尔斯大教堂大钟报时机构，1360年
c. 罗盘针
d. 火炮
e. 闹钟
f. 酿酒技术
g. 火药
h. 风车
i. 铜版画制作
j. 印刷术
k. 中世纪劳动图
l. 榔头

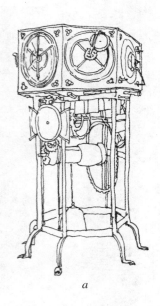

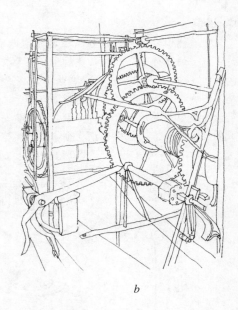

a

b

c

d

e

f

g

h

i

j

k

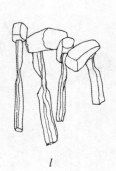

l

[1] 科学技术和发明创造

中世纪 [3] 西方古代设计

装饰

a

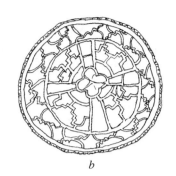
b

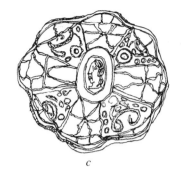
c

d

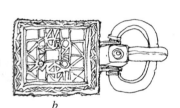
e

中世纪珐琅工艺非常具有特色，其中心地是法国西南部和拜占庭，色彩以红、青、黄、绿为主，常饰以缠枝纹、小花纹、星形纹和其他写实的人物、动物形象。

a. 瑞典人饰片，7～10世纪
b. 胸针
c. 法兰克胸针，570年
d. 西哥特人胸针，7世纪
e. 勃艮第饰针，6世纪

[1] 胸针、饰片

a   b

a   b

[2] 带扣
a. 盎格鲁-撒克逊人带扣，7世纪
b. 西哥特人带扣，7世纪

[3] 动物摆饰
a. 金鱼
b. 牛

a

b

c

d

[4] 装饰图案
a. 鸟纹
b. 金属浮雕
c. 人与兽
d. 装饰图案局部

西方古代设计 [3] 中世纪

器物

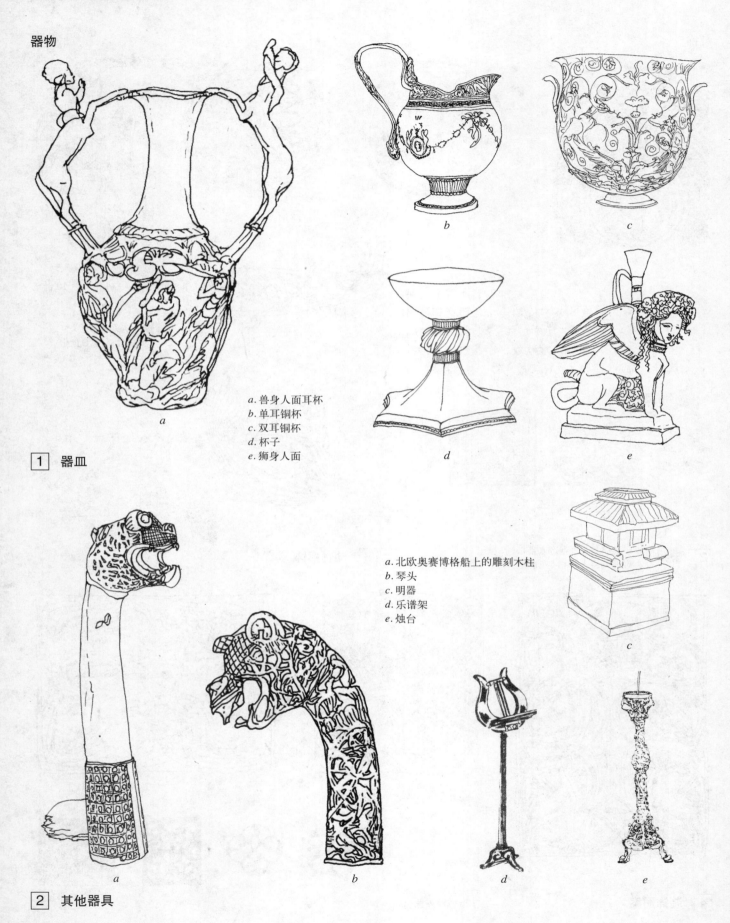

a. 兽身人面耳杯
b. 单耳铜杯
c. 双耳铜杯
d. 杯子
e. 狮身人面

1 器皿

a. 北欧奥赛博格船上的雕刻木柱
b. 琴头
c. 明器
d. 乐谱架
e. 烛台

2 其他器具

中世纪　[3]　西方古代设计

家具

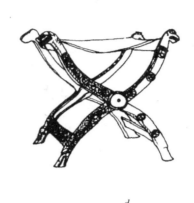
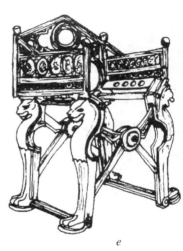

a. 中世纪皇帝用的餐桌实际上是支架上放一块板
b. 中世纪宴会风俗
c. 矩形凳座，雕刻成一座两个头的驼峰，800年
d. 装饰折叠凳，来自斯塔雷亚，1200年
e. 加洛林王朝统治者的青铜折叠椅，9世纪早期，12世纪时增加了靠背和扶手

[1] 礼仪餐桌及座椅

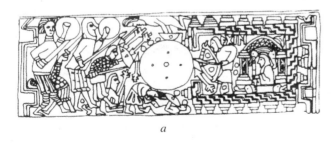
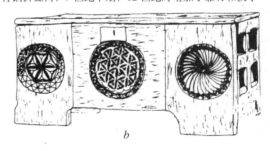

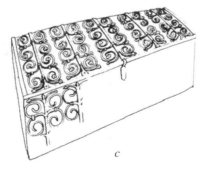
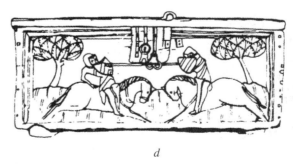

[2] 箱子

a. 法兰克人棺箱，一种鲸骨，正面雕刻战斗场面
b. 橡木箱，劈斧雕成的圆盘装饰，英国，13世纪
c. 英国铁饰箱子，13世纪
d. 正面有雕刻的木箱，法国，14世纪

133

西方古代设计 [3] 中世纪

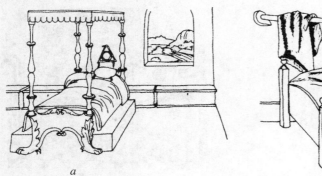
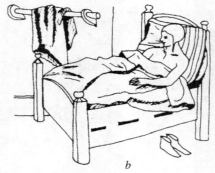

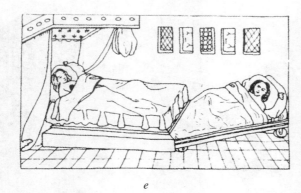

a. 意大利卧室
b. 挂衣架，16世纪早期
c. 皇家卧室，大量的挂饰，法国15世纪，床的挂饰为束捆式
d. 一张高背长椅用作床和一张小圆凳
e. 一个仆人睡在有轮子的床上，此床可以从主人床下的柜中拖出来

1　睡眠设施

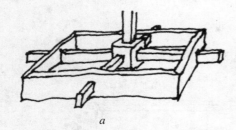

a. 席架
b. 厚木板结构，前后板用铁钉钉在边上连接
c. 用木合钉钉牢榫眼和榫连接部的框架
d. 榫眼和榫连接部分
e. 镶板嵌入框架结构中
f. 木合钉和铁钉
g. 橡木凳，1520年
h. 以板块支撑的橡木凳子，1510年
i. 高背长靠椅，折叠亚麻布装饰，16世纪早期

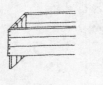

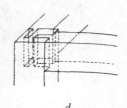
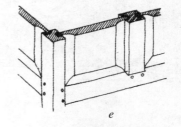
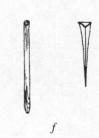
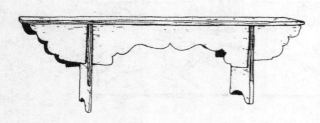

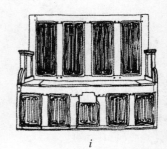

2　家具构造

中世纪 [3] 西方古代设计

拜占庭

公元330年，罗马皇帝君士坦丁为了缓解国内矛盾，迁都到东部的拜占庭城，并命名为君士坦丁堡。在东罗马帝国即拜占庭帝国的建筑中，继承了古希腊优美典雅的柱式和古罗马建筑的恢宏特点，逐渐形成了拜占庭艺术。远离古代的现实主义，拜占庭设计在早期基督教艺术美学演变的基础上制订了新的表现方式，即浸透着神秘的象征主义。因此，拜占庭家具设计在整体上带有浓厚的宗教色彩并为宗教服务，象牙雕刻以及彩色玻璃镶嵌等手法的运用乃是其主要形式特征。

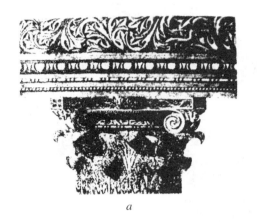

1 建筑装饰　　a. 君士坦丁圣约翰教堂柱式
　　　　　　　b. 拜占庭柱式

2 装饰品　　a. 丝绸织成的十字褡，10世纪
　　　　　　b. 阿拉伯式图案

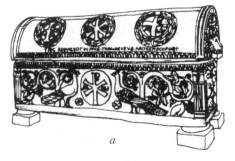

a. 拉温那的圣·阿波里拉教堂中的石棺
b. 象牙棺，希腊和4世纪后期意大利风格

3 棺材

4 床　　a. 箱形床，边上有箱板，弯曲的床头，13世纪

西方古代设计 [3] 中世纪

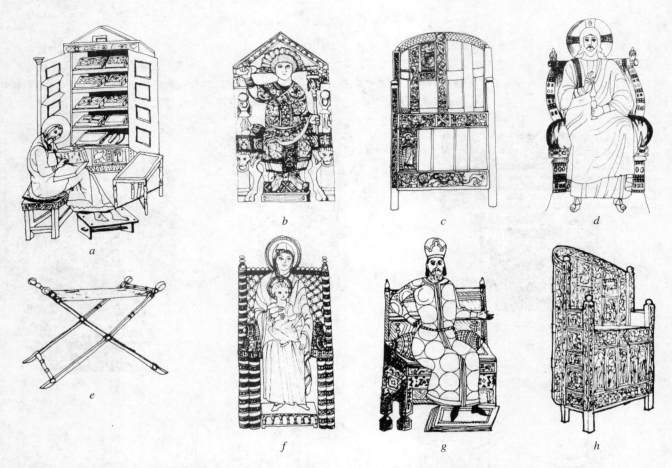

[1] 拜占庭椅

- a. 学者坐在一张方腿凳上，书柜的门有嵌板，门廊上方有三角顶
- b. 执政官费拉韦斯·阿拉斯特斯的象牙雕像，517年
- c. 马克西米御座，大量象牙制作，6世纪
- d. 呈笨重而静态的木御座，上有厚坐垫，6世纪
- e. "X"形椅，雕花铁器，12世纪
- f. 圣母玛丽亚御座
- g. 一张大的木质装饰的御座，有长枕垫和踏脚处
- h. 屏背形罗马主教座椅

罗马式

"罗马式"一词是指在那些被罗马化的国家中、尤指加洛林帝国解体之后所形成的设计风格。公元1000年左右基督教在西方获得了一种新的平衡，它在设计上以两种面貌反映出来：诞生了一种比较均一的"帝王风格"；同时以深刻宗教性、乡村和分散性为其表现形式。例如，罗马式家具主要特征是朴素无华，大多用薄木板雕刻作为装饰，在纹样设计上单纯、简洁、明快，以动植物纹样为主，与古希腊和古罗马家具类似之处是镟木式样的运用。

[2] 罗马式建筑装饰
- a. 罗马式礼拜堂
- b. 罗马式柱头，1129年

[3] 罗马式椅
- a. 奥托三世皇帝御座，10世纪后期
- b. 11世纪主教御座，意大利罗马式

中世纪 [3] 西方古代设计

哥特式

"哥特式"是12～16世纪之间在西方发展的文化,曾长期遭到鄙视,只是由于19世纪的浪漫主义,它才恢复名誉。中世纪设计的最高成就便是哥特式教堂,以其垂直向上的动式为主要设计特点,尖拱(矢状券)取代罗马式圆拱,形象表现了一切朝向上帝的宗教精神,高耸的尖塔把人们从尘世引向虚无飘渺的天国。哥特式风格对于手工艺制品,特别是14世纪家具设计产生了很大影响,最常见的手法是在家具上饰以尖拱和高尖塔形象并强调垂直向上的线条,或在宽大的床子上饰以彩色玻璃宗教画,广泛运用簇柱、浮雕等层次丰富的装饰,多采用宗教人物形象或故事作为设计元素,在装饰手法上尽管是写实的,但是与古典艺术相比具有程式化的倾向。

1　哥特式建筑装饰
- a. 哥特式教堂外观
- b. 哥特式教堂室内景观
- c. 后期哥特式建筑小尖塔比例方案,罗瑞哲
- d. 矢状券窗饰
- e. 上面有圆堡的尖头拱联拱廊
- f. 卷叶饰局部
- g. 卷叶饰组合

2　织物与服饰
- a. 卷叶饰织物
- b. 哥特式鞋子

西方古代设计 [3] 中世纪

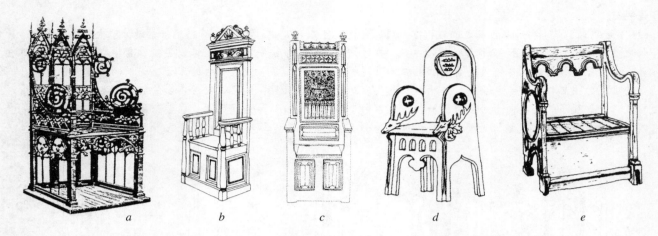

[1] 椅子

a. 典型哥特式座椅
b. 法国御座，15世纪后期
c. 扶手椅，15世纪后期
d. 德国椅子，15世纪后期
e. 橡木扶手椅，哥特式图案装饰，英国，1250年

 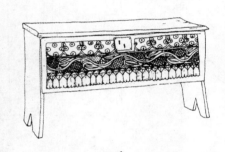 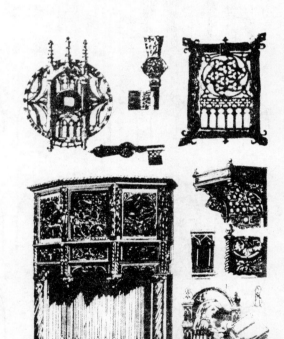

 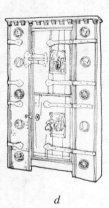 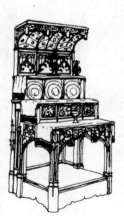

a. 法国哥特式亮漆金遗骨箱，半圆珍贵宝石装饰，里莫基工艺
b. 英国后哥特装饰风格的箱子，1500年
c. 大量雕刻的法国碗柜，1500年
d. 法国哥特式橡木柜
e. 雕刻橡木餐具架
f. 橱柜上的装饰细节

[2] 柜子

a. 哥特式床，法国15世纪早期

[3] 其他家具

文艺复兴 [3] 西方古代设计

文艺复兴

15~16世纪文艺复兴是欧洲新兴资产阶级在文学、艺术、哲学和科学等领域内开展的一场革命运动。科学技术大发展和经济大繁荣为设计发展奠定了基础；相对自由、民主、科学、人权等价值观念的确立也为设计变革扫清了障碍。文艺复兴时期以意大利为首的设计摆脱了中世纪刻板的风格和宗教桎梏，在设计上提倡个性解放和自由、面向现实、面向人生，产生了大量对后来工业时代的设计颇具影响的优秀设计作品，而家具设计在文艺复兴时期占有重要地位。

a. 餐桌，15世纪
b. 餐柜，15世纪
c. 木榫木钉结构衣架，16世纪

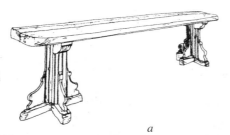

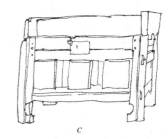

a b c

1 文艺复兴初期家具设计

a b a b c

d e f

a. 为梵蒂冈一凉廊做的装饰，拉斐尔
b. 绘画嵌板大箱子，15世纪后期，佛罗伦萨派

2 受绘画、雕刻艺术风格影响

文艺复兴时期的意大利家具主要以罗马家具某些造型元素为基础，又赋予新的表现手法，这主要体现在家具装饰对建筑物局部的模仿上。家具工艺的中心佛罗伦萨、罗马和威尼斯，各自特征鲜明，材料主要是胡桃木。佛罗伦萨设计风格在16世纪中期以前一直以简洁单纯为特征，如四条平直方腿组成的扶手靠椅，尤以胡桃木柜子闻名退迩，这种柜子正面呈长方形，带有高高的底座，四角框架常采用半附柱或螺旋形支柱的形式，顶盖有檐板，正面常绘饰或雕刻着神话传说、寓言故事、风俗活动和祭祀等情景。

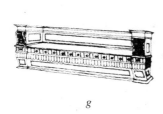

g h i

j k

a. 雕刻装饰的胡桃木意大利大箱子，16世纪
b. 斯加贝利椅，镀金装饰的雕刻胡桃木制作，1500年，佛罗伦萨
c. 萨佛纳罗拉椅，雕刻橡木，1550年，佛罗伦萨派
d. 威尼斯的中心桌，雕刻并且镀金
e. 桌面嵌入大理石，底座雕刻并且镀金，16世纪后期
f. 镜架，雕刻胡桃木制作，16世纪后期
g. 原始的沙发 cassapanca，座位可以敞开用于储藏物品，1550年
h. 多斯加床，1550年
i. 风箱，16世纪后期
j. 钢铸件，有复杂的锁机械装置的保险箱
k. 胡桃木和红木衣箱，采用镶嵌艺术，1500年意大利北部

3 意大利雕刻与镶嵌工艺

西方古代设计 [3] 文艺复兴

a. 摇篮或床，1550年，杜瑟斯设计
b. 床，1550年，杜瑟斯设计
c. 有伸展桌边和意大利式台面的桌子
d. 雕刻橡木橱柜，亨利二世时期
e. 两层架衣橱，典型的风格主义雕刻，16世纪中期
f. 雕刻装饰的胡桃木餐台，16世纪
g. 桌子，杜瑟斯设计
h. 枫丹白露宫殿中的普雷马蒂西奥的粉饰和壁画装饰
i. 饶舌椅或闲谈椅，16世纪后期
j. 高背礼仪椅，上端有半圆形顶、哥特式和古典的图案，16世纪早期
k. 女性胸像柱图形设计，雨果·萨宾

法国文艺复兴时期的家具设计中心在巴黎。文艺复兴晚期法国的家具设计逐渐流于装饰的繁缛琐碎，早期简洁典雅的家具纹样被女像柱或扭曲半附柱的装饰所替代。

1　法国文艺复兴时期的家具

a. 温尔德·底特林图案书中的装饰图样
b. 厨柜，1530～1540年，H.S.设计
c. 铁制保险箱，16世纪
d. 床，1530年，彼得·弗罗特那设计
e. 镶嵌设计，1553年，彼得·弗罗特那设计
f. 用窄带折叠成的装饰图案

2　德国文艺复兴时期的家具

文艺复兴 [3] 西方古代设计

英国文艺复兴的家具装饰更多的是表现了一种民族固有的单纯而明快、刚劲而严谨的风格特征。这种风格明显地反映在碗柜、长桌、四柱床和供桌等家具设计中。

a. 轿椅，靠背可以移动，为罩篷预备的直的支撑架，查尔斯五世时期
b. 古典建筑风格的橱，像一个微型入口
c. 住宅中的雕刻橡木嵌板，上面有"罗马式装饰"圆形侧面头像，16世纪

1 英国文艺复兴

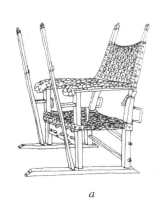

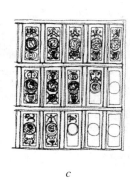

a. 支撑架装上铰链以便折叠的"僧侣椅"
b. "胯椅"，悬挂流苏织物，框架饰以摩尔镶嵌工艺
c. 银桌，16世纪末17世纪初
d. 雕花立橱，雕刻黄杨木抽屉，红丝绒底装饰，16世纪早期
e. 樱桃木雕刻柜，16世纪

2 西班牙家具

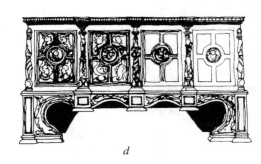

3 罗马式家具装饰

a. 称作"罗马式装饰"的北欧风格圆形装饰物中侧面雕刻头像
b. 浅雕刻装饰的软木橱柜，德国南部
c. 镀银的乌木橱柜，1600年，德国南部
d. "伊拉斯莫斯"木箱，传说是为纪念他而制作，左边有其肖像，1539年

西方古代设计 [3] 文艺复兴

玻璃工艺首先在意大利繁荣发展并影响到欧洲各地，其中最为著名的有威尼斯玻璃制品，造型、色彩奇丽，加工技艺高超。

a. 3 只威尼斯玻璃杯，15 世纪，米兰穆拉诺作坊
b. 嵌网玻璃高脚杯，16 世纪，威尼斯
c. 冰纹玻璃高脚杯，16 世纪，威尼斯
d. 千花玻璃水壶，16 世纪，意大利
e. 仿玛瑙玻璃长颈瓶，1500 年，意大利
f. 带有交织缠色的威尼斯高脚酒杯，17 世纪，欧洲低地国家
g. 威尼斯高脚杯，18 世纪，荷兰

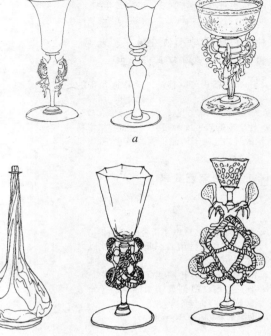

a

   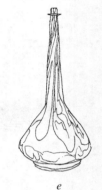  

b　　　　*c*　　　　*d*　　　　*e*　　　　*f*　　　　*g*

1 玻璃制品

文艺复兴时期由于生产成本低廉，陶瓷工艺逐渐取代了中世纪贵金属工艺的重要地位，其中著名的有因地中海马略卡岛屿而得名的"马略卡式陶器"，饰以黄、青、绿、紫，早期装饰题材多为图案化的植物、鸟兽和文字组合、纹章等，晚期主要表现神话故事、寓言人物和日常生活场景，手法写实，造型严谨，除瓷砖外，还有把手壶、大盘、敞口瓶、药瓶等器皿。

2 陶瓷　　*a*. 瓷砖镶面，16 世纪　*b*. 瓷砖图案细部，16 世纪

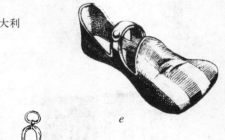

a　　　　　　*b*

a. 灯架　　　　　　*f*.《飞鸟手稿》中的飞行器设计，
b. 烛台　　　　　　　　1506 年，达·芬奇
c. 金杯　　　　　　*g*. 教堂用烛架，16 世纪，意大利
d. 花瓶　　　　　　*h*. 卢卡缎子，15 世纪
e. 文艺复兴时期的鞋子

e　　　　　　　　　*f*

a　　*b*　　*c*　　*d*　　　　　　*g*　　　*h*

3 其他产品设计

巴洛克 [3] 西方古代设计

巴洛克

"巴洛克"原意是畸形的珍珠，专指珠玉表面的不平整感，后来被人们用来作为一种艺术或设计风格的代名词，其主要流行地区是 17 世纪的意大利。这种风格一反文艺复兴时期的庄严、含蓄、均衡而追求豪华、浮夸和矫揉造作的表现效果，主要反映在天主教的教堂、宫殿建筑和室内设计上，家具设计形式也独具一格。早期巴洛克家具的最大特点就是用扭曲形的腿部来代替方木或旋形的腿，后来出现了宏大的涡形装饰，比扭曲形柱腿更为强烈，在运动中表现一种热情和奔放的激情，但其浮华和非理性的特点也备受非议。由于历史文化条件的变化，与文艺复兴时期的工艺美术相比带有某种程度的宗教性，与中世纪工艺美术有千丝万缕的联系，这些都集中反映在同时期的玻璃和陶器等的设计方面。

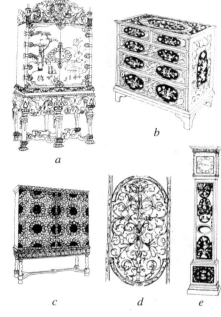

1 建筑与室内设计

a. 罗马圣约翰莱特兰巴雪里卡建筑立面，1734 年，加里雪设计
b. 巴洛克室内设计氛围

a. 漆柜，1680 年
b. 詹姆斯二世牡蛎胡桃木花卉镶嵌细木工五层柜，1685 年
c. 荷兰葵花图案拼花板橱，1675～1700 年
d. 英国"祖父"钟门，海藻纹镶嵌细工，1685 年
e. 钟，1675 年，爱德华·尹士特制作

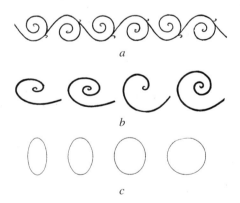

2 黄金时代

a. 螺旋线表现形式，其枝形卷涡线是古典葡萄藤式线条的基础
b. 不同渐开比例或变形尺度的涡旋线
c. 曲线韵律变化设计：从椭圆渐变到圆
d. 巴黎圣吉曼·阿克谢里奥斯唱诗班铁花格局部
e. 凡尔赛罗亚街阳台，法国铁花装饰曲线运用
f. 荷兰烛台，曲线韵律在器物上的运用，17 世纪

3 巴洛克表现形式

西方古代设计 [3] 巴洛克

巴洛克家具不单纯局限于新材料的应用和新技术的发明,而更多表现在家具"构成要素"与结构变化上,以加强整体结构和装饰效果来代替复杂华丽的局部或表面装饰,如以织物或皮革包衬处理代替扶手、靠背或其他局部的雕刻装饰;以回廊柱腿的单纯形式代替圆形镟木与方木相间结构组成的椅腿,这不仅在功能上符合使用要求,同时在形式上具有统一完整的效果。

a. 存放纸的架子,伯纳·凡·里森伯格风格
b. 前面可以落下的书桌,金·弗朗索瓦·杜波特
c. 雕刻和镀金烛台,1685年,佛罗伦萨派
d. 精美薄乌木板橱柜,彩色石头制成图案的浮雕镶嵌
e. 侧桌,饰以日本漆、欧洲亮漆和镀铜造型,凡·里森伯格制作
f. 衣柜,用"马丁漆"涂饰,凡·里森伯格
g. 书桌,郁金香木精美薄板,嵌有珍珠母、牛角及各种木材,凡·里森伯格
h. 17世纪支架桌子,涂金大底座,镶嵌顶面
i. 石头台面和雕刻装饰的边桌,镀金女像柱、美人鱼腿,17世纪早期

1 17世纪的家具制作工艺

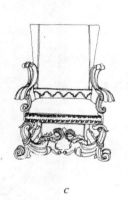

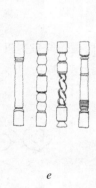

2 椅子设计

a. 家具师安德鲁·布鲁斯特农设计的套装家具,雕刻黄杨木,部分漆饰,织锦缎座面和靠背
b. 中产阶层家中的不太炫耀的椅子
c. 华丽宫殿中的小房间内使用的椅子类型
d. 雕刻镀金装饰的御椅
e. 17世纪的椅子腿部,裙架型,圆形节点型,螺旋旋转型,栏杆支柱型

a. 苏拉格那的拉罗卡宫中的婚房,展示了典型的宫殿家具
b. 车轮式雕刻的玻璃架镜子
c. 婚房中的小亭床,拉罗卡宫有天鹅绒悬饰和镀金罩篷

3 意大利巴洛克时期的家具

巴洛克 [3] 西方古代设计

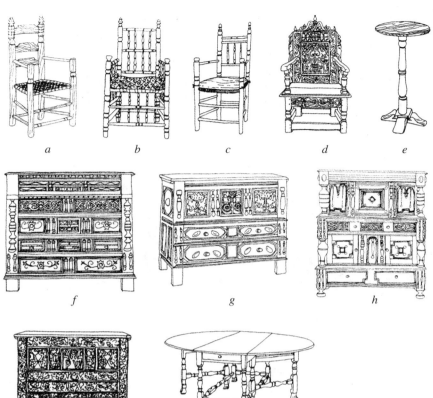

a. 条板靠背扶手椅，1660年
b. 布鲁斯特扶手椅
c. 卡弗扶手椅，17世纪后期
d. 有连接点的"宏大"椅（隔板扶手椅）
e. 彩色木桌，17世纪后期，康涅狄格州
f. 雕刻彩色木五层柜
g. 早期美国"太阳花"柜，平板雕刻工艺独特，彼得·布森设计
h. 餐具架，1695年
i. 哈德利柜，碎片雕刻
j. 门腿桌，西班牙式桌角，英国、荷兰和美国流行样式，1650～1720年

 **1** 17世纪新英格兰殖民地家具

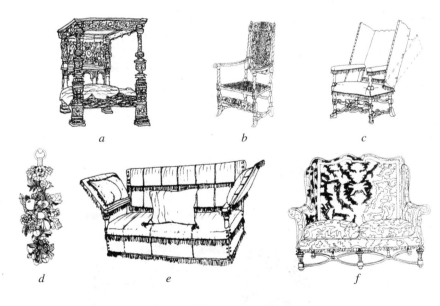

a. 橡木床，1612年，萨默塞特郡
b. 刻有"男孩和王冠"图案的藤扶手椅，1680年王朝复兴时期，普赖斯
c. 可调整靠背的睡椅，1675年
d. 雕刻木束，格雷林·吉邦斯
e. 胡桃木雕刻高背长椅，十字针法刺绣，1690年
f. 诺尔沙发，每个扶手上装有铰链和垫子的靠头，17世纪早期

2 英国舒适家具

a. 舒适的带翼椅子，胡桃木制作，丝绒装饰
b. 简单的镀金木椅，乌特勒克天鹅绒装饰
c. 18世纪初有布勒式镶嵌细工的乌木衣柜
d. 路易十四统治末期的礼仪床

3 辉煌而优雅的法国家具

145

西方古代设计 [3] 巴洛克

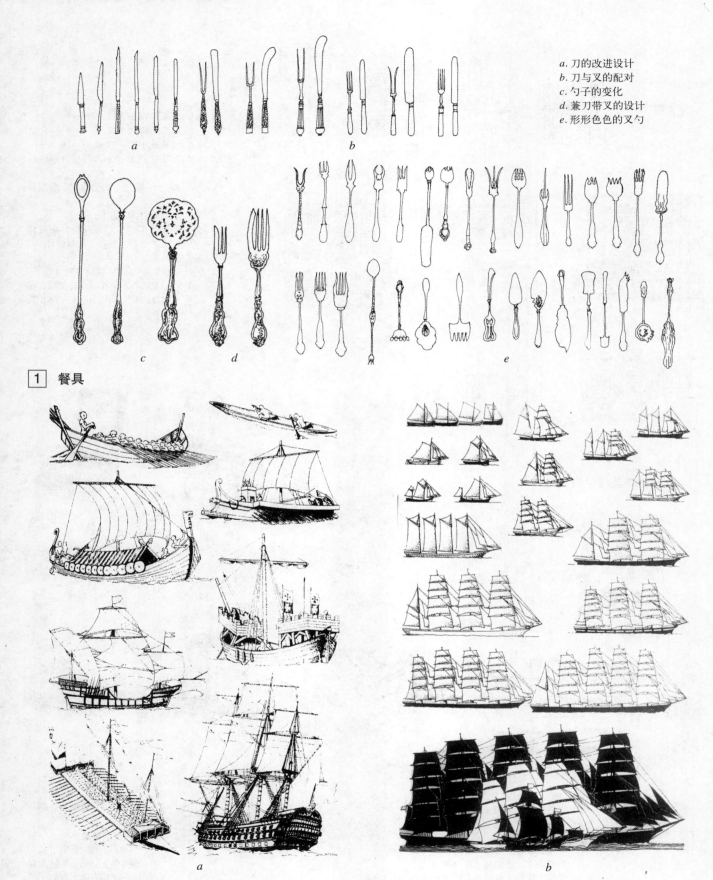

a. 刀的改进设计
b. 刀与叉的配对
c. 勺子的变化
d. 兼刀带叉的设计
e. 形形色色的叉勺

1 餐具

2 轮船

a. 17世纪前后的轮船类型
b. 帆船从单桅到多桅的演进

洛可可 [3] 西方古代设计

洛可可

洛可可是法文"岩石"和"贝壳"的复合词，意即这种风格以岩石和蚌壳装饰为其特色，该名称最早出现在19世纪初，新古典主义艺术家们用来形容18世纪中期盛行的一种样式。洛可可风格主要体现在建筑的室内装饰和家具设计领域，其基本特征是具有纤细、轻巧的造型，装饰华丽而繁琐，在构图上则有意强调不对称性。洛可可式家具在后期巴洛克式基础之上进一步形成了做工精巧、带有明显宫廷贵族气息的风格特征，在设计和制作上则受到东方艺术，尤其是中国家具装饰风格的影响，如采用贝壳镶嵌和沥粉镀金，从而使得洛可可时期的家具充满了东方趣味。此外，洛可可家具工艺在各国表现出不同的风格特征，在设计、制作和装饰等各方面都比以往任何时代更为丰富，形成了欧洲家具工艺史上空前繁荣的局面，但由于对装饰的过度追求与迷恋，使洛可可设计走上虚饰主义的道路。

a. 朴拉威宫殿中的沙龙设计，1730年，J.A.密圣尼亚制作
b. 德国阿曼列伯格宫"镜子大厅"，库韦利斯设计
c. 意大利波蒂西皇家宫殿瓷器屋一角，墙面大部分覆盖着卡波迪蒙提瓷器（一种有花纹的瓷器）

1 洛可可室内设计

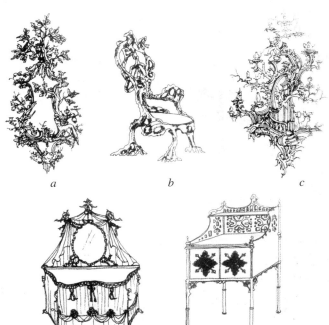

a. 法国汤碗
b. 奥地利烛台
c. 波兰烛台
d. 荷兰的烛台

2 18世纪日常生活用品

a. 多支烛台，1750年，马蒂斯·洛克设计
b. 树根园林椅，1754年，爱德华和达比设计
c. 多支烛台，1758年，托马斯·约翰设计
d. 化妆桌，1760年，威廉·英斯设计
e. "哥特式"风格的夜桌

3 与洛可可相关的其他幻想风格作品

西方古代设计 [3] 洛可可

a. 17世纪那种粗大的扭曲形腿不见了，代之以纤细弯曲的尖腿
b. 扶手椅和腌薰猪肉柜的结合体
c. 18～19世纪欧美常见的橡木柜，1770年
d. 中产阶级使用的红木椅，1760～1770年
e. 安妮皇后时期兰卡郡农庄的橡木座椅
f. 橡木桌
g. 18世纪早期抽屉鸠尾榫结构图
h. 安妮皇后时期横纹模型和洞边模型
i. 箍条

1 18世纪家具制作工艺

a. 衣柜，黄色亮漆，镀金，花卉彩绘装饰
b. 小型彩绘衣柜
c. 珍贵木材和象牙镶嵌书桌，1741年，皮托·比发蒂设计
d. 大接待厅中的一套沙发之一（由4个组成）

2 意大利洛可可风格

a. 角柜，1745年，柏林，J.A.纳尔设计
b. 衣柜，1765年，亨利·斯宾德勒
c. 镀金木雕衣柜，1761年，弗朗索瓦·库韦利斯设计
d. 五层柜设计，1751年，约翰·米歇尔·霍本豪特作品

3 德国洛可可风格

洛可可 [3] 西方古代设计

a. 由三部分组成的"公爵夫人"椅或者躺椅
b. 由两部分组成的"公爵夫人"带翼板的躺椅
c. 侧椅，1720 年
d. 弯腿扶手椅，漂亮的锦缎蒙面装饰
e. 安乐椅，1720 年
f. 凳子
g. 梳头椅
h. 安乐椅，一种精致的外省书写椅
i. "侯爵夫人"椅
j. "偷看"安乐椅
k. "守夜人"椅子
l. 无靠背长凳，或者是作为结婚礼物的长沙发椅

1 路易十五时代优雅和舒适的家具

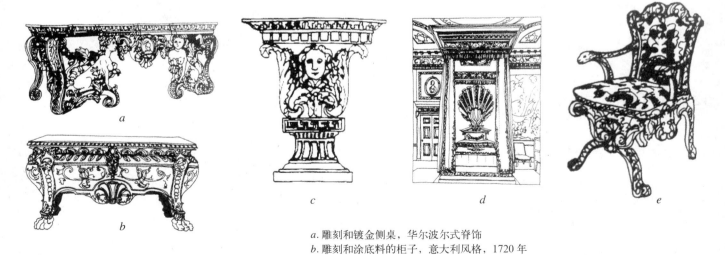

a. 雕刻和镀金侧桌，华尔波尔式脊饰
b. 雕刻和涂底料的柜子，意大利风格，1720 年
c. 奇斯威克别墅中的桌子设计，1744 年
d. 礼仪床，休格顿大厅，1732 年
e. 肯特风格的雕刻和镀金扶手椅，1725 年

2 威廉·肯特——帕拉第奥式家具

西方古代设计 [3] 洛可可

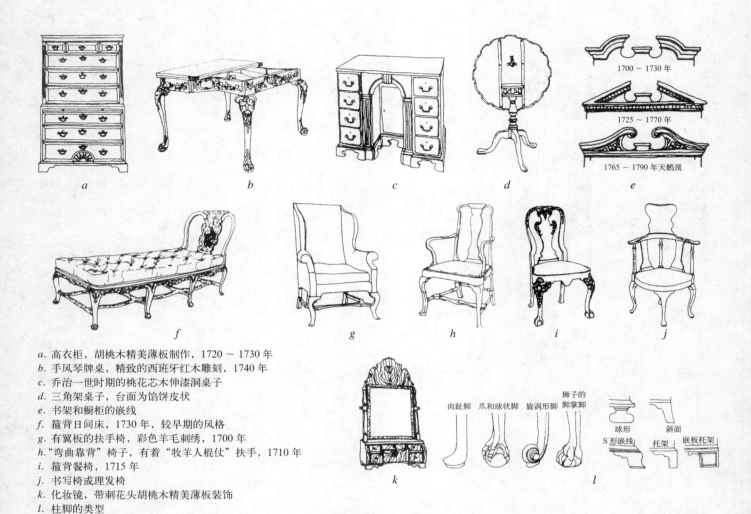

a. 高衣柜，胡桃木精美薄板制作，1720～1730年
b. 手风琴牌桌，精致的西班牙红木雕刻，1740年
c. 乔治一世时期的桃花芯木伸漆洞桌子
d. 三角架桌子，台面为馅饼皮状
e. 书架和橱柜的嵌线
f. 箍背日间床，1730年，较早期的风格
g. 有翼板的扶手椅，彩色羊毛刺绣，1700年
h. "弯曲靠背"椅子，有着"牧羊人棍仗"扶手，1710年
i. 箍背餐椅，1715年
j. 书写椅或理发椅
k. 化妆镜，带刺花头胡桃木精美薄板装饰
l. 柱脚的类型

1 英国安妮皇后和乔治早期的风格

2 18～19世纪转变时期的家具

a. 路易十五国王桌，1760～1769年，J.F.奥本设计
b. 折叠顶盖桌，纤细花卉镶嵌，1760年，奥本设计
c. 花卉镶嵌书桌兼化妆台，奥本和罗杰·凡德克鲁斯为蓬巴杜夫人设计
d. 大理石台面铁支架桌，1740年
e. 书桌台面，奥本设计

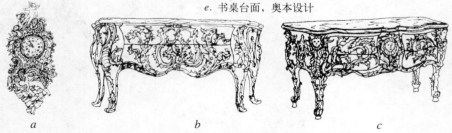

3 摄政时期风格——洛可可的进化

a. 钟匣，1747年，克雷森设计
b. 两个抽屉的衣柜，1793年，斯罗兹兄弟设计
c. 有两对抽屉的衣柜，精美薄板制作，漩涡图案镀金均匀，1730年，克雷森设计

[4] 西方近现代设计

西方近现代工业设计发展的框架从纵向上大体可分为三个时期：孕育时期（1850～1920年）、萌芽时期（1920～1960年）和繁荣时期（1960年至今），其划分依据是：前期以1851年伦敦国际博览会为触发点；中期以德意志制造联盟和包豪斯设计学院成立为起点；后期则以微电子工业设计为界限。从横向上来分，即就国家和地域的区别来看工业设计发展重心的变迁：从欧洲（英国、法国、比利时、德国和北欧诸国）到美洲（美国），再到亚洲（日本），之后又回到欧洲（意大利等国）。具体到设计风格和思潮来说，大致经历了6个阶段，即工业革命（1760～1840年）、工艺美术运动（1864～1896年）、新艺术（1895～1910年）、装饰艺术（1925～1939年）、现代主义（1900～1960年）和现代主义之后（1960年至今）。

西方近现代工业设计总表　　表1

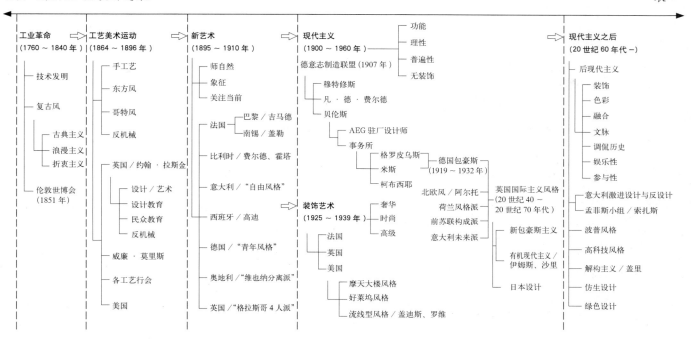

西方近现代设计风格演变示意图　　表2

时代	风格	形式	线条	技术	材料	用色
工业革命时代	装饰过剩、粗制滥造	✳ ✾	─ ∿	出现机械化生产 仍有大量手工生产	钢铁、金属	
工艺美术运动	手工艺哥特式	─ □		机器加工＜手工	木材、玻璃	自然色为主
新艺术运动	直线式、曲线式	✳ ～	─〰〰	机器加工＝手工	金属、木材、玻璃	黄褐、棕、绿等自然色为主
装饰艺术派	对称式现代感	◠ ▲		机器加工、手工融合	金属、漆、玻璃	鲜艳的原色、金属光泽
现代主义运动	功能主义、表现主义	□ ✕	⊏ ⌒	机器加工＞手工	木、塑料、钢管、玻璃	黑白灰为主色
后现代主义运动	折衷主义装饰性		⊏⌒ ∿	机器加工为主	合成材料为主	鲜艳而大胆的配色

[1] 西方近现代设计发展基本线索

西方近现代设计 [4] 工业革命

工业革命

工业设计是工业革命的产物。工业革命乃是实现由传统手工艺到工业设计的转折点，它完成了富有创新意识的设计从制造行为中分离的重要一步，预先进行形态设计有效地控制了产品质量。虽然产品具有初步功能和发明价值，机器制造方法得以简化，但是，产品不是流于商业主义的装饰过剩就是流于盲目迁就机械化生产条件的粗制滥造，从而丧失了传统手工艺品的精湛技艺及充满人性的美感。

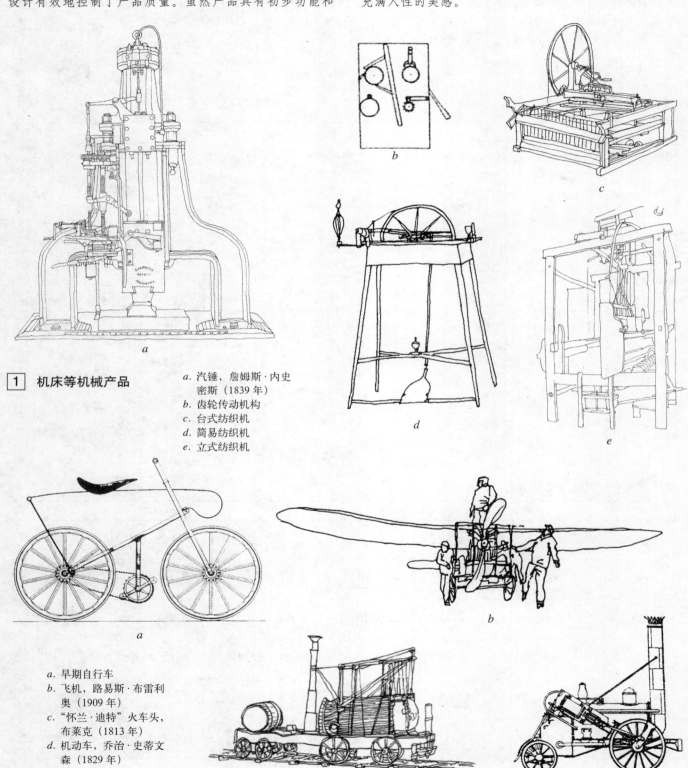

1 机床等机械产品

a. 汽锤，詹姆斯·内史密斯（1839年）
b. 齿轮传动机构
c. 台式纺织机
d. 简易纺织机
e. 立式纺织机

a. 早期自行车
b. 飞机，路易斯·布雷利奥（1909年）
c. "怀兰·迪特"火车头，布莱克（1813年）
d. 机动车，乔治·史蒂文森（1829年）

2 交通工具

工业革命 [4] 西方近现代设计

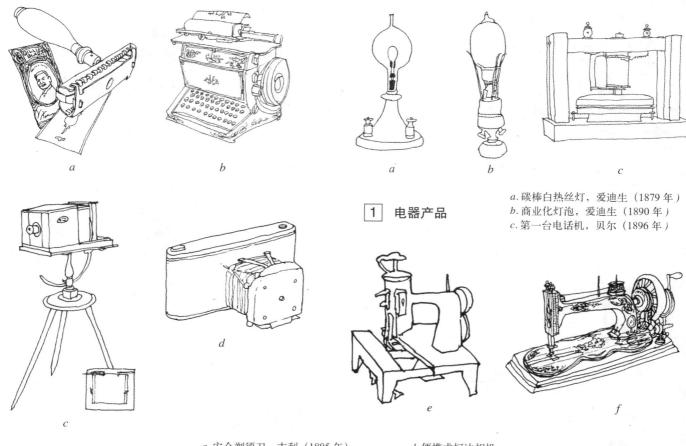

[1] 电器产品

a. 碳棒白热丝灯，爱迪生（1879年）
b. 商业化灯泡，爱迪生（1890年）
c. 第一台电话机，贝尔（1896年）

[2] 其他家用产品

a. 安全剃须刀，吉利（1895年）
b. 第一台打字机，雷明顿（1874年）
c. 箱式照相机
d. 便携式柯达相机
e. 第一台缝纫机，辛格（1851年）
f. "新家庭"缝纫机，1870年

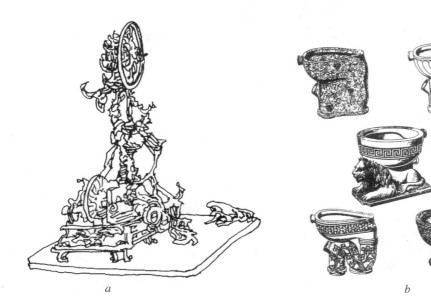

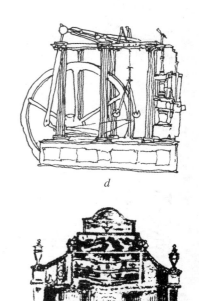

[3] "旧瓶新醋"式的设计

由于当时落后的设计观念和条件，艺术与技术严重脱节，产品远没有达到整体统一美的视觉效果。

a. 装饰繁复的简易纺织机
b. 英国抽水马桶矫饰设计，多尔顿公司（1890~1895年）
c. 仿煤炉式电热器
d. 带有古典柱式的英国蒸汽发动机，1830年

西方近现代设计 [4] 工业革命

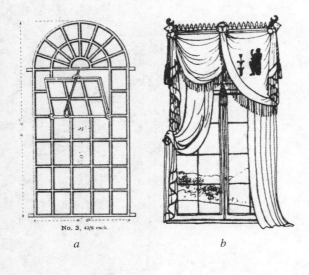

1 窗
    a. 铁铸件窗框
    b. 窗帘造型处理

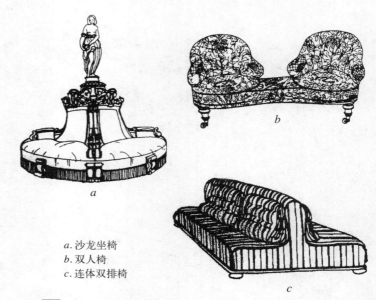

a. 沙龙坐椅
b. 双人椅
c. 连体双排椅

2 功能化优雅家具

3 材料研究
    a. 用鹿角制成的椅子   *c*. 支持用混凝纸材料制成的沙发
    b. 有机材料扶手椅   *d*. 混凝纸靠背椅

  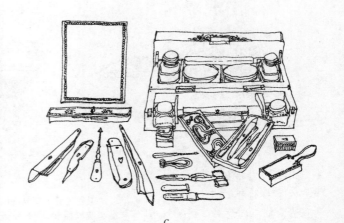

4 旅行家具
    a. 简易床架
    b. 旅行橱柜
    c. 旅行箱，皮埃尔－诺尔·布克里设计（1815年）

工业革命 [4] 西方近现代设计

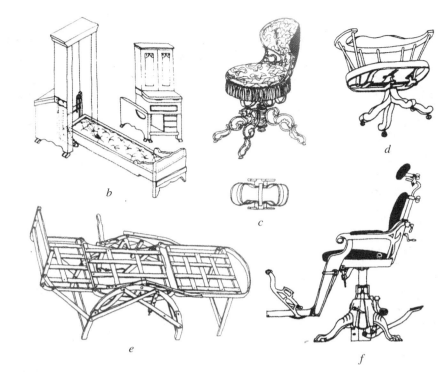

a. 可拼合、伸缩的长桌
b. 多功能家具——柜床一体化设计
c. 升降转椅及其结构
d. 带有弹簧装置的转椅
e. 折叠床
f. 多向调节理发椅

1 可调节家具

2 坐、睡姿研究

a. 坐垫衬里内部结构
b. 床的倾斜角度及材料研究
c. 适应不同坐姿的椅子
d. 按人体曲线结构研制的优雅沙发造型

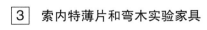
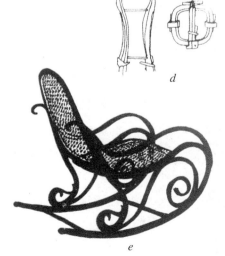

a. 圈椅
b. 用连续木铸模制成的弯曲椅,1870 年
c. 椭圆形曲木桌子,19 世纪 50 年代后期
d. 弯曲靠背和座架结构
e. 摇椅,1860 年

3 索内特薄片和弯木实验家具

西方近现代设计 [4] 工业革命

1 风格的复兴

a. 新古典主义烛台
b. 雕刻和镀金侧桌有一彩绘镶板
c. 活动书桌，1850年
d. 误名为伊丽莎白风格的椅子，1845年
e. 自然主义风格壁炉屏风，威廉·肯特尔设计和雕刻（1858年）
f. 彩绘柜子，古典人物的圆雕饰和花卉的镶嵌，1790年
g. 化妆桌，哈德罗目录
h. 纽约洛可可复兴风格的花梨木薄片长沙发，约翰·贝尔特制作（1850年）

19世纪是一个复兴各种古代风格的时代，其中主要就是新古典主义、浪漫主义和折衷主义这三股复古思潮。

追求古典风格之典雅品质，放弃洛可可过分娇饰的曲线和华丽装饰，追求合理的结构，构件和细部装饰喜用古典建筑式的部件。

a. 为玛丽·安东尼特闺房设计的附有翻盖的写字桌和工作台，雷斯纳
b. 写字桌，亚当·威斯韦勒（1784年）
c. 书桌，亚当·威斯韦勒设计
d. 用松木和嵌入珍珠母混凝纸材料并饰以彩色珐琅制成的床，1851年
e. 衣柜，表现了更加保守的新古典主义阳性的一面，金·弗朗李瓦·伦罗设计
f. 为路易十六制作的衣柜，雷斯纳（1755年）
g. 波兰床，罩篷和装饰用同种丝绸，帘子折叠放在古典柱上，1785年

2 新古典主义细木工

工业革命 [4] 西方近现代设计

　　　a　　　　　　　　b　　　　　　　　c　　　　　　　　d　　　　　　　　e

a. "伊特鲁斯肯"风格的椅子，杰克制作（1787年）
b. 靠背设计成蒙特高尔非汽球式样的椅子
c. "精骑兵帽子"形靠背的安乐椅，座位前部凸出、直腿
d. 由乔治·雅各布制作的"伊特鲁斯肯"风格的桃花芯木椅
e. 镀金"柜式扶手椅"带卷涡式的支架腿，乔治·雅各布（1787年）
f. 档案柜，拉利乌·德朱利委托，路易斯·约瑟夫·德洛（1756年）
g. "雅典"植物架，18世纪后期
h. 长椅之一，路易16时期
i. 长椅之二，路易16时期

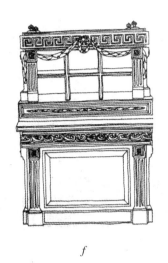  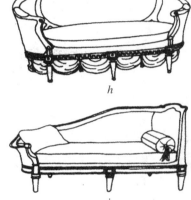
　　　　　　f　　　　　　　　　　g　　　　　　　　　　　　h / i

[1] 法国新古典主义设计作品

　　　　　　　　　　　　　　　　b　　　　　　　c　　　　　　　　　e

 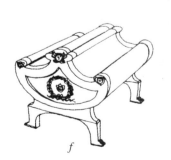 
　　　a　　　　　　　　d　　　　　　　f　　　　　　　　g

a、b. 拿破仑皇冠（当帝国衰落时"N"从月桂花环中移掉），皮西亚和方泰纳设计
c. 室内装饰布上的天鹅图案　d. 蜜蜂图形
e. 箱柜，有月桂花环和古代铸铜花瓶，雅各布兄弟设计
f. 拿破仑的盾形纸架，镀铜红木制作，比那斯设计　g. 官员椅

[2] 帝政式风格

157

西方近现代设计 [4] 工业革命

1 亚当风格

英国新古典家具尤长于设计朴素、实用的形式,其设计作品成为了现代家具设计的先声。

a. 为卢顿设计的镜子、桌子和三脚架,1772年
b. 英国米德尔塞克斯郡奥斯特利花园台座和大咖啡壶
c. 古代贮水槽造型的凳子
d. 蓝底子彩绘箱
e. 扶手椅,1767～1777年

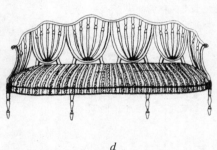

2 赫普勒怀特的设计

a. 餐具桌
b. 4个一组其中之一的沙发,詹姆斯·斯图亚特
c. 以赫普勒怀特的方式制作的盾形靠背椅,1785年
d. 木条背沙发,赫普勒怀特

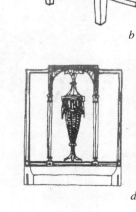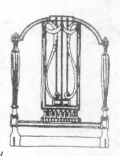

a. 餐具桌,1793年
b. 绅士用于在坏天气里进行练习的马鞍
c. 闺房化妆桌,1793年
d. 椅背设计
e. 方背椅,桃花芯木,1790年

3 谢雷顿的设计

工业革命 [4] 西方近现代设计

浪漫主义在发扬个性自由的同时，用中世纪艺术的自然形式来对抗机器产品，一方面关心产品的坚固性和实用性，另一方面又对装饰表现出浓厚兴趣。

a. 饰有哥特式矢状卷的椅子
b. 形似中世纪教堂造型的椅子
c. 英国雕刻和彩绘哥特式会谈沙发设计，1840年，L.N.高蒂汉姆制作

[1] 浪漫主义风格

a

b

c

a

b

c

d

e

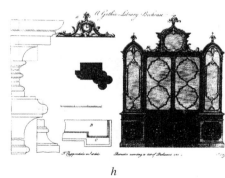
h

f

g

i

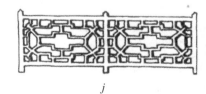
j

k

a. 中国式柜，1755年
b. 赫尔乌德议会大厦装饰，1770年
c. 中国床
d. 哥特椅
e. 中国式椅
f. 连肋带靠背座椅
g. 红木衣柜
h. 样本《指导》，1762年
i. 椅子结构图
j. 中国式栏栅，1754年
k. 哥特式格子细工

[2] 奇彭代尔作品

159

西方近现代设计 [4] 工业革命

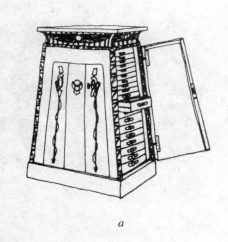

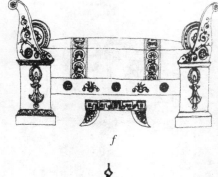

任意模仿历史上的各种风格或自由组合，不拘泥于某种特定风格，亦称为"集仿主义"。

a. 有埃及图案的铁柜，1802年以后，雅各布·狄斯马尔特设计，比那斯浇铸
b. 以史密斯方法设计的扶手椅，1810年
c. 埃及风格的帝国椅
d. 议会椅，1813年
e. 罗马头盔和剑式样的镀铜柴架
f. 床架和脚凳设计，霍普
g. 冠以中国楼宇尖顶的梳妆台
h. 埃及风味椅子，1807年，托马斯·霍普
i. 写字柜，1762年，威廉·瓦伊尔

1. 折衷主义风格

工业革命 [4] 西方近现代设计

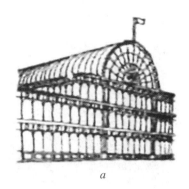
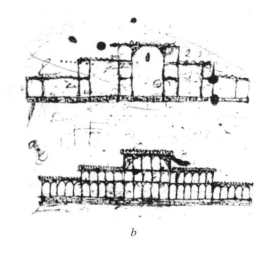
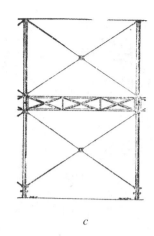

1851年，为显示英国的工业革命成果，推动科学技术的进步，炫耀大英帝国的丰富资源，维多利亚女王与阿尔伯特亲王决定在伦敦海德公园举行首届世界博览会并修建水晶宫。

a. 全长563m，犹如一座由钢铁骨架和平板玻璃组装而成的大温室，园艺建筑师约瑟夫·帕克斯顿设计
b. 水晶宫设计草图
c. 水晶宫钢架结构，采用预制法组装、模数化机械重复设计原理

[1] 伦敦世界博览会会址——水晶宫

a. 美国展位展出了古德伊尔和科尔特等人的展品大获成功
b. 水晶宫展盛况

[2] 水晶宫展内部展示设计

a. 弗吉尼亚收割机（复制品），1834年获专利，麦考密克设计
b. "海军36"左轮手枪，1851年，科尔特设计

[3] 初期功能主义展品

161

西方近现代设计 [4] 工业革命

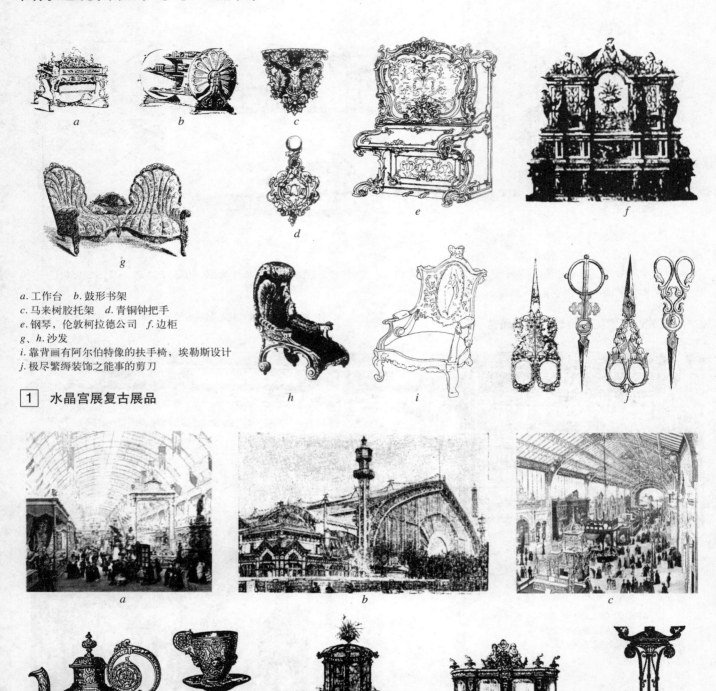

a. 工作台 b. 鼓形书架
c. 马来树胶托架 d. 青铜钟把手
e. 钢琴，伦敦柯拉德公司 f. 边柜
g、h. 沙发
i. 靠背画有阿尔伯特像的扶手椅，埃勒斯设计
j. 极尽繁缛装饰之能事的剪刀

1 水晶宫展复古展品

a. 1855年巴黎世界博览会盛况
b. 1899年巴黎世界博览会会址——机械馆，费迪南德·杜特尔特和维克多·孔塔明设计
c. 1889年巴黎世界博览会盛况
d. 茶具，在1855年巴黎世博会上展出，M·莱康特设计并制造
e. 鸟屋，在1855年巴黎世博会上展出，M·科纳设计
f. 路易十六世书柜，在1855年巴黎世博会上展出
g. 餐桌中央庞贝风格装饰，在1867年巴黎世博会上展出，M·罗西奈克斯为克里斯多夫设计

2 水晶宫展的影响和延续

工艺美术运动 [4] 西方近现代设计

工艺美术运动

伦敦世界博览会召开之际许多设计师制作的过分雕琢和盲目装饰的产品，引起了人们广泛的思考。一些人把原因归咎为：机器批量生产是造成产品粗制滥造后果的罪魁祸首，他们认为只有回到中世纪手工制作方式、哥特式之类的造型样式乃至作坊劳动组织形式，才能彻底改变这种不良状况，于是在19世纪下半叶的英国，引发了一场以反工业主义、复兴与革新手工艺为主流的工艺美术运动。

韦奇伍德是18世纪60年代首家采用设计发展政策的公司之一。

a. 这套女皇餐具体现了其"优雅和单纯"的理想
b. 韦奇伍德碧玉瓷器（波特兰花瓶的复制品），1793年售给霍普第一批货物中的一例，斯塔福德郡韦奇伍德博物馆藏
c. 韦奇伍德黑瓷水罐（从原石膏造型翻制的复制品），约1775年，弗拉克曼斯设计，斯塔福德郡韦奇伍德博物馆藏
d. 蓝白素坯瓷仿制的韦奇伍德碧玉炻器，约1758年，塞夫尔，伦敦维多利亚-阿尔伯特博物馆藏

[1] **韦奇伍德及其作品**

a. 茶壶，科尔为桑玛里美术制品厂设计
b. 铜质煤斗，1849年，刊于科尔创办的《设计杂志》

[2] **博尔顿作品**
a. 分支烛台
b. 带羽饰的水瓶

[3] **科尔与《设计杂志》**

  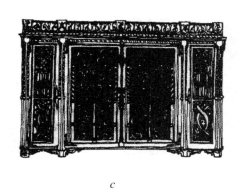

a. 反映了普金思想的一件家具，来自布莱克父子《维多利亚女王时代家具师的助手》
b. 橡木雕刻扶手椅，皮革仿制品蒙垫，1837年
c. 雕刻橡木柜，1851年，青铜模塑由普金制作，橡木柜由格雷斯制作

[4] **普金作品**

西方近现代设计 [4] 工艺美术运动

 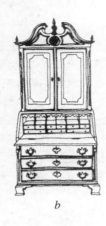  

a　　　　　　　　　　b　　　　　　　　　　c　　　　　　　　　　d

 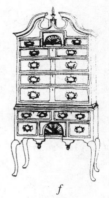 

a. 一位公爵的捐物，Kas 或者称为橱，灰色调
b. 书记桌，18 世纪中叶
c. 凹口正面，有伸膝洞的桌子，纽波特，鲁德岛
d. 有活动桌面的桌子，18 世纪早期的风格
e. 奇彭代尔的影响：费城的本杰明·伦道夫风格的低脚柜，1765～1780 年
f. 美国有书写扶手的温沙式椅子，1780～1790 年
g. 顶上为无边软帽形的高脚柜，波士顿，18 世纪中叶

e　　　　　　　　　　f　　　　　　　　　　g

1 安妮皇后式风格

a　　　　　　　　　　　　　　b　　　　　　　　　　　　c

a. 娄顿的《村舍、农庄和别墅建筑和家具大百科》中的两张铁椅，1833 年
b. 法国园林椅，焊接铁条，椅座上有孔状薄铁板，19 世纪后半期
c. 铸铁园林椅设计，1846 年
d. 铜带摇椅，软绒棉布装饰，英国，1850 年
e. 烛心 4 铜柱床架，铜嵌线，1853 年，希尔目录样本中的插图
f. 螺旋形铁管小儿窗，侧面为铁网，1853 年，希尔作品

2 铁制家具

d　　　　　　　　　　e　　　　　　　　　　f

工艺美术运动 [4] 西方近现代设计

a. 银茶具，1882年，狄克逊制造
b. 银茶壶，1881～1883年，狄克逊制造
c. 镀银茶壶，霍金与希思制造
d. 曲柄壶，林特霍尔普艺术瓷厂制造
e. 酒罐，1885年，艾尔金顿制造
f. 镀银咖啡壶，1879年，霍金与希思制造
g. 玻璃葡萄酒罐，1882年，霍金与希思制造
h. 为林特霍尔普艺术瓷厂设计的双颈器皿
i. 漂亮的糖果盒，1889年
j. 银糖钵，霍金与希思制造
k. 电镀汤锅，为霍金与希思公司设计
l. 镶有象牙的长柄汤勺，为霍金与希思公司设计
m. 铸铁帽伞架，1875年
n. 烤炉架，1875年

1 德雷瑟作品

165

西方近现代设计 [4] 工艺美术运动

威廉·莫里斯（Willianm Morris 1834～1896年），英国工艺美术运动奠基人，空想社会主义思想家，出生于英国埃塞克斯多镇的一个富裕商人家庭，兼有诗人和画家禀赋，曾在牛津大学培养宗教圣职人员的埃塞克特学院受过高等教育，受"拉斐尔前派"的影响改画油画，在与布恩·琼斯等人的密切交往中，又深感有必要将拉斐尔前派艺术观念扩大并渗透到生活领域里去。

1 莫里斯作品

a. 代表威廉·莫里斯简朴和坚固理想的典型工艺美术运动室内装饰样式和菲利普·韦伯的栎木家具，带有灯心草座位的椅子在19世纪70年代尤为流行，1858年
b. 护墙装饰面板和印花布图案，1876～1889年，莫里斯设计
c. 为乔夏"坎特伯雷故事集"插图，1892～1896年，莫里斯与琼斯设计

莫里斯公司是第一家旨在由美术家来设计产品，组织产品生产，使设计、生产和销售成为一体的企业机构，在工业设计史上起到了里程碑的作用。

a. 衣柜，送给莫里斯的结婚礼物，1858～1859年，韦伯设计，布恩·琼斯绘制
b. 为莫里斯公司设计的柜子，除缠枝、几何纹外还绘有前拉菲尔画派风格的画作，1861年，韦伯
c、d. "索塞克斯"椅的两个优秀范例，1865年，罗塞蒂设计，莫里斯公司生产
e. 简单的橡木桌"露出"构造，1856年，韦伯
f. 圣科伦巴教堂的彩色玻璃镶嵌，1860年，布恩·琼斯设计

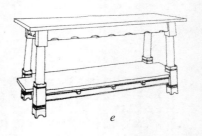

2 莫里斯公司作品

工艺美术运动 [4] 西方近现代设计

世纪行会于1882年成立,马克穆多是该行会的主创会员,设计了很多行会产品。他的设计惯用抽象的蜿蜒曲线和边缘清晰的植物图案,流动于坚固的几何化有序重复的表面之间,比莫里斯的图案更强硬,并省略了很多细枝末节,预示着新艺术风格的来临。

a. 橡木书桌,马克穆多为世纪行会设计
b. 红木餐椅,上面有一块对艺术派产生深远影响的靠背 1883年,马克穆多
c.《雷恩城市教堂》封面设计,马克穆多

a　　　　　　　b　　　　　　　c

1　世纪行会和马克穆多

2　艺术工作者行会与克莱恩、沃赛

本行会于1884年宣告成立,有当时的知名建筑师、设计师组成。克莱恩的作品不但继承了拉斯金、莫里斯提倡美术与技术结合,以及向哥特式和自然学习的精神,并使之更简洁、大方,是英国工艺美术运动设计的范例。

a　　　　　b　　　　　c　　　　　d

a. 橡木椅,沃赛
b. 大铰链书桌,1896年,沃赛与廷吉合作
c. 柜子,1896年,沃赛与廷吉合作
d. 火钳与煤铲,1900年,沃赛
e. 为"HAU"香槟酒设计的四色石板印刷海报和1900年历,1894年,克莱恩
f. 嵌有象牙的乌木钟座,沃塞设计
g. 墙纸,沃塞设计

e　　　　　　　　　f　　　　　　　g

    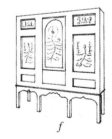
a　　　　　b　　　　　c　　　　　d　　e　　　f

1888年阿什比主持成立了手工艺行会,他本人是一位有天分和创造性的银匠,在他的设计中,采用了各种纤细、起伏的线条,被认为是新艺术的先声。

a. 绿玻璃瓶,1901年　　e. 孔雀垂饰和链条,1903～1906年,阿什比和手工艺行会设计
b. 银碗,1893年
c. 玻璃瓶　　　　　　　f. 手工艺行会的橡木柜,1889年
d. 金银垂饰,1900年　　g. 显示新艺术大曲线造型趋势的碗,1902～1904年

3　手工艺行会和阿什比

g

167

西方近现代设计 [4] 工艺美术运动

1882年由本森等人发起成立了以展览计划来推促设计进步的"工艺美术展览协会"。

a. 边柜，1885年，莫里斯公司制造
b. 茶壶，1901年
c. 图案设计

a　　　　b　　　　c

1 工艺美术展览协会和本森

a. "人岛"钢琴
b. 钟，1900年
c. 彩绘音乐橱柜，手工艺行会为大姆斯塔特宫制作，1898年

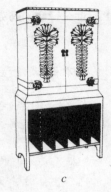

a　　　　b　　　　c

2 斯科特作品

a. 工艺精湛的有传统梯状靠背的椅子，秦皮和灯心草座，1904年
b. 由吉姆森设计的有银把手的细木工橱柜和架子，1891年
c. 橱柜细部

a　　　　b　　　　c

3 吉姆森作品

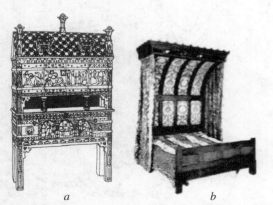

a　　　　b　　　　c

a. 彩绘和镀金木书写柜，1862年展出
b. 床，1858年
c. 双人床，1889年

4 伯吉斯作品

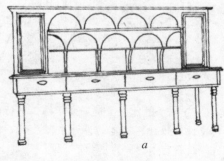

工艺美术运动后期的主要推动力当是1915年由莱萨比协助成立的"设计与工业协会"。

a. 边柜，1900年

5 设计与工业协会和莱萨比

工艺美术运动 [4] 西方近现代设计

a

b

c

d

a. 花瓶，1900年，乔治·奥尔在比洛克西艺术瓷厂制作
b. 橡木扇门腿桌，巴恩斯利设计
c. 衣橱，1900年，希尔
d. 客厅中的小五斗柜，取自伊斯特莱克的设计，改良家具的一种简化形式，杰克森和格拉汉姆制作
e. 橡木雕刻摇篮，彩绘镀金装饰，1861年，理查德·诺曼·肖
f. 橡木餐桌椅，取自塔伯特《古代和现代家具范例》中的设计，吉楼公司制作

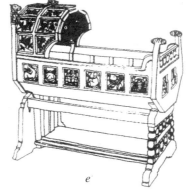
e

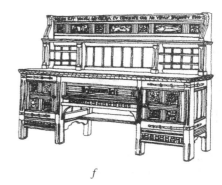
f

[1] 其他设计师作品

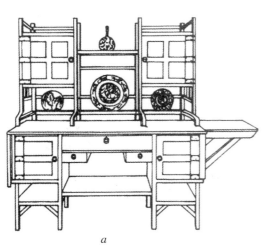
a

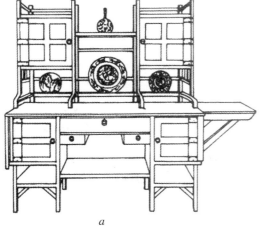
b

c

a. 乌木制的餐桌椅，浮雕花纹皮纸嵌板，镀银装置，1867年，戈德温设计
b. 漆黑色橡木椅，椅腿与古希腊椅腿相类似，1880年，戈德温设计
c. 乌木制的柜子，彩绘嵌板，1871年，T.E.科尔科特设计
d. "艺术家具"实例乌色柜子，将玻璃背面作成斜角边
e. "艺术家具"实例乌色柜子，日本假漆嵌板

d

e

[2] 日本影响和"艺术家具"

169

西方近现代设计 [4] 工艺美术运动

 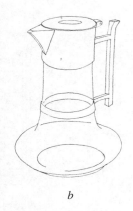  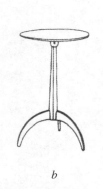 

英国工艺美术运动家具主要是通过利伯特这家公司推销而得到公众承认的,并将其设计思想传播至美国等地。

美国"震教徒"家具是对质朴而严格的宗教教派愿望的物象表达,虽然与工艺美术运动设计师之间没有联系,但却与他们一样共同追求一种简洁和纯净的形式。

a. 圣餐银杯,1900年,阿齐巴尔德·诺克斯为利伯特公司设计
b. 玻璃与银咖啡壶,1900年,阿齐巴尔德·诺克斯为利伯特公司设计

a. 缝纫桌或工作台
b. 圆形架,1820年
c. 条板背摇椅

[1] 利伯特公司及诺克斯作品

[2] "震教徒"设计作品

  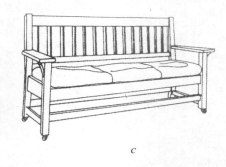 

a. 《手工艺人》杂志封面,1904年,斯蒂克利公司出版
b. 工匠起居室,《手工艺人》插图

c. 皮革垫橡木座椅,1909年,古斯塔夫·斯蒂克利设计
d. 灯具,格林兄弟公司设计

[3] 斯蒂克利公司与格林兄弟公司

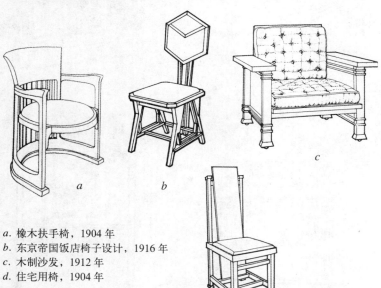 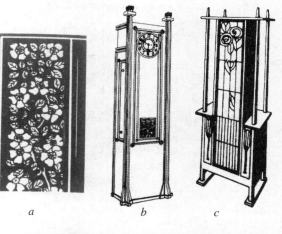

a. 橡木扶手椅,1904年
b. 东京帝国饭店椅子设计,1916年
c. 木制沙发,1912年
d. 住宅用椅,1904年

a. 桌子的镶嵌板,1880年,"艺术家具"领袖赫特·布罗制作
b. 钟,1912年,乔治·克兰特·艾尔姆斯利设计
c. 起居室或大厅橱柜,韦尔·H.布拉德利在《妇女家庭杂志》中绘制

[4] 赖特作品

[5] 其他设计师作品

新艺术 [4] 西方近现代设计

新艺术

新艺术是发生在整个欧洲的一场设计艺术革新运动,从1880～1910年跨越了两个世纪。法国是新艺术派的摇篮,1900年在巴黎召开的世界博览会形成了一种所谓"1900风格",更因萨穆尔·宾开设"新艺术画廊"而得名。主要设计组织和代表人物有"6人社"及吉马德;南锡派以盖勒等人的自然主义风格为其特征;比利时是另一活动中心,尤以"20人小组"("自由美学社")及费尔德、霍塔线条著称于世。在形式上,新艺术派以植物、花卉和昆虫等自然事物作为装饰图案素材,多以象征有机形态的抽象大曲线作为装饰纹样,呈现出曲线错综复杂、富于动感韵律、细腻而优雅的审美情趣。

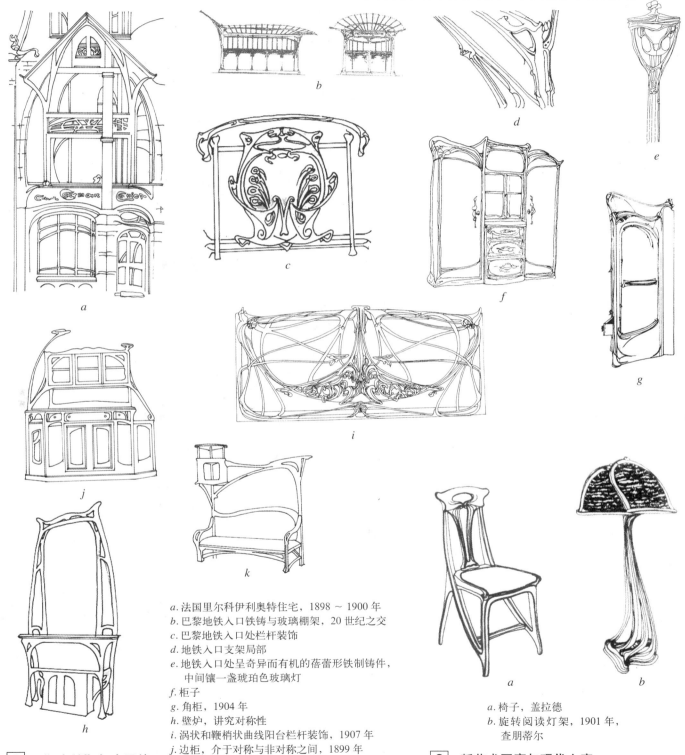

a. 法国里尔科伊利奥特住宅,1898～1900年
b. 巴黎地铁入口铁铸与玻璃棚架,20世纪之交
c. 巴黎地铁入口处栏杆装饰
d. 地铁入口支架局部
e. 地铁入口处呈奇异而有机的蓓蕾形铁制铸件,中间镶一盏琥珀色玻璃灯
f. 柜子
g. 角柜,1904年
h. 壁炉,讲究对称性
i. 涡状和鞭梢状曲线阳台栏杆装饰,1907年
j. 边柜,介于对称与非对称之间,1899年
k. 墙角柜与沙发连体家具

a. 椅子,盖拉德
b. 旋转阅读灯架,1901年,查朋蒂尔

[1] "6人社"与吉马德

[2] 新艺术画廊与现代之家

171

西方近现代设计 [4] 新艺术

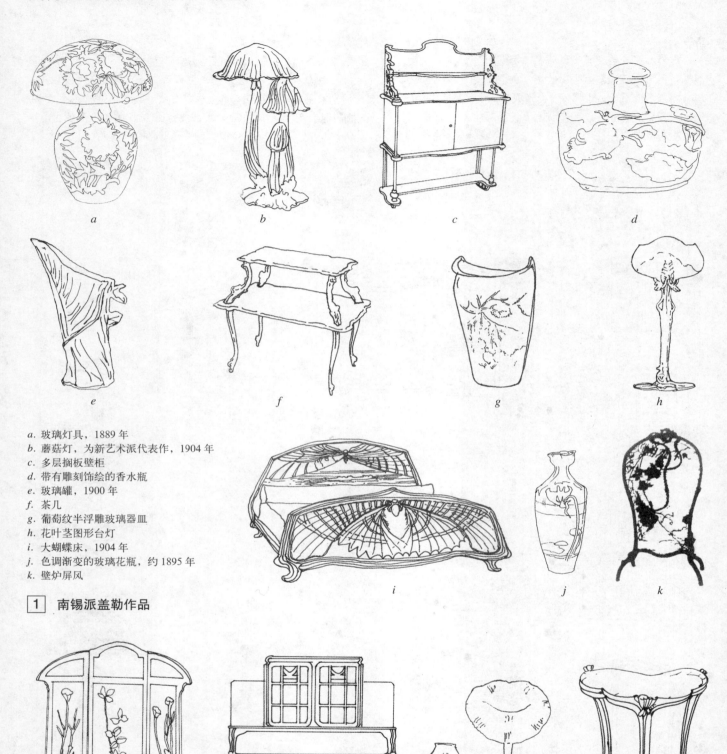

a. 玻璃灯具，1889年
b. 蘑菇灯，为新艺术派代表作，1904年
c. 多层搁板壁柜
d. 带有雕刻饰绘的香水瓶
e. 玻璃罐，1900年
f. 茶几
g. 葡萄纹半浮雕玻璃器皿
h. 花叶茎图形台灯
i. 大蝴蝶床，1904年
j. 色调渐变的玻璃花瓶，约1895年
k. 壁炉屏风

1 南锡派盖勒作品

a. 法国南锡派受日本装饰影响设计的屏风，格鲁伯
b. 胡桃木餐厅橱，1900年，梅杰列设计
c. 台灯，1902～1904年，梅杰列等设计
d. 小桌，水平形式呈百合形，金属铸件则为百合花和动物肉趾形状，1902年，梅杰列

2 南锡派其他设计师作品

新艺术 [4] 西方近现代设计

a. 玻璃香水瓶，1910～1930 年，勒内·拉利克设计
b. 金银丝细工项链，1900 年
c. 以一只雄孔雀形式设计的胸针，1894 年
d. 垂饰，1901 年

[1] 拉利克设计作品

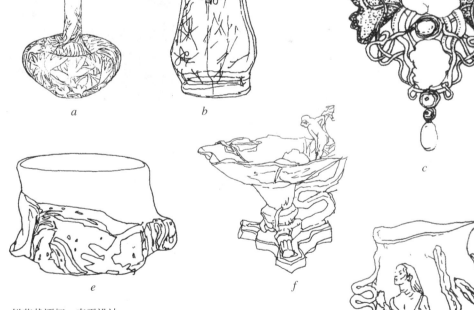

a. 鲜花状酒杯，克平设计
b. 克利式刻痕纹饰花瓶，1884～1885 年，欧仁·卢梭设计
c. 胸针，威廉·卢卡斯·冯·克拉那赫设计
d. 项链坠子"塞尔维亚"，1900 年，亨里·维维尔
e. 仿玉大花瓶，1884～1885 年，欧仁·卢梭创作
f. 放在餐桌中央的陶制浴女饰架，1888 年，高更设计
g. 大水罐，1886 年，高更设计，沙普莱焙烧并彩饰
h. 桃花心木、罗望子树木和镀金青铜桌，1902 年，路易·马若雷勒

[2] 其他法国新艺术作品

西方近现代设计 [4] 新艺术

亨利·凡·德·费尔德（Henry Van de Velde 1863～1957年），建筑师、工业设计师和设计理论家，19世纪末比利时新艺术运动的核心人物与领导者，1907年参与筹建"德意志制造联盟"活动，他提出的"技术第一性"设计原理和对机械生产所持的肯定态度，促进了现代设计理论的发展。

a. 办公桌，1896年，为梅耶－格莱夫设计
b. 开水壶，1902年
c. 多头烛台，1902年
d. 椅子，1898年
e. 檀香木布麦斯扶手椅，印花布垫
f. TROPON海报设计，1898年
g. 封面设计，1897年
h. 费尔德家中的各款吊灯、壁灯和座灯

1 亨利·凡·德·费尔德作品

新艺术 [4] 西方近现代设计

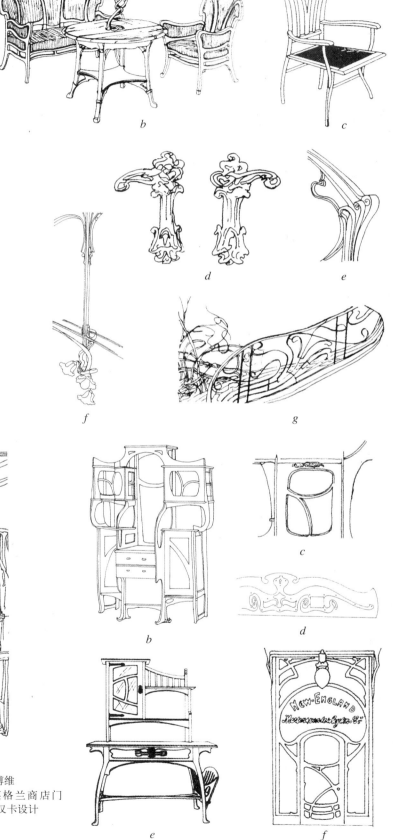

a. 布鲁塞尔，拉·梅森客厅布置，1898年
b. 布鲁塞尔，拉·梅森客厅家具设计
c. 椅子
d. 威辛格饭店门把手，1895～1896年
e. 缪斯饭店楼梯扶手，1899年
f. 索维饭店镀金枝形吊灯，1903年
g. 塔塞尔旅馆楼梯栏杆及壁画

[1] 霍塔及"霍塔线条"

a. 红木餐厅及天花板，1903年，博维设计
b. 梳妆柜之一，1899年，博维
c.d. 梳妆柜细部之一，博维
e. 梳妆柜之二，博维
f. 布鲁塞尔新英格兰商店门面，1900年，汉卡设计

[2] "20人小组"与博维、汉卡

175

西方近现代设计 [4] 新艺术

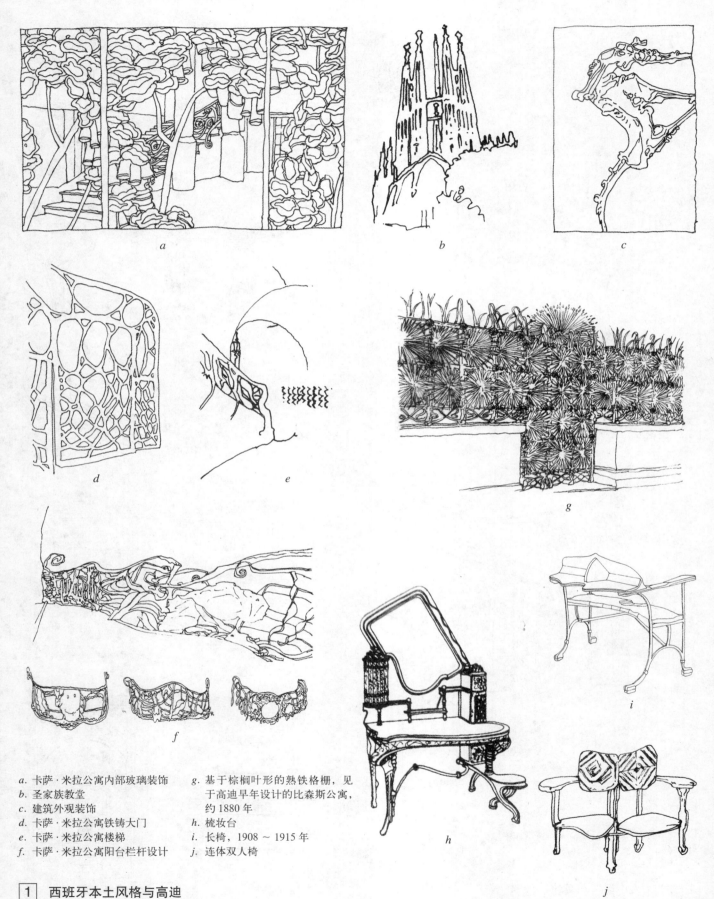

a. 卡萨·米拉公寓内部玻璃装饰
b. 圣家族教堂
c. 建筑外观装饰
d. 卡萨·米拉公寓铁铸大门
e. 卡萨·米拉公寓楼梯
f. 卡萨·米拉公寓阳台栏杆设计
g. 基于棕榈叶形的熟铁格栅，见于高迪早年设计的比森斯公寓，约 1880 年
h. 梳妆台
i. 长椅，1908～1915 年
j. 连体双人椅

1 西班牙本土风格与高迪

新艺术 [4] 西方近现代设计

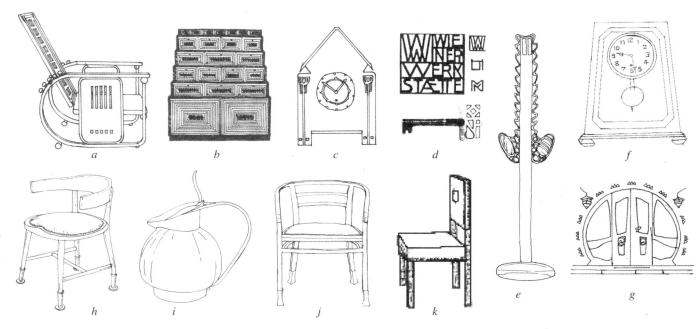

约瑟夫·霍夫曼(Josef Hoffmann 1870～1956年),建筑师、家具设计师,在欧洲现代建筑发展初期占重要地位,早期属维也纳派,后协助成立设计革新组织——维也纳分离派,作品带有莱特风格,又融入麦金托什设计手法。

a. "霍夫曼棋盘"调节椅
b. 霍夫曼设计作品
c. 镶满象牙的黑檀木钟,1902年,奥布里奇
d. 为维也纳工作坊设计的标志及本人(JH)与莫瑟(KM)签名和信头文字,霍夫曼
e. 汤匙,1905年,霍夫曼
f. 台钟,1900年,卢斯
g. 格鲁克特宅门,1901年,奥布里奇
h. 扶手椅,1898～1899年,卢斯
i. 银框玻璃壶,1900～1901年,莫瑟
j. 维也纳邮局储蓄银行会议厅椅,1906年,瓦格纳
k、l. 椅子,霍夫曼设计
m. 木制扶手椅,沃克斯塔特设计

1 奥地利维也纳分离派与霍夫曼、卢斯、莫瑟

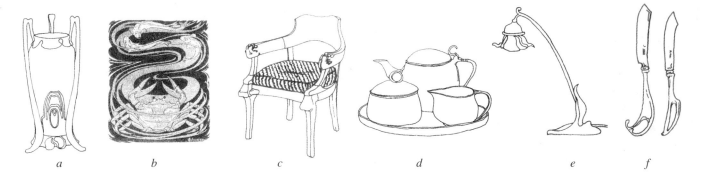

a. 镶以铜座的石花瓶设计,1900年,埃克曼
b. 《青年》杂志插图,1889年,埃克曼
c. 椅子,恩德尔
d. 茶具,里默施密德
e. 体现适度、优雅曲线的台灯,1899年,里默施密德
f. 刀具,1899年,里默施密德
g. 音乐厅椅,1899年,里默施密德
h. 酒杯,1912年,里默施密德
i. 灯具,贝伦斯早期作品
j. 慕尼黑展览会上呈蝙蝠状的椅子,1901年,保罗

2 德国青年风格派与埃克曼、里默施密德

177

西方近现代设计 [4] 新艺术

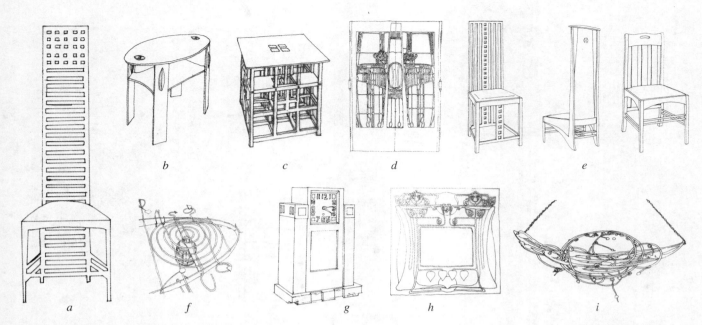

查尔斯·伦尼·麦金托什（Charles Rennie Mackintosh 1868～1928年），新艺术运动中产生的全面设计师的典型代表，他的设计具有鲜明的特点：采用直线、简单的几何造型，讲究黑白等中性色彩设计。

- a. 希尔宅邸卧室用椅，1902年
- b. 镶有象牙的白色桌，1900年左右，此为麦金托什所创的流行样式
- c. 镶珍珠母乌木桌，其几何形状错综复杂
- d. 柳树茶室大门，1904年
- e. 一组椅子
- f. 格拉斯哥艺术学校熟铁壁灯支架
- g. 座钟，1919年
- h. 装饰浮雕
- i. 银垂饰，麦金托什夫妇合作

1 英国格拉斯哥4人派与麦金托什

- a. 皮卡迪利广场厄洛斯喷泉底座，1892年
- b. 桌中央镶有珍珠母的银器，1887年

2 英国吉尔伯特作品

- a. 铸铁装饰，沙利文
- b. 带孔雀羽毛纹的彩虹色"洪夫赖尔"玻璃花瓶，1895年，蒂法尼设计
- c. 可因位置不同而变色的花瓶，1900年，蒂法尼
- d. 灯具，1904～1915年，蒂法尼
- e. 靠背椅
- f. 台灯及灯架

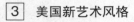

3 美国新艺术风格

装饰艺术 [4] 西方近现代设计

装饰艺术

装饰艺术风格是20世纪20、30年代主要的流行风格,它生动地体现了这一时期巴黎的豪华与奢侈。装饰艺术风格以其富丽和新奇的现代感而著称,它实际上并不是一种单一的风格,而是两次大战之间统治各个艺术设计潮流的总称,如家具、珠宝、绘画、图案、书籍装帧、玻璃陶瓷等,并对工业设计产生了广泛的影响。

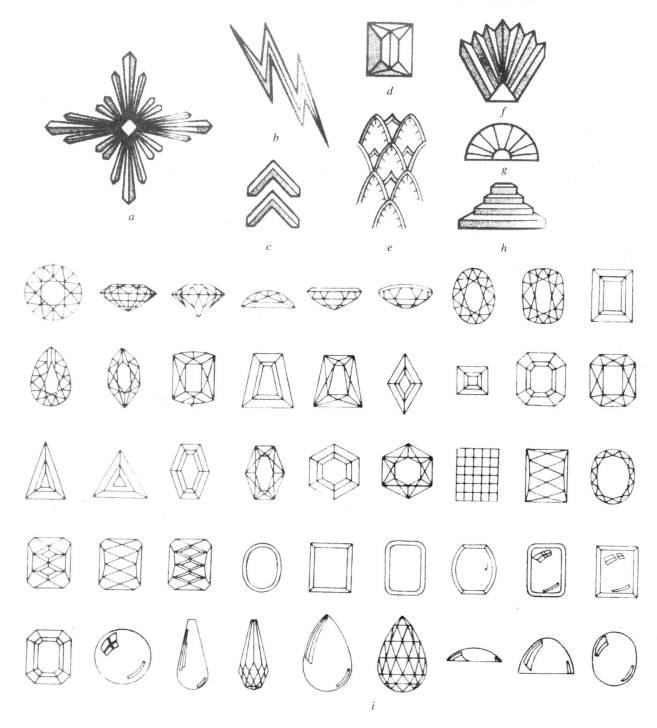

a. 星光状　　　　　　f. 发射状
b. 闪电形　　　　　　g. 扇形
c. 山形或锯齿形　　　h. 阿兹泰克和金字塔基座及阶梯状
d. 晶状体连锁几何形　i. 珠宝与装饰艺术风格
e. 鳞片形

1　装饰艺术风格常用的形态结构特征

西方近现代设计 [4] 装饰艺术

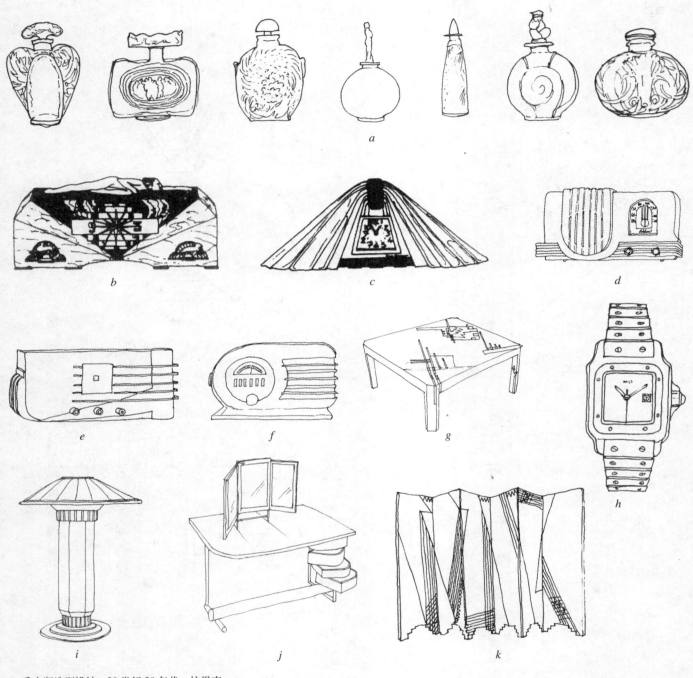

a. 香水瓶造型设计，20世纪20年代，拉里克
b. 大理石钟，典型的装饰艺术题材——梯形钟面、小羚羊、太阳射线和亚马逊河的斜卧人体
c. 银铜钟，埃及样式、风格化的鲜蓝色头花，1930年，阿尔伯特·切雷特设计
d、e、f. 收音机
g. 矮桌
h. "坦克表"，卡迪埃设计
i. 台灯
j. 梳妆台，1930年，赫伯斯特设计
k. 漆器屏风
l. 装饰艺术语言在产品上的运用

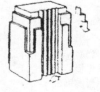  

l

[1] 家用产品

装饰艺术 [4] 西方近现代设计

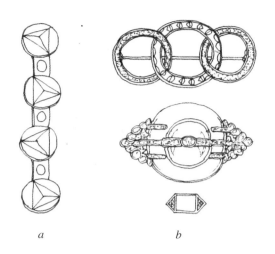

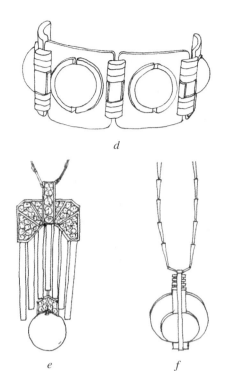

a. 几何图形首饰，坦普里尔设计
b. 珠宝、胸针和戒指，让·富凯设计
c. 一对耳环，包舍隆设计
d. 手镯，德斯普里斯设计
e. 垂饰，拉克洛什设计
f. 项链饰品

[1] 著名装饰艺术派设计师的首饰作品

[2] 艾琳·格雷作品

a. 屏风，1922～1925 年
b. 梳妆镜和扶手椅，1937 年
c. 圆桌
d. 吊灯
e. Transat 折叠扶手椅，1925～1926 年
f. Non-conformist 扶手椅，1926 年
g. "S" 半折叠椅，1932～1934 年
h. 卧室书柜

181

西方近现代设计 [4] 装饰艺术

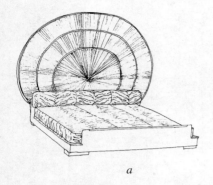

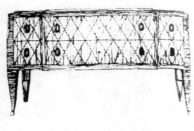

1 鲁尔曼作品
a. 太阳床，1930年
b. 衣柜，马加撒乌木薄板和象牙，1924年

a. 妇女书写桌，青铜和象牙装饰，20世纪20年代，福罗特设计，奇巴鲁斯制作
b. 小木箱，红木和鲨鱼皮，镶有雕刻乌木，1912年，保罗·艾里贝设计

2 其他设计师作品

3 查理奥作品
a. "古典"沙发，1928年
b. 靠背椅，1927年

勒·柯布西耶（Le Corbusier 1887～1965年）20世纪现代主义设计理论的重要奠基人之一，机械美学的创立者，其人机工学和"居住机器"理论及其优雅风格对设计师启发极大。"新精神"为柯布西耶与奥尚芳等人共同创办的一份杂志名，旨在倡导一种以新帕拉图哲学为基础的纯粹主义精神。

a. 吊椅，镀铬钢管架，张力弹簧，坐垫和靠背为小牛皮蒙面，1928年
b. "大安逸"椅及其结构图，镀铬钢管架支撑松软的垫子，1928年
c. 可调节躺椅及其镀铬钢架，黑色钢座，1928年，与夏洛特·伯兰德和皮埃尔·让纳雷一起设计

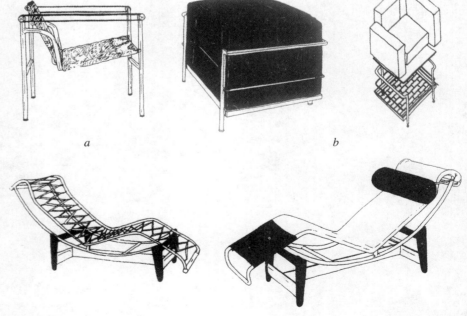

4 "新精神"小组与柯布西耶

装饰艺术 [4] 西方近现代设计

a. 为印度马哈拉加的马尼克·巴宫设计的绿玻璃和铬钢床，路易斯·索格诺特
b. 梳妆台，1937年
c. 卧室书桌
d. 红木餐具柜，查尔斯·理查特
e. 孟买红木制作的餐具柜，1935年，戈顿·鲁塞尔
f. 未磨亮的橡木梳妆台和碟架，1906年，阿尔罗斯·希尔
g. 装饰餐具，1930年，克里夫
h. 卧室，1928年，塞格·切马伊夫

1 英国装饰艺术风格

西方近现代设计 [4]　装饰艺术

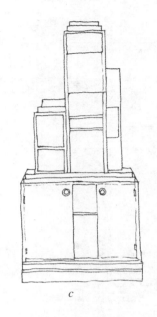
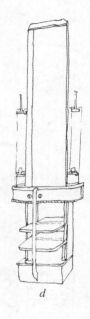

a　　　　　　　　　　　*b*　　　　　　　　　　*c*　　　　　　　　*d*

美国设计师不仅在建筑外观上首创一种摩天大楼造型样式，而且在家具、产品和首饰等物品中也形成了所谓"摩天大楼风格"，摩天大楼主题所蕴含的那种台阶式外轮廓正好与装饰艺术风格相吻合。

a. 克莱斯勒大厦，20 世纪 30 年代初，阿伦设计
b. 纽约恰宁大厦格子门窗装饰，1929 年
c. 书柜，1928 年，弗兰克
d. 边桌，1928 年，吉姆·韦伯
e. 摩天楼椅，1927 年，费迪
f. 具有某种摩天大楼造型风格的收音机

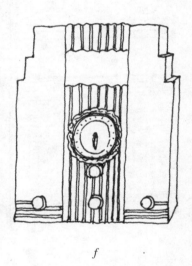

e　　　　　　　　　　*f*

[1] 摩天大楼风格

"好莱坞风格"可以说是美国化了的加利福尼亚装饰艺术派的进一步本土化发展：其一是指好莱坞电影舞台布景、道具那种梦一般的"电影宫殿"风格给产品设计所带来的影响；其二则为那些如雨后春笋般涌现的影院观众席、门面和售票亭等景观给美国中产阶级批量市场的室内、产品设计所造成的影响，通常含有打了折扣的装饰艺术风格要素。

a. 劳伊奥拉影剧院奇异的尖顶，加利福尼亚威斯切斯特
b. 克莱斯特影剧院金碧辉煌的售票亭，加利福尼亚萨克拉曼托

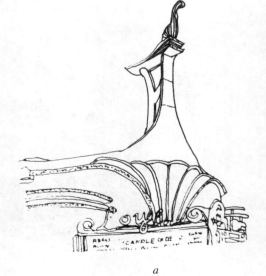

[2] 好莱坞风格

a　　　　　　　　　　　　　*b*

184

装饰艺术 [4] 西方近现代设计

美国流线型风潮

　　工业设计作为一种社会上公认的职业起源于美国,它是20世纪20、30年代激烈商品竞争的产物,因而一开始就带有浓厚的商业色彩。商业性设计的本质是形式主义的,它在设计中强调形式第一、功能第二,设计师们为了促进商品销售、增加经济效益,不断花样翻新,以流行时尚来博得消费者的青睐,但这种商业性设计有时是以牺牲部分使用功能为代价的。例如,流线型原是空气动力学名词,用来描述表面圆滑、线条流畅的物体,这种形状能减少高速运动时的风阻,但在工业设计中它却成了一种象征速度和时代精神的造型语言而广为流传,不但发展成了一种时尚的汽车美学,而且还渗入到家用产品的领域中,成为了20世纪30、40年代最流行的产品风格。

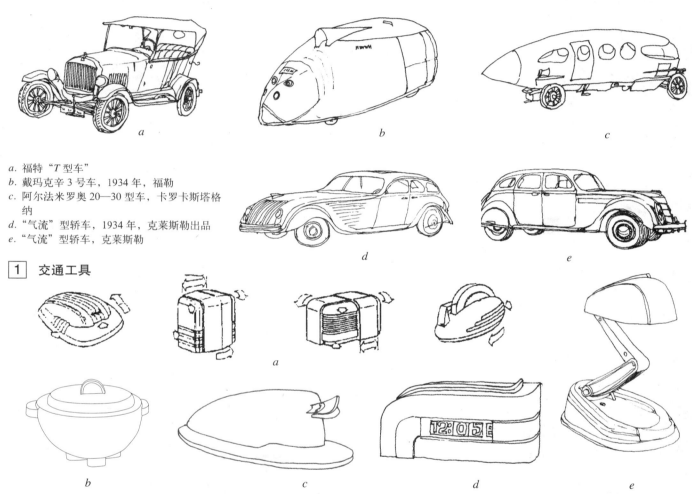

a. 福特"T型车"
b. 戴玛克辛3号车,1934年,福勒
c. 阿尔法米罗奥20—30型车,卡罗卡斯塔格纳
d. "气流"型轿车,1934年,克莱斯勒出品
e. "气流"型轿车,克莱斯勒

[1] 交通工具

[2] 流线型家用产品设计
a. 流线型风格产品的造型语言
b. 带盖的陶瓷汤碗,1930年,艾娃·斯特克·塞瑟
c. "狂吻"订书机,1936年,海勒
d. 数字钟,1933年,凯姆·韦伯
e. 台灯,1945年,朱莫·贝克利特

　　哈利·厄尔(Harley Earl 1893～1969年),商业性设计的代表人物,颇受争议却影响巨大的工业设计师。他是世界上第一个专职汽车设计师,与通用汽车公司的总裁斯隆一起创造了汽车设计的新模式——"有计划的商业废止制"。

[3] 哈利·厄尔作品　　a. 卡迪拉克汽车　　b. 火鸟II型轿车,1956年

西方近现代设计 [4] 装饰艺术

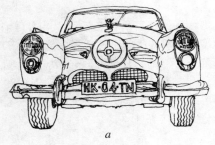

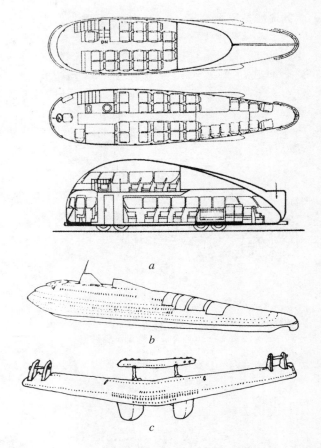

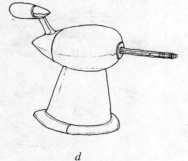

雷蒙德·洛伊（Raymond Loewy 1893～1986年），20世纪最负盛名的设计大师之一，美国现代工业设计奠基人，杰出的企业管理者，第一代职业工业设计师，其一生的设计项目多达数千，涉及领域广泛。

a. "指挥官"汽车，1950年，斯塔德巴克公司出品
b. "古德斯波特"电冰箱，1935年，罗伯克·西尔斯公司出品
c. 可口可乐瓶系列包装设计
d. 卷笔器，为流线型产品设计经典之作，1933～1934年

[1] 洛伊作品

诺曼·贝尔·格迪斯（Norman Bel Geddes 1893～1958年），美国第一代职业工业设计师、舞台美术设计师，在现代工业设计理论、设计程序和设计原则的研究以及流线型设计应用方面成就突出，他较早认识到人体工程学和消费心理学对工业设计的重要意义。

a. 未来汽车设计，1932年
b. 封闭甲板全流线型远洋轮设计
c. "飞机4号"模型

[2] 格迪斯作品

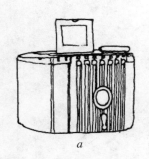

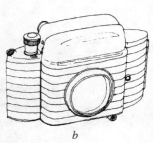

沃尔特·多温·蒂格（Walter Darwin Teague 1883～1953年），美国早期最为成功的工业设计师之一。他的设计生涯和柯达公司有非常密切的关系，发展了一套设计体系。

a. 小型布朗尼箱型照相机，1935年，为柯达公司设计
b. 柯达135相机

[3] 蒂格作品

亨利·德雷弗斯（Henry Dreyfuss 1903～1972年），工业设计先驱者之一。是20世纪30年代流线型设计的重要代表人物之一，20世纪40年代开始深入研究有关人体计测学，为人体工学设计上的应用作出了贡献。

a. 哈德逊J-3a火车头
b. 贝尔302型电话机

[4] 德雷弗斯作品

现代主义 [4] 西方近现代设计

现代主义

工业设计现代革新运动于 20 世纪初至 20 世纪 30 年代席卷欧美，它是在现代科学技术革命推动下展开的，以大工业生产为基础并服务于整个工业社会。运动中涌现出一批具有民主思想、充分肯定工业社会大机器生产、赞赏新技术、新材料的工业设计先驱人物，在理论与实践方面都取得了丰硕成果，使人的生存环境发生了巨大变化，也使人们的消费要求和审美趣味发生了根本性改变。面对时代的挑战，他们提出了功能主义的设计原则，提倡科学的理性设计并创立了新时代的设计美学——机械美学，现代主义以简洁、质朴、实用和方便为其形式风格特征，标志着产品设计进入现代工业化新时期。

 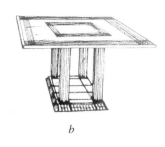   

a   b   c   d   e

a. 伦敦哈普顿广告中呈几何形的"诊所外观"，1936 年
b. 台面为一块透明厚玻璃并有 4 个玻璃支柱和底座的餐桌，1931 年，拉里克设计
c. 上漆嵌板扶手椅，1920～1925 年，马塞尔·科尔德设计
d. 座钟，1929 年，古尔登
e. 扬声器，1920 年，尼尔森

1 立体派风格

  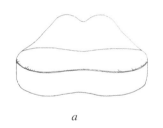 

a   b   a   b

2 超现实主义

a. "莫韦斯特唇"装饰垫，1936 年，萨尔瓦多·达利设计
b. 儿童椅

c   d   e

a. 《未来城市构造》（淡彩素描），1914 年，马里奥·齐亚托恩
b. 《新城市》（素描），1913～1914 年，安东尼奥·圣伊利亚
c. 小桌，1918 年，巴拉
d. 椅子，1918 年，巴拉
e. 餐厅柜，1918 年，巴拉

3 意大利未来派

未来派是意大利文学家马里内蒂、艺术家波丘尼倡导的旨在干预社会的艺术运动，其观点主要体现在《未来派宣言》、《技巧宣言》和《雕塑宣言》里，他们认为必须否定过去，歌颂当代生活中最新的特征，如工厂、机器、火车和飞机的威力、爵士乐以及大都市和现代化风貌，并试图在建筑和产品中表现一种严谨的、光和动态的艺术。

西方近现代设计 [4] 现代主义

现代艺术与设计运动

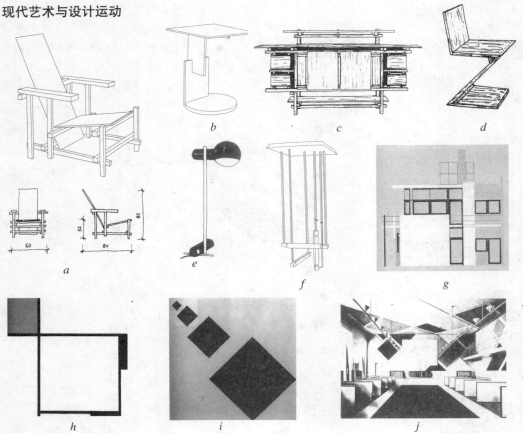

a. 红黄蓝椅，1918～1923年，里特维尔德
b. 桌子，1923年，里特维尔德
c. 餐具桌，1919年，里特维尔德
d. "之"形椅，1934年，里特维尔德
e. 桌灯，1924年，里特维尔德
f. 吊灯，1921年，里特维尔德
g. 建筑素描，1923～1924年，里特维尔德
h. 构图，1929年，蒙德里安
i. 算术构图，1930年，杜斯伯格
j. 斯特拉斯堡奥贝特酒吧，1926～1928年，杜斯伯格
k. 《风格》杂志第一期封面设计，1917年6月，韦尔莫斯·赫查

[1] **荷兰风格派**　荷兰风格派（又称"要素派"）运动是通过一本1917年出版的杂志《风格》传播的，其主要阵容包括画家蒙德里安、杜斯伯格和设计师里特维尔德等人，旨在以蒙德里安的纯粹抽象为前提，建立一种理性、知性、富于秩序和完全非个人的绘画、建筑和产品设计风格，并竭力排斥和淡化艺术与设计以外的社会、政治因素。

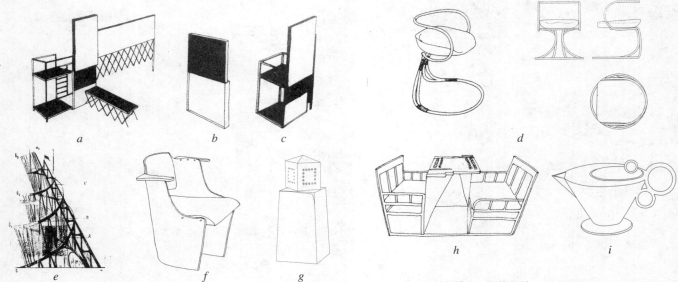

a. 工人俱乐部讲台，罗德琴科
b. 工人俱乐部屏风，罗德琴科
c. 工人俱乐部展示椅，罗德琴科
d. 曲管椅，1927年，塔特林
e. "第三国际塔"，塔特林
f. 胶合板扶手椅，李西斯基
g. 银糖瓶，1938年，瓦列里·比祖阿
h. 棋桌，1925年，罗德琴科
i. 陶瓷茶具，1930年，玛格丽特·赫蒙·马克斯

[2] **俄国构成主义**　构成派是俄国十月革命前后在一批先进知识分子当中产生的介入政治的前卫艺术和设计运动，他们利用新材料和技术来探讨理性主义空间、结构和功能表达方式。

现代主义 [4] 西方近现代设计

德意志制造联盟

赫尔曼·穆特修斯（Hermann Muthesius 1861～1927年）受到英国工艺美术运动的启发，于1907年10月6日在慕尼黑成立了德意志制造联盟，这个组织以工业技术的改良与产品质量的提高为目标，通过教育、宣传、改造等手段，促进美术与工业、手工艺协作，以便在国外市场上和英国抗衡。最初成员有13名独立的艺术家和10家手工艺企业。

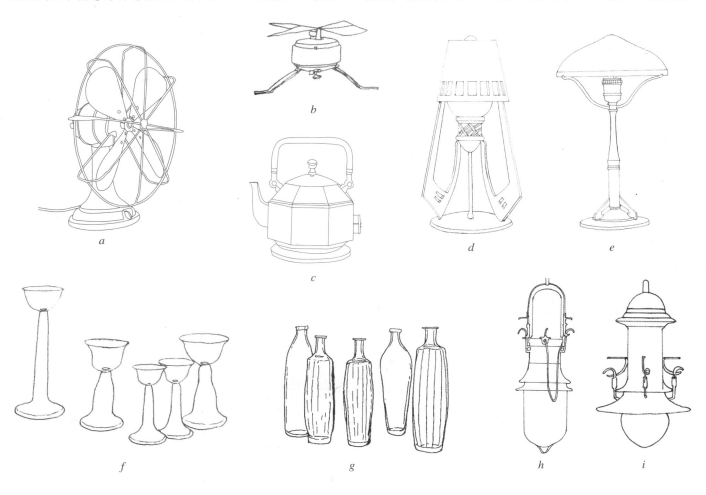

a. 电风扇，1908年
b. 电风扇设计之二
c. 电水壶，1909年
d、e. 灯具设计
f. 玻璃水杯
g. 玻璃瓶
h、i. 灯具
j. AEG公司标志设计，1908～1912年
k. 灯具目录封面设计，1908年
l. 电灯泡海报设计，1910年

1 彼得·贝伦斯及其AEG产品设计

彼得·贝伦斯（Peter Behrens 1868～1940年），现代建筑和工业设计的先驱。1907年成为德国制造联盟的推进者与领袖人物，同年受聘为德国通用电器公司（AEG）的艺术顾问，开始其作为工业设计师的职业生涯。

西方近现代设计 [4] 现代主义

包豪斯

1919年4月1日，德国创立"国立包豪斯"，这是世界上第一所真正为发展现代设计教育而建立的学院，为工业时代的设计教育开创了新纪元。包豪斯教学谋求所有造型艺术之间的交流，其设计课程包括产品、平面、展览、舞台、家具、室内和建筑设计等，甚至连话剧、音乐等"隐性"课程都在包豪斯中设置，学校设立的各个车间为包豪斯师生提供了设备齐全的实习场所，也使师生的设计创意能够在这儿实现。

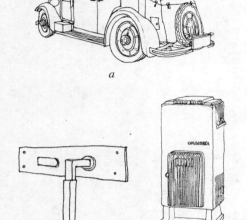

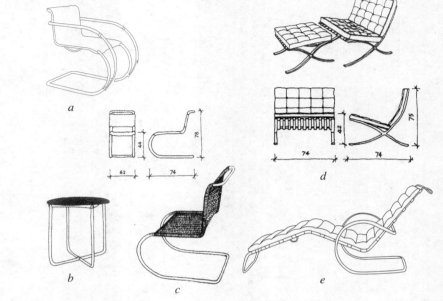

沃尔特·格罗皮乌斯（Walter Gropiusn 1883～1969年），20世纪最重要的设计师、设计理论家和教育家，1919年创建了包豪斯学院并任首任校长，其目的是培养新型设计人才。

a. 阿德勒轿车
b. 门手柄，1923年
c. 连续式煤炉，1931年

a. MR20钢管扶手椅，1927年
b. 镀铬钢管椅，1926年
c. MR10钢管扶手椅，1926年
d. MR90巴塞罗那椅，1929年
e. 躺椅，1931年
f. 皮床，1931年

密斯·凡·德·罗（Mies Van de Rohe 1886～1969年），20世纪影响深远的建筑师、设计教育家和理论家，1928年提出"少就是多"的名言，1930年担任了包豪斯第三任校长。密斯在建筑设计上所追求的极端现代主义风格并不完全体现在家具上，他设计的多款椅子体现了美学上所追求的优雅。

[1] 格罗皮乌斯作品

[2] 密斯·凡·德·罗作品

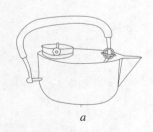

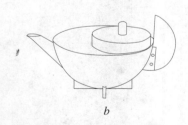

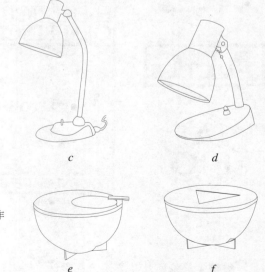

玛丽安娜·布兰德（Marianne Brandt 1893～1983年），1923年进入包豪斯学习。作为重要的女性设计师，布兰德将新兴材料与传统材料相结合，创造了一系列20世纪最美观、耐用的金属制品，不仅具有良好的功能，在造型上也考虑了形式的美感和革新性。

a. 茶壶，1928～1930年
b. 茶壶，1924年
c. 台灯，1929年，与赫·布莱顿迪克合作
d. 床头灯，1929年，与赫·布莱顿迪克合作
e. 烟灰缸，1924年
f. 烟灰缸，1924年

[3] 玛丽安娜·布兰德作品

现代主义 [4] 西方近现代设计

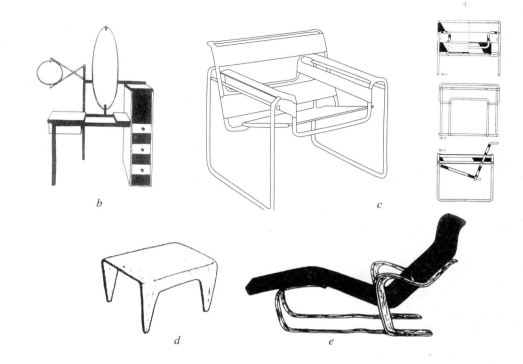

a. 塞斯卡悬臂椅，1928 年
b. 梳妆台，1923 年
c. "华西里"钢管扶手椅，1925 年
d. 凳子，1936 年
e. 躺卧椅，1936 年

1 马歇尔·布鲁耶尔作品

威廉·瓦根费尔德(Wilhelm Wagenfeld 1900～1990 年)，参与批量生产最有名的德国设计师之一，使工业设计的潜力在更加专业化的生产体系中得到了进一步的发挥。他认为功能并非设计的最终目的。

a. MT8 台灯，1924 年

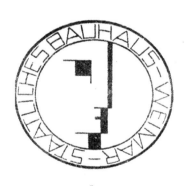

2 瓦根费尔德作品

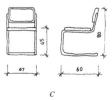
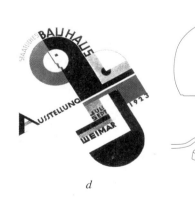
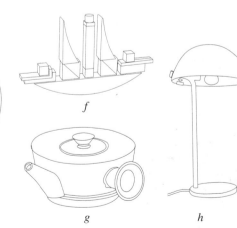

a. 包豪斯校徽，1922 年，舒林玛
b. 《包豪斯宣言》封面，费宁格
c. S33 悬臂椅，1926 年，马特·斯塔姆
d. 包豪斯展览会海报，1923，施密特
e. 可调节的铝制台灯
f. 玩具
g. 带把手的茶壶，1923 年，特奥多·波格勒
h. 台灯，1928 年，沃尔夫更·图蒙普

3 其他作品

西方近现代设计 [4] 现代主义

战后包豪斯

1956年，被称为战后包豪斯的德国乌尔姆造型艺术学院诞生，乌尔姆师生与德国博朗电器公司合作共同探索出一条适合现代德国国情的简约、理性化设计道路，并影响到西门子、飞利浦等一批以产品设计为龙头的大公司。

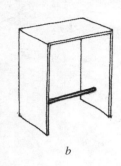

a

b

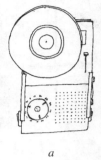

a

b

马克斯·比尔(Max Bill 1908～1994年)，瑞士画家、雕塑家、工业设计师、展示设计师、建筑师和作家。他是乌尔姆工艺学校创始人之一，其设计理念是：优秀设计在于产品造型与其用途之间求得和谐。

a. 壁钟，1957年
b. 凳子，1954年

迪尔特·拉姆斯(Dieter Rams 1932～)，20世纪50年代中期受聘于博朗公司，他是系统设计理论的积极实践者，认为"最好的设计是最少的设计"，被设计理论界称为"新功能主义者"。

a. TP2 收录机，迪尔特·拉姆斯
b. 唱机，拉姆斯、汉斯·古戈洛特

1 马克斯·比尔作品

2 迪尔特·拉姆斯作品

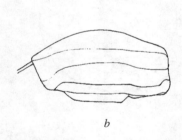

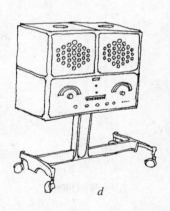

a　　　　　　　*b*　　　　　　　*c*　　　　　　　*d*

a. 咖啡机，1984年，博朗公司出品
b. GRILLO 一体化电话机，西门子公司
c. TS50型收录机，1964年，理查德·萨珀设计，米兰布莱昂维加公司制造
d. RR126 立体声高保真系统，米兰布莱昂维加公司

3 博朗等公司产品

a　　　　　　　*b*　　　　　　　*c*

费迪南德·亚历山大·波尔舍(Ferdinand Alexander Porsche 1895～1951年)，著名汽车设计师。其设计在功效性、科技性和赋予现代美感的造型之间取得了完美平衡，堪称德国设计风格的杰出代表。

4 波尔舍汽车设计　　*a*. 保时捷 356A 1600S 汽车　*b*. 保时捷 356 汽车　*c*. 大众牌"甲壳虫"小汽车

现代主义 [4] 西方近现代设计

斯堪的纳维亚风格

斯堪的纳维亚设计在20世纪50年代产生了一次新的飞跃，其朴素而有机的形态及自然的色彩和质感在国际上大受欢迎。就风格而言，斯堪的纳维亚设计是功能主义的，但又不像20世纪30年代那样严格和教条。几何形式被柔化了，边角被光顺成S形曲线或波浪线，常常被描述为"有机形"，使形式更富人性和生气。20世纪40年代为了体现民族特色而产生的怀旧感，常常表现出乡野的质朴，推动了这种柔化的趋势。早期功能主义所推崇的原色也为20世纪40年代渐次调和的色彩所取代，更为粗糙的质感和天然的材料受到设计师们的喜爱。

a

b

c

d

阿尔瓦·阿尔托（Alvar Aalto 1898～1976年），最活跃的建筑师、城市规划师和工业设计师，芬兰设计的先驱。其作品为20世纪斯堪的纳维亚最优秀的典范，结合现代工业精神与波罗的海地区的传统进行创新。

a. 餐具，1939年
b. 凳子，1930～1933年
c. 扶手椅，1930～1931年
d. 悬臂椅，1933年
e. 凳子，1954年
f. 用于维甫瑞图书馆的椅子

e　　　　　　　　f

1 阿尔瓦·阿尔托作品

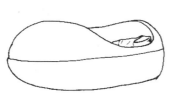
a

b

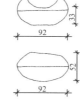

c

d

e

a. ERP椅，1966年，阿尔尼奥
b. 玻璃餐具，1932年，艾罗·玛茜·阿尔托
c. 茶具，1957年，格图德·瓦瑟格德
d. 带盖煮罐，1959年，萨帕内瓦
e. Karuselli椅，1965年，库卡波罗

2 芬兰其他设计师作品

a

b

c

d

a. PH灯系列，1966年生产
b. PH灯系列，1971年制造
c. PH灯系列，1958年
d. PH灯系列，1958年

3 保罗·汉宁森与"PH"灯

保罗·汉宁森（Poul Henning Sen 1894～1967年），丹麦工业设计师、现代灯具设计的先驱。成名作是1924年设计的多片灯罩灯具，这种灯具后来发展成为极为成功的"PH"系列灯具。

西方近现代设计 [4] 现代主义

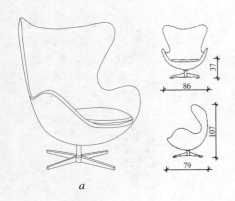
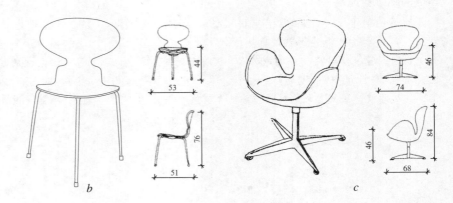

阿尔内·雅格布森(Arne Jacobsen 1902～1971年)，丹麦人，20世纪50年代斯堪的纳维亚设计风格的代表人物。他以"经济加功能即是风格"作为设计准则，设计了很多现代风格的有机塑形家具。

a. 蛋形椅，1958年
b. 蚂蚁椅子，1952年
c. 天鹅椅，1958年
d. 圆柱形餐具，1967年
e. 餐具，与汉斯·班德、艾金纳尔·考尔合作

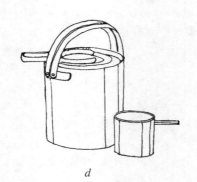

1 阿尔内·雅格布森作品

汉斯·J·韦格纳(Hans J Wegner 1914～)，著名丹麦家具设计师。他以娴熟的木工技艺和良好的审美素养，充分运用木材的材质和肌理，设计出的家具呈现圆润流畅的自然美，又具有现代生活理念的朴素造型。

a. 孔雀椅，1947年
b. 中国椅，1944年
c. 椅，1949年

2 汉斯·J·韦格纳作品

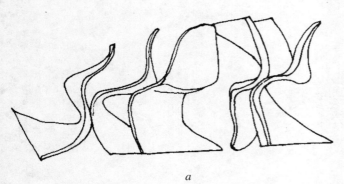
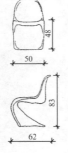

维尔纳·潘顿(Verner Panton 1926～1998年)，著名丹麦工业设计师，在探索新材料的设计潜力的过程中创造了许多富有表现力的作品。他还是一位色彩大师，发展了"平行色彩"理论。

3 维尔纳·潘顿作品

a. 潘顿椅，1959～1960年
b. 锥形椅，1958年
c. "潘特拉"灯具，1971年

现代主义 [4] 西方近现代设计

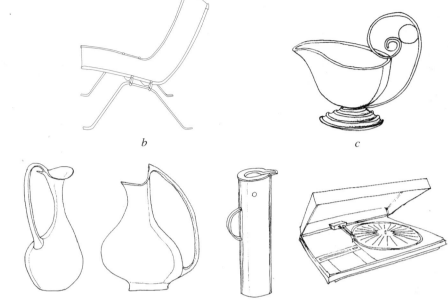

a. 钢骨架藤椅，1965年，雅尔霍尔姆
b. 钢骨架藤椅，1955年，雅尔霍尔姆
c. 银器，1922年，詹森
d. 真空保温杯，1976年，马格努森
e. No.978银质水壶，1948年，汉宁·科佩尔
f. No.992银质水壶，1952年，汉宁·科佩尔
g. Beogram4000唱机，1972年，雅克布·彦森

1 丹麦其他著名设计师作品

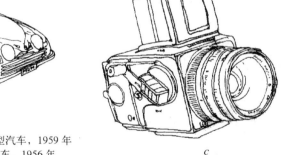

沙逊（Sixten Sason 1912～1967年），著名瑞典工业设计师，出身于雕刻世家。第二次世界大战后成立了自己的设计事务所，并迅速赢得瑞典先锋工业设计师的赞誉。

a. 绅宝95型汽车，1959年
b. 绅宝小汽车，1956年
c. 哈苏照相机，1948年

2 沙逊作品

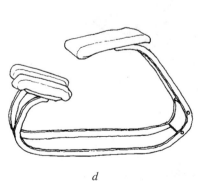

a. 电话，1949年，爱立信公司
b. 供手部伤残者使用的餐具
c. 编织椅，1934年，马森
d. 平衡调节坐凳，1979年，皮特·奥普斯维克

3 瑞典和挪威其他设计作品

195

西方近现代设计 [4] 现代主义

美国有机现代主义

有机现代主义是第二次世界大战后到20世纪60年代，流行于斯堪的纳维亚国家、美国和意大利等国的一种现代设计风格，它是对现代主义的继承和发展。这种风格的造型常常体现出"有机"的自由形态，而不是刻板、冰冷的几何形，无论是在生理还是心理上给使用者以舒适的感受，而与此同时这些有机造型的设计往往又适合于大规模生产。这标志着现代主义的发展已突破了正统的包豪斯风格而开始走向"软化"。这种"软化"趋势是与斯堪的纳维亚设计联系在一起的，被称为"有机现代主义"。

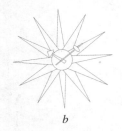
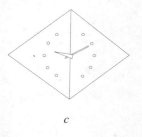
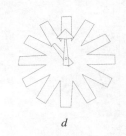

a b c d

乔治·尼尔森（George Nelson 1907～1988年），工业设计师，在美国国内颇有影响，被公认为最有名的设计师之一。他为赫尔曼·米勒公司所设计的办公室家具，被认为是具有理性及人机工学造型观的早期典范。

a. 球形壁钟，1947年
b. 蜘蛛网壁钟，1954年
c. 风筝壁钟，1953年
d. 星号壁钟，1950年
e. 椰子椅，1955年
f. 蜀葵沙发，1956年

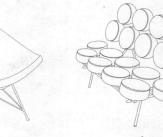

e f

1 乔治·尼尔森作品

亨利·伯托亚（Harry Bertoia 1915～1978年），美国家具设计师，初与依姆斯合作从事成型胶合板椅的设计，后与萨里宁合作为麻省理工学院克瑞斯基会堂和小礼堂设计金属雕塑，热衷于以金属棒材和线材制作家具。

a. 网椅
b. 金属网椅，1958年

a b

2 伯托亚作品

a b c

a. 郁金香基座椅子，1956～1957年
b. 郁金香基座桌子，1956～1957年
c. 郁金香基座扶手椅，1956～1957年
d. 胎式椅和脚凳，1945～1948年

埃罗·萨里宁（Eero Saarinen 1910～1961年），芬兰裔美国建筑家、工业设计师。他以设计成就之丰、严格的科学态度及不断创新的精神享誉世界，十分重视对新材料、新技术的表现，特别关注人的因素。

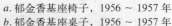

d

3 埃罗·萨里宁作品

现代主义 [4] 西方近现代设计

查尔斯·伊姆斯（Charles Eames 1907～1978年），美国家具与室内设计大师。他设计的类型各异的椅子，注意对新材料与新技术的应用，符合人体工学，适应环境，适于机械化和大规模生产，物美价廉。

1 查尔斯·伊姆斯作品

a. "有机设计竞赛"获奖作品，1940年，与萨里宁合作
b. DAR椅，1949年
c. LCM椅，1948年
d. 躺椅和凳，1956年
e. KW-2型椅子，1951年
f. 椅子，1948年
g. 储藏柜，1949～1950年，伊姆斯夫妇设计
h. 铝族椅
i. 矮背椅，1948年
j. 可折叠屏风，1946年

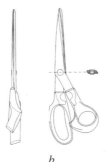

2 其他欧美设计作品

a. 餐具，拉塞尔·赖特（美国）
b. 剪刀，欧鲁弗·巴克斯特娄姆
c. Polyprop叠放椅，1962～1963年，罗宾·戴（英国）
d. "羚羊椅"，欧内斯特·雷斯（英国）

西方近现代设计 [4] 现代主义

日本设计

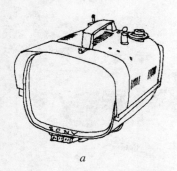 a
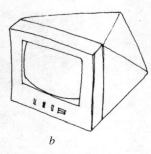 b
 c
 d

1 家用电器
a. 便携式电视机，1959 年，索尼公司
b. 电视机未来设计系列之一，1985 年，松下电器公司
c. 随身听，1960 年，索尼公司
d. 摄像机，夏普公司

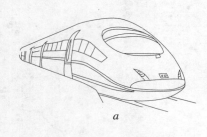 a
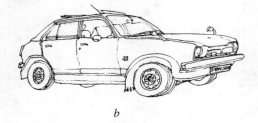 b
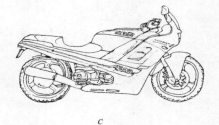 c

2 交通工具
a. 日本新干线高速列车
b. 日本最早冲击西方市场的本田小轿车"西维克"，1972 年
c. 追求太空时代风格的"CBR750"摩托车，1986 年

 a
 a
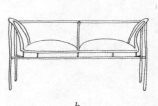 b

3 照相机
a. 获得"G"标志的奥林帕斯"XA"照相机，1957 年
b. 尼康"FA"照相机，1960 年

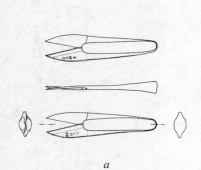 a
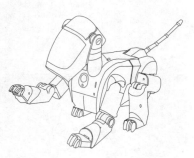 b
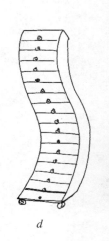 d
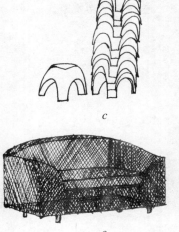 c e

5 其他物品
a. 日本夹剪
b. Aibo 机器狗，1999 年索尼熊谷佳明、土屋务、入部俊男设计

4 家具
a. 蝴蝶椅，柳宗理设计
b. 沙发，1986 年，内田繁设计
c. 层积椅，1955 年，柳宗理设计
d. 不规则抽屉，1970 年
e. 钢丝网扶手椅，1986 年

现代主义之后 [4] 西方近现代设计

现代主义之后

意大利激进主义

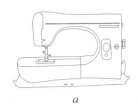  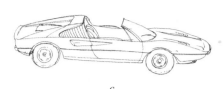 

[1] **意大利现代设计先驱——尼佐利、庞蒂和宾尼法利纳作品**

马尔切洛·尼佐利（Marcello Nizzoli 1887～1969年），画家、工业设计师，1938年成为奥里维蒂公司首席产品设计师，他的设计兼顾了工业化的理性和雕塑般美感，对后辈产生巨大影响；庞蒂（Gio Ponti 1891～1979年），建筑师、工业设计师，倡导意大利合理主义运动，他认为真正设计应尊重传统技术、掌握现实技术并赋予个人经验与想像力；宾尼法利纳（Battista Pininfarina 1893～1966年），汽车设计师，第二次世界大战后开设汽车厂并提出新理念：意大利要走一条与美国大批量生产不同的道路，即小批量、半手工高档车。

- a. Mirella 牌缝纫机，尼佐利
- b. 卫浴产品，庞蒂
- c. 法拉利轿车，1977年，宾尼法利纳
- d. 黄蜂摩托车

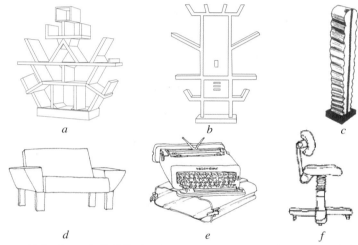

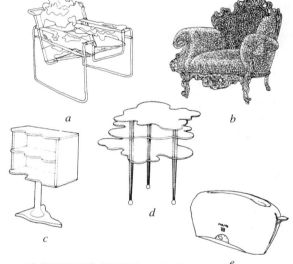

埃托雷·索特萨斯（Ettore Sottsass 1917～），工业设计师、建筑师、激进主义设计的代表人物。他反对单纯提倡功能而抹杀个性表现的理性主义设计方法，主张关注环境，强调人性化设计，推崇所谓"坏品位"。

[2] **埃托雷·索特萨斯作品**

- a. 书架
- b. 博古架
- c. 卡麦塔雕塑式地灯
- d. 扶手沙发
- e. "情人节"打字机，1969年
- f. 打字员靠椅，1969年

[3] **曼蒂尼作品**

- a. 对"瓦西里椅"的再设计，1973年
- b. 新包豪斯"proust"扶手椅，1979年
- c、d. 诺瓦·阿基米亚系列，1984年
- e. 烤面包机，1996年

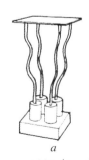     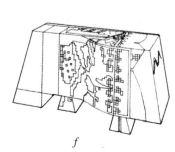

1981年，索特萨斯组织了前卫设计集团"孟菲斯"，他们从东方、古代、波普和装饰艺术中获得灵感，向固有设计观念发起挑战，不仅欲使生活更舒适、快乐，而且有反等级制度政治宣言和存在主义思想内涵。

[4] **孟菲斯集团其他作品**

- a. 包豪斯系列，蒂马诺结构，1979年
- b. 诺瓦·阿基米亚系列"扎布罗"，1984年
- c. 诗一般的物体：鳄鱼，1983年
- d. 包豪斯系列，1980年
- e. 对里特维尔德设计的改造，1978年
- f. 短暂的眩晕：餐具柜，1985年

西方近现代设计 [4]　现代主义之后

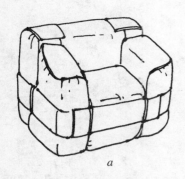
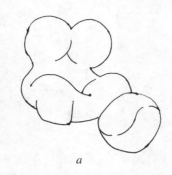
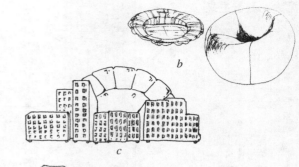

马里奥·贝里尼(Mario Bellini 1935～)，1963 年任奥里维蒂公司顾问设计师，他提出"造型诗学"概念，将人文科学和人体工程学融入产品设计。

a. 932 椅，铸模聚氨基甲酸酯，1967 年

1 马里奥·贝里尼作品

a. UP 贵妇椅，1969 年　　*c*. 纽约日落，1980 年
b. UPI 椅，1969 年　　*d*. 系列扶手沙发，1987 年

2 加埃塔诺·佩谢作品

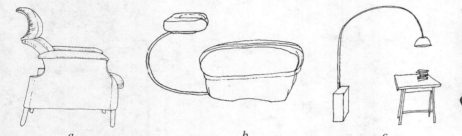

3 卡斯蒂廖尼作品

a. SanInca 椅，1959 年　　*d*. 蟒蛇灯，与弗拉蒂尼合作
b. 跪式椅，1970 年　　*e*. 无靠背椅（梅扎德罗牵引式），1955 年
c. Arco 落地灯

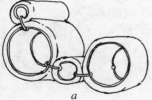
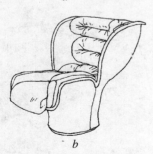
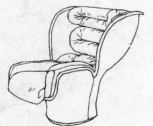
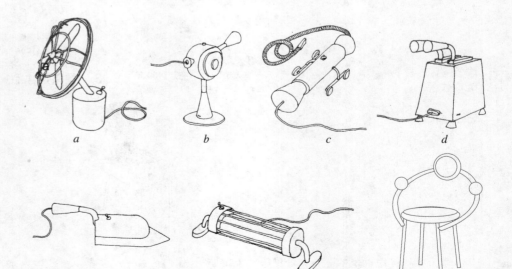

a. 管椅，1970 年
b. "Elda" 椅，1963～1965 年

4 科洛姆博作品　　**5** 德·卢奇作品

a、*b*、*c*、*d*、*e*、*f*. 木制家用电器模型，为吉米公司设计
g. 扶手椅，1983 年，为孟菲斯生产线而设计

现代主义之后 [4] 西方近现代设计

a. 菲尔科异形扶手椅，1970年，佩尔斯奇
b. 电话桌椅，弗雷克斯设计事务所
c. 金属椅，1986年，博塔
d. 木椅，格雷斯
e. 艾奥尼亚式，1972年，65工作室
f. 岩石椅，1967年，皮尔里·吉拉提
g. 仙人掌，吉多·德罗克、弗兰克·梅罗
h. 轮胎沙发，鲁道夫
i. Atollo 台灯
j. 灯具，1960年，霍恩·阿卡里
k. 躺椅，1971年，65工作室
l. 斗牛士椅，1986年，斯卡帕、拖比亚
m. Pago-Pago 花瓶，1969年，马里
n. 女士扶手椅，扎努索
o. 宇宙椅
p. 茶几，卡罗·莫利诺
q. 扶手椅，皮诺·波特尼
r. 1000号乔式躺椅，1970年，德帕斯、杜比诺、洛马济
s. 顿多罗摇椅，铸模玻璃纤维制作，1967年，沙瑞·列奥纳蒂和弗郎米·斯塔基设计
t. 袋椅，1969年，皮耶罗·加提、西萨尔·鲍里尼、弗朗格·台多罗
u. 充气式椅子，1967年，斯科拉里、多纳多·杜比诺、保约纳森·德·帕斯

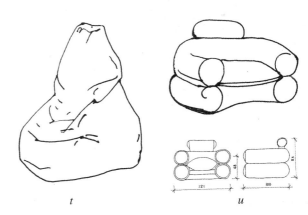

1 其他激进主义设计作品

201

西方近现代设计 [4] 现代主义之后

多元化风格

20世纪60年代，西方进入"丰裕社会"时代，人们的消费观念从讲究结实耐用转向求新求异，随着经济发展，形式单调的产品已不能适应多元化市场的需求和商业竞争，而现代主义设计风格长期以单调、沉闷、冷漠的形式充斥城市，更使人们渴望出现变化，于是形形色色的多元化风格应运而生。

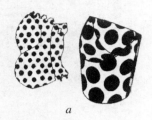

一场风格前卫而又面向大众的设计运动，20世纪60年代兴起于英国并波及欧美且对后现代主义产生重要影响。波普（POP）一词源于英语"Popular"，有大众化、通俗、流行之意，它反映了西方社会中成长起来的'垮掉一代'喜新厌旧、用完即扔的文化、消费观及其反传统思想意识和审美趣味。

a. 圆点花纹婴儿椅，1964年，彼得·默多克
b. 麦当劳盒

1 波普主义

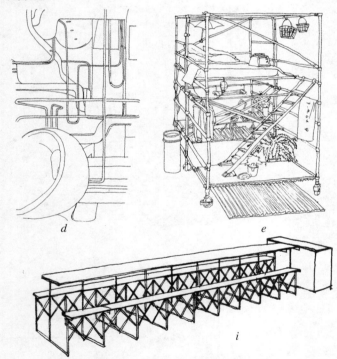
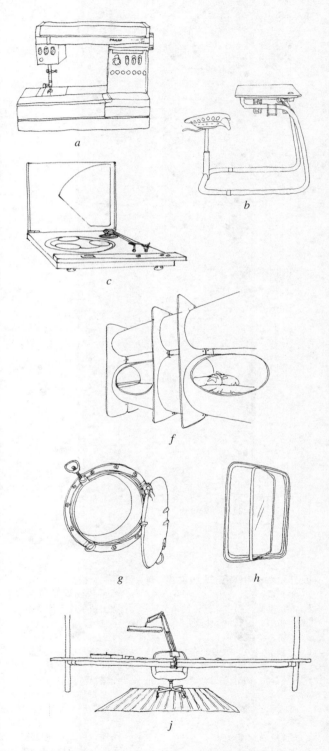

高技术风格源于20世纪20、30年代的机器美学，这种美学直接反映了当时以机械为代表的技术特征。战后初期，不少电子产品模仿军用通讯机器风格，即所谓"游击队"风格，以图表现战争中发展起来的电子技术。"高技术"风格的发展是与20世纪50年代末以来以电子工业为代表的高科技迅速发展分不开的。科学技术的进步不仅影响了整个社会生产的发展，还强烈地影响了人们的思想。"高技术"风格正是在这种社会背景下产生的。

a. 缝纫机，德国普法公司
b. 儿童手工桌椅，伯提耶
c. "SM2000"电唱机，PA事务所
d. 套房，斯坦利·菲尔德曼、保罗·布莱克曼
e. 高架床，摩萨设计小组
f. 睡管，吉姆·彭尼·赫尔
g、h. 家居密封窗
i. 长桌椅，1988年，尤韦·费希尔
j. 架在柱子上的桌子

2 高技术风格

现代主义之后 [4] 西方近现代设计

后现代主义设计兴起于20世纪60年代末、70年代初，是后工业社会、信息社会的产物。它发端于建筑设计并影响到其他设计领域，在设计宗旨、风格等方面向现代主义设计提出挑战。

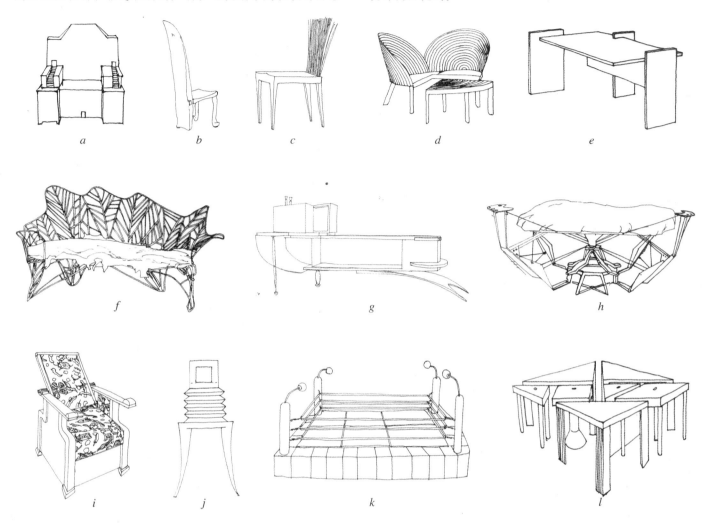

a. 神殿椅，刘易斯与克拉克公司设计
b. 带昆虫的木椅，埃里斯·芬格赫特
c. 杰纳蒂椅，2000年，H.坎帕纳
d. 蝴蝶桌椅，1990年，迪策尔
e. 向蒙德里安致敬，1985年，丹尼洛·希尔维斯特林
f. 倒霉安乐椅，1988年，波赫斯拉夫·霍拉克
g. 动物收藏橱架，戴维·肖·尼科尔斯
h. 床，戴尔·布罗霍尔姆
i. 扶手椅，乔治·索顿设计
j. 图腾研究，普罗斯普·拉萨鲁
k. 可坐可躺的小平台，马萨诺里·乌梅达
l. 七巧板系列桌，1983年，卡西纳公司设计

[1] 后现代主义设计作品

罗伯特·文丘里(Robert Venturi 1925~)建筑家、工业设计家、后现代主义的奠基人。1969年，他提出"少就是多"的原则，认为设计家应该充分吸收当前的各种文化现象和特点到自己的设计中去。

a. 女王椅，1984年，文丘里
b. 梳妆台，1981年，格雷夫斯设计
c. 故事鸟壶，1985年，格雷夫斯

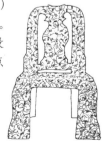
a

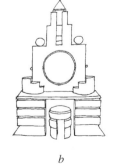
b

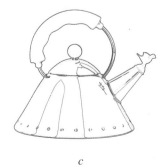
c

[2] 文丘里和格雷夫斯作品

西方近现代设计 [4] 现代主义之后

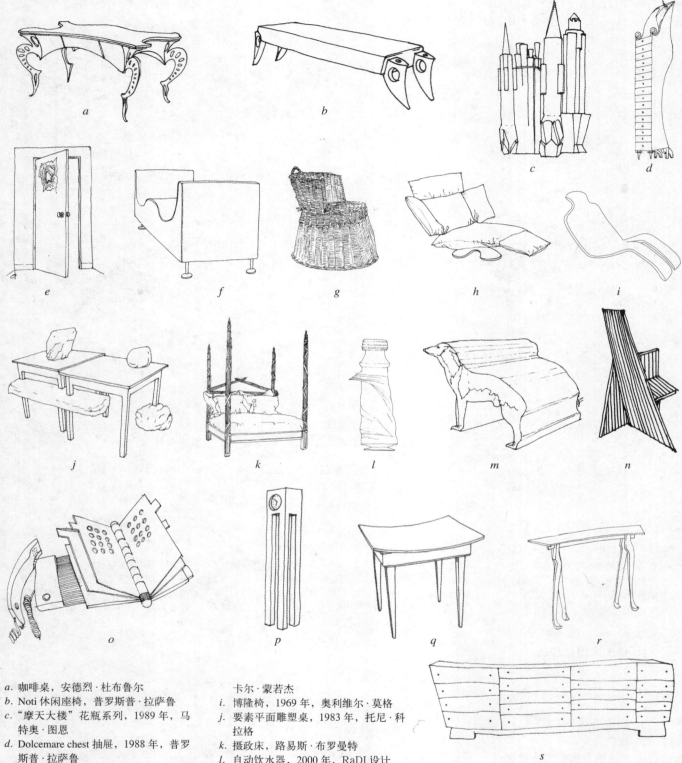

a. 咖啡桌,安德烈·杜布鲁尔
b. Noti 休闲座椅,普罗斯普·拉萨鲁
c. "摩天大楼"花瓶系列,1989 年,马特奥·图恩
d. Dolcemare chest 抽屉,1988 年,普罗斯普·拉萨鲁
e. 门,1983 年,美国"现场策划公司"
f. 三沙发,1992 年,贾斯帕·莫里森
g. Willow 椅,1999 年,马赛尔·万德斯
h. Le PAresseux 扶手椅,1999 年,帕斯卡尔·蒙若杰
i. 博隆椅,1969 年,奥利维尔·莫格
j. 要素平面雕塑桌,1983 年,托尼·科拉格
k. 摄政床,路易斯·布罗曼特
l. 自动饮水器,2000 年,RaDI 设计
m. 小灵狗长椅,1998 年,RaDI 设计
n. 彩条板椅,1984 年,帕斯托设计
o. 电话书,1986 年,里萨·科饶尼、塔克·维姆斯特
p. "亲爱的莫里斯钟",内田繁
q. "你弯曲得太厉害",勒迪克
r. 模仿走姿设计的坐椅,20 世纪 80 年代,佩里
s. 地形柜,1990 年,劳埃德·施万

1 后现代主义设计作品

现代主义之后 [4] 西方近现代设计

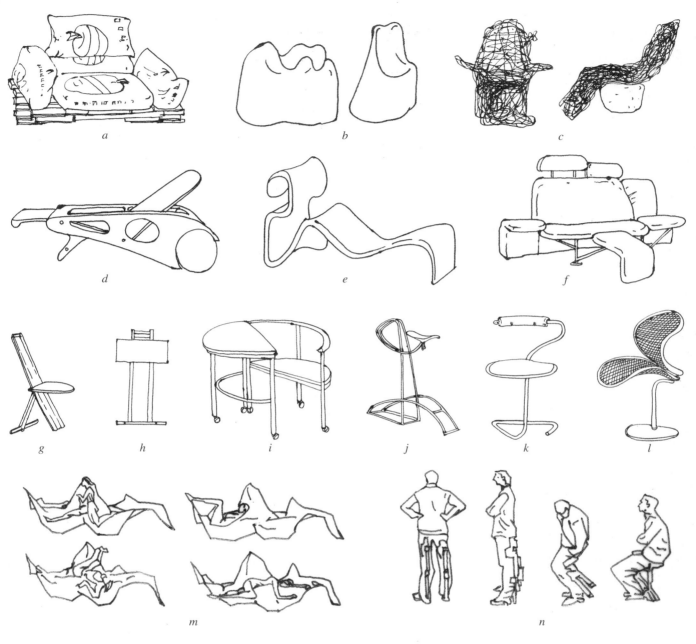

[1] 后现代主义设计作品

a. 水泥袋扶手椅，埃哈德
b. 牙形沙发，卡斯尔
c. 金属丝椅，迈尔斯
d. 两轮躺椅，西门扎托
e. 剪沙发，埃克塞利厄斯
f. 三件套沙发，1986年，霍夫曼
g、h. 新潮椅，尼尔森设计事务所
i. 月形桌椅，汤博
j. 里拉凳，汤博
k. 钢管椅，维维卡
l. 金属椅，奥尔
m. 超形支撑椅，霍尔姆斯顿和索塔马
n. 可穿椅，博纳

[2] 阿拉德作品

a. 高度传真音响系统
b. 钢板扶手椅
c. Schizzo系列椅，1989年

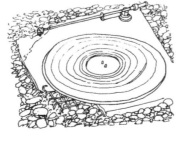

a

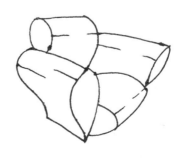

b

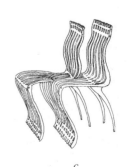

c

西方近现代设计 [4] 现代主义之后

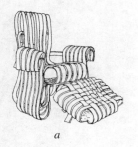  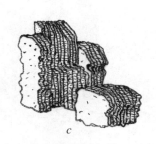  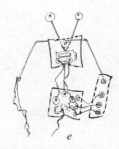

     a   b   c   d   e

       解构主义是从构成主义字意演化而来的,两者在视觉元素上也有相似之处,均试图强调设计结构要素,不过,结构主义强调的是结构完整和统一性,个体构件为总体结构服务;而解构主义则认为重要的是个体构件本身,因而对单独个体研究胜于整体结构研究。

1 解构主义与盖里
   a. 纸板椅和歇脚凳,盖里 c. 纸板椅和歇脚凳,盖里   e. 调频收音机,1985年,丹尼尔·韦尔
   b. 座椅,盖里   d. 波卡·米塞里亚吊灯,英戈·莫瑞尔

    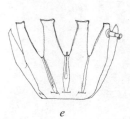 

  a   b   c   d   e   f

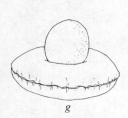  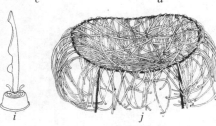 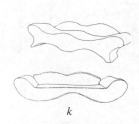 

  g   h   i   j   k   l

a. 柠檬榨汁机,1990年,菲利普·斯塔克 e. 充气果碗,1995年   i. 跳入水中的潜水者,1998年,斯特法诺普·乔凡诺尼
b. 凳,1990年,菲利普·斯塔克   f. 昆虫桌   j. 海葵金属坐椅,2001年,F.&H.坎帕纳
c. 扶手椅,1990年,梅天正德设计   g. 充气蛋杯,1995年   k. 昆虫,克里斯·科利科特
d. 牛奶、糖容器,1998年,阿诺特·维瑟 h. 魔术小兔子牙签盒,1998年 l. 完美剃须刀,肯奈斯·戈兰杰

2 有机形态设计(仿生)

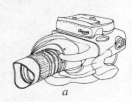 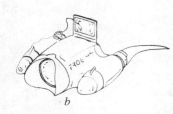  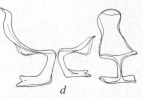

    a   b   c   d

       路易吉·科拉尼(Luigi Colani 1926~),20世纪最著名也最受争议的设计师之一,被称为"设

3 科拉尼作品 计怪杰",其设计具有空气动力学和仿生学特点,表现出强烈的造型意识。
       a.佳能CB相机,1982~1983年 b.水下摄影机 c.茶具 d.玻璃纤维椅

  20世纪70年代以来,人们开始意识到高强度消耗自然资源的传统生产方式已使人类付出沉重代价,设计活动本是为了创造更加美好的生活,然而,工业革命所引发的"高消费阶段"却违背了设计宗旨。为了人类未来生活和子孙后代幸福,人们开始提倡协调人与自然,绿化环境,保护资源、节约材料能源,绿色设计由此而生。

  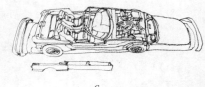

            a   b   c

       a. "Jim自然"电视机,纸合成材料 c.分解设计的典范ZI型轿车,1991年,
4 绿色设计 b. 柜架,扬·法鲁森,用可分解材料制成 德国BMW公司

现代主义之后 [4] 西方近现代设计

当代获奖设计选

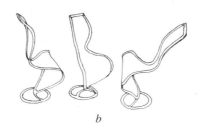

1 法国设计形象奖/法国巴黎奖，1991年度

a. 蓝色海洋（橱柜）
b. S 形椅，汤姆·迪克森
c. 水牛桌，德比·帕劳
d. 算盘椅，赫本国际公司

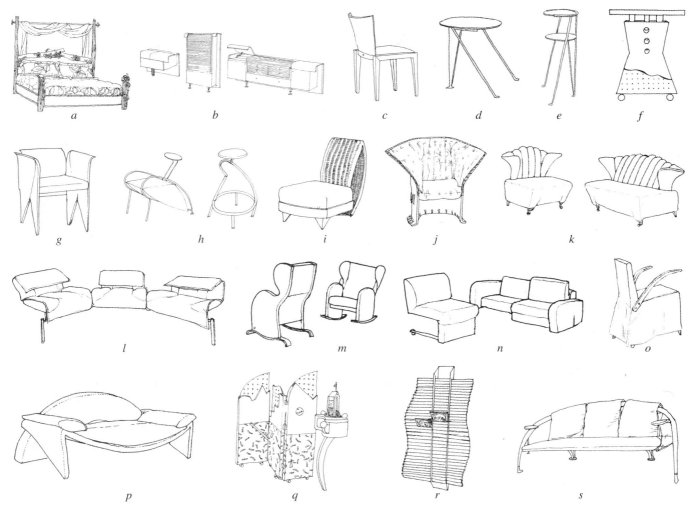

a. 创世纪床，K·凯特
b. 储物柜与床头柜，皮尔·卡丹工作室
c. Tyr 椅，菲利普·斯塔克
d、e. 昆虫椅，杰尼奥·赞本
f. Amadeus 桌，沃拉米斯
g、h. 椅与凳，马斯莫·罗莎基尼
i. 椅子，伊瑞克·麦格尼森
j. Eclipselipss 沙发，弋格·马若尔
k. Uttrecht 沙发，S·甘巴里
l. 沙发，维纳
m、n、o. 卡西纳沙发系列
p. Aries 沙发，吉多·罗莎提
q. 屏风组合，PPAM（意大利）
r. Mambo 挂壁 CD 架，德芝美
s. Boli 休闲椅，科尔伯特·布兰德
t. Portfolio 椅，苏里文
u. 书桌，阿特若·奥里沃

2 卢布尔雅那设计双年奖，1992年度

西方近现代设计 [4] 现代主义之后

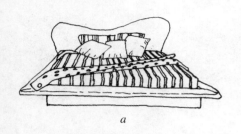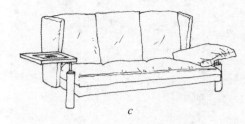

1 英国伯明翰奖,1992年度

a. 双人床
b. 蜘蛛扪布椅,朱丽欧·曼佐尼
c. 沙发
d. 立柜,弗瑞德·贝尔
e. Rivolo 椅,皮尔斯·保罗·卡佐拉瑞

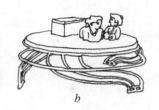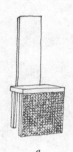

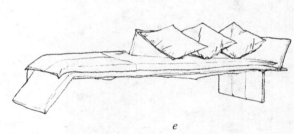

2 布鲁塞尔家具博览会展品,1993年度

a. 现代桌
b. 桌子
c. 凳子与桌子
d. 矮几与凳子
e. 沙发

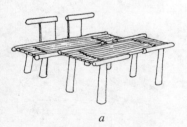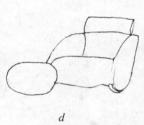

3 大阪国际装饰材料与家具展创新设计奖/杰出新锐奖,1993年度

a. 室内休闲桌椅组
b. 卵,桌椅
c. 室内阳台休闲家具
d. Mama 摇摇椅
e. 雅适椅
f. 椅
g. PAlmaria 脚凳
h. 电动保健椅
i. 座椅
j. 铝合金装饰架

现代主义之后 [4] 西方近现代设计

a. Monte Carlo，卡洛·比姆宾
b. 神话中的克隆那斯，卡洛·比姆宾
c. SPAgna，马斯莫·维托
d. IL Sole，亚里山德罗·比彻
e. Maddi，马斯莫·维托
f. Gastone，亚历山德罗·瑟吉欧·米安
g. 可折叠写字桌
h. Dlympia，沃莱米斯
i. 矮桌，卡洛斯·巴斯
j. 折叠椅，露西亚·伯特斯尼
k. Valesca，佐格诺、瓦伦特
l. Lula，西莫尼特、戴尔·皮耶尔
m. Poltrona Relax2000，休闲椅
n. 卡莉（印度教女神），西莫尼特、戴尔·皮耶尔
o. Benny 桌，P.吉万尼·卡利尼
p. Grande Mensola 桌，瑟吉欧·米安
q. 树椅，沃莱米斯
r. 对开沙发，卡鲁德·布尔森
s. t.Caterina M 椅，瑟吉欧·米安
u. Scala，安妮·海若尼姆斯
v. Burgos，卡洛·比姆宾
w. Atlantis（传说中的大西洋沉岛）G·金菲尼、F·特拉布奥
x. 交易所沙发，斯潘尼亚德·达里奥·加格利若丁

1 科隆国际家具展获奖展品，1993年度

西方近现代设计 [4] 现代主义之后

a. 会飞舞的茶几，P·安东内利
b. 休闲椅，M·贝利尼
c. 个人工作桌，安东尼奥·布鲁斯基
d. 椅
e. 向量中的平衡，密斯·意德罗
f. 椅子，马特奥·图恩
g. FL椅，吉尼奥·赞邦
h. IH椅，皮斯托莱托
i. Iki-Oko沙发，威廉·萨瓦亚
j、k. 钢琴椅，米莫·约迪切
l. 椅子，萨瓦亚和迈德罗尼
m. 卷腿扶手椅，萨瓦亚和迈德罗尼
n. 曲线沙发，罗兰·劳伦纳
o. 木桌，卡里奥·卡米尼
p、q. MImi沙发，玛丽亚·斯坦凯尔纳
r. 贵妇，迪尔特·内林
s. 美狄亚沙发，IPE（意大利）
t. 长柜，卡里奥·卡米尼
u. 金属架
v. Potrona Fran CED组合办公桌，J·斯特拉斯伯格
w. 乐谱屉面柜，德奥设计公司
x. 沙发

[1] 欧洲新个人主义作品展获奖作品，1993年度

现代主义之后 [4] 西方近现代设计

a. 橱柜，朱迪斯·拉泰兹

[2] 布鲁塞尔万国博览会展品，1993年度

a. 柜架，Yron Farrusseng Human Touch 椅，扬·阿穆加特

[3] 国际家具展览会特别奖，1994年度

a. 厨房系列
b. 沙发

[1] 罗马国际家具博览会，1993年度

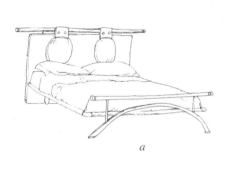  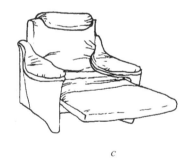 

a　　　　　　　b　　　　　　　c　　　　　　　d

e　　　　　　　　　　　f　　　　g

a. 双人床
b. 椅
c. 休闲沙发
d. 环保沙发
e. 沙发
f. 纸品椅，扬·阿穆加特
g. 瓦通纸沙发，扬·法鲁森

[4] 香港国际家具展览会，1994年度

西方近现代设计 [4] 现代主义之后

a. 索利西亚双人床，达姆·贝坦特斯
b. "半道"柜之二，斯蒂芬·林德福斯
c. 安乐椅，纽森
d. 蛹椅，法比奥·托纳索
e. 椅子，丽莎·皮维塔
f. "吻合"之一，伯纳德·布劳斯
g. "吻合"之二，伯纳德·布劳斯
h. 茶几，尼克·艾伦
i. SAPORITI 沙发，萨瓦亚和莫罗尼
j. 迪斯科舞厅凳，玛斯莫
k. Confluenze 书桌，克劳德·布尔森

[1] 米兰世界前卫艺术作品展银奖，1994年度

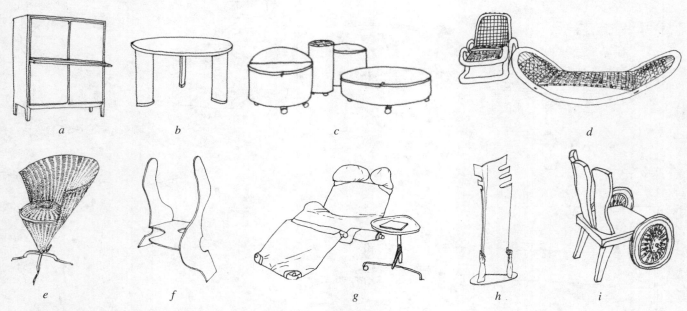

a、b、c. 创新系列，帕尔若特尼奥·伯纳塞纳
d、e. 藤椅，克劳蒂·泰尔格
f. 爱之椅，雷蒙·葛·欧利那
g. 使眼色（送秋波）沙发，基塔
h. 玻璃衣架，意大利西卡公司
i. 儿童摇椅和农场椅，拿破仑·阿布伊尔

[2] 法国艺术与生活设计竞赛获奖作品，1995年度

现代主义之后 [4] 西方近现代设计

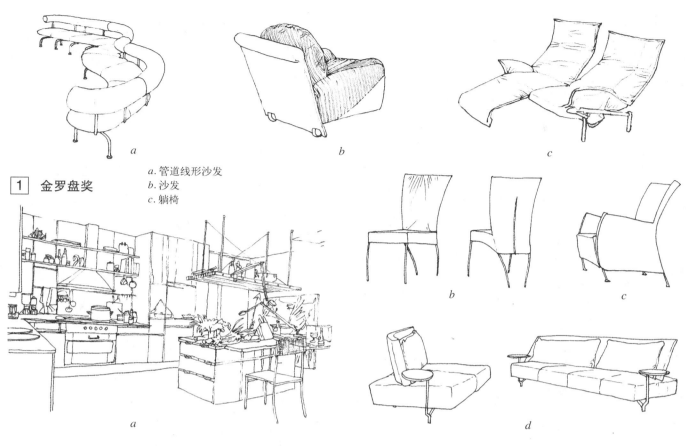

1 金罗盘奖
a. 管道线形沙发
b. 沙发
c. 躺椅

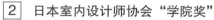

2 日本室内设计师协会"学院奖"
a. 厨房系列
b、c、d、e. 椅子和沙发

3 美居博览第六届获奖作品　a. Maksor 餐桌，若斯凯姆（荷兰）

a. 竹柜，黑尔海公司设计

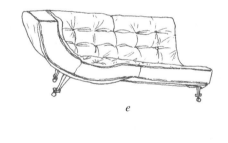
a. 转子式沙发，约翰尼斯·福索姆和彼得·海尔特·洛尔岑

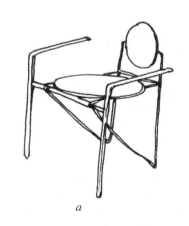
a. Luna（月神）扶手椅，哈里·格勒克

4 西班牙卡佛尔奖　　5 台湾家具工业协会精良奖　　6 维度奖

213

西方近现代设计 [4] 现代主义之后

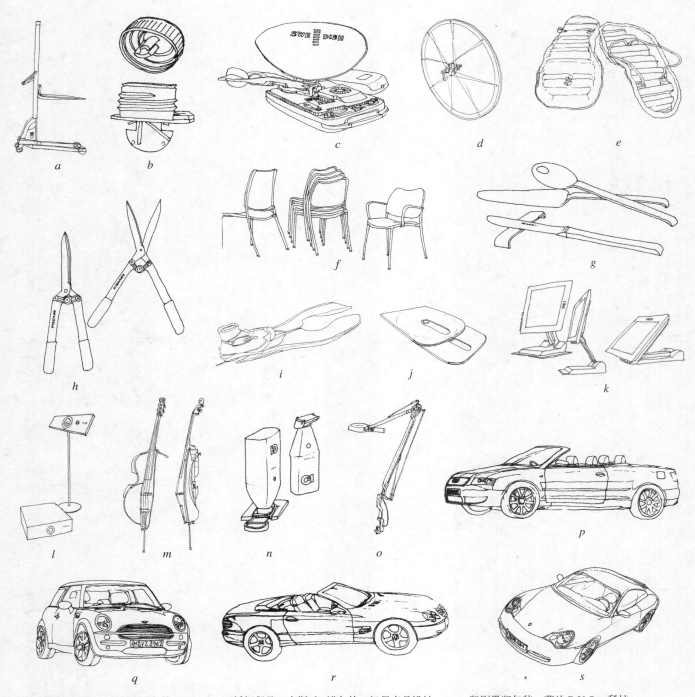

a. 轻型电动铲车，乔基姆·马尔曼
b. 只需拧一圈就能打开的盖子，迈耶 - 哈约兹设计工程小组
c. 专为公路赛设计的自行车，德国 F. 保时捷 AG 英格 h.c. 博士
d. 适用于任何路况的自行车轮，日本 Shimano 公司
e. 一次性纸鞋，最长可使用一周，维克拉姆·米特拉，国家设计协会
f. GAS 椅，由铝合金框架及合成网面坐垫和靠背构成，杰瑟斯·加斯卡，西班牙 STUAS
g. 不锈钢餐具，克斯廷·诺尔特，汉堡产品设计
h. 大剪刀，奥拉维·林顿、马库斯·帕罗海莫，芬兰费斯卡斯消费者
i. 由软靴和脚踏扣合式脚蹼组成的便携式潜水脚蹼，海科·图利尼
j. 创意 CD 盒，达斯滕·默滕，TU 哈诺弗 /FB 建筑师
k. 超薄 15 英寸可伸缩液晶显示器，伊查德斯·萨帕和美国 IBM 公司
l. 新型视听设备 Certos，德国菲尼克斯产品设计
m. SLB-100 电子大提琴，整体感觉高雅，雅马哈公司
n. 印刷墨瓶包装，荷兰 B.V.Oce 科技
o. 台灯造型，托拜厄斯·格劳
p. 奥迪 A4 敞篷式轿车，德国奥迪 AD,I/ED 设计文化论坛
q. 迷你 Cooper PKW 轿车，汉斯滕·菲利普滕·扎乔，苏格兰 Nya 透视设计 AB
r. 新型敞篷双坐轿车，梅塞德斯 - 奔驰 SL 第五代产品，戴姆勒（英国高级车）克莱斯勒 AG
s. 911 卡雷拉，德国 F. 保时捷 AG 英格 h.c. 博士

1 德国 IF 设计奖

现代主义之后 [4] 西方近现代设计

[1] 挪威优秀设计奖

a. 街灯，埃克山多产品
b. 接头环电池辅助电缆，哈雷德设计制造厂
c. 车内儿童安全座椅，荷兰英德斯 bv
d. 折叠式助步器，克里斯托夫·塞林
e. 小巧、时尚取暖炉，欧格尔·诺尔
f. 全新编织技术的沙发，皮亚·波乔恩斯塔德
g. 小巧的投影仪，拜德·埃克工业设计 AS
h. 北欧海盗 STOP 运动鞋，哈雷德设计制造厂
i. 电视会议设备，罗伊·坦德伯格/坦德伯格总体设计
j. 新款"思想"城市电动汽车，北欧思想 AS

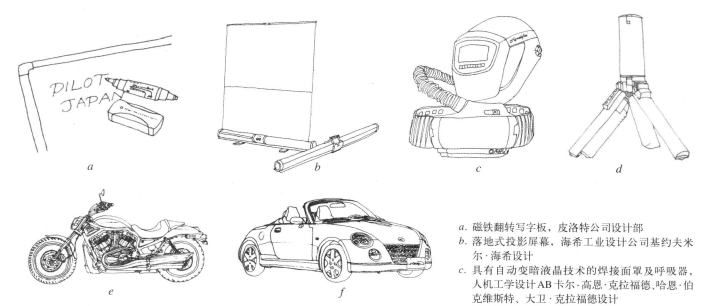

[2] 日本优秀设计奖

a. 磁铁翻转写字板，皮洛特公司设计部
b. 落地式投影屏幕，海希工业设计公司基约夫米尔·海希设计
c. 具有自动变暗液晶技术的焊接面罩及呼吸器，人机工学设计 AB 卡尔-高恩·克拉福德、哈恩·伯克维斯特、大卫·克拉福德设计
d. 室内激光放样投影仪，特拉希马·马萨约基设计公司、办公设备产品公司、马斯图希塔电气工程有限公司设计
e. "V-ROD" 摩托车，哈雷-戴维森发动机公司戴维森设计
f. 可轻松享受的大发敞篷跑车，戴哈朱发动机有限公司

西方近现代设计 [4] 现代主义之后

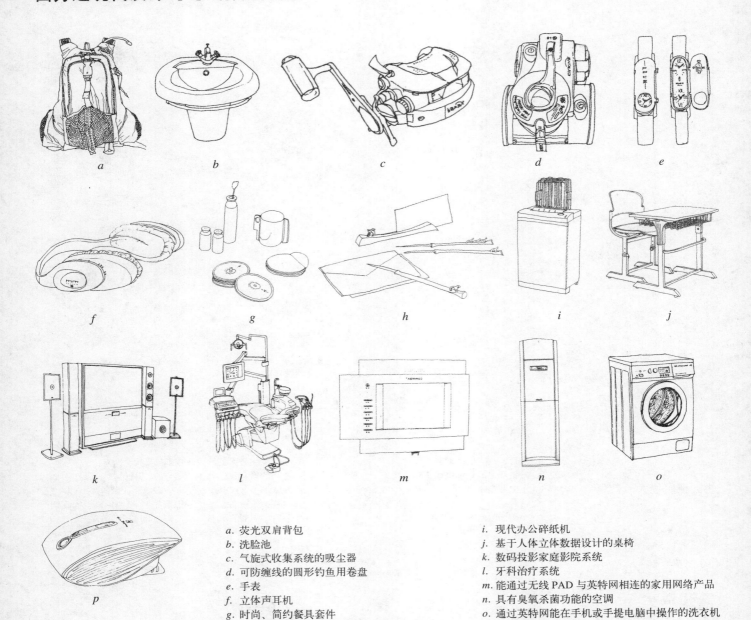

a. 荧光双肩背包
b. 洗脸池
c. 气旋式收集系统的吸尘器
d. 可防缠线的圆形钓鱼用卷盘
e. 手表
f. 立体声耳机
g. 时尚、简约餐具套件
h. 以韩国古代宫殿为主题设计的名片卡和裁纸刀
i. 现代办公碎纸机
j. 基于人体立体数据设计的桌椅
k. 数码投影家庭影院系统
l. 牙科治疗系统
m. 能通过无线PAD与英特网相连的家用网络产品
n. 具有臭氧杀菌功能的空调
o. 通过英特网能在手机或手提电脑中操作的洗衣机
p. 数码车内用吸尘器

[1] 韩国优秀设计商品选

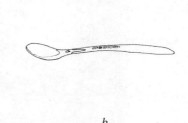
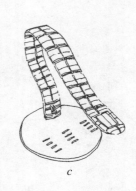

a. 带有透明感的轻质休闲椅，扶手和靠背融为一体，马丁·巴兰达特
b. 婴儿用长勺，舀勺部分由适合婴儿牙床的软材料组成，长柄可用来刮净各种瓶子，人机工学设计小组
c. 可自由弯曲、拧转的台灯，托比亚斯·格劳股份有限公司

[2] 巴登-符腾堡国际设计奖

现代主义之后 [4] 西方近现代设计

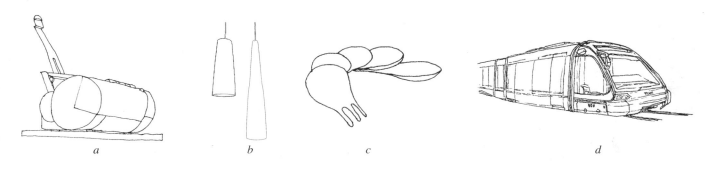

1 意大利金罗盘奖，2001年度

a. 新一代喷墨打印机，造型简洁，节省空间，德·卢奇与马萨希科·库珀合作
b. 吊灯，灯罩部分由合成材料制成，马克·萨德勒
c. 勺子和叉子功能一体化的儿童餐具，居里奥·拉切蒂，马特奥·拉格尼
d. 宽敞、通透性极佳的都市地面轻轨列车，扎戈托

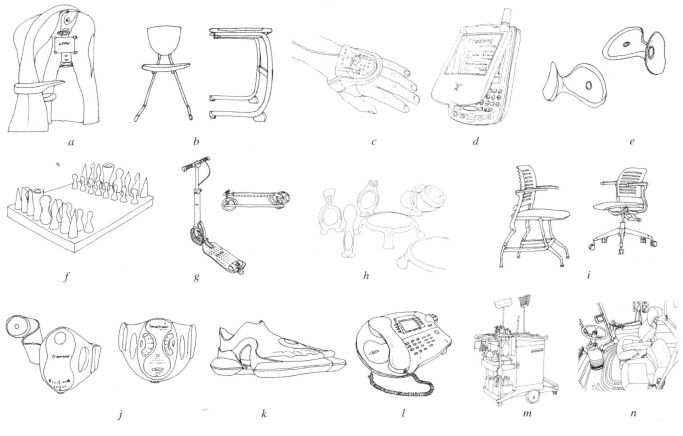

2 美国优秀工业设计奖

a. 用于更换驾驶执照的24小时自动电子办理装置，斯坦纳设计协会
b. 针对市场上家居用品单调现象而设计的新款椅，MetaPHase（转型期）设计团队公司
c. 用于固定医疗导管的特殊装置，MetaPHase（转型期）设计团队公司
d. 手提电脑和手机功能兼而有之的产品，IDEO，Handspring（翻斤斗）公司
e. 沐浴房配件，斯马特设计
f. 新材料制作的国际象棋，卡里姆·拉希德公司
g. 集健身和交通工具为一身的电动脚踏板，诺瓦·克鲁兹产品，卢纳（月亮）设计公司
h. 为1～3岁儿童设计的系列儿童餐具，戴纳布洛克工作室，安全第一公司/多利尔公司
i. 缓解腰部压力椅，皮尔斯钢铁制品研究与设计公司
j. 临床观测记录仪，人体媒介公司，K-发展公司
k. 可任意更换鞋套的新型鞋
l. 新型电话机
m. "管理人"清扫车，阿克罗-米尔
n. 新型联合收割机驾驶室，新荷兰罗西工业综合视觉公司
o. 无线控温电热毯，马尔顿·米尔斯，Altitude（高级）公司

西方近现代设计 [4] 现代主义之后

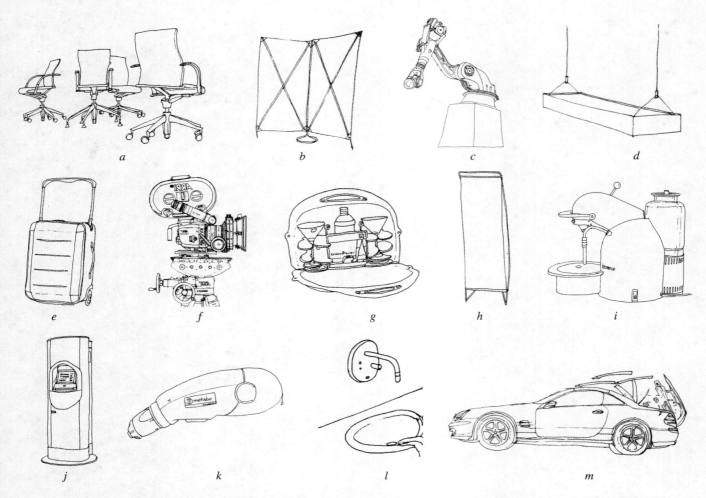

a. 旋转式办公椅，西格德·罗瑟，施韦斯奇·基姆德
b. 为开放、灵活的现代办公室设计的屏风，斯特拉普勒联合设计股份有限公司，马切恩（安德里亚·斯特拉普勒）

1 德国"红点"设计奖

c. 为零件安插、拆卸、切割、粉碎热处理等加工过程而设计的2000系列自动操作机，马里奥·塞利克、沃尔夫冈·伯尔肯
d. 可调节冷暖光照明系统，里克特＋劳姆AG，乌韦·克格、厄休拉·赫格、丹尼尔·西穆茨
e. 商务旅游箱，克莱姆托恩、克莱姆凡·西姆比克、罗斯
f. 自动调焦取景组合式摄影机，奥斯特曼·帕特纳、马切恩·詹姆斯·奥姆姆、迪尔森·阿姆·阿莫西
g. 旅游或居家聚会用鸡尾酒具，克莱尔·埃廷·加布里尔

h. 室内用多功能屏风，凯·特里布西乌斯
i. 煮咖啡机，李·阿勒里尔斯·德·诺德，洛桑（安托万·卡恩、菲利普·卡恩）
j. 多媒体终端服务器，韦因考-尼克斯多夫股份有限公司KG.尤多·海塞尔巴奇，伯恩德·克劳斯
k. 为DIY（自己动手做）用户设计的电动螺丝刀，安默布克设计技术
l. 自动感应淋浴头，西格设计
m. 双座跑车，戴姆勒克莱斯勒AG

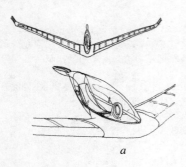 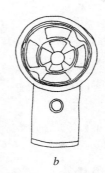 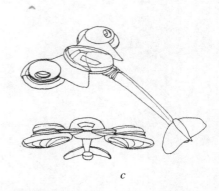

a. 超轻型飞机，科技先进、材料尖端，其操纵系统是基于鸟类飞行原理设计的，海西格
b. 高频微波洗涤机，英戈·海因、斯文·伍廷
c. 具有独立推动系统的单人水上滑行器，H·谢弗、F·温克勒

2 德国布朗斯设计奖

现代主义之后 [4] 西方近现代设计

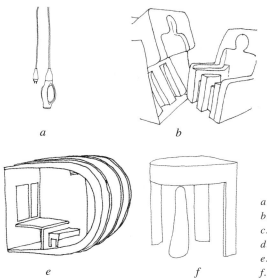

a. 由合成橡胶制成的防水灯，维勒姆·凡·德·斯卢斯和蒂莫纳斯
b. 座椅和靠背按人体做成凹进去的沙发，埃里克·珀蒂
c. 多功能折叠婴儿车，安装在自行车后变成婴儿椅，克里斯托夫·塞林
d. 便于层叠、运输的简易座垫
e. 根据摆放方式不同具有不同功能的房间，沃特·菲伦斯
f. 新颖别致的穿鞋凳，斯蒂芬斯·贝诺伊特·蒙特罗

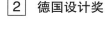
1 比利时-欧洲设计奖

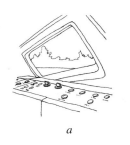

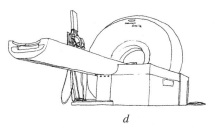

a. 新型 ICE 三号高速列车，诺梅斯特 + 帕特纳工业设计及其他人员
b. 带有外罩设计的摩托车，宝马设计团队
2 德国设计奖 c. 奥迪 A2 车，解决人们对耗油、舒适度和美观上的新要求，奥迪设计团队
d. 放射性电脑断层摄影仪，设计事务股份有限公司伊拉兰根工作室，克劳斯·托曼
e. "控速 CD74" 多功能印刷机，海德堡德拉克机械设备 AG，迈克尔·格伦德、比约·维尔克

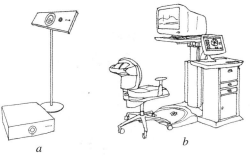

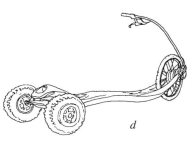

a. 以竹子为基本材料制成的环保型冲浪板，BSA 设计团队
b. 用于检查眼科疾病的诊疗系统，设计 + 工业 Pty 有限公司
c. 这是一套电影、电视行业专用的多功能音响编辑系统，蒂勒与蒂勒 pty 有限公司
d. 具备充电功能的三轮电动滑板，南澳大利亚大学萨穆尔·约翰·德斯兰德斯
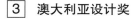
3 澳大利亚设计奖 e. 采用新型碳合金材料制成的山地车，EPMB 设计小组

西方近现代设计 [4] 现代主义之后

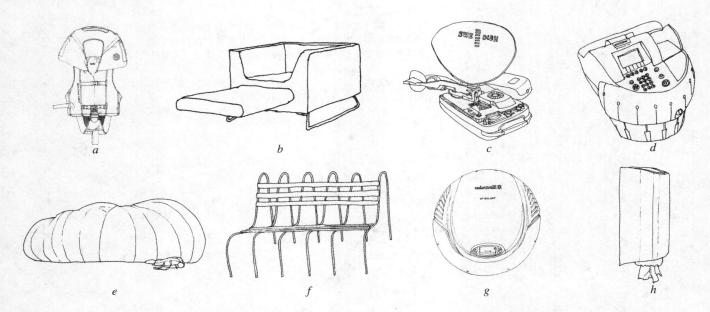

1 澳大利亚设计奖

a. 电动救生板，用于海边救助活动，莫纳希大学保罗·曼卡兹克设计
b. 轻便式家庭娱乐系统，由超轻便型投影机、手提式 DVD 和硬盘驱动组成，莫纳西大学贝诺恩·米克特

2 瑞典优秀设计奖

a. 儿童用救生衣，卡兰设计 AB，卡斯滕·埃里克森、杰克·珀森、庞特斯·罗森奎斯特
b. 设有可伸拉式脚凳和颈部靠枕的扶椅兼沙发，托马斯·伯恩斯特兰德
c. 小型卫星网络接收器，Reload（再装）设计 AB，托伊·邦尼尔和拉斯·霍夫斯基
d. 为银行和证券公司设计的硬币分类机，泽尼特设计小组 AB
e. 室内外均可使用充气便携式房间，莫尼卡·福斯特
f. 公园格架式铁质长凳，伊娃·希尔特
g. 智能吸尘器，伊尼斯·扬伦平面设计：伊丽莎白·皮珀·马基塔罗
h. 装卷纸用的纸巾箱，杰克·安德森

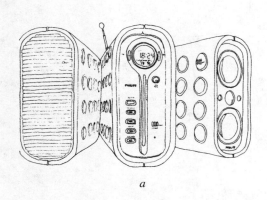

3 新加坡设计奖

a. 已打破既有认识、性能、审美和价格为目的的音响系统设计，飞利浦电器新加坡有限公司

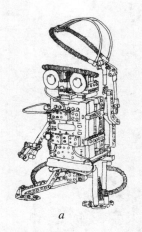

4 丹麦设计奖

a. 这是一款运用高新技术、组装并自行为其设置程序的乐高（LEGO）机器人玩具，乐高公司, MIT

现代主义之后 [4] 西方近现代设计

a. 躺椅，1997年，因夫雷特
b. 萤沙发，1999年，萨伯勒·莱因
c. 床01，1999年，萨伯勒·莱因
d. 地铁2沙发，2000年，皮埃·罗里利
e. "情绪"躺椅，2000年，吉恩-马克·盖迪
f. 烹饪工具，2000年，哈里·科斯基纳
g. 移动结构椅，阿尔伯托·梅达
h. SMala沙发，2000年，帕斯卡尔·蒙古尔
i. 沙发1，1999年，卡里姆·拉西德
j. Pow-Wow（发出"乓"叫声）休闲椅，1999年，里维兰设计工作室
k. 芒果躺椅，2000年，夏姆伯格+阿尔维塞
l. 力量排列椅，1996年，卡里姆·拉西德

[1] 其他优秀作品选

西方近现代设计 [4] 现代主义之后

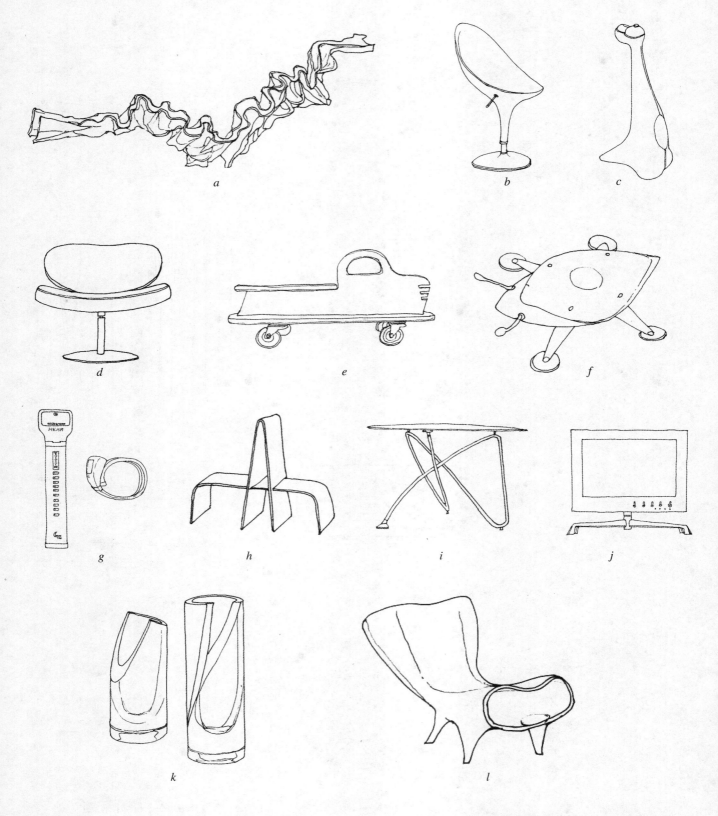

a. 帕拉高迪灯具，1997年，英戈·莫里尔
b. 博姆博椅，1999年，斯特法诺·乔瓦诺尼
c. 布鲁斯桌灯，1999年，斯特法诺·乔瓦诺尼
d. 日落扶手椅，1998年，克里斯托弗·皮莱特
e. 玩具车儿童椅，1996年，比乔恩·达尔斯特罗姆
f. 格里莫夜光灯，1999年，伦纳设计
g. NTT 多科莫电话，2000年，山姆·海克特
h. 加姆戈拉座椅，1998年，F.& H. 坎帕纳
i. H_2O 桌，2000年，马西莫·洛萨
j. 西加罗个人电脑，2000年，大象设计师
k. 斯巴达与雅典娜花瓶，1998年，恩佐·马里
l. "生命力"塑料椅，1998年，马克·纽森

1 其他优秀作品选

现代主义之后 [4] 西方近现代设计

a. 斯克达罗凳桌，2000年，康斯坦丁·格里克
b. 咖啡桌，留意缝隙杂志架，1998年，埃鲁里蒂莫·格里托
c. 基瓦"翼"桌，1999年，ECCO设计
d. 胡桃钳，1998年，埃马纽尔·蒂尔特里奇
e. 混合系列 - 灯芯草与丙烯椅，2000年，坎帕纳
f. 少女椅，2000年，比比·古特加尔
g. 手杖操纵杆，2000年，布乔恩·达尔斯特罗姆
h. 烛台，1998年，塞巴斯廷·伯格尼
i. 米斯·拉迈尔兹椅，1997年，埃鲁里蒂莫·格里托
j. IL.克劳罗椅 2000年，布罗福尔造型
k. 平坦椅，2000年，布罗福尔造型
l. 用餐躺椅，1999年，布罗福尔造型
m. 标准三组件和两组件吊灯，2000年，布罗福尔造型

1 其他优秀作品选

西方近现代设计 [4] 现代主义之后

a. 匈奴王饮料罐，1996年，居里安·布朗
b. "客套"2000沙发，1999年，乔纳斯·博林
c. Liv 收藏椅，1999年，乔纳斯·博林
d. Liv 收藏桌，1997年，乔纳斯·博林
e. 日憩沙发，1999年，R.& E.布罗莱克
f. 枕垫躺椅，2000年，简·阿特弗尔德
g. 维多利亚和阿尔伯特扶手椅，2000年，罗恩·阿拉德
h. 肖沙发和无靠背扶手长软椅，2000年，巴托里设计
i. 伊尼蒂莫＋马车椅，1999年，IXI
j. F型概念车，2000年，基思·赫尔费特
k. W2椅，2000年，黄色迪娃（女主角、女神）
l. "如以显风"椅，1999年，卡佐希罗·雅马纳卡

1 其他优秀作品选

静态测量尺度 [5] 人体工程学

人体工程学是以人的生理、感知、社会和环境的因素为依据研究人与人机系统中其他元素之间的相互关系的多学科综合边缘学科，有广泛的研究和应用领域。其主要内容分为基本理论体系和人体测量与应用两大部分，包括对人本身的生理、心理特征的研究，对人机整体系统的研究，对工作场所和信息传递装置的研究，对环境控制和安全保护的研究等方面。

工业设计以人为本，人的因素已成为工业设计的主要因素。人体工程学的原理和数据为工业设计提供科学依据，使设计的产品既方便使用又适合人的舒适要求，更有利于创造健康、安全、舒适、协调的人——机（物）——环境的关系。

本部分主要提供工业设计常用的人体静态尺度、动态尺度及相关应用范例作为参考资料（由于缺乏最新数据，本资料统计年代偏早，应用时请注意近年来人体身高变化的影响）。

静态测量尺度

静态尺度部分为静态下测出的人体处于站、坐、跪、卧、蹲等位置时的限制尺寸。用于设计空间、家具、产品和工作设施等作依据。静态人体测量数据，可根据概率论和数理统计原理进行统计分析。

均值是人体测量数据统计中的一个重要指标。它表示样本的测量数据集中地趋向某一个值，该值称为平均值，简称均值。可用以衡量一定条件下的测量水平或概括地表现测量数据的集中情况。

如果把测量数据自小至大依次排列在横坐标轴上。同时把某一间隔距离横坐标内的测量值频数作为纵坐标，即可以得到测量数据的频率分布图——直方图。当横坐标的尺寸间隔划分得无限小时，直方图便转化为一条正态分布曲线，它在横坐标轴上覆盖的总面积为100%，若从零到某一横坐标值上的曲线面积为5%时，那么该横坐标轴值称为5%值。同理，从零到某一横坐标值上的曲线面积分别为50%和95%时，则把该横坐标轴值分别称为50%值和95%值。在人机工程设计中，有效地运用这三种数值来解决人为误差。

百分位表示设计的适应域。在人体工程学设计中常用的是第5、第50、第95百分位数值。第5百分位数代表"小身材"，即只有5%的人群的数值低于此上限值。 第50百分位数代表"适中"身材，即分别有50%的人群的数值高于或低于此值；第95百分位数代表"大"身材，即只有5%的人群的数值高于此上限值。

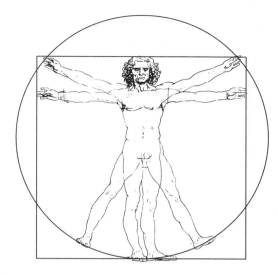

人体由一个正方形包围着，手和脚落在以肚脐为圆心的圆周上。腹鼓沟将人体分为两部分，肚脐在黄金分割点上。

[1] 圆周内的人形（1485~1490年）达·芬奇

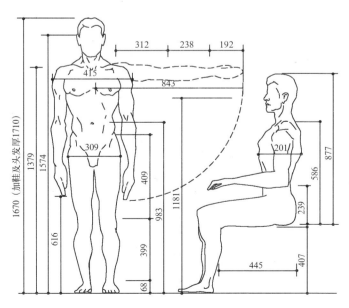

[2] 男子立、坐姿人体尺寸 单位：mm

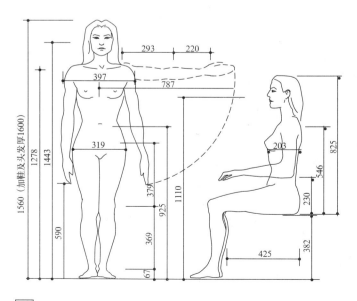

[3] 女子立、坐姿人体尺寸 单位：mm

人体工程学 [5] 立姿人体尺寸

立姿人体尺寸

立正

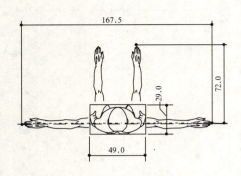

1 男子 统计概率50%

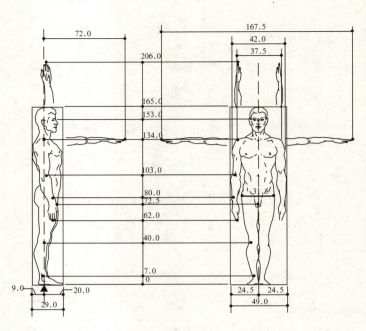

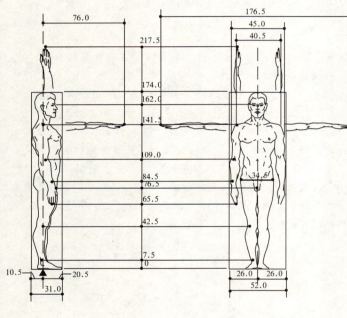

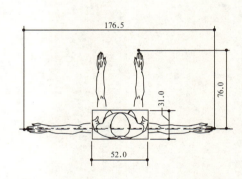

2 男子 统计概率95%

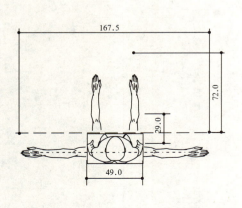

3 男子 统计概率5%

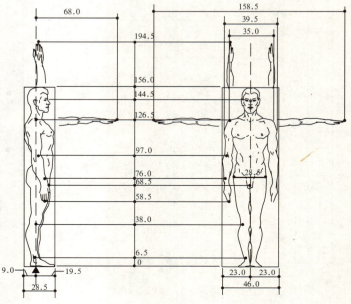

立姿人体尺寸 [5] 人体工程学

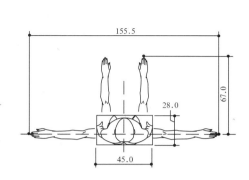

1 女子 统计概率50%

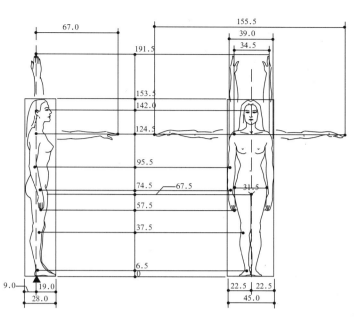

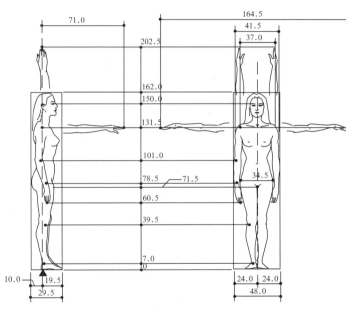

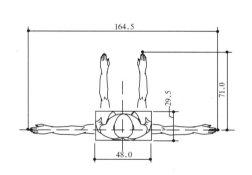

2 女子 统计概率95%

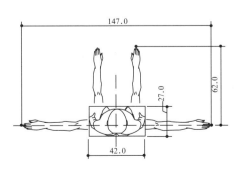

3 女子 统计概率 5%

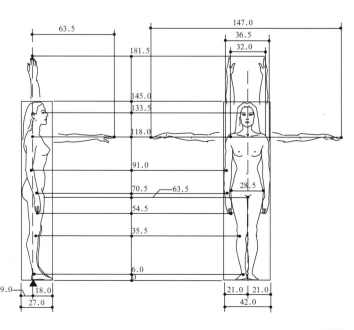

227

人体工程学 [5] 立姿人体尺寸

跷足立

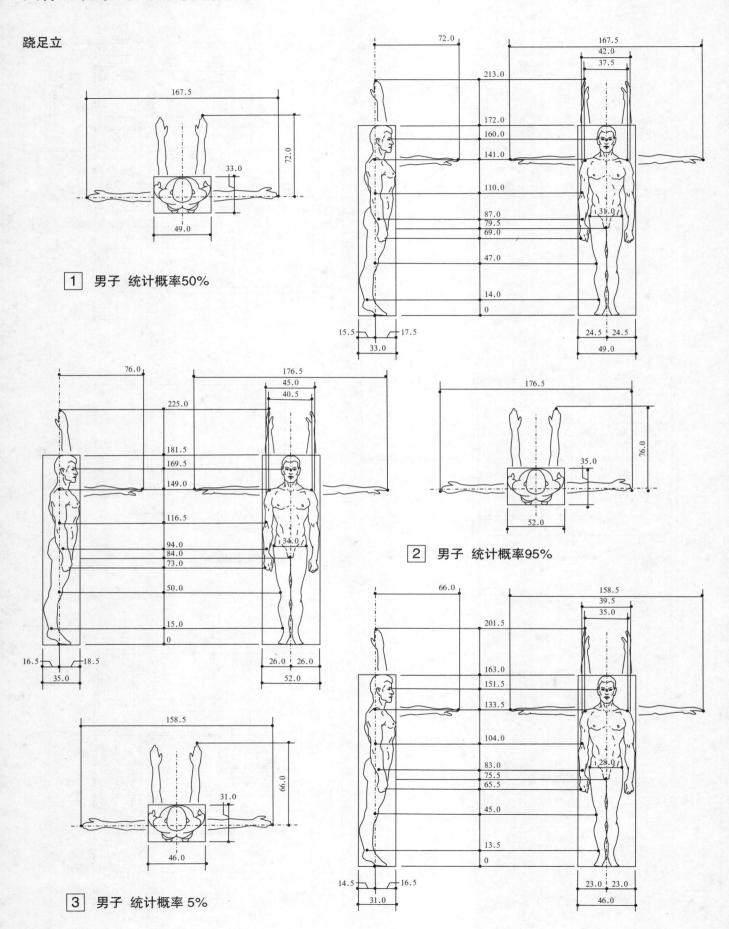

1 男子 统计概率50%

2 男子 统计概率95%

3 男子 统计概率5%

立姿人体尺寸 [5] 人体工程学

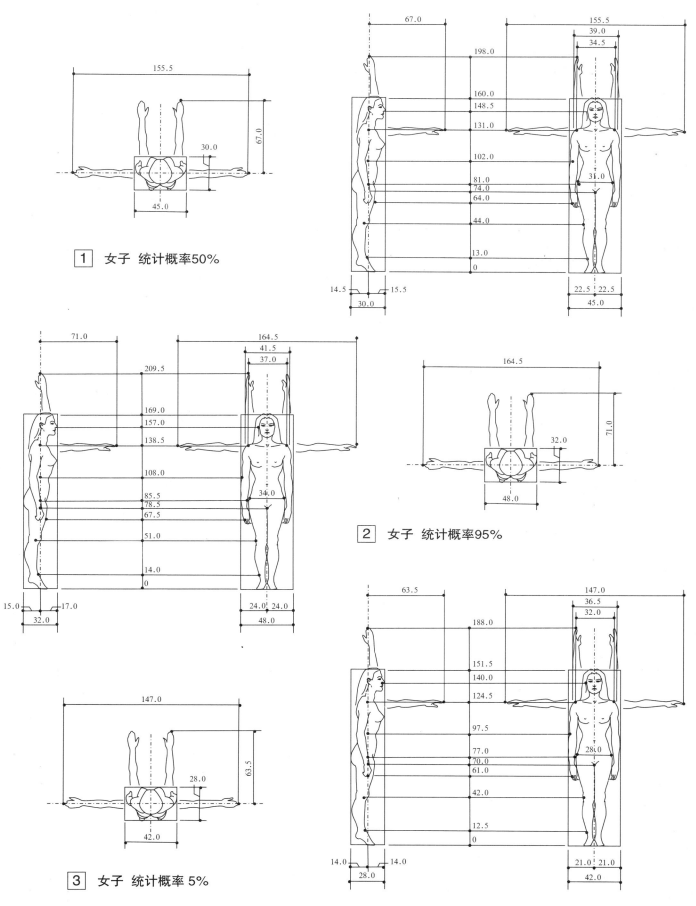

1 女子 统计概率50%

2 女子 统计概率95%

3 女子 统计概率 5%

人体工程学 [5]　立姿人体尺寸

前俯

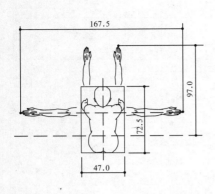

1　男子　统计概率50%

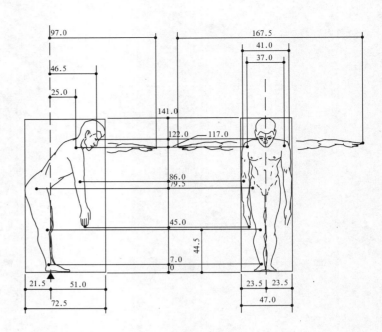

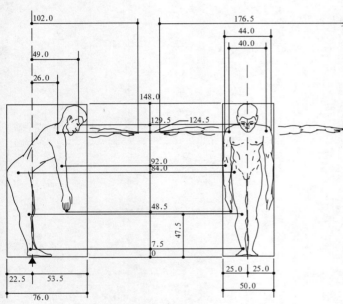

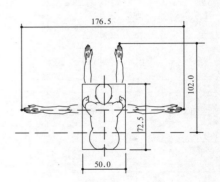

2　男子　统计概率95%

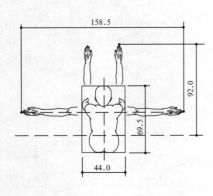

3　男子　统计概率 5%

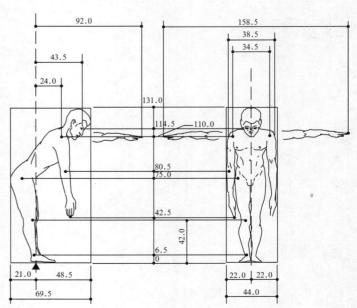

立姿人体尺寸 [5] 人体工程学

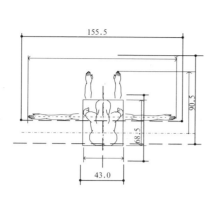

1 女子 统计概率50%

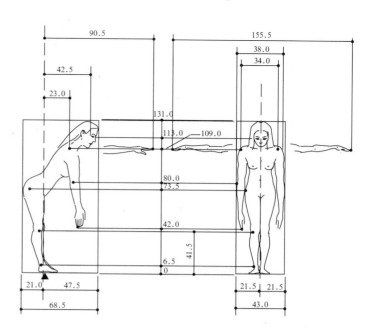

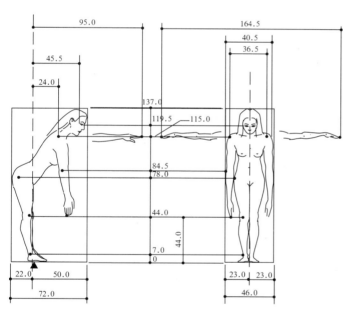

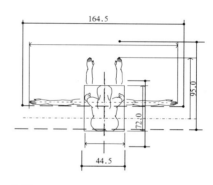

2 女子 统计概率95%

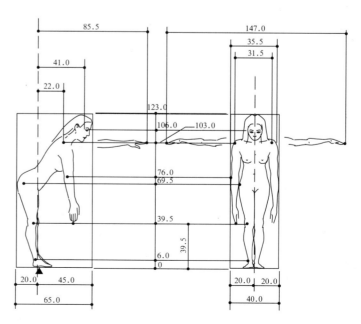

3 女子 统计概率5%

231

人体工程学 [5] 立姿人体尺寸

后靠

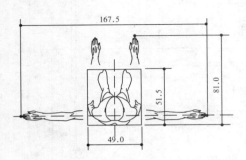

1 男子 统计概率50%

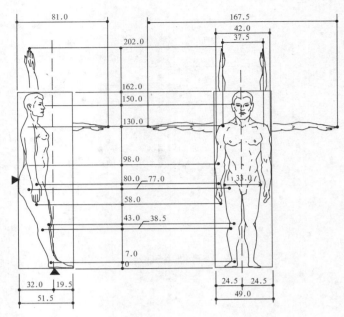

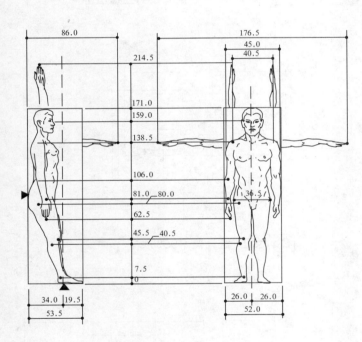

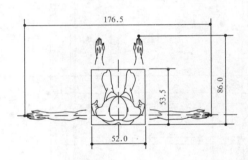

2 男子 统计概率95%

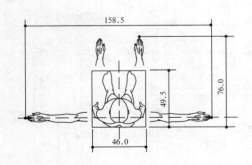

3 男子 统计概率 5%

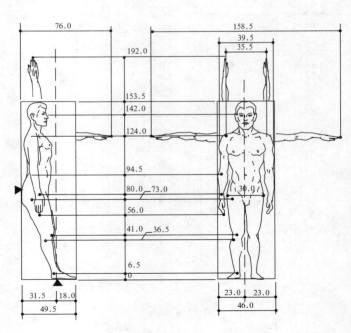

立姿人体尺寸 [5] 人体工程学

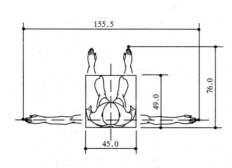

[1] 女子 统计概率50%

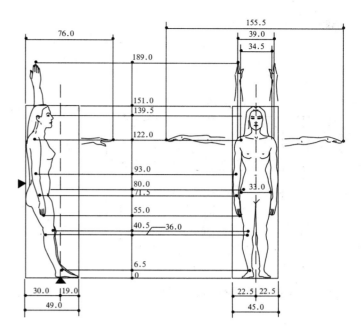

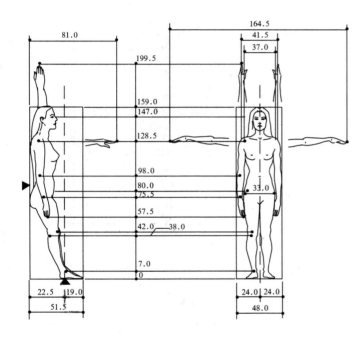

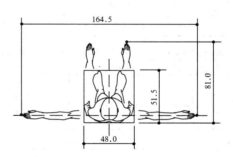

[2] 女子 统计概率95%

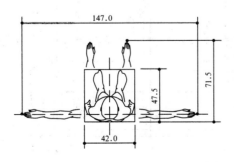

[3] 女子 统计概率 5%

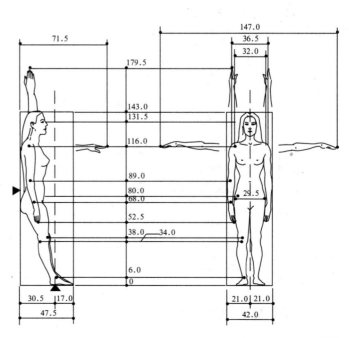

233

人体工程学 [5] 立姿人体尺寸

弓腰

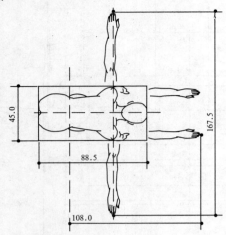
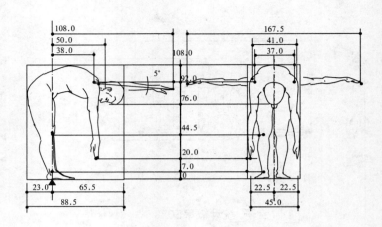

[1] 男子 统计概率50%

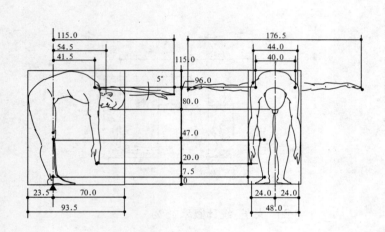
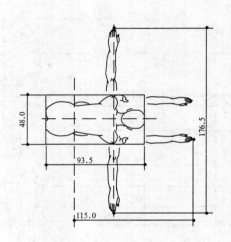

[2] 男子 统计概率95%

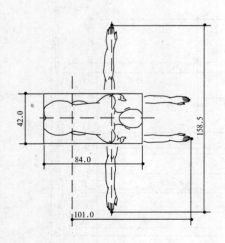
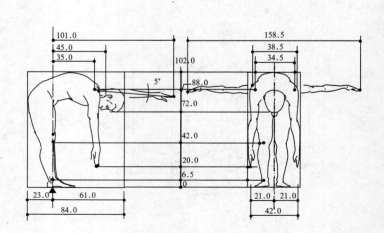

[3] 男子 统计概率 5%

立姿人体尺寸　[5] 人体工程学

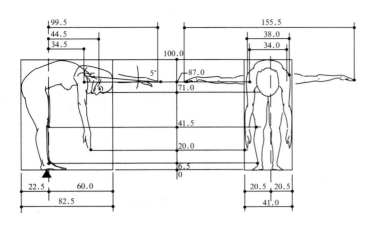
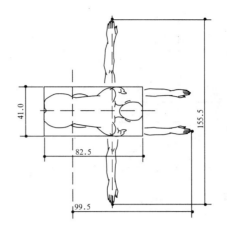

[1] 女子　统计概率50%

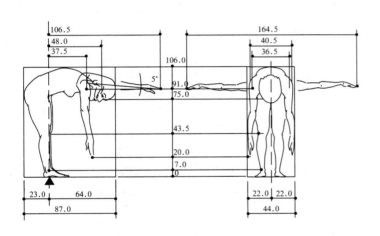
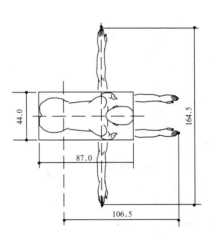

[2] 女子　统计概率95%

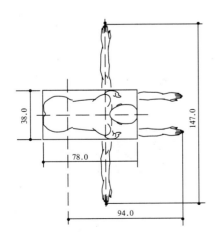
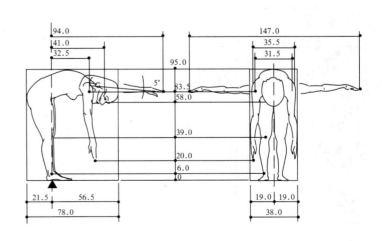

[3] 女子　统计概率5%

人体工程学 [5] 立姿人体尺寸

半蹲

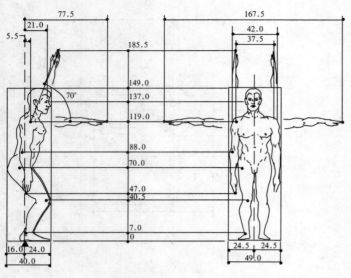

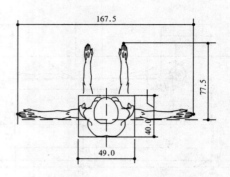

[1] 男子 统计概率50%

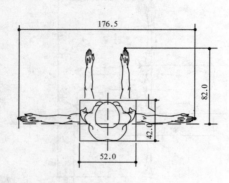

[2] 男子 统计概率95%

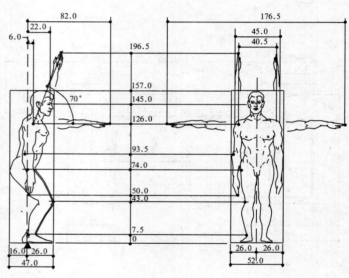

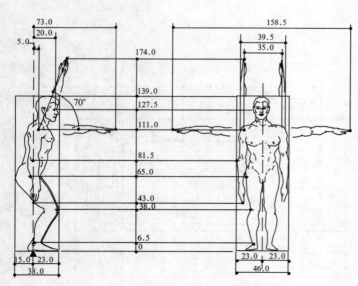

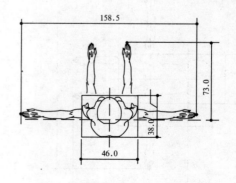

[3] 男子 统计概率5%

立姿人体尺寸 [5] 人体工程学

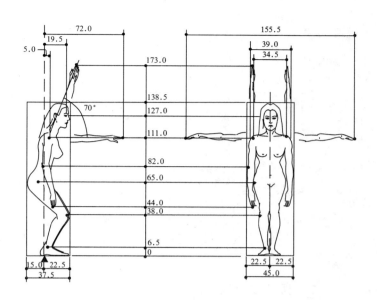

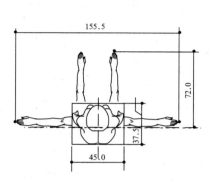

1 女子 统计概率50%

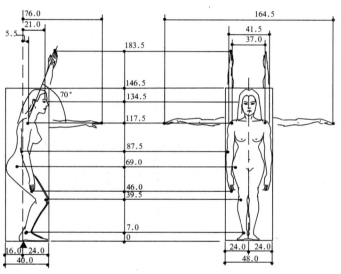

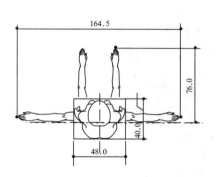

2 女子 统计概率95%

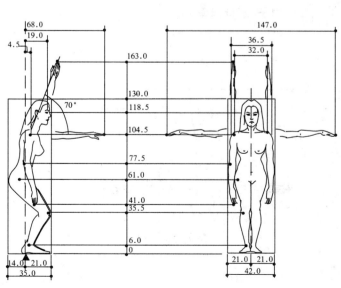

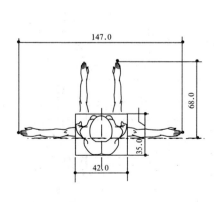

3 女子 统计概率5%

237

人体工程学 [5] 立姿人体尺寸

低蹲

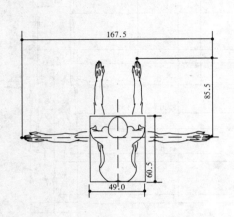
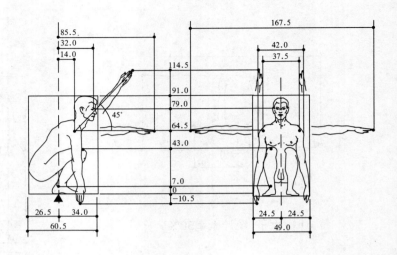

[1] 男子 统计概率50%

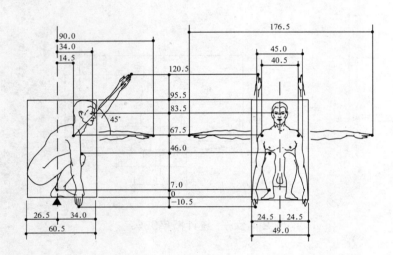
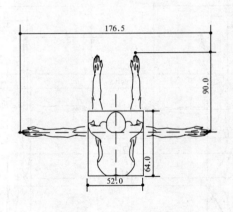

[2] 男子 统计概率95%

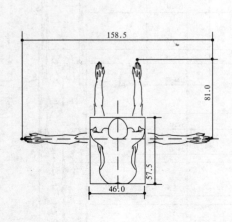
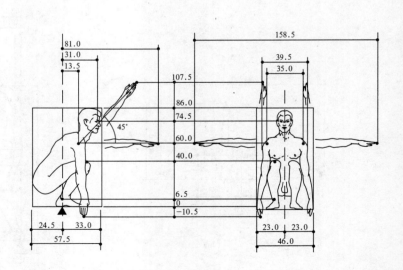

[3] 男子 统计概率 5%

立姿人体尺寸 [5] 人体工程学

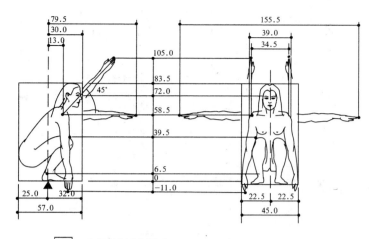
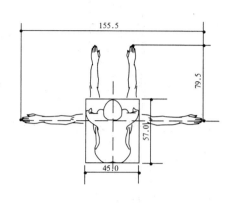

1 女子 统计概率50%

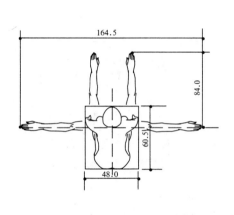

2 女子 统计概率95%

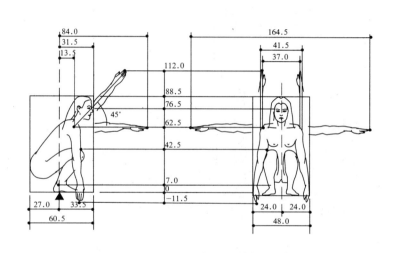

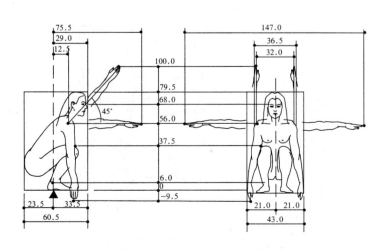
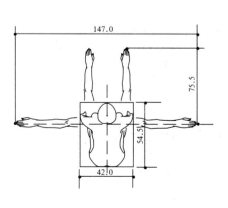

3 女子 统计概率 5%

239

人体工程学 [5] 坐姿人体尺寸

坐姿人体尺寸

高直身坐

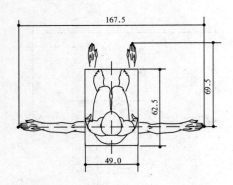

1 男子 统计概率50%

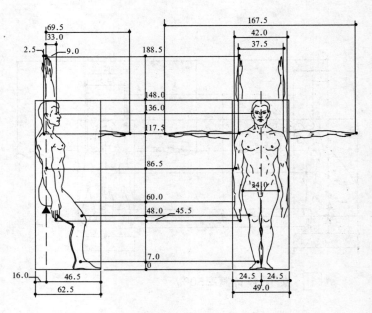

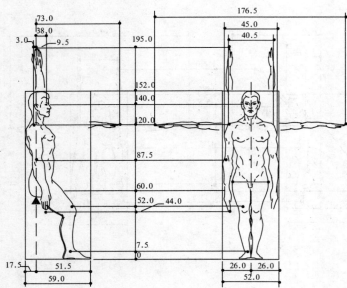

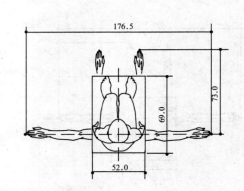

2 男子 统计概率95%

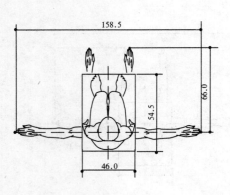

3 男子 统计概率 5%

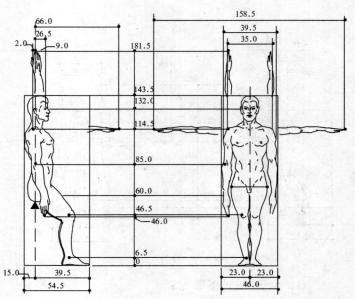

坐姿人体尺寸 [5] 人体工程学

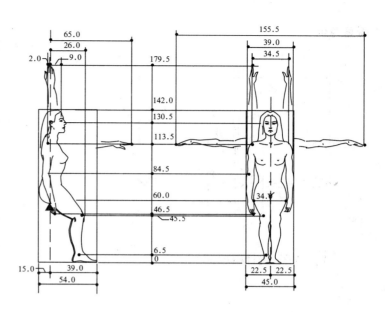

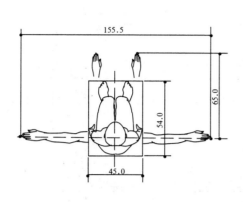

1 女子 统计概率50%

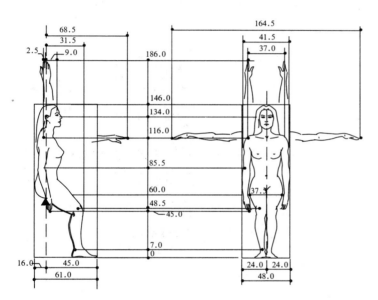

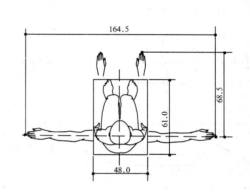

2 女子 统计概率95%

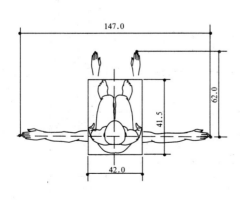

3 女子 统计概率 5%

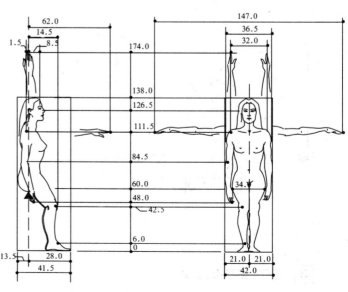

241

人体工程学 [5] 坐姿人体尺寸

低直身坐

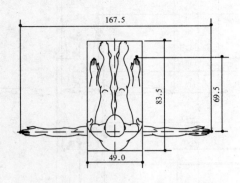

[1] 男子 统计概率50%

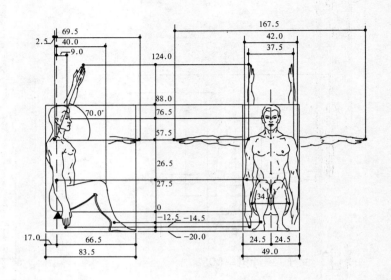

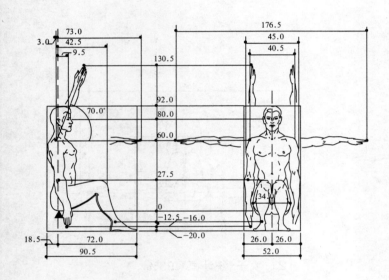

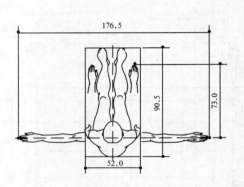

[2] 男子 统计概率95%

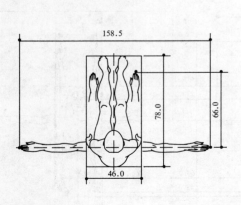

[3] 男子 统计概率 5%

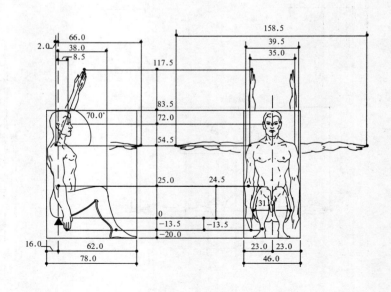

坐姿人体尺寸　[5] 人体工程学

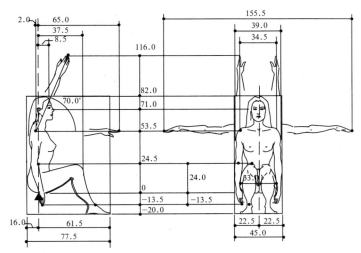
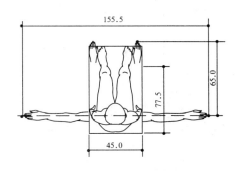

[1] 女子　统计概率50%

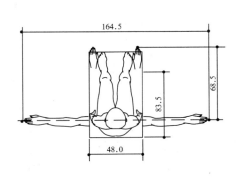

[2] 女子　统计概率95%

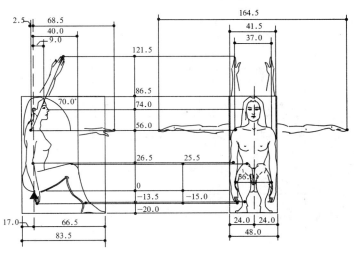
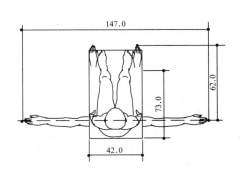

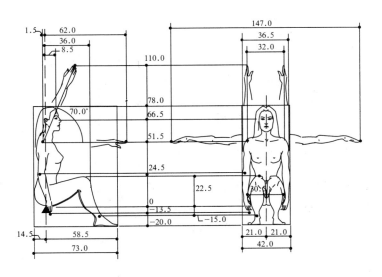

[3] 女子　统计概率5%

243

人体工程学 [5] 坐姿人体尺寸

盘腿坐

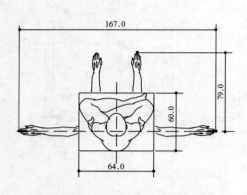

[1] 男子 统计概率50%

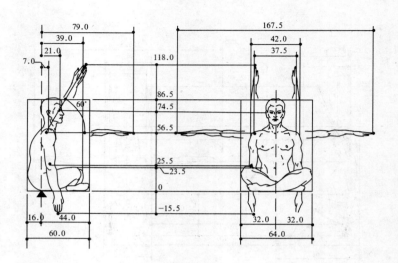

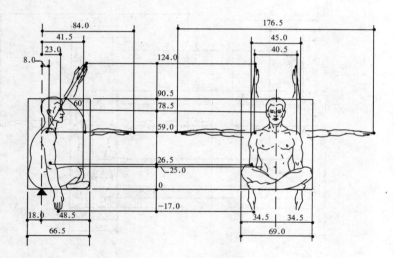

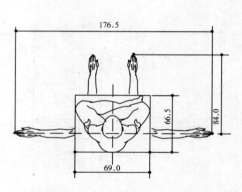

[2] 男子 统计概率95%

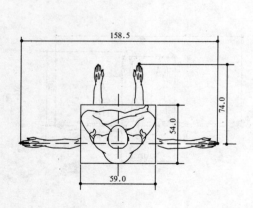

[3] 男子 统计概率5%

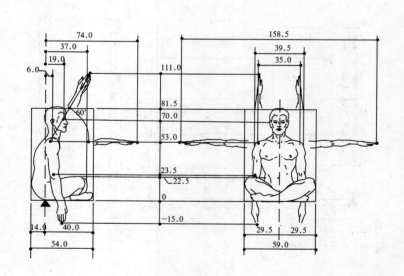

坐姿人体尺寸　[5] 人体工程学

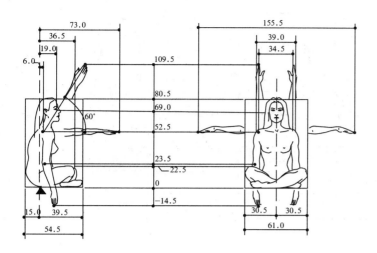
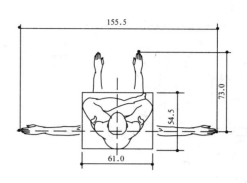

1　女子 统计概率50%

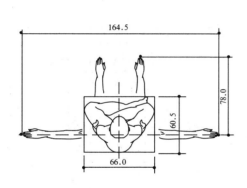

2　女子 统计概率95%

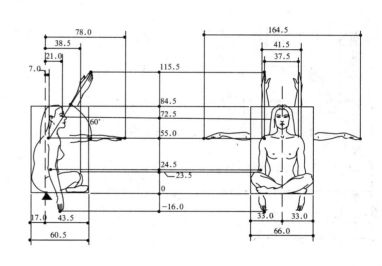

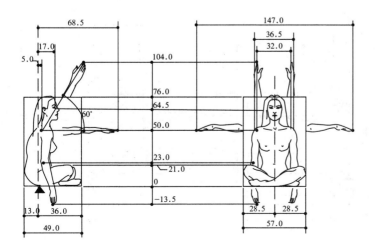
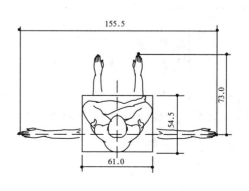

3　女子 统计概率 5%

245

人体工程学 [5] 坐姿人体尺寸

伸腿坐

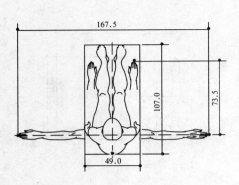
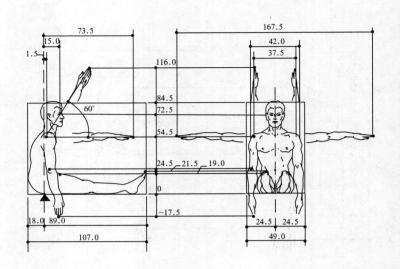

1 男子 统计概率50%

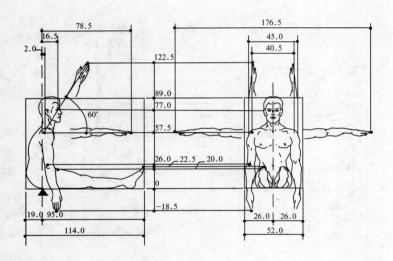
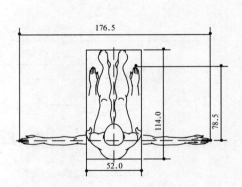

2 男子 统计概率95%

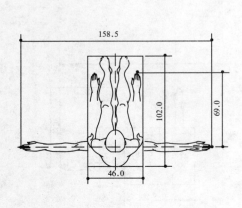
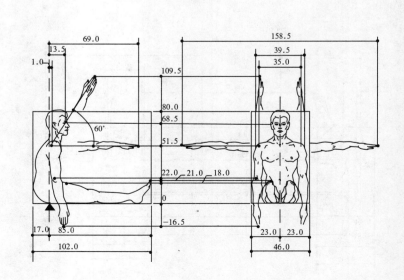

3 男子 统计概率5%

坐姿人体尺寸 [5] 人体工程学

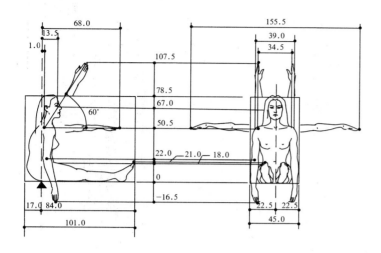
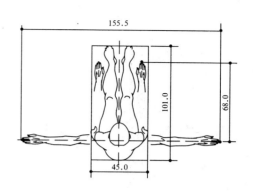

1 女子 统计概率50%

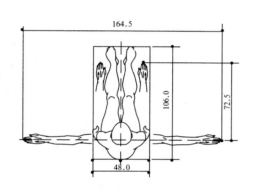

2 女子 统计概率95%

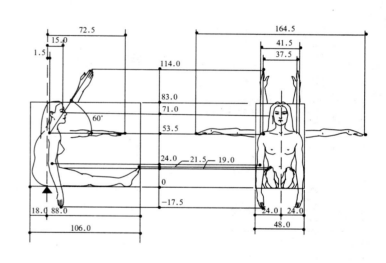

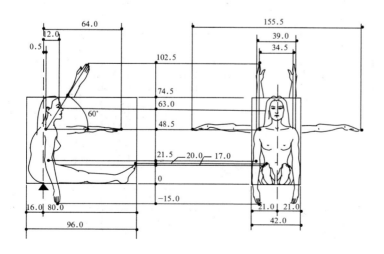
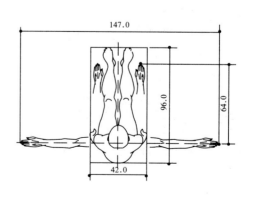

3 女子 统计概率 5%

人体工程学 [5] 跪姿人体尺寸

跪姿人体尺寸

直身跪

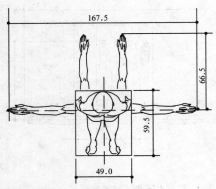

[1] 男子 统计概率50%

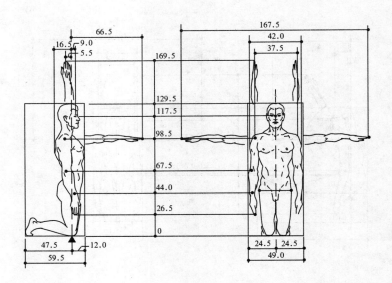

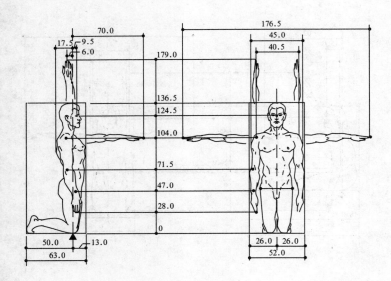

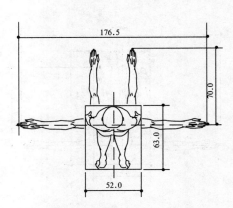

[2] 男子 统计概率95%

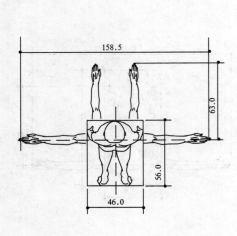

[3] 男子 统计概率 5%

跪姿人体尺寸 [5] 人体工程学

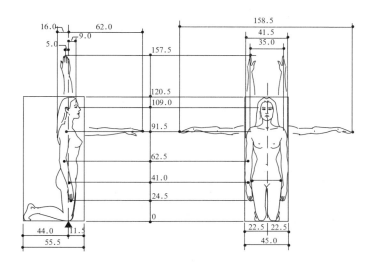

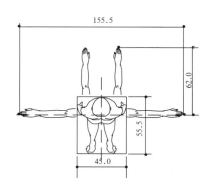

1 女子 统计概率50%

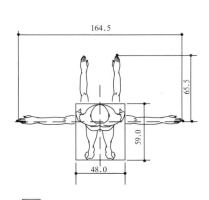

2 女子 统计概率95%

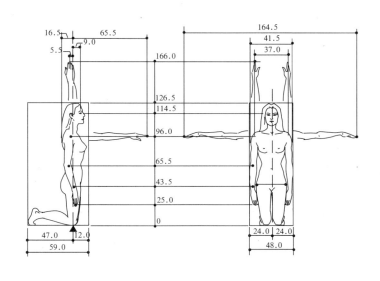

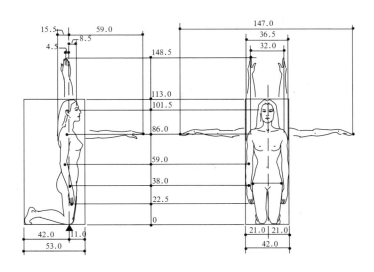

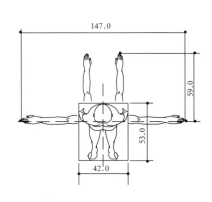

3 女子 统计概率 5%

249

人体工程学 [5]　跪姿人体尺寸

坐跪

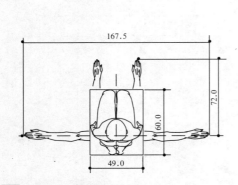

[1] 男子　统计概率50%

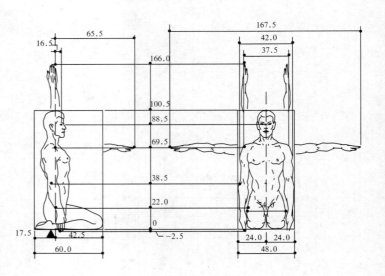

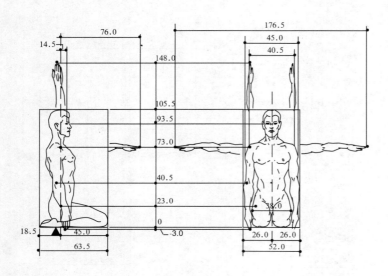

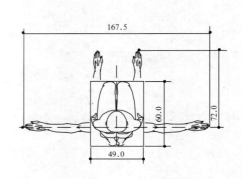

[2] 男子　统计概率95%

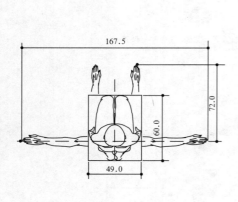

[3] 男子　统计概率 5%

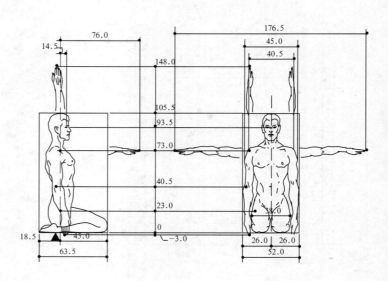

跪姿人体尺寸 [5] 人体工程学

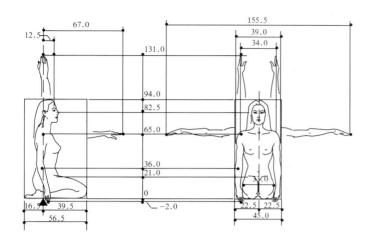
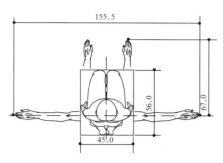

1 女子 统计概率50%

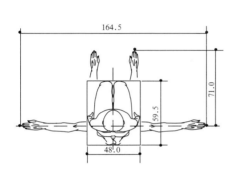

2 女子 统计概率95%

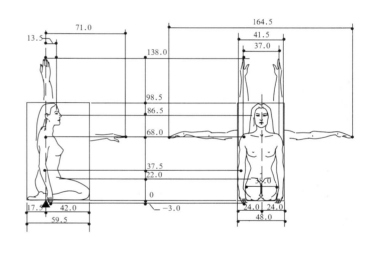

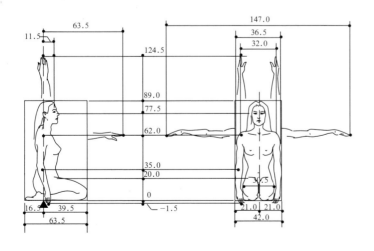
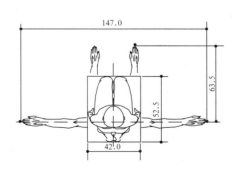

3 女子 统计概率 5%

251

人体工程学 [5] 跪姿人体尺寸

屈膝跪

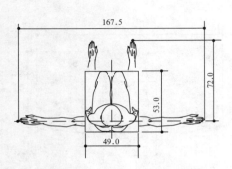

1 男子 统计概率50%

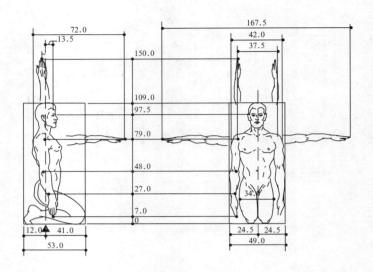

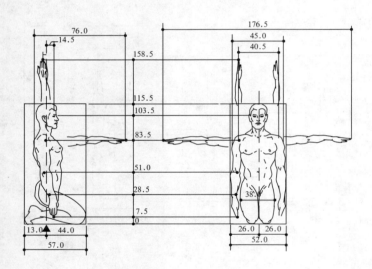

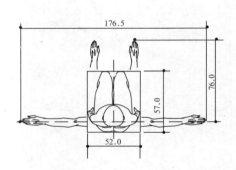

2 男子 统计概率95%

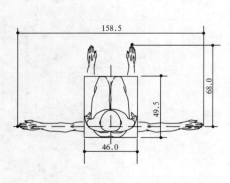

3 男子 统计概率 5%

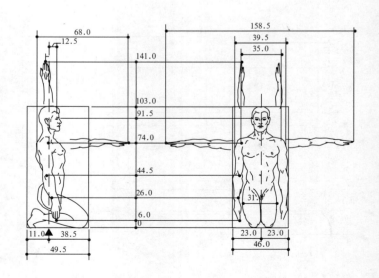

跪姿人体尺寸　[5] 人体工程学

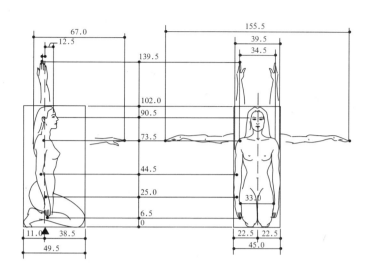

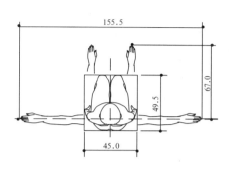

1　女子　统计概率50%

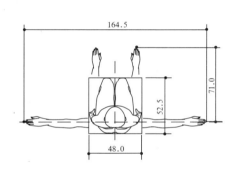

2　女子　统计概率95%

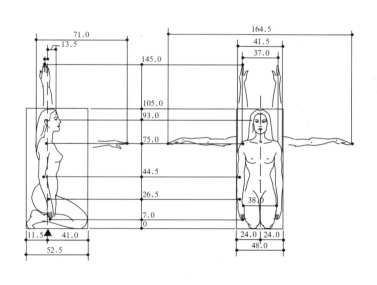

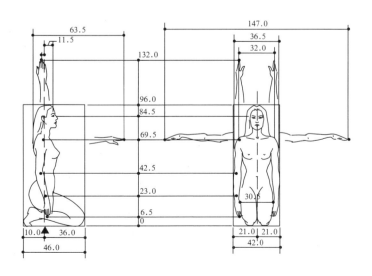

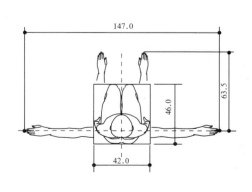

3　女子　统计概率 5%

人体工程学 [5] 跪姿人体尺寸

单膝跪

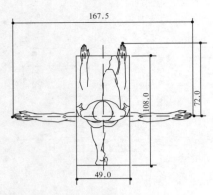

1 男子 统计概率50%

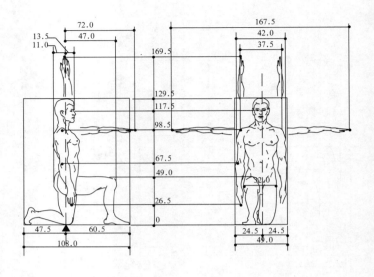

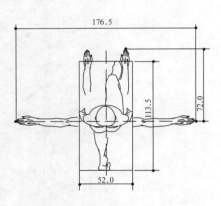

2 男子 统计概率95%

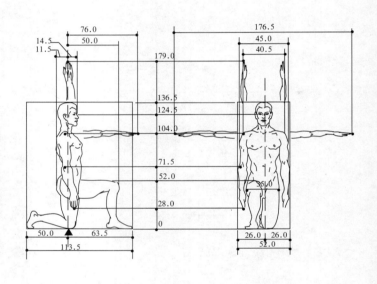

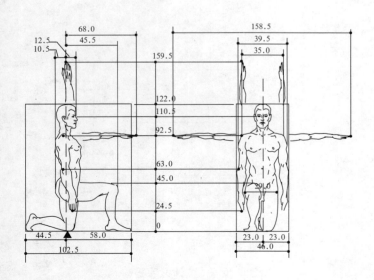

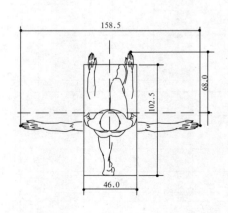

3 男子 统计概率 5%

跪姿人体尺寸 [5] 人体工程学

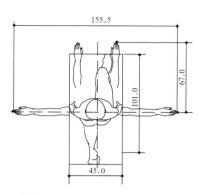

1 女子 统计概率50%

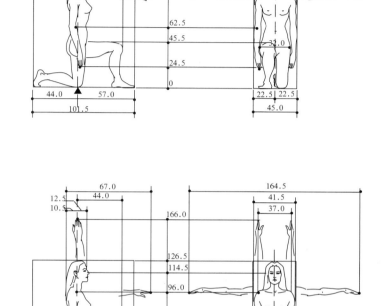

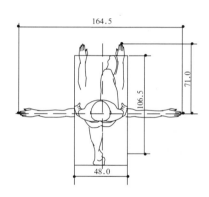

2 女子 统计概率95%

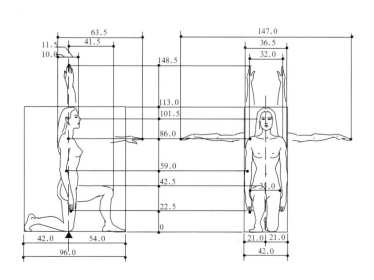

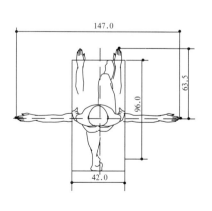

3 女子 统计概率 5%

255

人体工程学 [5] 跪姿人体尺寸

俯跪

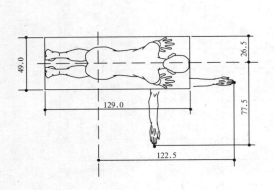
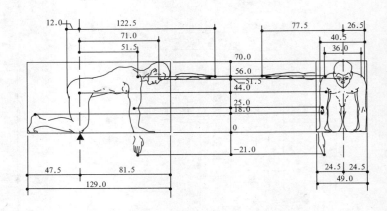

[1] 男子 统计概率50%

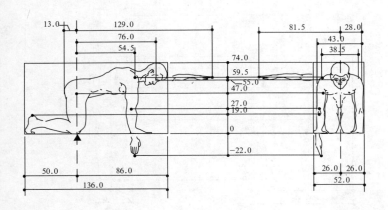
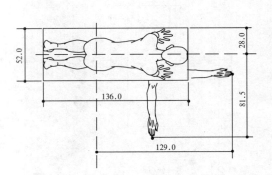

[2] 男子 统计概率95%

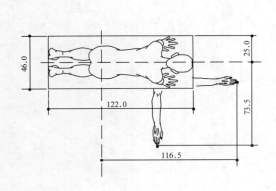
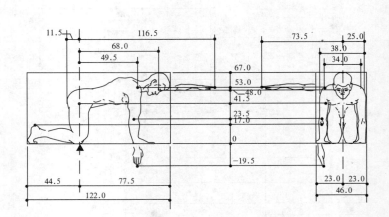

[3] 男子 统计概率5%

跪姿人体尺寸 [5] 人体工程学

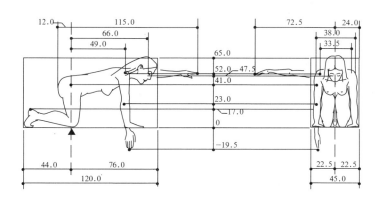
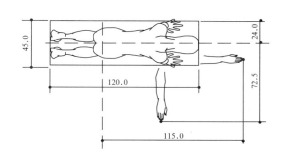

1 女子 统计概率50%

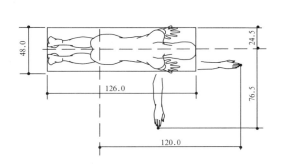
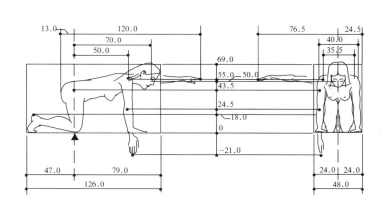

2 女子 统计概率95%

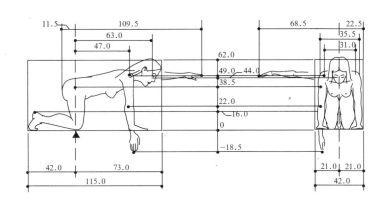
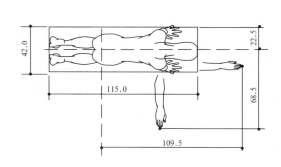

3 女子 统计概率 5%

257

人体工程学 [5] 卧姿人体尺寸

卧姿人体尺寸

仰卧

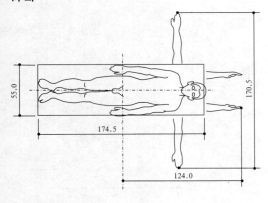
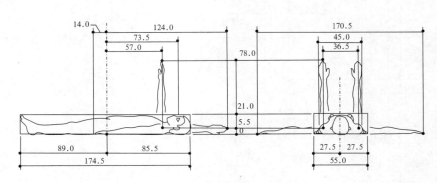

1 男子 统计概率50%

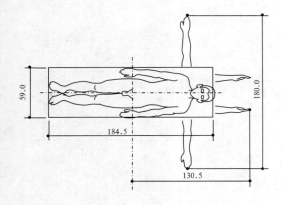
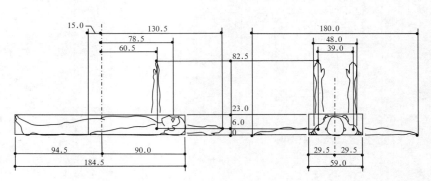

2 男子 统计概率95%

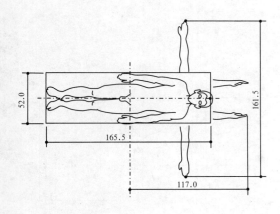
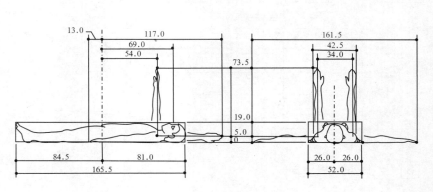

3 男子 统计概率 5%

卧姿人体尺寸 [5] 人体工程学

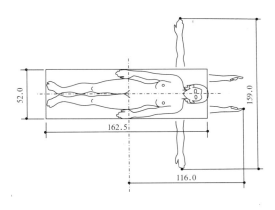
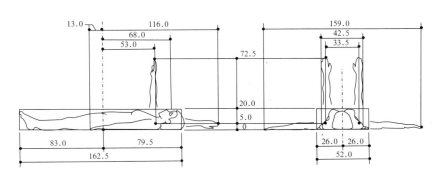

1 女子 统计概率50%

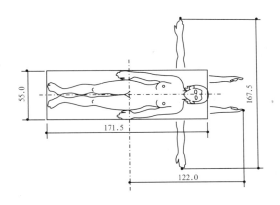
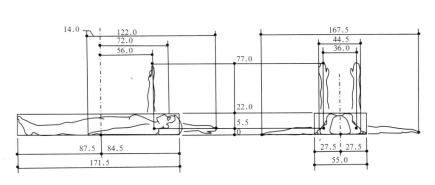

2 女子 统计概率95%

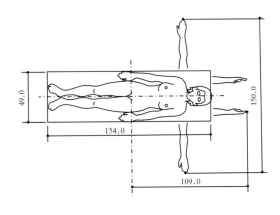
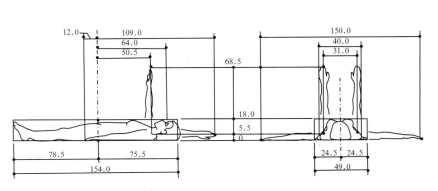

3 女子 统计概率 5%

人体工程学 [5] 卧姿人体尺寸

俯卧

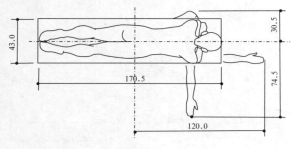

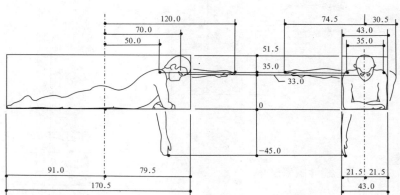

1 男子 统计概率50%

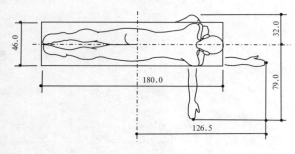

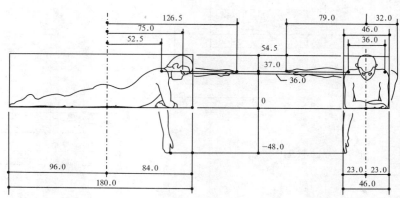

2 男子 统计概率95%

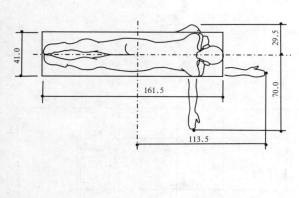

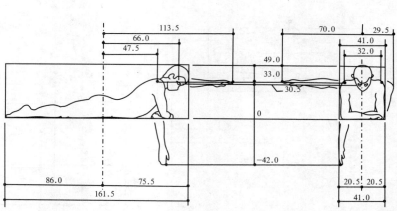

3 男子 统计概率5%

卧姿人体尺寸 [5] 人体工程学

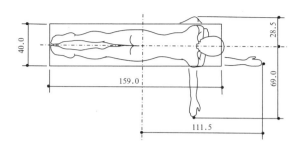
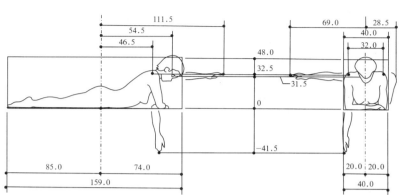

1 女子 统计概率50%

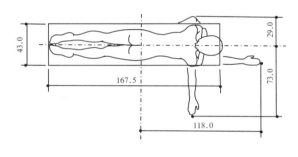
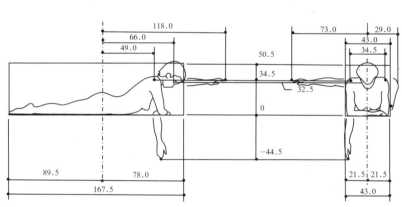

2 女子 统计概率95%

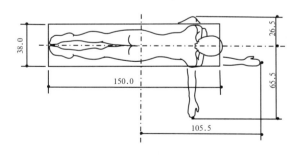
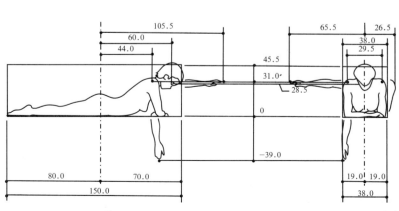

3 女子 统计概率 5%

261

人体工程学 [5] 卧姿人体尺寸

侧卧

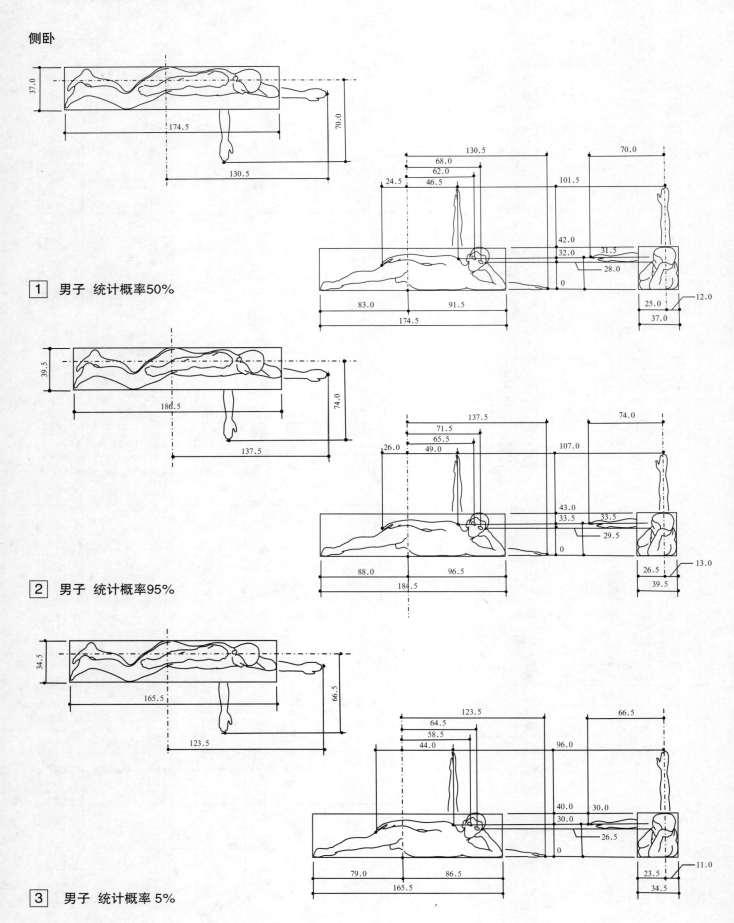

1 男子 统计概率50%

2 男子 统计概率95%

3 男子 统计概率 5%

卧姿人体尺寸 [5] 人体工程学

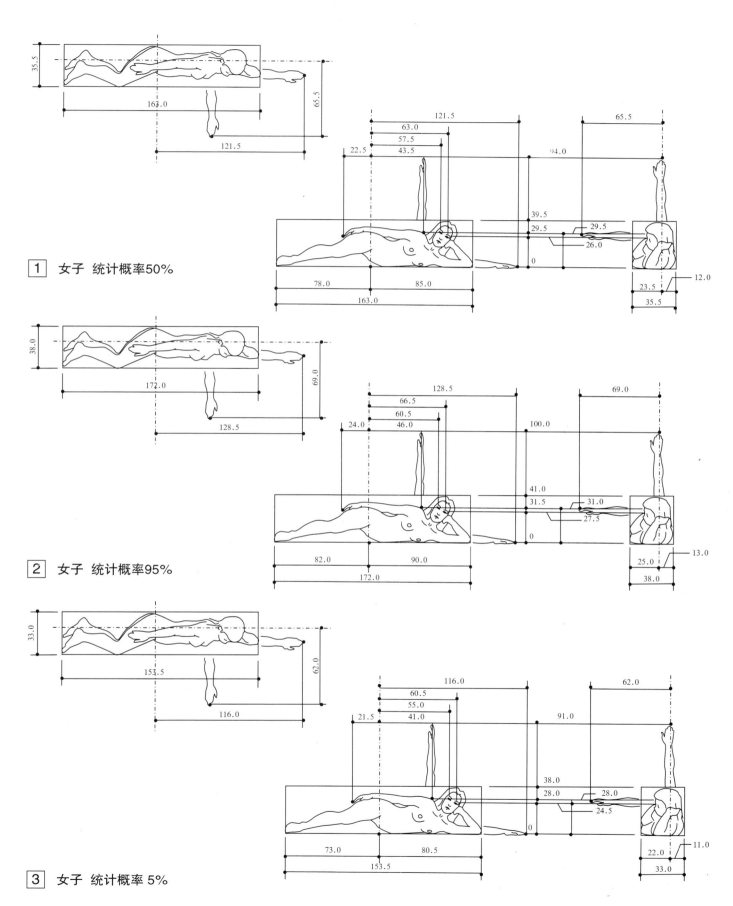

1 女子 统计概率50%

2 女子 统计概率95%

3 女子 统计概率 5%

人体工程学 [5] 人体尺寸图表

人体尺寸图表

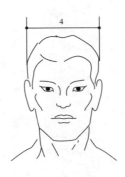 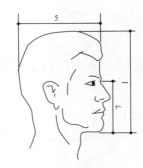 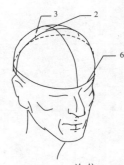

单位：mm

年龄分组 百分位数 测量项目	18～60岁（男）							18～60岁（女）						
	1	5	10	50	90	95	99	1	5	10	50	90	95	99
1 头全高	199	206	210	223	237	241	249	193	200	203	216	228	232	239
2 头矢状弧	314	324	329	350	370	375	384	300	310	313	329	344	349	358
3 头冠状弧	330	338	344	361	378	383	392	318	327	332	348	366	372	381
4 头最大宽	141	145	146	154	162	164	168	137	141	143	149	156	158	162
5 头最大长	168	173	175	184	192	195	200	161	165	167	176	184	187	191
6 头围	525	536	541	560	580	586	597	510	520	525	546	567	573	585
7 形态面长	104	109	111	119	128	130	135	97	100	102	109	117	119	123

1 人体头部尺寸及部位图

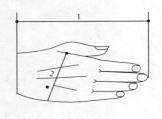  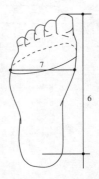

单位：mm

年龄分组 百分位数 测量项目	18～60岁（男）							18～60岁（女）						
	1	5	10	50	90	95	99	1	5	10	50	90	95	99
1 手长	164	170	173	183	193	196	202	154	159	161	171	180	183	189
2 手宽	73	76	77	82	87	89	91	67	70	71	76	80	82	84
3 食指长	60	63	64	69	74	76	79	57	60	61	66	71	72	76
4 食指近位指关节宽	17	18	18	19	20	21	21	15	16	16	17	18	19	20
5 食指远位指关节宽	14	15	15	16	17	18	19	13	14	14	15	16	16	17
6 足长	223	230	234	247	260	264	272	208	213	217	229	241	244	251
7 足宽	80	88	90	96	102	103	107	78	81	83	88	93	95	98

2 人体手、足部尺寸及部位图

美国、加拿大和欧洲男性坐姿各部分尺寸推算公式　　　表1

项目	公式	项目	公式
坐高	$S_1=0.523H$	坐姿两肘间宽	$S_8=0.256H$
坐姿膝高	$S_2=0.31H$	坐姿臀宽	$S_9=0.203H$
小腿加足高	$S_3=0.249H$	肩宽	$S_{10}=0.229H$
坐姿肘高	$S_4=0.135H$	上肢最大前伸长	$S_{11}=0.462H$
坐姿大腿厚	$S_5=0.086H$	坐姿眼高	$S_{12}=0.454H$
臀膝距	$S_6=0.342H$	两臂展开宽	$S_{13}=1.032H$
坐深	$S_7=0.280H$	坐面至中指指尖举高	$S_{14}=0.795H$

注：H为人体立姿身高。

人体尺寸图表 [5] 人体工程学

立姿人体尺寸百分位数（男）　　　　　　　　　　　　　　　　　　　　　　　　　　　单位:mm　表1

年龄分组 百分位数 测量项目	18～60岁							18～25岁						
	1	5	10	50	90	95	99	1	5	10	50	90	95	99
1 中指指类点上举高	1913	1971	2002	2108	2214	2245	2309	1930	1990	2014	2122	2231	2264	2329
2 双臂功能上举高	1815	1869	1899	2003	2108	2138	2203	1828	1889	1913	2018	2125	2155	2220
3 两臂展开宽	1528	1579	1605	1691	1776	1802	1849	1532	1585	1607	1695	1782	1810	1860
4 两臂功能展开宽	1325	1374	1398	1483	1568	1593	1640	1328	1378	1403	1486	1570	1600	1651
5 两肘展开宽	791	816	828	875	921	936	966	795	818	831	877	925	941	976
6 立姿腹厚	149	160	166	192	227	262	262	143	157	162	180	206	215	240
年龄分组 百分位数 测量项目	26～35岁							36～60岁						
	1	5	10	50	90	95	99	1	5	10	50	90	95	99
1 中指指类点上举高	1917	1977	2007	2113	2218	2246	2312	1907	1959	1988	2090	2191	2224	2282
2 双臂功能上举高	1817	1872	1903	2009	2111	2141	2205	1806	1856	1885	1987	2088	2117	2178
3 两臂展开宽	1534	1587	1610	1698	1781	1805	1851	1522	1572	1599	1683	1767	1794	1837
4 两臂功能展开宽	1331	1378	1402	1489	1571	1594	1639	1319	1368	1392	1477	1560	1584	1635
5 两肘展开宽	794	818	830	877	924	937	966	788	812	825	870	915	929	956
6 立姿腹厚	149	160	166	191	218	230	245	156	171	178	204	238	249	267

立姿人体尺寸百分位数（女）　　　　　　　　　　　　　　　　　　　　　　　　　　　单位:mm　表2

年龄分组 百分位数 测量项目	18～60岁							18～25岁						
	1	5	10	50	90	95	99	1	5	10	50	90	95	99
1 中指指类点上举高	1798	1845	1870	1968	2063	2089	2043	1812	1852	1882	1981	2070	2098	2154
2 双臂功能上举高	1696	1741	1766	1860	1952	1976	2030	1711	1751	1779	1874	1960	1986	2041
3 两臂展开宽	1414	1457	1479	1559	1637	1659	1701	1422	1460	1482	1562	1639	1663	1709
4 两臂功能展开宽	1206	1248	1269	1344	1418	1438	1480	1216	1254	1274	1248	1420	1441	1486
5 两肘展开宽	733	756	770	811	856	869	892	739	760	772	815	859	873	899
6 立姿腹厚	139	151	158	186	226	238	258	135	145	151	175	204	211	230
年龄分组 百分位数 测量项目	26～35岁							36～60岁						
	1	5	10	50	90	95	99	1	5	10	50	90	95	99
1 中指指类点上举高	1796	1846	1874	1969	2065	2091	2150	1790	1834	1859	1953	2047	2075	2126
2 双臂功能上举高	1692	1742	1769	1861	1955	1980	2031	1686	1732	1753	1845	1937	1964	2008
3 两臂展开宽	1412	1459	1482	1562	1640	1661	1703	1412	1450	1472	1551	1628	1652	1689
4 两臂功能展开宽	1206	1250	1274	1348	1421	1440	1481	1203	1241	1261	1335	1410	1430	1470
5 两肘展开宽	731	758	770	812	859	870	892	732	753	766	805	850	863	887
6 立姿腹厚	140	153	159	187	223	233	250	146	161	168	201	239	250	272

人体工程学 [5] 人体尺寸图表

立姿人体尺寸百分位数（男）　　　　　　　　　　　　　　　　　　　　　　　　　　　单位：mm　表1

年龄分组 百分位数 测量项目	18～60岁							18～25岁						
	1	5	10	50	90	95	99	1	5	10	50	90	95	99
1 前臂加手前伸长	404	417	424	448	471	478	489	401	414	421	446	469	476	490
2 前臂加手功能前伸长	296	311	318	344	369	375	390	296	309	317	343	368	375	390
3 上肢前伸长	758	779	790	835	879	892	916	757	778	792	836	880	894	920
4 上肢功能前伸长	650	675	686	731	776	788	814	652	676	688	733	779	793	819
5 坐姿中指指类点上举高	1213	1255	1275	1343	1411	1428	1470	1202	1238	1259	1327	1393	1412	1448
年龄分组 百分位数 测量项目	26～35岁							36～60岁						
	1	5	10	50	90	95	99	1	5	10	50	90	95	99
1 前臂加手前伸长	369	383	391	414	437	443	455	369	384	390	412	435	442	453
2 前臂加手功能前伸长	262	278	284	307	328	334	347	263	276	283	305	326	332	345
3 上肢前伸长	690	712	723	765	805	820	841	692	714	726	765	802	818	840
4 上肢功能前伸长	586	607	619	658	697	710	732	590	609	619	658	696	707	728
5 坐姿中指指类点上举高	1143	1176	1193	1253	1313	1331	1363	1135	1166	1183	1242	1302	1319	1348

立姿人体尺寸百分位数（女）　　　　　　　　　　　　　　　　　　　　　　　　　　　单位：mm　表2

年龄分组 百分位数 测量项目	18～60岁							18～25岁						
	1	5	10	50	90	95	99	1	5	10	50	90	95	99
1 前臂加手前伸长	402	416	422	447	471	478	492	401	416	423	448	472	480	494
2 前臂加手功能前伸长	295	310	318	343	369	376	391	295	311	319	344	369	378	393
3 上肢前伸长	755	777	789	834	879	892	918	748	773	784	829	875	889	915
4 上肢功能前伸长	650	673	685	730	776	789	816	648	669	682	725	772	785	810
5 坐姿中指指类点上举高	1210	1249	1270	1339	1407	1426	1467	1218	1264	1281	1348	1416	1435	1481
年龄分组 百分位数 测量项目	26～35岁							36～60岁						
	1	5	10	50	90	95	99	1	5	10	50	90	95	99
1 前臂加手前伸长	368	383	390	413	435	442	454	368	382	389	411	434	441	454
2 前臂加手功能前伸长	262	277	283	306	327	333	346	262	276	283	305	326	333	345
3 上肢前伸长	690	712	724	764	805	818	841	689	710	722	762	802	813	841
4 上肢功能前伸长	586	607	619	657	696	707	729	581	607	617	655	693	704	730
5 坐姿中指指类点上举高	1142	1173	1190	1251	1311	1328	1361	1153	1179	1196	1259	1316	1332	1364

跪姿、俯卧姿、爬姿人体尺寸百分位数（男）　　　　　　　　　　　　　　　　　　　　　　　　　　　单位：mm　表1

年龄分组 百分位数 测量项目	18～35岁						
	1	5	10	50	90	95	99
1 跪姿体长	577	592	599	626	654	661	675
2 跪姿体高	1161	1190	1206	1260	1315	1330	1359
3 俯卧姿体长	1946	2000	2028	2127	2229	2257	2310
4 俯卧姿体高	361	364	366	372	380	383	389
5 爬姿体长	1218	1247	1262	1315	1369	1384	1412
6 爬姿体高	745	761	769	798	828	836	851

跪姿、俯卧姿、爬姿人体尺寸百分位数（女）　　　　　　　　　　　　　　　　　　　　　　　　　　　单位：mm　表2

年龄分组 百分位数 测量项目	18～35岁						
	1	5	10	50	90	95	99
1 跪姿体长	544	557	564	589	615	622	636
2 跪姿体高	1113	1137	1150	1196	1244	1258	1284
3 俯卧姿体长	1820	1867	1892	1982	2076	2102	2153
4 俯卧姿体高	355	359	361	369	381	384	392
5 爬姿体长	1161	1183	1195	1239	1284	1296	1321
6 爬姿体高	677	694	704	738	773	783	802

跪姿、俯卧姿、爬姿人体尺寸推算公式（男）　　　　　　　　　　　　　　　　　　　　　　　　　　　单位：mm　表3

静态姿势	尺寸项目	推算公式
跪姿	跪姿体长	$18.8+0.362H$
	跪姿体高	$38.0+0.728H$
俯卧姿	俯卧姿体长	$-124.6+1.342H$
	俯卧姿体高	$330.7+0.698W$
爬姿	爬姿体长	$115.1+0.715H$
	爬姿体高	$140.1+0.392H$

跪姿、俯卧姿、爬姿人体尺寸推算公式（女）　　　　　　　　　　　　　　　　　　　　　　　　　　　单位：mm　表4

静态姿势	尺寸项目	推算公式
跪姿	跪姿体长	$5.2+0.372H$
	跪姿体高	$1122.8+0.690H$
俯卧姿	俯卧姿体长	$-124.7+1.342H$
	俯卧姿体高	$314.5+1.048W$
爬姿	爬姿体长	$223.0+0.647H$
	爬姿体高	$-56.6+0.506H$

注：H为人体立姿身高。

人体工程学 [5] 人体尺寸图表

男人体体重、身高、胸围地区差 表1

项目	东北华北区		西北区		东南区		华中区		华南区		西南区	
	均值 M	标准差 S_D	均值 M	标准差 S_D	均值 M	标准差 S_D	均值 M	标准差 S_D	均值 M	标准差 S_D	均值 M	标准差 S_D
体重 (kg)	64	8.2	60	7.6	59	7.7	57	6.9	56	6.9	55	6.8
身高 (mm)	1693	56.6	1684	53.7	1686	55.2	1669	56.3	1650	57.1	1647	56.7
胸围 (mm)	888	55.5	880	51.6	865	52.0	853	49.2	581	48.9	855	48.3

女人体体重、身高、胸围地区差 表2

项目	东北华北区		西北区		东南区		华中区		华南区		西南区	
	均值 M	标准差 S_D	均值 M	标准差 S_D	均值 M	标准差 S_D	均值 M	标准差 S_D	均值 M	标准差 S_D	均值 M	标准差 S_D
体重 (kg)	55	7.7	52	7.1	51	7.2	50	6.8	49	6.5	50	6.9
身高 (mm)	1586	51.8	1575	51.9	1575	50.8	1560	50.7	1549	49.7	1546	53.9
胸围 (mm)	848	66.4	837	55.9	831	59.8	820	55.8	819	57.6	809	58.8

部分国家成人身高（20世纪70年代数据） 单位：mm 表3

序号	国别	性别	$\bar{X}$	S_D	1%	10%	20%	30%	40%	50%	60%	70%	80%	90%	99%
1	日本（市民）	男	1651	52	1529	1584	1607	1624	1638	1651	1664	1678	1695	1718	1773
2	日本（市民）	女	1544	50	1429	1481	1502	1518	1532	1544	1556	1570	1586	1607	1659
3	日本（飞行员）	男	1669	48	1557	1607	1629	1644	1657	1669	1681	1694	1709	1730	1781
4	美国（据DREYEUSS）	男	1755	64	1606	1673	1701	1721	1739	1755	1771	1789	1809	1837	1904
5	美国（据DREYEUSS）	女	1605	67	1449	1519	1549	1569	1588	1605	1622	1641	1661	1691	1761
6	美国（市民）	男	1755	72	1587	1662	1694	1717	1737	1755	1773	1793	1816	1848	1923
7	美国（市民）	女	1618	62	1474	1539	1566	1585	1602	1618	1634	1651	1670	1697	1762
8	美国（军人）	男	1755	62	1611	1676	1703	1723	1740	1755	1771	1788	1807	1835	1900
9	英国	男	1780	61	1638	1702	1729	1748	1765	1780	1795	1812	1831	1858	1922
10	法国	男	1690	61	1548	1612	1639	1658	1675	1690	1705	1722	1741	1768	1832
11	法国	女	1590	45	1485	1532	1552	1566	1579	1590	1601	1614	1628	1648	1695
12	意大利	男	1680	66	1526	1596	1625	1645	1663	1680	1696	1715	1735	1764	1834
13	意大利	女	1560	71	1394	1460	1500	1522	1542	1560	1578	1598	1620	1651	1726
14	非洲	男	1680	77	1501	1581	1615	1639	1661	1680	1699	1721	1745	1779	1859
15	非洲	女	1570	45	1465	1512	1532	1546	1559	1570	1581	1594	1608	1628	1675
16	安达曼群岛	男	1480	66	1326	1396	1425	1445	1463	1480	1496	1515	1535	1564	1634
17	安达曼群岛	女	1380	41	1284	1328	1346	1358	1370	1380	1390	1402	1414	1432	1476
18	中国	女	1480	51	1361	1415	1437	1453	1467	1480	1493	1507	1523	1545	1599
19	柬埔寨	女	1490	51	1371	1425	1447	1463	1477	1490	1503	1517	1533	1555	1609
20	越南	女	1460	51	1341	1395	1417	1433	1447	1460	1473	1487	1503	1525	1579
21	墨西哥印第安人	男	1580	45	1475	1522	1542	1556	1569	1580	1591	1604	1618	1638	1685
22	马来西亚	男	1540	66	1386	1456	1485	1505	1523	1540	1556	1576	1595	1624	1694
23	马来西亚	女	1440	51	1321	1375	1397	1413	1427	1440	1453	1467	1485	1505	1559
24	西班牙	男	1690	61	1548	1612	1639	1658	1675	1690	1705	1722	1741	1768	1832
25	国际人		1666	102	1429	1535	1580	1613	1640	1666	1692	1719	1752	1797	1903

动态测量尺度

动态人体测量数据是指被测者处于动作状态下所进行的人体测量尺寸。动态人体尺寸测量的重点是测量人在执行某种动作时的身体动态特征。

动态人体尺寸测量的特点是，在任何一种身体活动中，身体各部位的动作并不是独立完成的，而是协调一致的，具有连贯性和活动性。例如手臂可及的极限并非惟一由手臂长度决定，它还受到肩部运动、躯干的扭转、背部的屈曲以及操作本身特性的影响。由于动态人体测量受多种因素的影响，故难以用静态人体测量资料来解决设计中的有关问题。

动态人体测量通常是对手、上肢、下肢、脚所及的范围以及各关节能达到的距离和能转动的角度进行测量。

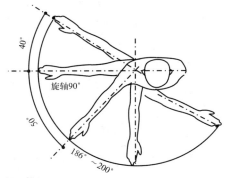
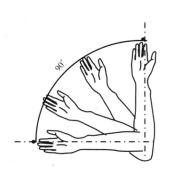
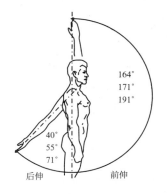

[1] 上肢活动范围

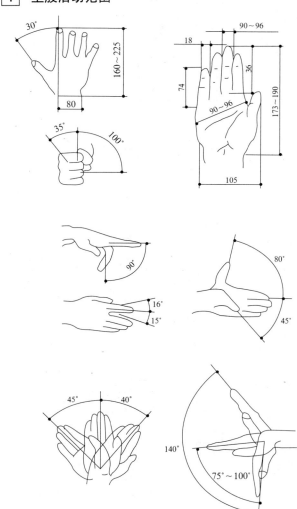
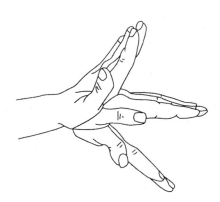
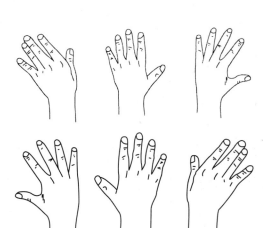

[2] 手的移动、转动范围

[3] 腕关节动作状态

269

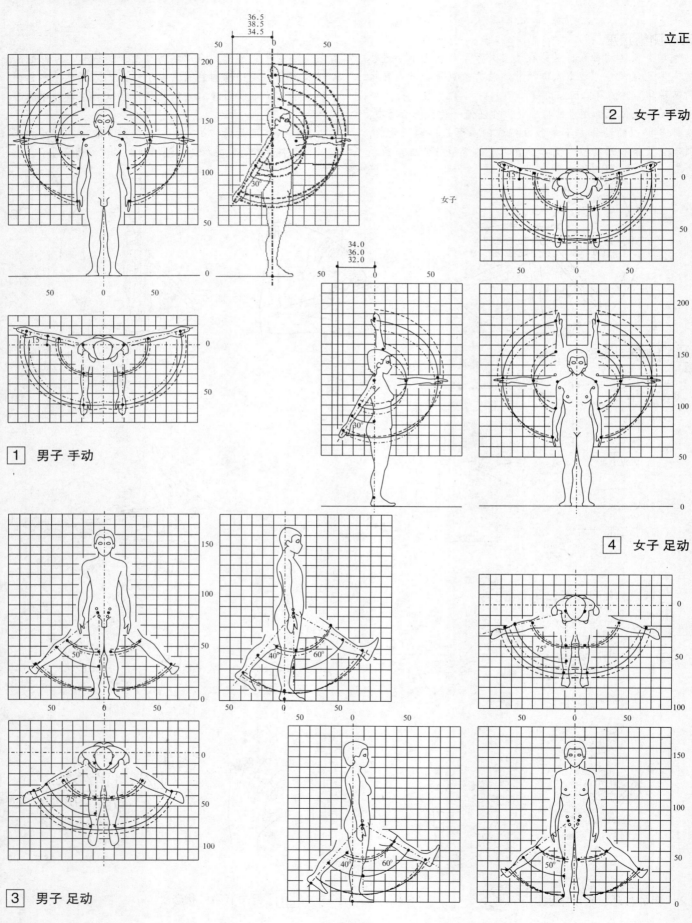

动态测量尺度 [5] 人体工程学

仰卧

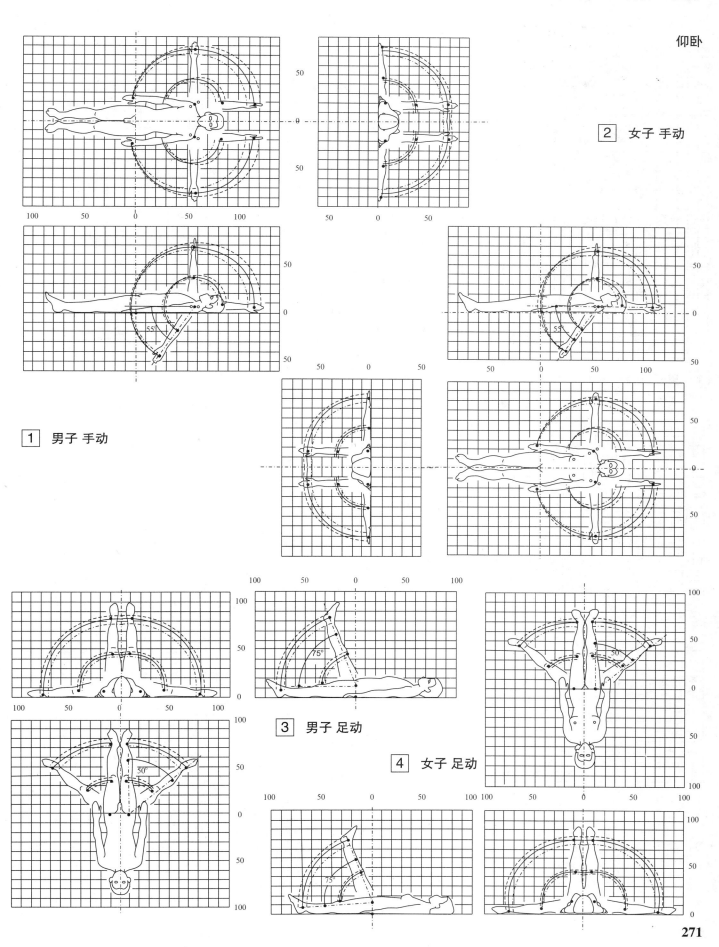

2 女子 手动

1 男子 手动

3 男子 足动

4 女子 足动

人体工程学 [5] 动态测量尺度

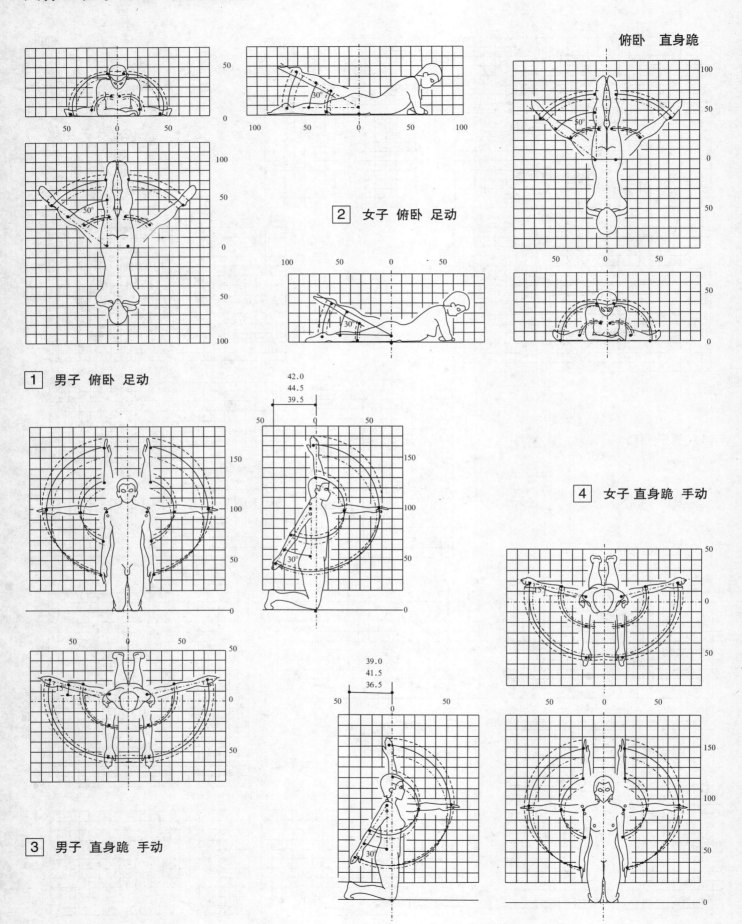

1 男子 俯卧 足动
2 女子 俯卧 足动
俯卧 直身跪
3 男子 直身跪 手动
4 女子 直身跪 手动

动态测量尺度 ［5］ 人体工程学

正坐

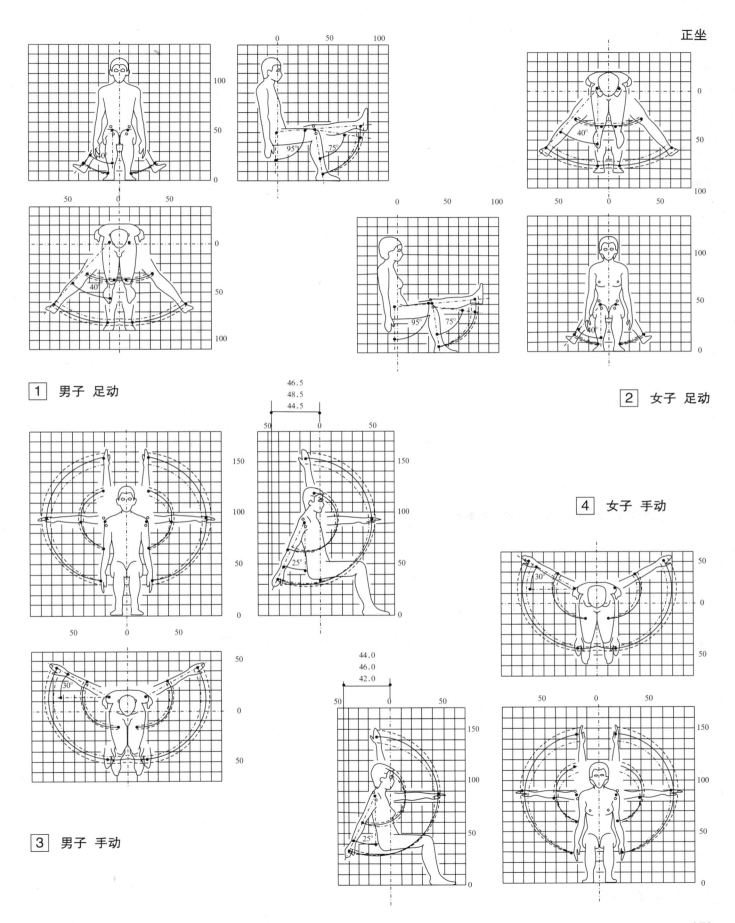

1 男子 足动

2 女子 足动

3 男子 手动

4 女子 手动

273

人体工程学 [5] 人体工程学在工业设计中的应用

人体工程学在工业设计中的应用

作业空间

对于人体尺度数据的应用应该注意使设计适合于较多的使用者，需要根据产品的用途及使用情况，按"达到适合体型矮小的使用者的尺寸"或"设计要达到适合体型高大的使用者的尺寸"的基本原理应用人体尺寸数据进行设计。通常选用百分位的原则是，在不涉及使用者健康和安全时，选用适当偏离极端百分位的第5百分位和第95百分位作为界限值较为适宜。

应用人体尺寸数据一般不能以平均值作为设计的惟一根据。除此以外还应考虑到着衣人体尺寸增大的调整值，非常情况下的尺度要求等，如确定作业空间的尺寸范围，不仅与人体静态测量数据有关，同时也与人的肢体活动范围及作业方式方法有关，还可能配备手套、头盔、鞋子及其他用具。设计作业空间还必须考虑操作者进行正常运动时的活动范围的增加量，由于活动空间应尽可能适应于绝大多数人的使用，设计时应以高百分位人体尺寸为依据。

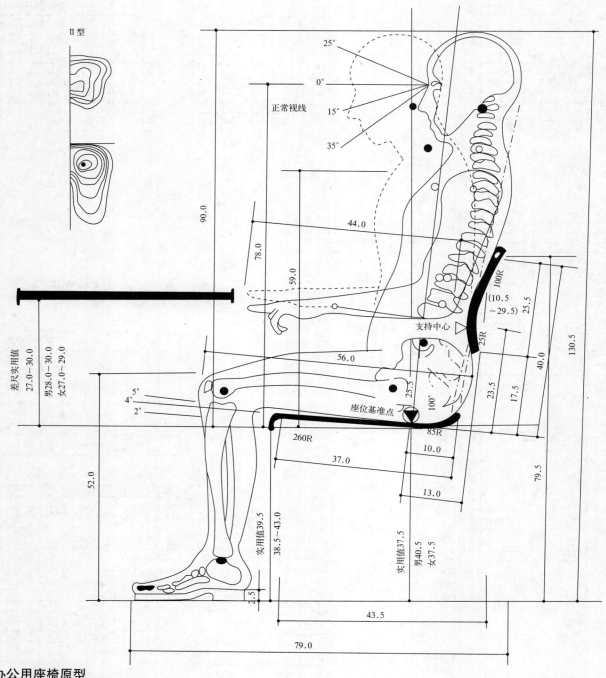

1 办公用座椅原型

人体工程学在工业设计中的应用 [5] 人体工程学

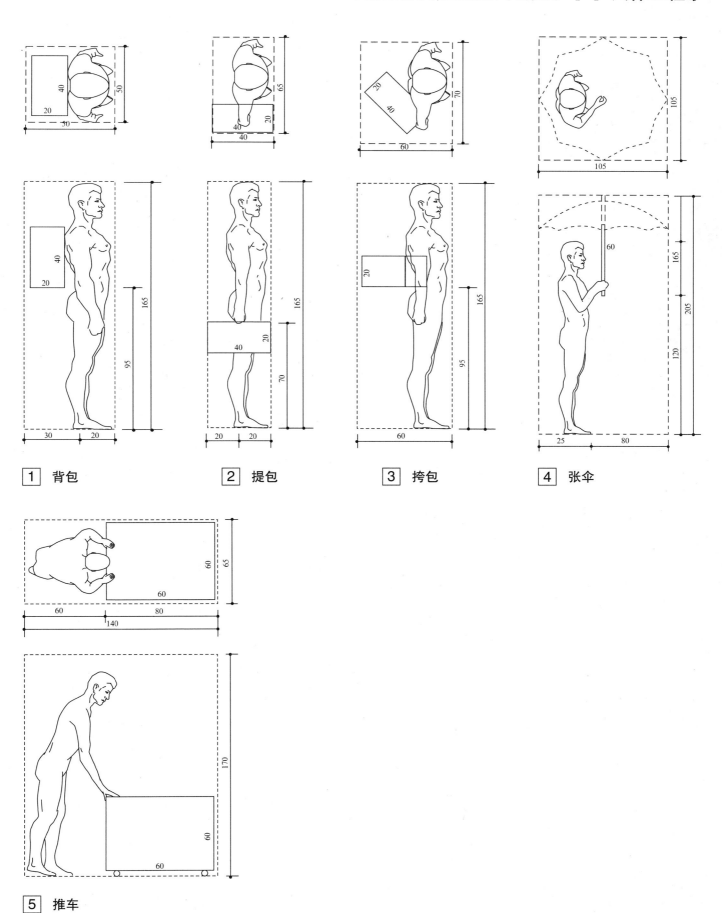

1 背包　　2 提包　　3 挎包　　4 张伞

5 推车

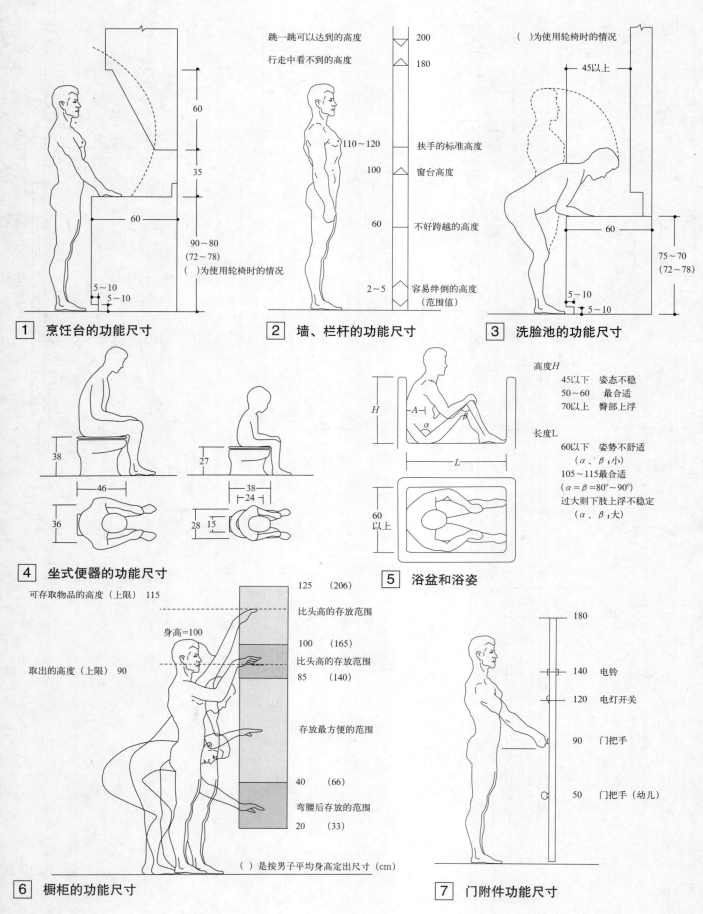

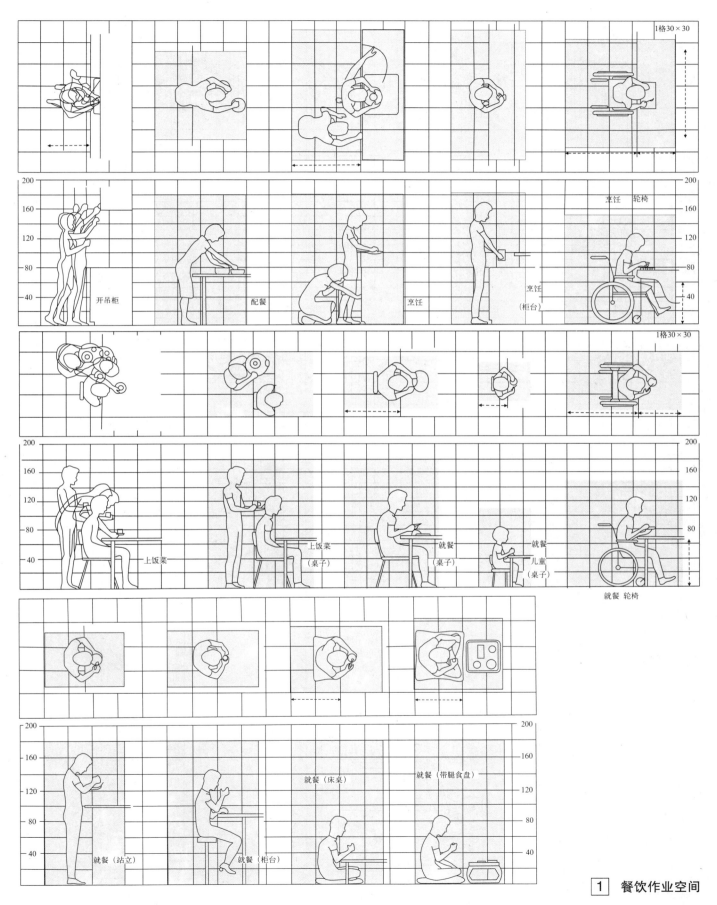

1 餐饮作业空间

人体工程学 [5] 人体工程学在工业设计中的应用

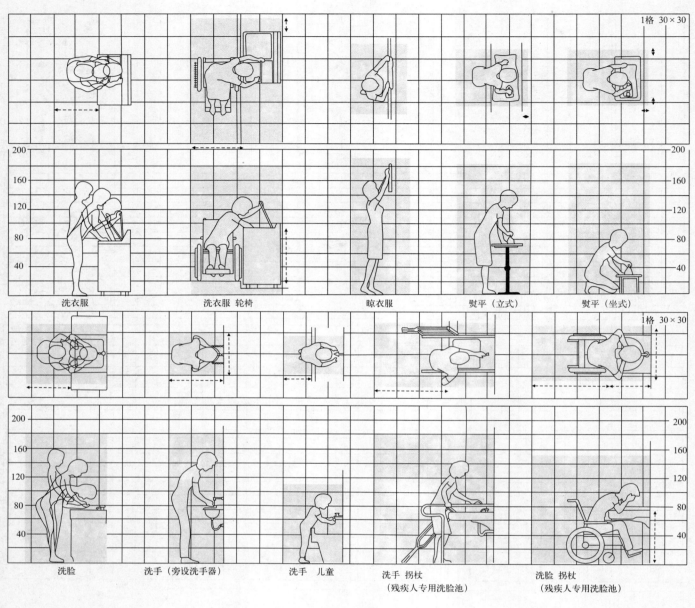

洗衣服　　　　洗衣服 轮椅　　　　晾衣服　　　　熨平（立式）　　熨平（坐式）

洗脸　　　洗手（旁设洗手器）　　洗手 儿童　　洗手 拐杖　　　　　洗脸 拐杖
　　　　　　　　　　　　　　　　　　　　　　（残疾人专用洗脸池）　（残疾人专用洗脸池）

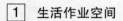

1　生活作业空间

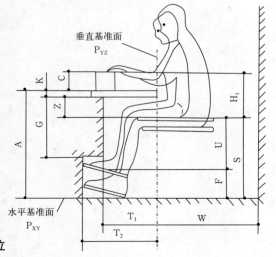
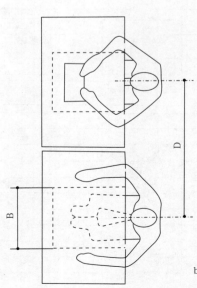

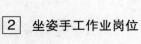

2　坐姿手工作业岗位

人体工程学在工业设计中的应用 [5] 人体工程学

受限作业空间尺寸（单位：mm）　　　　　　　　　　　　　　　　　　　　　　　　　　　　　　　　　　　　　　表1

代号	A	B	C	D	E	F	G	H	I	J	K	L	M	N	O	P	Q
高身材男性	640	430	1980	1980	690	510	2440	740	1520	1000	690	1450	1020	1220	790	1450	1220
中等身材男性及高身材女性	640	420	1830	1830	690	450	2290	710	1420	980	690	1350	910	1170	790	1350	1120

由上肢和零件尺寸限定的维修空间（单位：mm）　　　　　　　　　　　　　　　　　　　　　　　　　　　　表2

代号	A	B	C	D	E	F	G	H	I	J
静态尺寸	300	900	530	710	690	910	1120	760	单向 760	610
动态尺寸	510	1190	660	810	1020	1020	1220	910	双向 1220	1020

与人体有关的作业岗位尺寸（单位：mm）　　　　　　　　　　　　　　　　　　　　　　　　　　　　　　表3

尺寸符号	坐姿工作岗位	立姿工作岗位	坐立姿工作岗位
横向活动间距 D	≥1000		
后向活动间距 W	≥1000		
腿部空间进深 T_1	≥330	≥80	≥330
脚空间进深 T_2	≥530	≥150	≥530
坐姿腿空间高度 G	≤340	—	≤340
立姿脚空间高度 I	—	≥120	—
腿部空间宽度 B	≥480	—	480≤B≤800　700≤B≤800

作业岗位相对高度和工作高度（单位：mm）　　　　　　　　　　　　　　　　　　　　　　　　　　　　　表4

类别	举例	坐姿岗位相对高度 H_1				立姿岗位相对高度 H_2			
		P_5		P_{95}		P_5		P_{95}	
		女(W)	男(M)	女(W)	男(M)	女(W)	男(M)	女(W)	男(M)
I	调整作业　检验工作　精密元件装配	400	450	500	550	1050	1150	1200	1300
II	分拣工作　包装工作　体力消耗大的重大工件组装	250		350		850	950	1000	1050
III	布线作业　体力消耗小的小零件组装	300	350	400	450	950	1050	1100	1200

推荐的作业岗位选择的依据　　　　　　　　　　　表5

	重载和/或力量	间歇工作	扩大作业范围	不同作业	不同表面高度	重复移动	视觉注意	精密操作	延续时间>4小时
重载和/或力量		ST	ST	ST	ST	S/ST	S/ST	S/ST	ST/C
间歇工作			ST	ST	ST	S/S/ST	S/S/ST	S/S/ST	S/S/ST
扩大作业范围				ST	ST	S/ST	S/ST	S/ST	ST/C
不同作业					ST/	S/ST	S/ST	S/ST	ST/C
不同表面高度						S	S	S	S
重复移动							S	S	S
视觉注意								S	S
精密操作									S
延续时间>4小时									

S=坐姿；ST=立姿；S/ST=坐或立姿；ST/C=立姿，备有座椅

坐姿作业面高度（单位：mm）　　　　　　　　　　表6

作业类型	男性	女性
精细作业（如钟表装配）	99～105	89～95
较精密作业（如机械装配）	89～94	82～87
写字或轻型装配	74～78	70～75
重荷作业	69～72	66～70

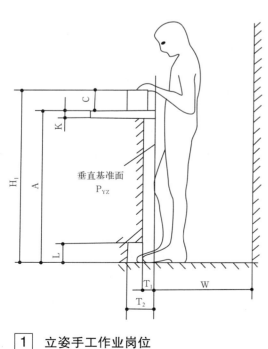

1 立姿手工作业岗位

人体工程学 [5]　人体工程学在工业设计中的应用

信息界面

刺激的辨别难度对反应时间的影响　　　　　　　　　　　　　　　　　　　　　　　　　　　　　　　　表 1

需要辨别的刺激	白和黑	红和绿	红和黄	红和橙	红和橙（加25%红）	红和橙（加25%红）	红和橙（加75%红）	10mm 和 13mm 线段	10mm 和 12.5mm 线段
平均反应时间 /mm	197	208	217	246	252	260	271	296	298
要辨别的刺激	10mm 和 12mm 线段	10mm 和 11.5mm 线段	10mm 和 11mm 线段	10mm 和 10.5mm 线段	相差 16Hz 纯音	相差 12Hz 纯音	相差 8Hz 纯音	相差 4Hz 纯音	
平均反应时间 /mm	305	313	324	345	290	299	311	334	

不同工作任务视距的推荐值　　　　　　　　　　　　　　　　　　　　　　　　　　　　　　　　　　　表 2

任务要求	举例	视距离 mm（眼至视觉对象）	固定视野直径 mm	备注
最精细的工作	安装最小部件（表、电子元件）	120～250	200～400	完全坐着，部分地依靠视觉辅助手段（小型放大镜、显微镜）
精细工作	安装收音机、电视机	250～350	400～600	坐着或站着
中等粗活	在印刷机、钻井和机床旁工作	500以下	至800	坐或站
粗活	包装、粗磨等	500～1500	300～2500	多为站着
远看	黑板、开汽车等	1500以上	2500以上	坐或站

图形符号的尺寸与视距的关系　　　　　　　　　　　　　　　　　　　　　　　　　　　　　　　　　　表 3

框形	符号最小尺寸 S	醒目符号的最小尺寸 S
方形	12D/1000	25D/1000
棱形	14D/1000	25D/1000
圆形	16D/1000	28D/1000
三角形	20D/1000	35D/1000

对各种刺激的反应时间　　　　　　　　表 4

刺激	反应时间 /mm
光	176
电击	143
声音	142
光和电击	142
光和声音	142
声音和电击	131
光、声和电击	127

五种显示器读数准确度比较　　　　　　表 5

显示器类型	最大可见度盘尺寸 /mm	读数错误率 /%
开窗式	42.3	0.5
圆形	54.0	10.9
半圆形	110	16.6
水平直线形	180	27.5
垂直直线形	180	35.5

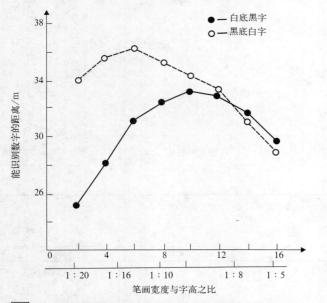

1　笔画宽度与字高之比及数字可阅读的平均距离

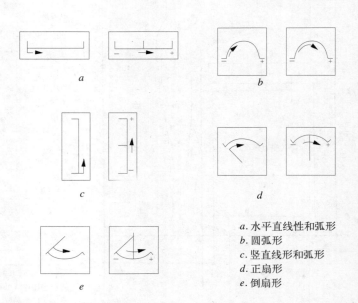

a. 水平直线性和弧形
b. 圆弧形
c. 竖直线形和弧形
d. 正扇形
e. 倒扇形

2　刻度方向

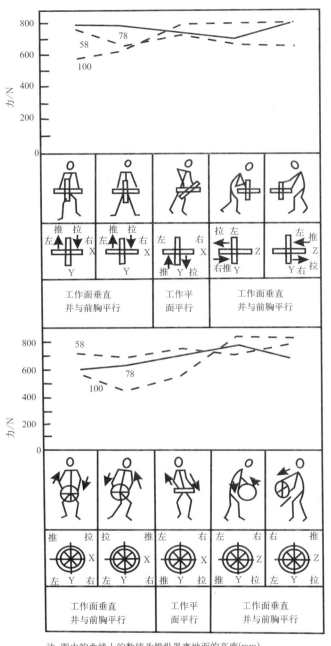

1 不同操纵方式下的最大扭力

2 操纵装置设计

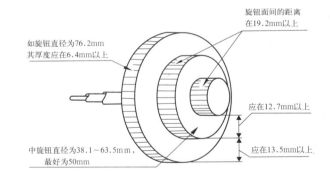

3 同轴旋钮的最佳尺寸

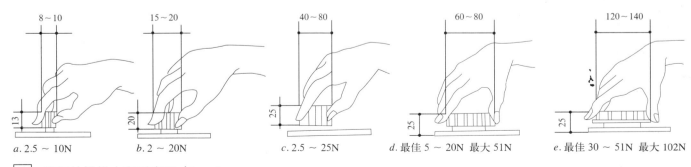

a. 2.5～10N   b. 2～20N   c. 2.5～25N   d. 最佳 5～20N 最大 51N   e. 最佳 30～51N 最大 102N

4 旋钮的操纵力和适宜尺寸(mm)

人体工程学 [5] 人体工程学在工业设计中的应用

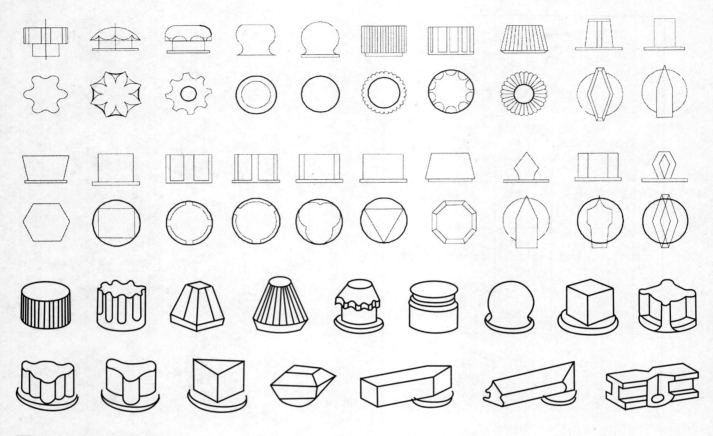

1 旋钮的形状（形状编码）

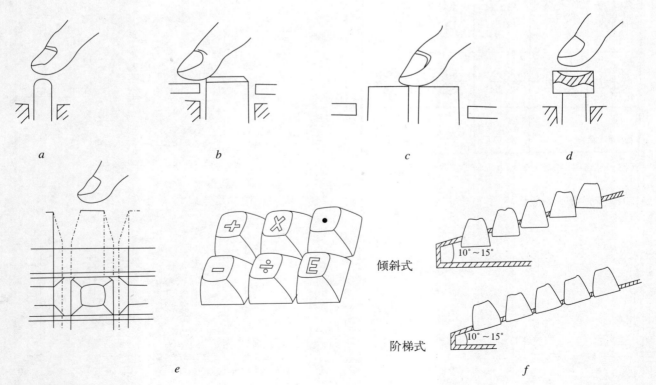

2 按键的形式

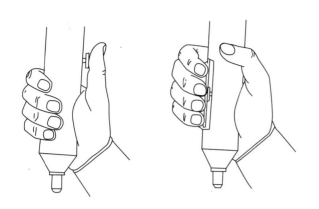

a. 拇指操作　　b. 指压板操作

[1] 避免单小指(如食指)反复操作的设计

[2] 把手弯曲式设计

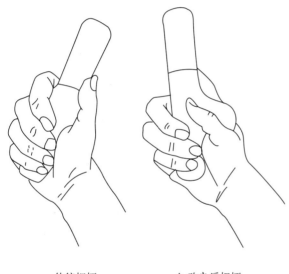

a. 传统把柄　　b. 改良后把柄

[3] 避免掌部压力的把手设计

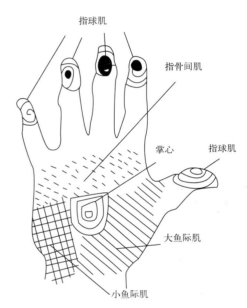

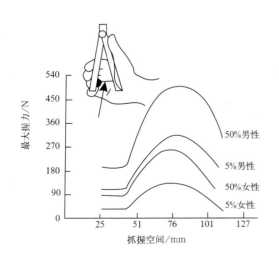

[4] 双把手工具抓握空间与握力的关系

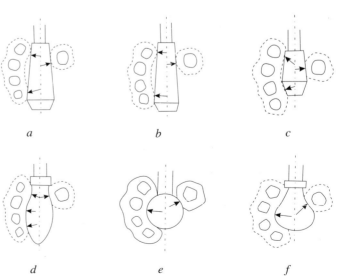

[5] 手柄形式和着力方式比较

人体工程学 [5] 人体工程学在工业设计中的应用

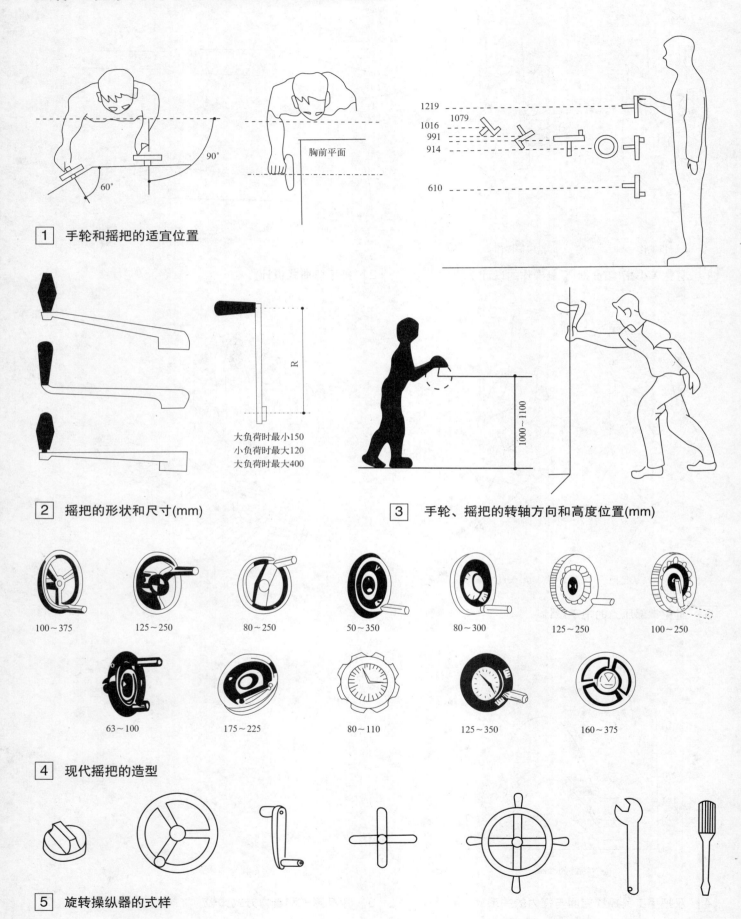

1. 手轮和摇把的适宜位置
2. 摇把的形状和尺寸(mm)
3. 手轮、摇把的转轴方向和高度位置(mm)
4. 现代摇把的造型
5. 旋转操纵器的式样

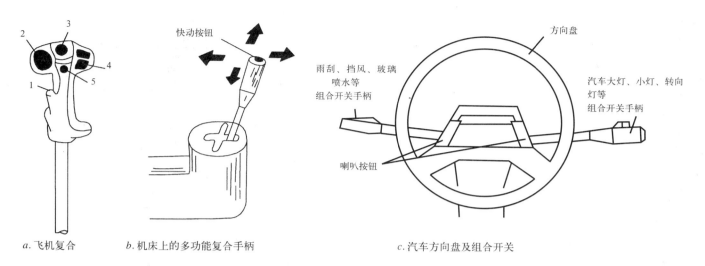

a. 飞机复合　　　b. 机床上的多功能复合手柄　　　c. 汽车方向盘及组合开关

1　复合多功能操纵器

各种操纵器的功能和使用情况　　表1

操纵装置名称	使用功能					使用情况					
	启动制动	不连续调节	定量调节	连续调节	数据输入	性能	视觉辨别位置	触角辨别位置	多个类似操纵器的检查	多个类似操纵器的操作	复合控制
按钮	△					好	一般	差	差	好	好
按钮开关	△	△			△	较好	好	好	好	好	好
旋转选择开关		△	△	△		好	好	好	好	差	较好
旋钮		△		△		好	好	一般	好	差	好
踏钮	△					差	差	一般	差	差	差
踏板			△	△		差	差	较好	差	差	差
曲柄			△	△		较好	一般	一般	差	差	差
手轮			△	△		较好	较好	较好	差	差	差
操纵杆						好	好	较好	好	好	好
键盘					△	好	较好	差	一般	好	

一些操纵装置的最大允许力　　表2

操纵装置所允许的最大用力			平稳转动操纵装置的最大用力	
操纵器的形式		允许的最大用力/N	转动部位和特征	最大用力/N
按钮	轻型	5	用手操纵的转动机构	10以下
	重型	30		
转换开关	轻型	4.5	用手和前臂操纵的转动机构	23～40
	重型	20		
操纵杆	前后动作	150	用手和臂操纵的转动机构	80～100
	左右动作	130		
脚踏按钮		20～90	用手的最高速度旋转的机构	9～23
手轮和方向盘		150	要求精度高的转动操纵器	23～25

最大转动频率与操纵杆长度关系　　表3

最大旋转频率/(m·min^{-1})	操纵杆长度/mm
26	30
27	40
27.5	60
25.5	100
23.5	140
18.5	240
14	580

人体工程学 [5] 人体工程学在工业设计中的应用

各种操纵器之间的距离　　　　　　　　　　表1

	距离/mm
把手和摇柄之间的距离	180
单手快速连续动作手柄之间最远距离	150
周期使用的选择性按钮之间的边距	50
交错排列的连续使用的按钮之间的边距	15
连续使用的转换开关（或拨动开关）柄之间的距离	25
周期使用的转换开关（或拨动开关）柄之间的距离	50
多人同时使用的两邻近转换开关间的距离	75
单一工作的瞬间转换开关之间邻近的距离	25
手柄之间最近边距	75

移动式操纵器的工作行程和操纵力　　　　表2

移动式操纵器	工作行程/mm	操纵力/N
开关杆	20～300	5～100
调节杆（单手调节）	100～400	10～200
杠杆键	3～6	1～20
拨动式开关	10～40	2～8
摆动式开关	4～10	2～8
手闸	10～400	20～60
指拨划块开关	5～25	1.5～20
拉环	10～400	20～100
拉手	10～400	20～60
拉圈	10～100	5～20
拉钮	5～100	5～20

按压操纵器工作行程与操纵力　　　　　　表3

按压操纵器	工作行程/mm	操纵力/N
钢丝脱扣器	10～20	0.8～3
按钮	用手指：2～40	1～8
	用手：6～40	4～16
键盘	用手指：2～6（电气断路器）	

操纵杆执握柄的尺寸　　　　　　　　　　表4

操纵杆	型式	建议采用的尺寸/mm
（圆柱形图）	一般	22～32（不小于7.5）
（球形图）	球形	30～32
（扁平形图）	扁平形	S不小于5

手柄的适宜用力（单位：mm）　　　　　　表5

手柄距地面高	适宜的操纵					
	右手			左手		
	向上	向下	向侧方	向上	向下	向侧方
500～650	140	70	40	120	120	30
650～1050	120	120	60	100	100	40
1050～1400	80	80	60	60	60	40

旋转控制器的适宜用力　　　　　　　　　　表6

旋转控制器 适宜用力	手枪		小摇把	手轮（直径254mm）摇把（半径127mm）	手轮（直径457mm）摇把（半径229mm）
	直径200mm	直径<200mm			
操作方式	调节操作	水平尾随追踪操作	高速转动	中速转动	低速转动
适宜用力/(N·m)	3	40	9～22.7	0～36	0～54.4

转动手柄的推荐尺寸（单位：mm）　　　　表7

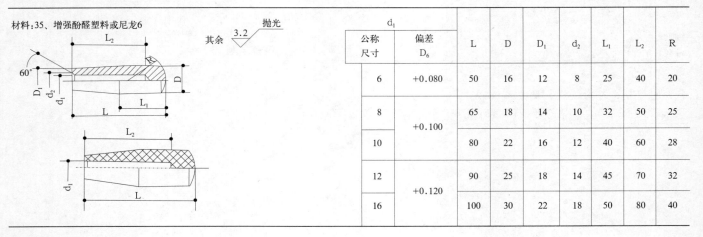

材料：35、增强酚醛塑料或尼龙6　　其余 ∇3.2/抛光

d_1 公称尺寸	偏差 D_6	L	D	D_1	d_2	L_1	L_2	R
6	+0.080	50	16	12	8	25	40	20
8	+0.100	65	18	14	10	32	50	25
10		80	22	16	12	40	60	28
12	+0.120	90	25	18	14	45	70	32
16		100	30	22	18	50	80	40

手轮、摇把的旋转半径　　　　　　　　表1

手轮及摇把	应用特点	建议采用的 R 值 /mm
	一般转动圈	20 ~ 51
	快速转动	28 ~ 32
	调解指针到指定刻度	60 ~ 65
	追踪调解用	51 ~ 76

手轮、摇把的合适安装位置和尺寸　　　　　　　　表2

安装高度 /mm	安装位置 /(°)	手轮或摇把	操纵扭力 /(N·m) 0 旋转半径/mm	4.6	10
610	0	手轮	38 ~ 76	127	203
910	0	手轮	38 ~ 102	127 ~ 203	203
	侧向	手轮	38 ~ 76	127	127
	0	摇把	38 ~ 114	114 ~ 191	114 ~ 191
990	90	手轮	38 ~ 127	127 ~ 203	203
	90	摇把	64 ~ 114	114 ~ 191	114 ~ 191
1020	−45	手轮	38 ~ 76	76 ~ 203	127 ~ 203
	−45	摇把	64 ~ 191	114 ~ 191	127 ~ 203
1070	45	手轮	38 ~ 114	127	127 ~ 203
	45	摇把	64 ~ 114	64 ~ 114	114
480	0	手轮	38 ~ 76	102 ~ 203	127 ~ 203
	0	摇把	64 ~ 114	114	114 ~ 191

不同直径的手轮和摇把适宜扭力的建议　　　　　　　　表3

离地高度 /mm	离开水平的斜度 /(°)	操纵器	扭力与操纵器的直径或半径 /mm 0N·m	2.3N·m	4.6N·m	10N·m
914	0（前方）	手轮	76 ~ 203	254 ~ 406	254 ~ 406	406
914	0（前方）	手轮	76 ~ 152	254	254	254
914	0（前方）	手轮	38 ~ 114	64 ~ 191	114 ~ 191	114 ~ 191
1006	−45	手轮	76 ~ 152	254 ~ 406	152 ~ 406	254 ~ 406
1006	−45	手轮	64 ~ 191	64 ~ 191	114 ~ 191	114 ~ 191
1067	+45	手轮	76 ~ 152	152 ~ 254	254	254 ~ 406
1067	+45	摇把	64 ~ 114	64 ~ 114	64 ~ 114	114

注：摇把的尺寸为半径

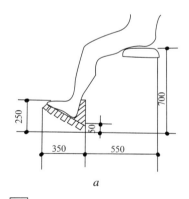

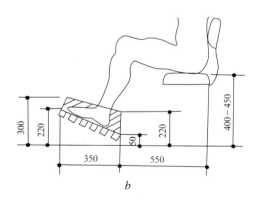

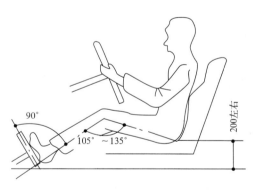

|1| 脚操纵器的空间布置　　　　　　　　|2| 小汽车驾驶室脚踏板的空间布置

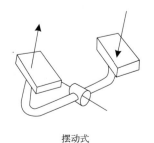
摆动式

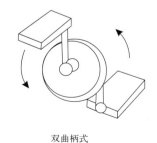
双曲柄式

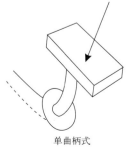
单曲柄式

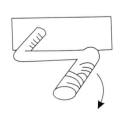
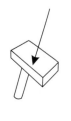
直动式

|3| 脚踏板的形式

人体工程学 [5] 人体工程学在工业设计中的应用

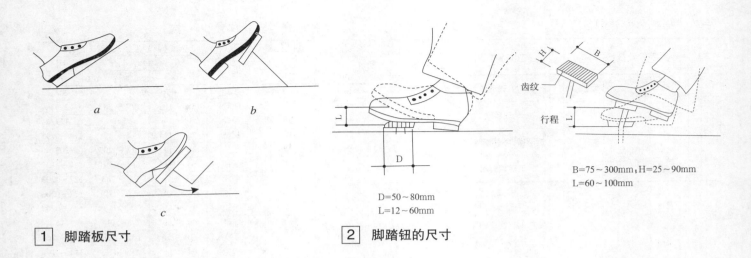

1 脚踏板尺寸

2 脚踏钮的尺寸

D=50～80mm
L=12～60mm

B=75～300mm；H=25～90mm
L=60～100mm

各形式的脚踏板操纵效率比较　　　　　　　　　　　　　　　　　　　　　　　　　　　表1

编号	1	2	3	4	5
脚踏板形式					
操作状况					
操作频率/脚踏次数/(min)	187	178	176	140	171
操作效率比较	每踏一次所用时间最短	每踏一次比1号多用5%的时间	每踏一次比1号多用6%的时间	每踏一次比1号多用34%的时间	每踏一次比1号多用9%的时间

脚操纵器适宜用力推荐值　　表2

脚操纵力	推荐的用力值/N
脚休息时脚踏板的承受力	18～32
悬挂的脚蹬（如汽车的加速器）	45～68
功率制动器	直至68
离合器和机械制动器	直至136
飞机方向舵	272
可允许脚蹬力最大值	2268
创记录的脚蹬力最大值	4082

脚踏板与操纵方式　　　　　　　　　　　　　表3

操纵方式	示意图	操纵特征
整个脚踏		操纵力较大（大于50N），操纵频率较低，适用于紧急制动器的踏板
脚掌踏		操纵力在50N左右，操纵频率较高，适用于启动、机床刹车的脚踏板
脚掌或脚跟踏		操纵力小于50N，操纵迅速，可连续操纵，适用于动作频繁的踏钮

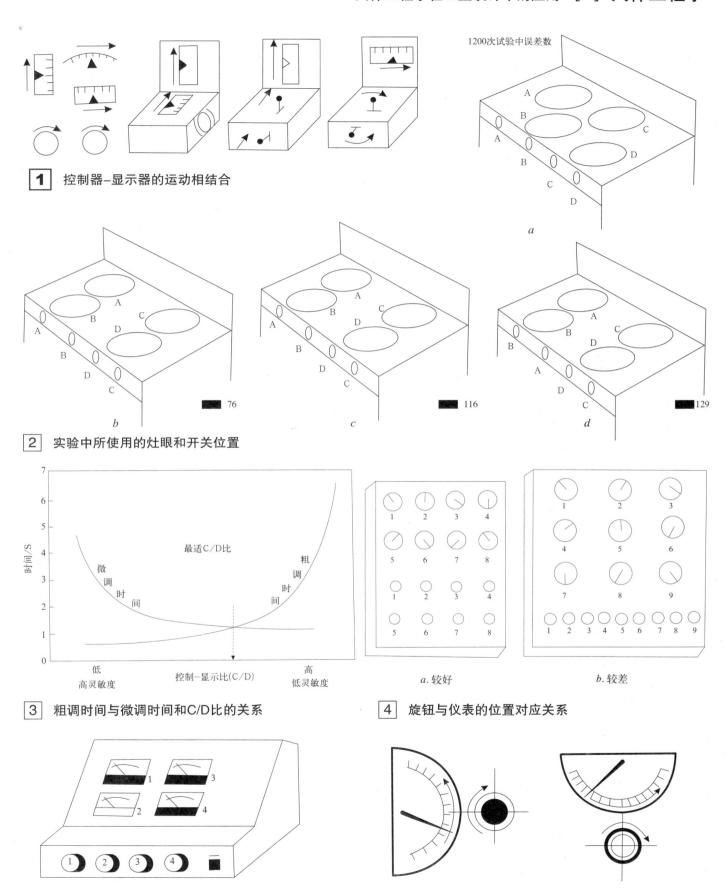

1 控制器-显示器的运动相结合

2 实验中所使用的灶眼和开关位置

3 粗调时间与微调时间和C/D比的关系

4 旋钮与仪表的位置对应关系

5 旋钮与仪表位置较好的对应关系

6 半圆形仪表与旋转操纵器的相合关系

人体工程学 [5] 人体工程学在工业设计中的应用

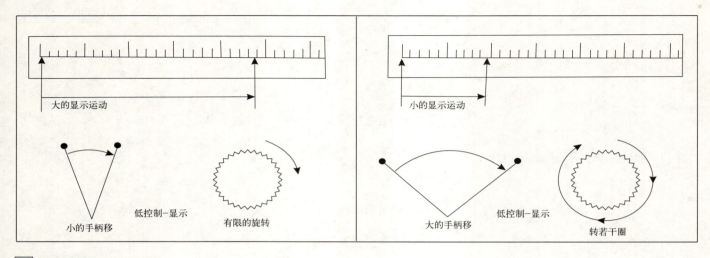

1 操纵—显示比

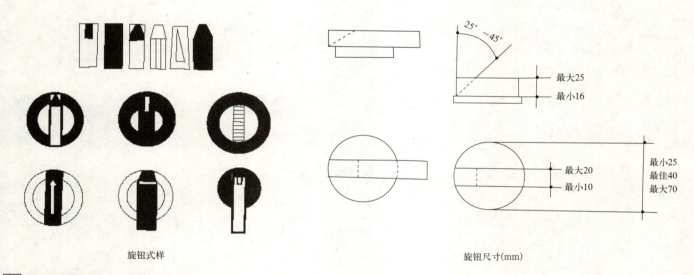

2 指示型旋钮的尺寸和式样

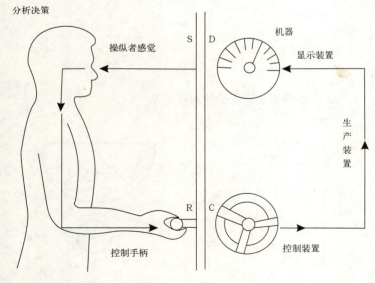

3 人机系统中的操纵与显示

指示型旋钮的尺寸和式样　　　表1

工作情况		建议使用的操纵器
操纵力较小情况	2个分开的装置	按钮、踏钮、拨动开关、摇动开关
	4个分开的装置	拨钮、拨动开关、旋钮选择开关
	4~24个分开的装置	同心多层旋钮、键盘、拨动开关、旋转选择开关
	25个以上分开的装置	键盘
	小区域的连续装置	旋钮
	较大区域的连续装置	曲柄
操纵力较大情况	2个分开的装置	扳手、杠杆、大按钮、踏钮
	3~24个分开的装置	扳手、杠杆
	小区域的连续装置	手轮、踏板、杠杆
	大区域的连续装置	大曲柄

人体工程学在工业设计中的应用 [5] 人体工程学

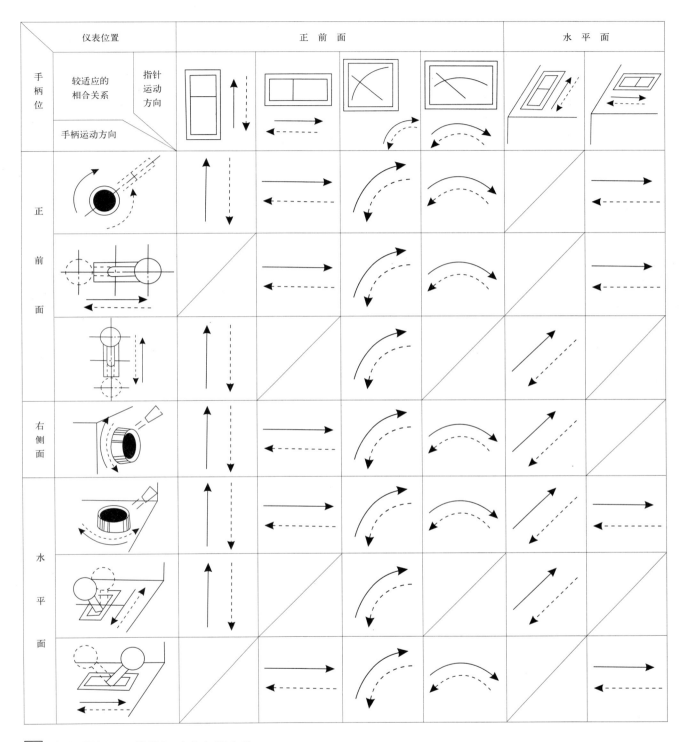

1 操纵器与显示器的运动方向相合性

人体工程学 [5] 人体工程学在工业设计中的应用

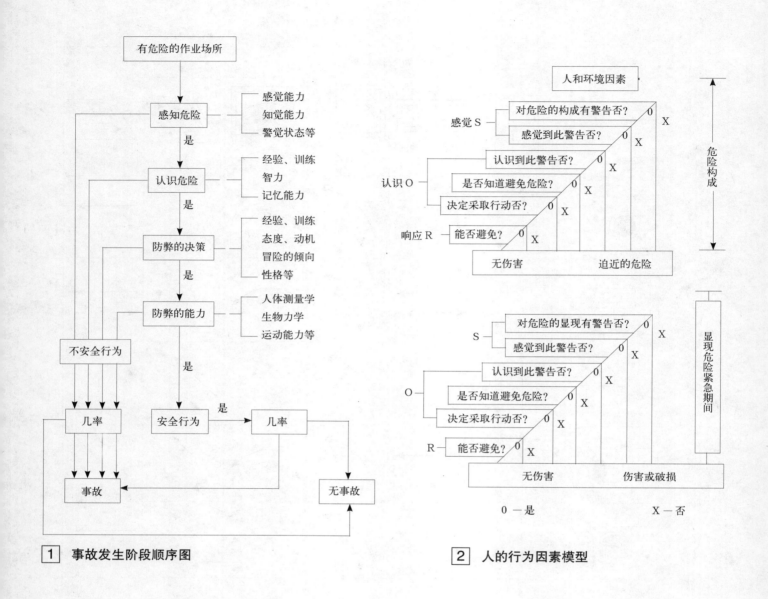

[1] 事故发生阶段顺序图

[2] 人的行为因素模型

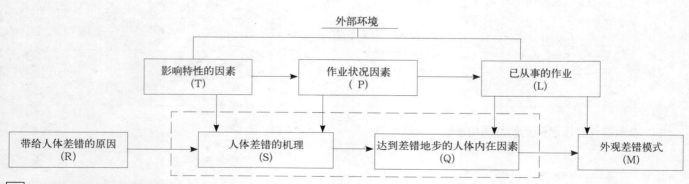

[3] 人的失误行为发生过程

人体工程学在工业设计中的应用 [5] 人体工程学

人的失误的内在因素

表1

项目	因素
生理能力	体力、体格尺度、耐受力、有否残疾（色盲、耳聋、音哑…）、疾病（感冒、腹泻、高温…）、饥渴
心理能力	反应速度、信息的负荷能力、作业危险性、单调性、信息传递率、感觉敏度（感觉损失率）
个人素质	训练程序、经验多少、熟练程度、个性、动机、应变能力、文化水平、技术能力、修正能力、责任心
操作行为	应答频率和幅度、操作时间延迟性、操作的连续性、操作的反复性
精神状态	情绪、觉醒程度等
其他	生活刺激、嗜好等

人的失误（差错的外部因素）

表2

类别	失误	举例	类型	失误	举例
显示	信息显示设计不良	(1) 操作容量与显示器的排列和位置不一致 (2) 显示器识别性差 (3) 显示器的标准化差 (4) 显示器设计不良 ①指示方式 ②指示形式 ③编码 ④刻度 ⑤指针运动 (5) 打印设备的问题 ①位置 ②可读性、判别性 ③编码	信息	影响操作技能下降的生理的、化学的空间环境	(1) 训练 ①欠缺特殊的训练 ②训练不良 ③再训练不彻底 (2) 人机工程学手册和操作明细表 ①操作规定不完整 ②操作顺序有错误 (3) 监督方面 ①忽略监督指示 ②监督者的指令有误
知觉	刺激过大或过小	(1) 感觉通道间的信号差异 (2) 信息传递率超过通道容量 (3) 信息太复杂 (4) 信号不明确 (5) 信息量太小 (6) 信息反馈失效 (7) 信息的贮存和运行类型的差异	环境	按照错误的或不准确的信息而操作机器	(1) 影响操作兴趣的环境因素 ①噪声 ②温度 ③湿度 ④照明 ⑤振动 ⑥加速度 (2) 作业空间设计不良 ①操作容量与控制板、控制台的高度、宽度、距离等 ②座椅设备、脚、腿空间及可动性等 ③操纵容量 ④机器配置与人的位置可以动性 ⑤人员配置过密
控制	控制器设计不良	(1) 操作容量与控制器的排列和位置不一致 (2) 控制器的识别性差 (3) 控制器的标准化差 (4) 控制器设计不良 ①用法 ②大小 ③形状 ④变位 ⑤防护 ⑥动特性	心理状态	操作者因焦虑而产生心理紧张状态	(1) 人处于过分紧张状态 (2) 裕度过小的计划 (3) 过分紧张的应答 (4) 因加班休息不足而引起的病态反映

导致事故的固有危险源

表3

危险源类别	内容
化学危险源	①火灾爆炸危险源。指构成事故危险的易燃易爆物质、禁水性物质以及自氧化的自然物质 ②工业毒害源。指导致职业病、中毒窒息的有毒、有害物质、窒息性气体、刺激性气体、有害性粉尘、腐蚀性物质和剧毒物 ③大气污染源。指造成大气污染的工业烟气及粉尘 ④水质污染源。指造成水质污染的工业弃物和药剂
电器危险源	①漏电、触电危险 ②着火危险 ③电击、雷击危险
机械（含土木）危险源	①重物伤害危险 ②速度与加速度造成伤害的危险 ③冲击、振动危险 ④旋转与凸轮机构动作伤人危险 ⑤高处坠落危险 ⑥倒塌、下沉危险 ⑦切割与刺伤危险
辐射危险源	①放射源，指 α、β、γ 射线源 ②红外线射线源 ③紫外线射线源 ④无线电辐射源
其他危险源	①噪声源 ②强光源 ③高压气体 ④高温源 ⑤湿度 ⑥生物危害，如毒蛇、猛兽的伤害

人体工程学 [5] 人体工程学在工业设计中的应用

穿越栅栏状（条形）缝隙可及安全距离 Sd（单位：mm） 表1

上肢部位	方孔边长 a	安全距离 S_d	图示
指尖	4 < a ≤ 8	≥ 15	
手指（至掌指关节）	8 < a ≤ 20	≥ 120	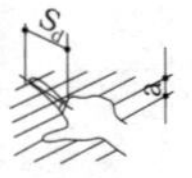
手掌（至拇指根）	25 < a ≤ 30	≥ 195	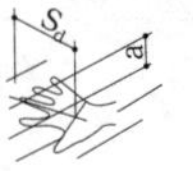
臂（至肩关节）	40 < a ≤ 135	≥ 320	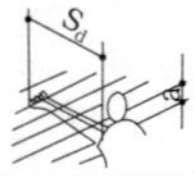

穿越网状（方形）孔隙可及安全距离 Sd（单位：mm） 表2

上肢部位	方孔边长 a	安全距离 S_d	图示
指尖	4 < a ≤ 8	≥ 15	
手指	8 < a ≤ 25	≥ 120	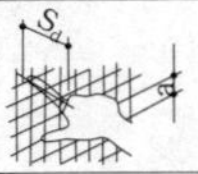
手掌	25 < a ≤ 40	≥ 195	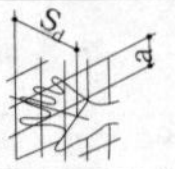
臂	40 < a ≤ 250	≥ 820	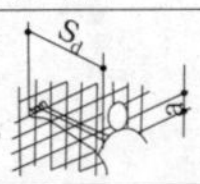

当孔隙边长在 250mm 以上时，身体可以钻入，按探越类型处理

上肢自由摆动可及安全距离 Sd（单位：mm） 表3

上肢部位 从	到	安全距离	图示
掌指关节	指尖	≥ 120	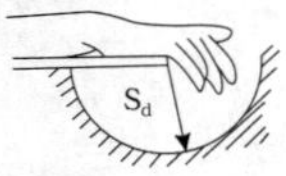
腕关节	指尖	≥ 225	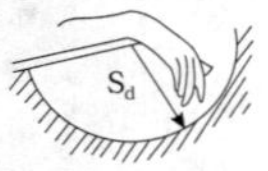
肘关节	指尖	≥ 510	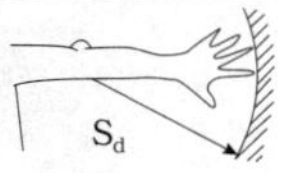
肩关节	指尖	≥ 820	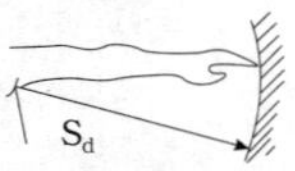

几种旋转操纵器的调节角度、尺寸与扭矩的适宜范围 表4

操纵器	调节角度	尺寸/mm 回转半径	用力参数/(N·m) 调节方式 单手	双手
曲柄	无限制	100 以下 100～200 200～400	0.6～3 5～14 4～80	10～28 8～160
手轮	无限制 无把手 60°	25～50 50～200 200～250	0.5～6.5 — —	— 2～40 4～60
旋塞	在两个开关位置之间 15°～90°	塞长 25 以下 25 以上	0.1～0.3 0.3～0.7	
旋钮	无限制 15°～90° 在两个开关位置之间	旋转直径 15～25 25～70	0.02～0.05 0.035～0.70	
备注	最大值只是靠手操作时的推荐值			

探越可及安全距离（单位：mm） 表5

a \ b	2400	2200	2000	1800	1600	1400	1200	1000
2400	—	50	50	50	50	50	50	50
2200	—	150	250	300	350	350	400	400
2000	—	—	250	400	600	600	800	800
1800	—	—	—	500	850	850	950	1050
1600	—	—	—	400	850	850	950	1250
1400	—	—	—	100	750	850	950	1350
1200	—	—	—	—	400	850	950	1350
1000	—	—	—	—	200	850	950	1350
800	—	—	—	—	—	500	850	1250
600	—	—	—	—	—	—	450	1150
400	—	—	—	—	—	—	100	1150
200	—	—	—	—	—	—	—	1050

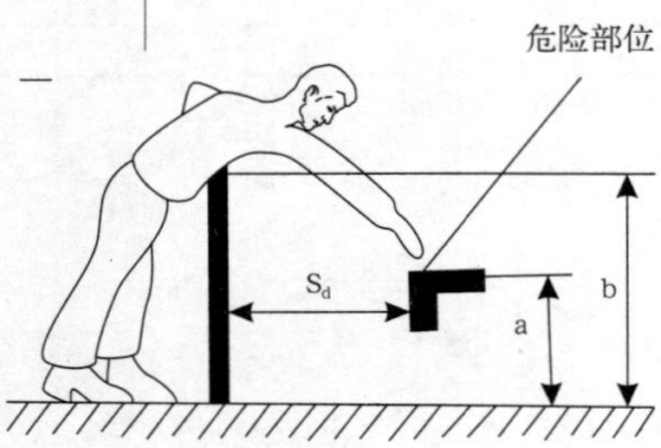

a 是指从地面算起的危险区高度；b 是指棱边的高度；S_d 是指棱边距危险区的水平安全距离

防止受挤压伤害的夹缝安全距离 S_d（单位：mm） 表1

身体部位	安全夹缝间距 S_d	图 示	身体部位	安全夹缝间距 S_d	图 示	身体部位	安全夹缝间距 S_d	图 示	身体部位	安全夹缝间距 S_d	图 示
腿	≥210		手、指	≥25		躯体	≥470		臂	≥120	
足	≥120					头	≥280		手、腕、拳	≥100	

防护屏、危险点高度和最小安全距离关系表（单位：mm） 表2

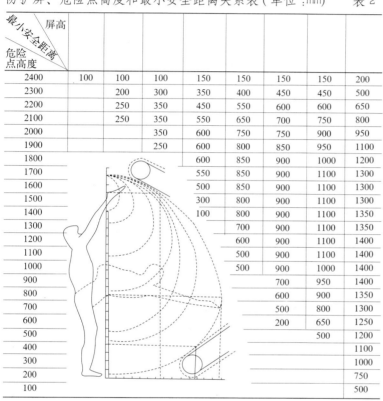

危险点高度 \ 屏高									
2400	100	100	100	150	150	150	150	200	
2300		200	300	350	400	450	450	500	
2200		250	350	450	550	600	600	650	
2100		250	350	550	650	700	750	800	
2000			350	600	750	750	900	950	
1900			250	600	800	850	950	1100	
1800				600	850	900	1000	1200	
1700				550	850	900	1100	1300	
1600				500	850	900	1100	1300	
1500				300	800	900	1100	1300	
1400				100	800	900	1100	1350	
1300					700	900	1100	1350	
1200					600	900	1100	1400	
1100					500	900	1100	1400	
1000					500	900	1000	1400	
900						700	950	1400	
800						600	900	1350	
700						500	800	1300	
600						200	650	1250	
500							500	1200	
400								1100	
300								1000	
200								750	
100								500	

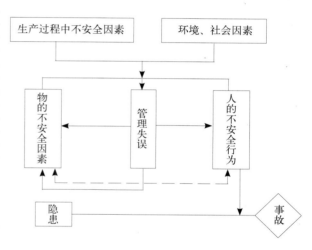

1 管理失误的事故模式

事故原因综合分析思路 表3

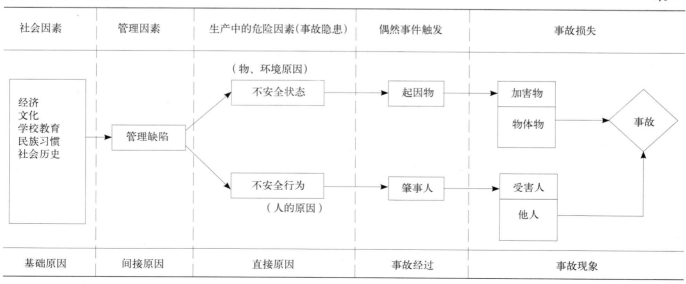

社会因素	管理因素	生产中的危险因素（事故隐患）	偶然事件触发	事故损失
基础原因	间接原因	直接原因	事故经过	事故现象

产品包装 [6] 包装概述

包装概述

一、包装的概念

我国国家标准（GB/T 4122.-1996）中确认：包装是为在流通过程中保护产品，方便储运，促进销售，按一定技术方法而采用的容器、材料及辅助物等总体名称。也指为了达到上述目的而采用容器、材料和辅助物的过程中施加一定技术方法等的操作活动。

包装是实施产品从生产企业到消费者手中保护其使用价值和价值的顺利实现而具有特定功能的系统。同时包装又是构成商品的重要组成部分，是实现商品价值和使用价值的手段，是商品生产者与消费者之间的桥梁，与人们的生活密切相关。

二、包装的功能

保护功能：包装的保护功能是最基本，也是最重要的功能。它应能保护产品，使之不受到损害与损失。产品在流通过程中对产品产生伤害的因素主要由环境因素（温度、湿度、气体、放射线、微生物、昆虫、鼠类等）、人为因素（运输、装卸、通用存过程中的操作不慎或不当）。

方便功能：为提高工作效率和生活质量，产品包装要为人们带来方便。产品包装的方便功能主要体现在以下几个方面：方便生产（产品的包装要适应生产企业机械化、专业化、自动化的需要，并兼顾资源能力和生产成本，尽可能提高劳动生产率）、方便储运（考虑包装的质量、体积、材料和包装产品的重量以及仓储、堆码方式等因素）、方便使用（开启、使用、保管、收藏等，并以简明扼要的语言或图形进行相关说明）、方便处理（环境保护、节约资源）。

销售功能：包装的销售功能是通过包装设计来实现的。优秀的包装设计以精巧的造型、醒目的商标、得体的文字和明快的色彩直接激发消费者的购买欲望，并导致购买行为。同时，包装本身所具有的潜在价值也强化了包装的销售功能。包装的销售功能源于市场竞争，并服务于市场竞争，是市场环境下商品流通的必然产物。

产品包装的分类　　　　表1

分类方式		分类内容
按包装形态分类	小包装	又称内包装或一次包装。是一种直接与产品接触的包装，起直接保护产品的作用，如一盒烟、一瓶酒等
	中包装	又称二次包装，是一种集装若干小包装商品或零售单元商品的包装，可加强对商品的保护，便于组装、集装。如一条烟
	大包装	又称外包装、运输包装或三次包装。可保证商品运输安全。如一箱烟
按销售地点分类	内销包装	又称国内包装。包括工业包装和商业包装，是用于国内销售的包装
	外销包装	又称出口包装。一般要求较高，并要适合进口国的国情、风俗习惯等
按包装材料分类	纸包装	如纸袋、纸盒、纸箱等
	金属包装	如铁桶、铝罐、马口铁罐等
	塑料包装	如塑料袋、塑料瓶等
	木包装	如木桶、木盒、木箱等
	玻璃、陶瓷包装	如瓷瓶、玻璃瓶包装
	纤维制品包装	如麻袋、绳类等
	复合材料包装	如用纸、铝箔、塑料薄膜等复合材料制成的袋、桶、箱等
	其他材料包装	如草袋、竹筐、条篓等
按包装技法分类		防水包装、防潮包装、防锈包装、防蛀包装、耐热包装、耐寒包装、缓冲包装、真空包装、充气包装、防爆包装、防火包装、保鲜包装、冷冻包装、危隐品包装、压缩包装和药品包装等
按包装结构分类		开窗包装、悬挂包装、泡罩包装、喷雾包装、组合包装、贴体包装、堆叠包装和礼品包装等
按包装产品分类		主要有食品包装、药品包装、玩具包装、化妆品包装、机器包装、仪器仪表包装、服装包装、文化用品包装、小五金包装、家用电器包装等
按运输工具分类		主要分为铁路货物包装、公路货物包装、航运货物包装、空运货物包装等
按产品形态分类		主要分固体（粉状、粒状、块状等）包装、流体（液体、半流体、黏稠体、气体等）包装和混合物包装
按包装功能分类		主要分运输包装、销售包装和运销两用包装
按包装所适应的群体分		主要有民用包装、军用包装、公用包装、特殊包装等

三、包装的分类

包装分类是按一定目的，选择适当的标志，将包装总体逐一划分为若干个特征更趋一致的部分，直至分成具有明显特点的最小单元的一种科学方法。进行科学分类，其首要问题是选择适当的分类标志，这是进行分类的标准。最常见的有下列几种分类方法。

分类与标准

一、包装标准

在我国，根据标准适应领域和有效范围，划分为国家标准、部颁标准（专业标准）和企业标准三级。

国家标准：国家标准是由国家标准化机构承认的团体制定，并由国家标准化机构批准、发布，在全国范围内统一执行的标准。国家标准按《国家标准管理办法》规定，强制性国家标准代号为"国标"二字汉语拼音第一个字母"GB"，推荐性国家标准代号为"GB/T"编号用标准顺序号和标准制定年份组成，并用阿拉伯数字表示。例如：GB/T12707-91 表示：第 12707 号国家标准，1991 年发布。国家标准主要包括由基本原料、材料标准；工农业产品标准；安全、健康与环保标准；有关互相配合、通用技术语言基础标准；通用零件、部件、元件、器件、配件和工具、量距标准；通用的试验方法标准；被等同采用、等效采用的国际标准。

部颁（专业）标准：由主管部、委（局）批准发布，在该部门范围内统一的标准。专业标准代号为"专标"二字汉语拼音第一个字母"ZB"，编号由专业代号、二级类目代号、二级类目内的标准顺序号和标准制定年份号组成。例如：ZBW0400489，其中 W 为专业代号（以及类目代号），04 为分类代号（二级类目代号），004 为二级类目内的顺序号，89 为标准制定年份。专业标准主要包括：该产品中的主要产品标准；该产品中通用的零部件、元器件、配件标准；该产品中设备、工装、工具和特殊原材料标准；该部范围内典型工艺标准；专业范围内通用的术语、符号、规则、方法等基础标准；该部产品中某些产品的试验的检验方法标准。专业标准在相应的国家标准实施后，应自行废止。专业标准也分为强制性标准和推荐性标准。

企业标准：由企（事）业或其上级有关机构批准发布的标准。企业标准代号为"企"字汉语拼音第一个字母"Q"，再加斜线，后面为企业代号，企业代号可用汉语拼音字母或阿拉伯数字表示，也可两者兼用组成。例如：Q/ES3163-90，ES 为企业代号，3163 为标准顺序代号，90 为标准指定年份。主要内容是没有指定国家标准和部颁（专业）标准的产品标准；企业为了提高产品质量，制定性能指标高于国家标准、专业标准的产品标准；采购或选用原材料标准；采购或选用以及自制的工具、量具的标准等。企业标准原则上由企业自行制定，由企业负责人批准发布。但作为商品交货条件的产品标准，则需由上级主管单位批准。

标准一经发布，就是技术法规。各级生产、建设、科研、设计管理部门和企业、事业单位，都必须严格执行，任何单位不得擅自更改或降低标准。

包装标准　　　　　　　　　　　　　　　　　　　　表 1

标准号	标准名称
一、包装标准化工作导则	
GB/T1.1—2000	标准化工作导则　第 1 部分：标准的结构和编写规定
GB/T1.2—2002	标准化工作导则　第 2 部分：标准中规范性技术要素内容的确定方法
GB/T15000.6—1996	标准样品工作导则（6）标准样品包装通则
二、包装术语	
GB/T2943—1994	胶粘剂术语
GB/T3716—2000	托盘术语
GB/T4122.1—1996	包装术语　基础
GB/T4122.2—1996	包装术语　机械

产品包装 [6] 分类与标准

标准号	标准名称
GB/T4122.3—1997	包装术语 防护
GB/T4687—1984	纸、纸板、纸浆的术语 第一部分
GB/T9851.1—1990	印刷技术术语 基本术语
GB/T9851.2—1990	印刷技术术语 文字排版术语
GB/T9851.3—1990	印刷技术术语 图象制版术语
GB/T9851.4—1990	印刷技术术语 凸版印刷术语
GB/T9851.5—1990	印刷技术术语 平版印刷术语
GB/T9851.6—1990	印刷技术术语 凹版印刷术语
GB/T9851.7—1990	印刷技术术语 孔版印刷术语
GB/T9851.8—1990	印刷技术术语 特种印刷术语
GB/T9851.9—1990	印刷技术术语 印后加工术语
GB/T12905—2000	条码术语
GB/T13483—1992	包装术语 印刷
GB/T15962—1995	油墨术语
GB/T17004—1997	防伪技术术语
GB/T17858.1—1999	包装术语 工业包装袋 纸袋
GB/T18354—2001	物流术语

三、包装尺寸

标准号	标准名称
GB/T4892—1996	硬质直方体运输包装尺寸系列
GB/T13201—1997	圆柱体运输包装尺寸系列
GB/T15233—1994	包装 单元货物尺寸
GB/T16471—1996	运输包装件尺寸界限

四、包装标志、代码

标准号	标准名称
GB/T191—2000	包装储运图示标志
GB5296.3—1995	消费品使用说明 化妆品通用标签
GB/T6388—1986	运输包装收发货标志
GB7718—1994	食品标签通用标准
GB10344—1989	饮料酒标签标准
GB10648—1999	饲料标签
GB12904—2003	商品条码
GB13432—1992	特殊营养食品标签
GB/T14257—2002	商品条码符号位置
GB/T15258—1999	化学品安全标签编写规定
GB/T16288—1996	塑料包装制品的回收标志
GB/T16472—1996	货物类型、包装类型和包装材料类型代码
GB18455—2001	包装回收标志

五、包装管理

标准号	标准名称
GB/T2828—1987	逐批检查计数抽样程序及抽样表（适用于连续批的检查）
GB/T2829—2002	周期检验计数抽样程序及表（适用于对过程稳定性的检验）
GB/T12123—1989	销售包装设计程序
GB/T12986—1991	纸箱制图
GB/T13385—1992	包装图样要求
GB/T16716—1996	包装废弃物的处理与利用通则
GB/T17306—1998	包装标准 消费者的需求
GB/T17924—1999	原产地域产品通用要求
SB/T10105—1992	纸木包装回收复用管理及技术条件

六、包装印刷

标准号	标准名称
GB/T7705—1987	平版装潢印刷品
GB/T7706—1987	凸版装潢印刷品
GB/T7707—1987	凹版装潢印刷品
GB/T12032—1989	纸和纸板印刷光泽度印样的制备
GB/T14258—1993	条码符号印刷质量的检验
GB/T17497—1998	柔性版装潢印刷品标准
GB/T18348—2001	商品条码符号印刷质量的检验
GB/T18720—2002	印刷技术 印刷测控条的应用
GB/T18721—2002	印刷技术 印前数据交换 CMYK 标准彩色图像数据
GB/T18722—2002	印刷技术 反射密度测量和色度测量在印刷过程控制中的应用

标准号	标准名称	标准号	标准名称
GB/T18723—2002	印刷技术 用黏性仪测定浆状油墨和连接料的黏性	QB/T1314—1991	标准纸板
		QB/T1315—1991	厚纸板
GB/T18724—2002	印刷技术 印刷品及印刷油墨的耐酸性测定	QB/T1316—1991	封套纸板
GB/T18805—2002	商品条码印刷适性试验	QB1319—1991	封套纸板
CY/T4—1991	凸板印刷品质量要求及检验方法	QB/T1457—1992	纱管纸板
CY/T5—1999	平板印刷品质量要求及检验方法	QB/T1460—1992	伸性纸袋纸
CY/T6—1991	凹板印刷品质量要求及检验方法	QB/T2193—1996	防锈原纸
		QB/T2494—2000	双面胶带原纸
七、包装卫生标准及分析方法		QB/T3526—1999	薄页包装纸
GB/T5009.78—2003	食品包装用原纸卫生标准的分析方法		
GB9683—1998	复合食品包装袋卫生标准	九、包装材料试验方法	
GB11680—1989	食品包装用原纸卫生标准	GB/T450—2002	纸和纸板试样的采取
		GB/T451.1—2002	纸和纸板尺寸、偏斜度的测定法
八、包装材料		GB/T451.2—2002	纸和纸板定量的测定法
GB/T5034—1985	出口产品包装用瓦楞纸板	GB/T451.3—2002	纸和纸板厚度的测定法
GB/T6544—1999	包装材料 瓦楞纸板	GB/T452.1—2002	纸和纸板纵横向的测定法
GB/T7968—1996	纸袋纸	GB/T452.2—2002	纸和纸板正反面的测定法
GB/T10335—1995	铜版纸	GB/T453—2002	纸和纸板抗张强度的测定法
GB/T13023—1991	瓦楞原纸	GB/T454—2002	纸耐破度的测定法
GB/T13024—2003	箱纸板	GB/T455—2002	纸和纸板撕裂度的测定方法
GB/T16718—1996	包装材料 重型瓦楞纸板	GB/T456—2002	纸和纸板平滑度的测定法（别克法）
GB18192—2000	液体食品无菌包装用纸基复合材料	GB/T457—2002	纸耐折度的测定法（肖伯尔法）
GB18706—2002	液体食品保鲜包装用纸基复合材料（屋顶包）	GB/T458—2002	纸和纸板透气度的测定法（肖伯尔法）
GJB611—1988	航空气象防锈纸	GB/T459—2002	纸和纸板伸缩性的测定
GJB1110A—1999	军用瓦楞纸板	GB/T460—2002	纸施胶度的测定（墨水划线法）
GJB1593—1993	耐1500℃隔热纸规范	GB/T461.1—2002	纸和纸板毛细吸液高度的测定法（克列姆法）
GJB1978—1994	弹药筒纸规范	GB/T461.2—2002	纸和纸板表面吸收速度的测定法
GJB3839—1999	蜂窝纸板规范	GB/T461.3—1989	纸和纸板吸收性的测定法（浸水法）
BB/T0016—1999	包装材料 蜂窝纸板	GB/T462—2003	纸和纸板水分的测定法
HG/T2406—2002	压敏胶标签纸	GB/T463—1989	纸和纸板灰分的测定
QB1014—1991	食品包装纸	GB/T464.1—1989	纸和纸板的干热加速老化方法（105±2℃ 72h）
QB/T1015—1991	黑色不透光包装纸	GB/T464.2—1993	纸和纸板 干热加速老化的方法（120±2℃或150±2℃）
QB/T1313—1991	中性包装纸		

产品包装 [6] 分类与标准

标准号	标准名称
GB/T465.1—1989	纸和纸板按规定时间浸水后耐破度的测定法
GB/T465.2—1989	纸和纸板按规定时间浸水后抗张强度的测定法
GB/T1539—1989	纸板耐破度的测定法
GB/T1540—2002	纸和纸板吸水性的测定法（可勃法）
GB/T1541—1989	纸和纸板尘埃度的测定法
GB/T1545.1—2003	纸、纸板和纸浆水抽提液酸度或碱度的测定法
GB/T1545.2—2003	纸、纸板和纸浆水抽提液pH值的测定法
GB/T2679.1—1993	纸透明度的测定方法
GB/T2679.2—1995	纸与纸板透湿度与折痕透湿度的测定（盘式法）
GB/T2679.3—1996	纸与纸板挺度的测定
GB/T2679.4—1994	纸与纸板粗糙度的测定法（本特生粗糙度法）
GB/T2679.5—1995	纸与纸板耐折度的测定（MIT耐折度仪法）
GB/T2679.6—1996	瓦楞原纸平压强度的测定
GB/T2679.7—1981	纸板戳穿强度的测定
GB/T2679.8—1995	纸板环压强度的测定
GB/T2679.9—1993	纸和纸板粗糙度测定方法（印刷表面法）
GB/T2679.10—1993	纸与纸板短距离压缩强度的测定法
GB/T2679.15—1997	纸和纸板印刷表面强度的测定（电动加速法）
GB/T2679.16—1997	纸和纸板印刷表面强度的测定（摆或弹簧加速法）
GB/T2679.17—1997	瓦楞纸板边压强度的测定（边缘补强法）
GB/T5402—2003	纸和纸板透气度的测定（中等范围）葛尔莱法
GB/T6545—1998	瓦楞纸板耐破强度的测定方法
GB/T6546—1998	瓦楞纸板边压强度的方法
GB/T6547—1998	瓦楞纸板厚度的测定方法
GB/T6548—1998	瓦楞纸板粘合强度的测定方法
GB/T7973—2003	纸、纸板和纸浆漫反射因数的测定（漫射／垂直法）
GB/T10739—2002	纸浆、纸和纸板试样处理和试验的标准大气
GB/T12909—1991	纸与纸板弯曲挺度的测定法
GB/T12911—1991	纸与纸板油墨吸收性的测定法
GB/T12914—1991	纸与纸板抗张强度的测定法（恒速拉伸法）
GB/T13528—1992	纸与纸板表面pH值的测定法
GB/T14656—1993	阻燃纸和纸板燃烧性能试验法
十、包装制品	
GB/T5033—1985	出口产品包装用瓦楞纸箱
GB/T6543—1986	瓦楞纸箱
GB10440—1989	圆柱形复合罐
GB/T12124—2003	纸管
GB/T14187—1993	包装容器 纸桶
GB/T16717—1996	包装容器 重型瓦楞纸箱
GJB1109A—1999	军用瓦楞纸箱
GJB2555—1995	军用木框架瓦楞纸箱规范
BB/T0015—1999	纸浆模塑蛋托盘
BB/T0023—2003	纸护角
QB/T1553—1992	灯具瓦楞纸箱包装技术条件
QB/T2185—1995	自行车单辆瓦楞纸箱包装技术条件
QB/T2294—1997	纸杯
QB/T2341—1997	纸餐盒
WJ/T9010—1992	工业雷管包装用瓦楞纸箱
YC/T137.1—1998	复烤片烟包装 瓦楞纸箱包装
YD/T920.1—1997	邮政包裹包装箱（国内）
十一、产品运输包装及基本试验	
GB6266—1986	中药材瓦楞纸箱运输包装件
GB/T4857.1—1992	包装 运输包装件 试验时各部位的标示方法
GB/T4857.2—1992	包装 运输包装件 温湿度调节处理
GB/T4857.3—1992	包装 运输包装件 静载荷堆码试验方法
GB/T4857.4—1992	包装 运输包装件 压力试验方法

标准号	标准名称	标准号	标准名称
GB/T4857.5—1992	包装 运输包装件 跌落试验方法	GB/T4857.19—1992	包装 运输包装件 流通试验信息记录
GB/T4857.6—1992	包装 运输包装件 滚动试验方法	GB/T4857.20—1992	包装 运输包装件 碰撞试验法
GB/T4857.7—1992	包装 运输包装件 正弦定额振动试验方法	GB/T4857.21—1995	包装 运输包装件 防霉试验法
GB/T4857.8—1992	包装 运输包装件 六角滚筒试验方法	GB/T4857.22—1998	包装 运输包装件 单元货物稳定性试验方法
GB/T4857.9—1992	包装 运输包装件 喷淋试验法	GB/T4857.23—2003	包装 运输包装件 随机振动试验方法
GB/T4857.10—1992	包装 运输包装件 正弦变频振动试验方法	GB/T5398—1999	大型运输包装件试验方法
GB/T4857.11—1992	包装 运输包装件 水平冲击试验法	GB/T8171—1987	使用缓冲包装材料进行的产品机械冲击脆值试验方法
GB/T4857.12—1992	包装 运输包装件 浸水试验法	GB/T15099—1994	使用冲击试验机测定产品脆值的试验方法
GB/T4857.13—1992	包装 运输包装件 低气压试验法		
GB/T4857.14—1999	运输包装件 基本试验倾翻试验法	十二、出口商品包装及运输包装检验	
GB/T4857.15—1999	运输包装件 基本试验可控制水平冲击试验法	GB/T19142—2003	出口商品包装 通则
GB/T4857.16—1990	运输包装件 基本试验采用压力试验机的堆码试验法	SN/T0262—1993	出口商品运输包装 瓦楞纸箱检验规程
		SN/T0268—1993	出口商品运输包装 纸塑复合袋检验规程
GB/T4857.17—1992	包装 运输包装件 编制性能试验大纲的一般原理	SN/T0270—1993	出口商品运输包装 纸板桶检验规程
		SN/T0874—2000	进出口纸和纸板检验规程
GB/T4857.18—1992	包装 运输包装件 编制性能试验大纲的定量数据	SN/T1025—2001	出口商品运输包装 瓦楞纸箱用纸检验规程

包装材料

产品包装的材料主要有：木质材料、纸质材料、塑料材料、金属材料、复合材料、玻璃陶瓷材料及其他材料。

木质材料

木质材料主要是指由树木加工成的木板或片材。木材是一种优良的结构材料，长期以来，一直用于制作运输包装，适用于大型的或较笨重的机械、五金交电、自行车以及怕压、怕摔的仪器和仪表等商品的包装。近年来，木材虽然有逐步被其他材料所取代的趋向，但仍在一定范围内使用，在包装材料中约占25％左右。

包装木材的种类

产品包装用木材选用　　　　　　　　　　表2

天然木材		人造木材	
针叶木材	阔叶木材	纤维板	胶合板
红松、落叶松、白松、马尾松……	杨木、桦木……	纤维板、木丝板、刨花板……	三夹板、五夹板……

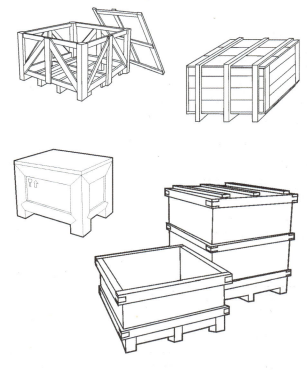

1　产品包装选用天然木材示例

产品包装 [6] 包装材料

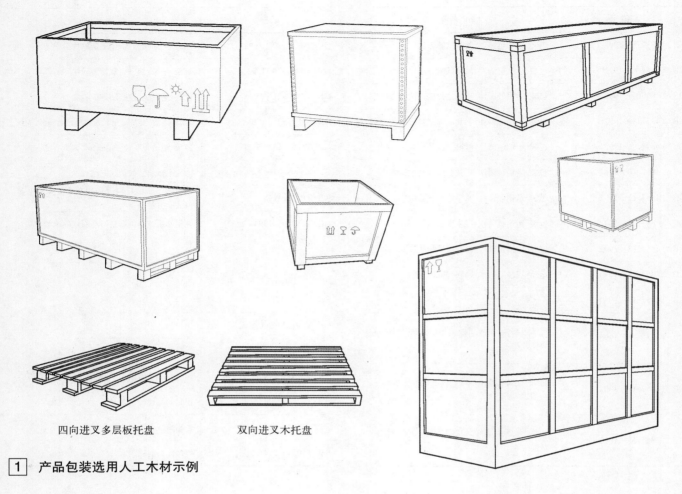

四向进叉多层板托盘　　　双向进叉木托盘

1　产品包装选用人工木材示例

纸质材料

纸和纸板作为传统包装材料，发展至今仍是现代包装的重要材料支柱之一。纸属于软性薄片材料，常用来作裹包衬垫和口袋。纸板属于刚性材料，能形成固定形状，常用来制成各种包装容器。以纸和纸板为原料制成的包装，统称为纸制包装。纸制包装应用十分广泛，其产量约占整个包装材料产值的45%左右，不仅用于百货、纺织、五金、电讯器材、家用电器等商品的包装，还适用于食品、医药、军工产品的包装。

纸和纸板是按定量（只单位面积的质量，以每平方米的克数表示）或厚度来区分的。凡是定量在250g/m²以下或厚度在0.1mm以下的统纸称为纸；定量在250g/m²以上或厚度在0.1mm以上的纸称为纸板（有些产品定量虽达到200～250g/m²，习惯仍称为纸，如白卡纸、绘图纸等）。

在包装方面，纸主要用作包装商品、制作手袋和印刷装潢商标等；纸板主要用于生产纸箱、纸盒、纸桶等包装容器。

包装用纸和纸板种类　　　　　　　　　　　　　　　　　　　　　　　　　　　　　　表1

包装用纸类				包装用纸板类	
1	2	3	4	5	6
普通纸 牛皮纸 玻璃纸 中性包装纸 纸袋纸 羊皮纸 ……	特种纸 保光泽纸 湿强纸 防油脂纸 袋泡茶纸 高级伸缩纸 ……	装潢纸 表面浮沉纸 压花纸 铜板纸 胶版纸	深加工纸 真空镀铝纸 防锈纸 石蜡纸 沥青纸	普通纸板 白纸板 黄纸板 箱纸板 ……	深加工纸板 瓦楞原纸 瓦楞纸板

包装材料 [6] 产品包装

纸和纸板的规格尺寸（单位：mm），根据其不用形式有两种要求。

平板纸要求长和宽，其幅面尺寸常见的有 787mm×1092mm，850mm×1168mm，880mm×1230mm。卷筒纸只要求宽，国产卷筒纸主要有 1575mm（即 2×787mm），1092mm，880mm，787mm 等规格，长度一般为 6000mm。规定纸和纸板的规格尺寸，对于实现纸箱、纸盒及纸桶等纸制包装的标准化和系列化，是十分重要的。

一般来说，$250g/m^2$ 以下的纸，以 500 张为一令，每件一般不 250kg；$250g/m^2$ 以上的纸板，一件是几令或每令是多少张，则视纸张的克重而异。卷筒纸每件一般为 250~350kg，最大不超过 1t。

纸盒是用纸板折叠或糊制而成，形式极多，按其结构特征，可分为折叠纸盒和固定纸盒两大类。

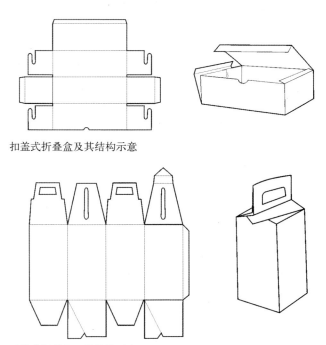

扣盖式折叠盒及其结构示意

手提式折叠盒及其结构示意

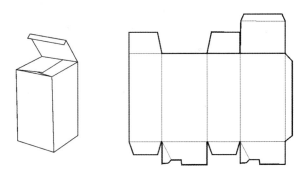

粘接式折叠盒及其结构示意

1 折叠纸盒

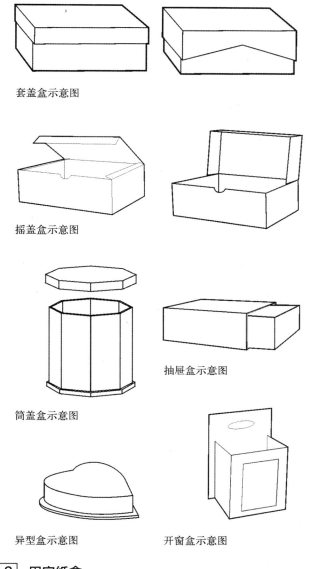

套盖盒示意图

摇盖盒示意图

筒盖盒示意图

抽屉盒示意图

异型盒示意图

开窗盒示意图

2 固定纸盒

瓦楞纸板是由瓦楞原纸加工而成，其瓦楞形状的分类及其特性如下：

U 形瓦楞弹性好，黏性好，但纸与胶粘剂用量大，平压弹性低，只能在弹性限度内有恢复功能，施加过重的压力不能恢复原状。

V 形瓦楞挺力好，还原能力差，纸与胶粘剂用量少，粘结能力差。

UV 形瓦楞具有前两者之优点，耐压强度较高，所以这种瓦楞形状得到了广泛的应用。

瓦楞纸板的种类可分为：

双层瓦楞纸板、三层瓦楞纸板、五层瓦楞纸板、七层瓦楞纸板。

世界各国通用的瓦楞纸规格有 A、B、C、E 四种。

产品包装 [6] 包装材料

瓦楞纸楞槽的种类   表1

种类	每30cm的楞数	楞槽高度/mm	种类	每30cm的楞数	楞槽高度/mm
A型	34±2	4.5～5.0	C型	50±2	2.5～3.0
B型	38±2	3.5～4.0	E型	96±4	1.2～2.0

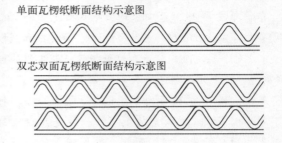

1 瓦楞纸

瓦楞纸箱的结构形式很多，根据国际纸箱规则，纸箱的基本结构有以下几类。

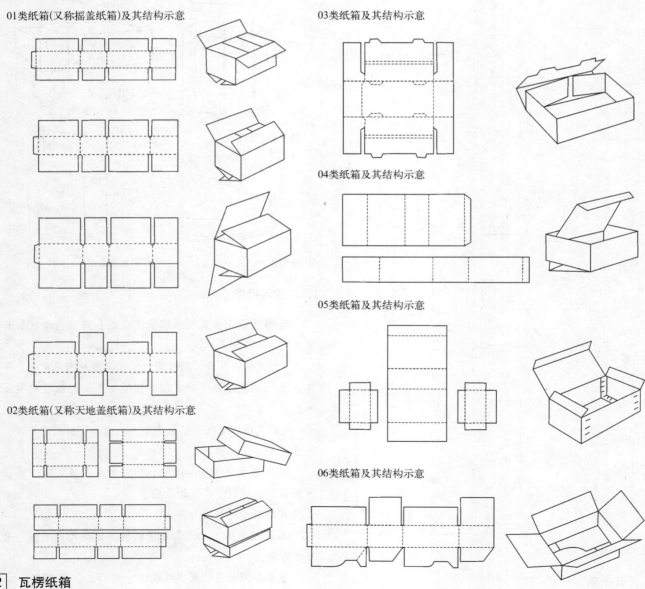

2 瓦楞纸箱

包装材料 [6] 产品包装

金属材料

金属包装材料是传统包装材料之一。我国在金属包装方面居开天辟地之地位，早在春秋战国时期，就采用了青铜制作各种容器，南北朝时期有银作为酒类包装容器的记载。金属包装发展速度快、品种多，以钢和铝合金为主要材料，广泛用于销售包装和运输包装。

金属种类很多，而包装用的金属材料有两类。

黑色金属：薄钢板、镀锌薄钢板、镀锡薄钢板。

有色金属：铝板、合金铝板、铝箔、合金铝箔等。

包装用主要金属材料：

（1）薄钢板（黑铁皮），薄钢板是普通低碳素钢的一种，尺寸规格一般为900mm×1800mm、1000mm×2000mm，厚度有0.5mm、1mm、1.25mm、1.5mm等。它具有较强的塑性和韧性，光滑而柔软，延伸率均匀，要求无裂缝、无皱纹等。主要用于制作桶状容器。

（2）镀锌薄钢板（白铁皮），镀锌薄钢板是在酸洗薄钢板表面上经过热浸镀锌处理，表面镀有一层厚度为0.02mm以上的锌保护层，其尺寸规格为900mm×1800mm，其厚度为0.44～1mm，具有强度高、密封性能好等特点。主要用于制作桶状容器。

（3）镀锡薄钢板（马口铁），镀锡薄钢板是将薄钢板放在熔融的锡液中热浸或电镀，将其表面镀上锡的保护层。用热浸法生产的镀锡钢板称为热镀锡板，用电镀法生产的镀锡钢板称为电镀锡板。镀锡钢板主要用于食品包装，如罐头等。

（4）镀铬薄钢板，镀铬薄钢板是在低碳薄钢板上镀铬，通常在无水铬酸为主的溶液中进行。主要用于腐蚀性较小的啤酒罐、饮料罐及食品罐的底盖等，接缝采用熔接法和粘合法接合。

（5）铝合金薄板，铝合金薄板系铝镁、铝锰等合金铸造、热轧、冷轧、退火、热处理和矫平等工序制成的薄板，具有轻便、美观、不生锈等优点，包装用于鱼类和肉类罐头。

（6）铝箔，是由电解铝经延压而成，极富延展性，厚薄均匀，包装用铝箔厚度均在0.2mm以下。铝箔从用途上区分有：单独使用的铝箔，与纸、玻璃纸、塑料薄膜等复合使用的铝箔，在表面着色的铝箔，有表面覆膜的二次加工铝箔。铝箔具有优良的防潮性，保香性强，有漂亮的金属光泽，反射率强。主要用于食品、香烟、药品包装等；也用于照相、X射线等感光胶片及机械零件、工具等的包装。

1　金属盒的包装示例

产品包装 [6] 包装材料

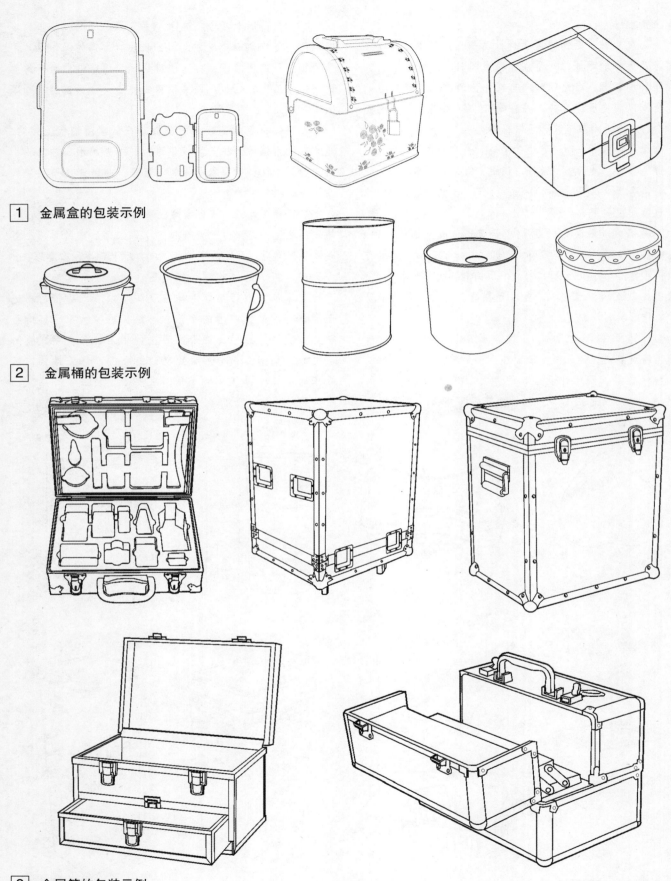

1 金属盒的包装示例

2 金属桶的包装示例

3 金属箱的包装示例

包装材料 [6] 产品包装

塑料包装

塑料包装指各种以塑料为原料制成的包装的总称。塑料是一类多性能、多品种的合成材料。

塑料作为一般包装材料其基本性能主要有：

（1）物理性能优良。塑料具有一定的强度、弹性、抗拉、抗压、抗冲击、抗弯曲、耐折叠、耐磨擦、防潮、气体阻隔等。

（2）化学稳定性好。塑料耐酸碱、耐化学药剂、耐油脂、防锈蚀等。

（3）塑料属于轻质材料。塑料密度约为金属的1/5、玻璃的1/2。

（4）塑料加工成型简单多样。塑料可制成薄膜、片材、管材、带材、还可以编制布，用做发泡材料等，其成型方法有吹塑、挤压、注塑、铸塑、真空、发泡、吸塑、热收缩、拉伸以及应用多种新技术，可创造出适合不同产品需要的新型包装。

（5）塑料有优良的透明性和表面光泽，印刷和装饰性能良好，在传达和美化商品上能取得良好效果。

（6）塑料属节能材料，价格上具有一定的竞争力。

塑料作为包装材料也有不足之处：强度不如钢铁；耐热性不及玻璃；在外界因素长期作用下易发生老化；有些塑料不是绝对的不透气、不透光、不透湿；有些塑料还带有异味，其内部低分子物有可能渗入内装物；塑料还易产生静电，容易弄脏；有的塑料废物处理燃烧时会造成公害。

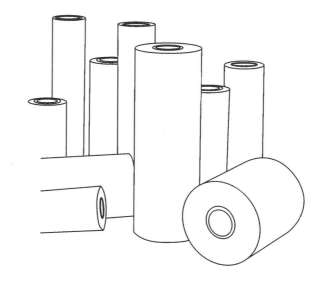

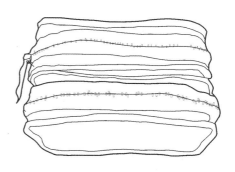

3 PVC塑料膜包装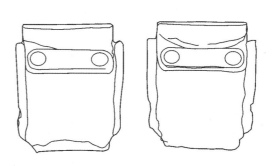

1 塑料软管包装

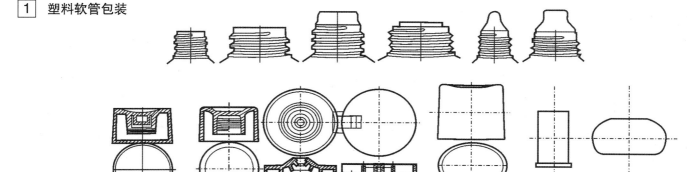

2 塑料软管的瓶口瓶盖的包装示例

产品包装 [6] 包装材料

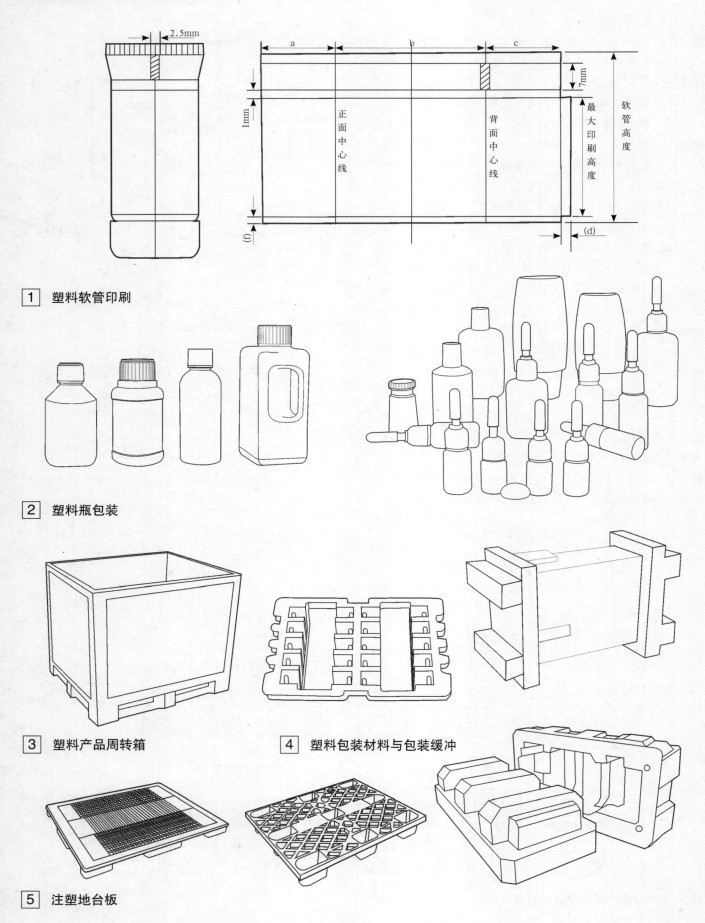

1 塑料软管印刷

2 塑料瓶包装

3 塑料产品周转箱

4 塑料包装材料与包装缓冲

5 注塑地台板

中华人民共和国著作权法

(1990年9月7日第七届全国人民代表大会常务委员会第十五次会议通过 根据2001年10月27日第九届全国人民代表大会常务委员会第二十四次会议《关于修改〈中华人民共和国著作权法〉的决定》修正)

第一章 总 则

第一条 为保护文学、艺术和科学作品作者的著作权,以及与著作权有关的权益,鼓励有益于社会主义精神文明、物质文明建设的作品的创作和传播,促进社会主义文化和科学事业的发展与繁荣,根据宪法制定本法。

第二条 中国公民、法人或者其他组织的作品,不论是否发表,依照本法享有著作权。

外国人、无国籍人的作品根据其作者所属国或者经常居住地国同中国签订的协议或者共同参加的国际条约享有的著作权,受本法保护。

外国人、无国籍人的作品首先在中国境内出版的,依照本法享有著作权。

未与中国签订协议或者共同参加国际条约的国家的作者以及无国籍人的作品首次在中国参加的国际条约的成员国出版的,或者在成员国和非成员国同时出版的,受本法保护。

第三条 本法所称的作品,包括以下列形式创作的文学、艺术和自然科学、社会科学、工程技术等作品:

(一)文字作品;
(二)口述作品;
(三)音乐、戏剧、曲艺、舞蹈、杂技艺术作品;
(四)美术、建筑作品;
(五)摄影作品;
(六)电影作品和以类似摄制电影的方法创作的作品;
(七)工程设计图、产品设计图、地图、示意图等图形作品和模型作品;
(八)计算机软件;
(九)法律、行政法规规定的其他作品。

第四条 依法禁止出版、传播的作品,不受本法保护。

著作权人行使著作权,不得违反宪法和法律,不得损害公共利益。

第五条 本法不适用于:

(一)法律、法规,国家机关的决议、决定、命令和其他具有立法、行政、司法性质的文件,及其官方正式译文;
(二)时事新闻;
(三)历法、通用数表、通用表格和公式。

第六条 民间文学艺术作品的著作权保护办法由国务院另行规定。

第七条 国务院著作权行政管理部门主管全国的著作权管理工作;各省、自治区、直辖市人民政府的著作权行政管理部门主管本行政区域的著作权管理工作。

第八条 著作权人和与著作权有关的权利人可以授权著作权集体管理组织行使著作权或者与著作权有关的权利。著作权集体管理组织被授权后,可以以自己的名义为著作权人和与著作权有关的权利人主张权利,并可以作为当事人进行涉及著作权或者与著作权有关的权利的诉讼、仲裁活动。

著作权集体管理组织是非营利性组织,其设立方式、权利义务、著作权许可使用费的收取和分配,以及对其监督和管理等由国务院另行规定。

第二章 著 作 权

第一节 著作权人及其权利

第九条 著作权人包括:

(一)作者;
(二)其他依照本法享有著作权的公民、法人或者其他组织。

第十条 著作权包括下列人身权和财产权:

(一)发表权,即决定作品是否公之于众的权利;
(二)署名权,即表明作者身份,在作品上署名的权利;
(三)修改权,即修改或者授权他人修改作品的权利;

（四）保护作品完整权，即保护作品不受歪曲、篡改的权利；

（五）复制权，即以印刷、复印、拓印、录音、录像、翻录、翻拍等方式将作品制作一份或者多份的权利；

（六）发行权，即以出售或者赠与方式向公众提供作品的原件或者复制件的权利；

（七）出租权，即有偿许可他人临时使用电影作品和以类似摄制电影的方法创作的作品、计算机软件的权利，计算机软件不是出租的主要标的的除外；

（八）展览权，即公开陈列美术作品、摄影作品的原件或者复制件的权利；

（九）表演权，即公开表演作品，以及用各种手段公开播送作品的表演的权利；

（十）放映权，即通过放映机、幻灯机等技术设备公开再现美术、摄影、电影和以类似摄制电影的方法创作的作品等的权利；

（十一）广播权，即以无线方式公开广播或者传播作品，以有线传播或者转播的方式向公众传播广播的作品，以及通过扩音器或者其他传送符号、声音、图像的类似工具向公众传播广播的作品的权利；

（十二）信息网络传播权，即以有线或者无线方式向公众提供作品，使公众可以在其个人选定的时间和地点获得作品的权利；

（十三）摄制权，即以摄制电影或者以类似摄制电影的方法将作品固定在载体上的权利；

（十四）改编权，即改变作品，创作出具有独创性的新作品的权利；

（十五）翻译权，即将作品从一种语言文字转换成另一种语言文字的权利；

（十六）汇编权，即将作品或者作品的片段通过选择或者编排，汇集成新作品的权利；

（十七）应当由著作权人享有的其他权利。

著作权人可以许可他人行使前款第（五）项至第（十七）项规定的权利，并依照约定或者本法有关规定获得报酬。

著作权人可以全部或者部分转让本条第一款第（五）项至第（十七）项规定的权利，并依照约定或者本法有关规定获得报酬。

第二节 著作权归属

第十一条 著作权属于作者，本法另有规定的除外。

创作作品的公民是作者。

由法人或者其他组织主持，代表法人或者其他组织意志创作，并由法人或者其他组织承担责任的作品，法人或者其他组织视为作者。

如无相反证明，在作品上署名的公民、法人或者其他组织为作者。

第十二条 改编、翻译、注释、整理已有作品而产生的作品，其著作权由改编、翻译、注释、整理人享有，但行使著作权时不得侵犯原作品的著作权。

第十三条 两人以上合作创作的作品，著作权由合作作者共同享有。没有参加创作的人，不能成为合作作者。

合作作品可以分割使用的，作者对各自创作的部分可以单独享有著作权，但行使著作权时不得侵犯合作作品整体的著作权。

第十四条 汇编若干作品、作品的片段或者不构成作品的数据或者其他材料，对其内容的选择或者编排体现独创性的作品，为汇编作品，其著作权由汇编人享有，但行使著作权时，不得侵犯原作品的著作权。

第十五条 电影作品和以类似摄制电影的方法创作的作品的著作权由制片者享有，但编剧、导演、摄影、作词、作曲等作者享有署名权，并有权按照与制片者签订的合同获得报酬。

电影作品和以类似摄制电影的方法创作的作品中的剧本、音乐等可以单独使用的作品的作者有权单独行使其著作权。

第十六条 公民为完成法人或者其他组织工作任务所创作的作品是职务作品，除本条第二款的规定以外，著作权由作者享有，但法人或者其他组织有权在其业务范围内优先使用。作品完成两年内，未经单位同意，作者不得许可第三人以与单位使用的相同方式使用该作品。

有下列情形之一的职务作品，作者享有署名权，著作权的其他权利由法人或者其他组织享有，法人或者其他组织可以给予作者奖励：

（一）主要是利用法人或者其他组织的物质技术条件创作，并由法人或者其他组织承担责任的工程设计图、产品设计图、地图、计算机软件等职务作品；

（二）法律、行政法规规定或者合同约定著作权由法人或者其他组织享有的职务作品。

第十七条 受委托创作的作品，著作权的归属由委托人和受托人通过合同约定。合同未作明确约定或者没有订立合同的，著作权属于受托人。

第十八条 美术等作品原件所有权的转移，不视为作品著作权的转移，但美术作品原件的展览权由原件所有人享有。

第十九条 著作权属于公民的，公民死亡后，其本法第十条第一款第（五）项至第（十七）项规定的权利在本法规定的保护期内，依照继承法的规定转移。

著作权属于法人或者其他组织的，法人或者其他组织变更、终止后，其本法第十条第一款第（五）项至第（十七）项规定的权利在本法规定的保护期内，由承受其权利义务的法人或者其他组织享有；没有承受其权利义务的法人或者其他组织的，由国家享有。

第三节 权利的保护期

第二十条 作者的署名权、修改权、保护作品完整权的保护期不受限制。

第二十一条 公民的作品，其发表权、本法第十条第一款第（五）项至第（十七）项规定的权利的保护期为作者终生及其死亡后五十年，截止于作者死亡后第五十年的12月31日；如果是合作作品，截止于最后死亡的作者死亡后第五十年的12月31日。

法人或者其他组织的作品、著作权（署名权除外）由法人或者其他组织享有的职务作品，其发表权、本法第十条第一款第（五）项至第（十七）项规定的权利的保护期为五十年，截止于作品首次发表后第五十年的12月31日，但作品自创作完成后五十年内未发表的，本法不再保护。

电影作品和以类似摄制电影的方法创作的作品、摄影作品，其发表权、本法第十条第一款第（五）项至第（十七）项规定的权利的保护期为五十年，截止于作品首次发表后第五十年的12月31日，但作品自创作完成后五十年内未发表的，本法不再保护。

第四节 权利的限制

第二十二条 在下列情况下使用作品，可以不经著作权人许可，不向其支付报酬，但应当指明作者姓名、作品名称，并且不得侵犯著作权人依照本法享有的其他权利：

（一）为个人学习、研究或者欣赏，使用他人已经发表的作品；

（二）为介绍、评论某一作品或者说明某一问题，在作品中适当引用他人已经发表的作品；

（三）为报道时事新闻，在报纸、期刊、广播电台、电视台等媒体中不可避免地再现或者引用已经发表的作品；

（四）报纸、期刊、广播电台、电视台等媒体刊登或者播放其他报纸、期刊、广播电台、电视台等媒体已经发表的关于政治、经济、宗教问题的时事性文章，但作者声明不许刊登、播放的除外；

（五）报纸、期刊、广播电台、电视台等媒体刊登或者播放在公众集会上发表的讲话，但作者声明不许刊登、播放的除外；

（六）为学校课堂教学或者科学研究，翻译或者少量复制已经发表的作品，供教学或者科研人员使用，但不得出版发行；

（七）国家机关为执行公务在合理范围内使用已经发表的作品；

（八）图书馆、档案馆、纪念馆、博物馆、美术馆等为陈列或者保存版本的需要，复制本馆收藏的作品；

（九）免费表演已经发表的作品，该表演未向公众收取费用，也未向表演者支付报酬；

（十）对设置或者陈列在室外公共场所的艺术作品进行临摹、绘画、摄影、录像；

（十一）将中国公民、法人或者其他组织已经发表的以汉语言文字创作的作品翻译成少数民族语言文字作品在国内出版发行；

（十二）将已经发表的作品改成盲文出版。

前款规定适用于对出版者、表演者、录音录像制作者、广播电台、电视台的权利的限制。

第二十三条 为实施九年制义务教育和国家教育规划而编写出版教科书，除作者事先声明不许使用的外，可以不经著作权人许可，在教科书中汇编已经发表的作品片段或者短小的文字作品、音乐作品或者单幅的美术作品、摄影作品，但应当按照规定支付报酬，指明作者姓名、作品名称，并且不得侵犯著作权人依照本法享有的其他权利。

前款规定适用于对出版者、表演者、录音录像制作者、广播电台、电视台的权利的限制。

第三章 著作权许可使用和转让合同

第二十四条 使用他人作品应当同著作权人订立许可使用合同，本法规定可以不经许可的除外。

许可使用合同包括下列主要内容：

（一）许可使用的权利种类；

（二）许可使用的权利是专有使用权或者非专有使用权；

（三）许可使用的地域范围、期间；

（四）付酬标准和办法；

（五）违约责任；

（六）双方认为需要约定的其他内容。

第二十五条 转让本法第十条第一款第（五）项至第（十七）项规定的权利，应当订立书面合同。

权利转让合同包括下列主要内容：

（一）作品的名称；

（二）转让的权利种类、地域范围；

（三）转让价金；

（四）交付转让价金的日期和方式；

（五）违约责任；

（六）双方认为需要约定的其他内容。

第二十六条 许可使用合同和转让合同中著作权人未明确许可、转让的权利，未经著作权人同意，另一方当事人不得行使。

第二十七条 使用作品的付酬标准可以由当事人约定，也可以按照国务院著作权行政管理部门会同有关部门制定的付酬标准支付报酬。当事人约定不明确的，按照国务院著作权行政管理部门会同有关部门制定的付酬标准支付报酬。

第二十八条 出版者、表演者、录音录像制作者、广播电台、电视台等依照本法有关规定使用他人作品的，不得侵犯作者的署名权、修改权、保护作品完整权和获得报酬的权利。

第四章 出版、表演、录音录像、播放

第一节 图书、报刊的出版

第二十九条 图书出版者出版图书应当和著作权人订立出版合同，并支付报酬。

第三十条 图书出版者对著作权人交付出版的作品，按照合同约定享有的专有出版权受法律保护，他人不得出版该作品。

第三十一条 著作权人应当按照合同约定期限交付作品。图书出版者应当按照合同约定的出版质量、期限出版图书。

图书出版者不按照合同约定期限出版，应当依照本法第五十三条的规定承担民事责任。

图书出版者重印、再版作品的，应当通知著作权人，并支付报酬。图书脱销后，图书出版者拒绝重印、再版的，著作权人有权终止合同。

第三十二条 著作权人向报社、期刊社投稿的，自稿件发出之日起十五日内未收到报社通知决定刊登的，或者自稿件发出之日起三十日内未收到期刊社通知决定刊登的，可以将同一作品向其他报社、期刊社投稿。双方另有约定的除外。

作品刊登后，除著作权人声明不得转载、摘编的外，其他报刊可以转载或者作为文摘、资料刊登，但应当按照规定向著作权人支付报酬。

第三十三条 图书出版者经作者许可，可以对作品修改、删节。

报社、期刊社可以对作品作文字性修改、删节。对内容的修改，应当经作者许可。

第三十四条 出版改编、翻译、注释、整理、汇编已有作品而产生的作品，应当取得改编、翻译、注释、整理、汇编作品的著作权人和原作品的著作权人许可，并支付报酬。

第三十五条 出版者有权许可或者禁止他人使用其出版的图书、期刊的版式设计。

前款规定的权利的保护期为十年，截止于使用该版式设计的图书、期刊首次出版后第十年的12月31日。

第二节 表 演

第三十六条 使用他人作品演出，表演者（演员、演出单位）应当取得著作权人许可，并支付报酬。演出组织者组织演出，由该组织者取得著作权人许可，并支付报酬。

使用改编、翻译、注释、整理已有作品而产生的作品进行演出，应当取得改编、翻译、注释、整理作品的著作权人和原作品的著作权人许可，并支付报酬。

第三十七条 表演者对其表演享有下列权利：

（一）表明表演者身份；

（二）保护表演形象不受歪曲；

（三）许可他人从现场直播和公开传送其现场表演，并获得报酬；

（四）许可他人录音录像，并获得报酬；

（五）许可他人复制、发行录有其表演的录音录像制品，并获得报酬；

（六）许可他人通过信息网络向公众传播其表演，并获得报酬。

被许可人以前款第（三）项至第（六）项规定的方式使用作品，还应当取得著作权人许可，并支付报酬。

第三十八条 本法第三十七条第一款第（一）项、第（二）项规定的权利的保护期不受限制。

本法第三十七条第一款第（三）项至第（六）项规定的权利的保护期为五十年，截止于该表演发生后第五十年的12月31日。

第三节 录音录像

第三十九条 录音录像制作者使用他人作品制作录音录像制品，应当取得著作权人许可，并支付报酬。

录音录像制作者使用改编、翻译、注释、整理已有作品而产生的作品，应当取得改编、翻译、注释、整理作品的著作权人和原作品著作权人许可，并支付报酬。

录音制作者使用他人已经合法录制为录音制品的音乐作品制作录音制品，可以不经著作权人许可，但应当按照规定支付报酬；著作权人声明不许使用的不得使用。

第四十条 录音录像制作者制作录音录像制品，应当同表演者订立合同，并支付报酬。

第四十一条 录音录像制作者对其制作的录音录像制品，享有许可他人复制、发行、出租、通过信息网络向公众传播并获得报酬的权利；权利的保护期为五十年，截止于该制品首次制作完成后第五十年的12月31日。

被许可人复制、发行、通过信息网络向公众传播录音录像制品，还应当取得著作权人、表演者许可，并支付报酬。

第四节 广播电台、电视台播放

第四十二条 广播电台、电视台播放他人未发表的作品，应当取得著作权人许可，并支付报酬。

广播电台、电视台播放他人已发表的作品，可以不经著作权人许可，但应当支付报酬。

第四十三条 广播电台、电视台播放已经出版的录音制品，可以不经著作权人许可，但应当支付报酬。当事人另有约定的除外。具体办法由国务院规定。

第四十四条 广播电台、电视台有权禁止未经其许可的下列行为：

（一）将其播放的广播、电视转播；

（二）将其播放的广播、电视录制在音像载体上以及复制音像载体。

前款规定的权利的保护期为五十年，截止于该广播、电视首次播放后第五十年的12月31日。

第四十五条 电视台播放他人的电影作品和以类似摄制电影的方法创作的作品、录像制品，应当取得制片者或者录像制作者许可，并支付报酬；播放他人的录像制品，还应当取得著作权人许可，并支付报酬。

第五章 法律责任和执法措施

第四十六条 有下列侵权行为的，应当根据情况，承担停止侵害、消除影响、赔礼道歉、赔偿损失等民事责任：

（一）未经著作权人许可，发表其作品的；

（二）未经合作作者许可，将与他人合作创作的作品当作自己单独创作的作品发表的；

（三）没有参加创作，为谋取个人名利，在他人作品上署名的；

（四）歪曲、篡改他人作品的；

（五）剽窃他人作品的；

（六）未经著作权人许可，以展览、摄制电影和以类似摄制电影的方法使用作品，或者以改编、翻译、注释等方式使用作品的，本法另有规定的除外；

（七）使用他人作品，应当支付报酬而未支付的；

（八）未经电影作品和以类似摄制电影的方法创作的作品、计算机软件、录音录像制品的著作权人或者与著作权有关的权利人许可，出租其作品或者录音录像制品的，本法另有规定的除外；

（九）未经出版者许可，使用其出版的图书、期刊的版式设计的；

（十）未经表演者许可，从现场直播或者公开传送其现场表演，或者录制其表演的；

（十一）其他侵犯著作权以及与著作权有关的权益的行为。

第四十七条 有下列侵权行为的，应当根据情况，承担停止侵害、消除影响、赔礼道歉、赔偿损失等民事责任；同时损害公共利益的，可以由著作权行政管理部门责令停止侵权行为，没收违法所得，没收、销毁侵权复制品，并可处以罚款；情节严重的，著作权行政管理部门还可以没收主要用于制作侵权复制品的材料、工具、设备等；构成犯罪的，依法追究刑事责任：

（一）未经著作权人许可，复制、发行、表演、放映、广播、汇编、通过信息网络向公众传播其作品的，本法另有规定的除外；

（二）出版他人享有专有出版权的图书的；

（三）未经表演者许可，复制、发行录有其表演的录音录像制品，或者通过信息网络向公众传播其表演的，本法另有规定的除外；

（四）未经录音录像制作者许可，复制、发行、通过信息网络向公众传播其制作的录音录像制品的，本法另有规定的除外；

（五）未经许可，播放或者复制广播、电视的，本法另有规定的除外；

（六）未经著作权人或者与著作权有关的权利人许可，故意避开或者破坏权利人为其作品、录音录像制品等采取的保护著作权或者与著作权有关的权利的技术措施的，法律、行政法规另有规定的除外；

（七）未经著作权人或者与著作权有关的权利人许可，故意删除或者改变作品、录音录像制品等的权利管理电子信息的，法律、行政法规另有规定的除外；

（八）制作、出售假冒他人署名的作品的。

第四十八条 侵犯著作权或者与著作权有关的权利的，侵权人应当按照权利人的实际损失给予赔偿；实际损失难以计算的，可以按照侵权人的违法所得给予赔偿。赔偿数额还应当包括权利人为制止侵权行为所支付的合理开支。

权利人的实际损失或者侵权人的违法所得不能确定的，由人民法院根据侵权行为的情节，判决给予五十万元以下的赔偿。

第四十九条 著作权人或者与著作权有关的权利人有证据证明他人正在实施或者即将实施侵犯其权利的行为，如不及时制止将会使其合法权益受到难以弥补的损害的，可以在起诉前向人民法院申请采取责令停止有关行为和财产保全的措施。

人民法院处理前款申请，适用《中华人民共和国民事诉讼法》第九十三条至第九十六条和第九十九条的规定。

第五十条 为制止侵权行为，在证据可能灭失或者以后难以取得的情况下，著作权人或者与著作权有关的权利人可以在起诉前向人民法院申请保全证据。

人民法院接受申请后，必须在四十八小时内作出裁定；裁定采取保全措施的，应当立即开始执行。

人民法院可以责令申请人提供担保，申请人不提供担保的，驳回申请。

申请人在人民法院采取保全措施后十五日内不起诉的，人民法院应当解除保全措施。

第五十一条 人民法院审理案件，对于侵犯著作权或者与著作权有关的权利的，可以没收违法所得、侵权复制品以及进行违法活动的财物。

第五十二条 复制品的出版者、制作者不能证明其出版、制作有合法授权的，复制品的发行者或者电影作品或者以类似摄制电影的方法创作的作品、计算机软件、录音录像制品的复制品的出租者不能证明其发行、出租的复制品有合法来源的，应当承担法律责任。

第五十三条 当事人不履行合同义务或者履行合同义务不符合约定条件的，应当依照《中华人民共和国民法通则》、《中华人民共和国合同法》等有关法律规定承担民事责任。

第五十四条 著作权纠纷可以调解，也可以根据当事人达成的书面仲裁协议或者著作权合同中的仲裁条款，向仲裁机构申请仲裁。

当事人没有书面仲裁协议，也没有在著作权合同中订立仲裁条款的，可以直接向人民法院起诉。

第五十五条 当事人对行政处罚不服的，可以自收到行政处罚决定书之日起三个月内向人民法院起诉，期满不起诉又不履行的，著作权行政管理部门可以申请人民法院执行。

第六章 附 则

第五十六条 本法所称的著作权即版权。

第五十七条 本法第二条所称的出版，指作品的复制、发行。

第五十八条 计算机软件、信息网络传播权的保护办法由国务院另行规定。

第五十九条 本法规定的著作权人和出版者、表演者、录音录像制作者、广播电台、电视台的权利，在本法施行之日尚未超过本法规定的保护期的，依照本法予以保护。

本法施行前发生的侵权或者违约行为，依照侵权或者违约行为发生时的有关规定和政策处理。

第六十条 本法自1991年6月1日起施行。

中华人民共和国著作权法实施条例

(中华人民共和国国务院令第359号现公布《中华人民共和国著作权法实施条例》，自2002年9月15日起施行)

第一条　根据《中华人民共和国著作权法》(以下简称著作权法)，制定本条例。

第二条　著作权法所称作品，是指文学、艺术和科学领域内具有独创性并能以某种有形形式复制的智力成果。

第三条　著作权法所称创作，是指直接产生文学、艺术和科学作品的智力活动。

为他人创作进行组织工作，提供咨询意见、物质条件，或者进行其他辅助工作，均不视为创作。

第四条　著作权法和本条例中下列作品的含义：

（一）文字作品，是指小说、诗词、散文、论文等以文字形式表现的作品；

（二）口述作品，是指即兴的演说、授课、法庭辩论等以口头语言形式表现的作品；

（三）音乐作品，是指歌曲、交响乐等能够演唱或者演奏的带词或者不带词的作品；

（四）戏剧作品，是指话剧、歌剧、地方戏等供舞台演出的作品；

（五）曲艺作品，是指相声、快书、大鼓、评书等以说唱为主要形式表演的作品；

（六）舞蹈作品，是指通过连续的动作、姿势、表情等表现思想情感的作品；

（七）杂技艺术作品，是指杂技、魔术、马戏等通过形体动作和技巧表现的作品；

（八）美术作品，是指绘画、书法、雕塑等以线条、色彩或者其他方式构成的有审美意义的平面或者立体的造型艺术作品；

（九）建筑作品，是指以建筑物或者构筑物形式表现的有审美意义的作品；

（十）摄影作品，是指借助器械在感光材料或者其他介质上记录客观物体形象的艺术作品；

（十一）电影作品和以类似摄制电影的方法创作的作品，是指摄制在一定介质上，由一系列有伴音或者无伴音的画面组成，并且借助适当装置放映或者以其他方式传播的作品；

（十二）图形作品，是指为施工、生产绘制的工程设计图、产品设计图，以及反映地理现象、说明事物原理或者结构的地图、示意图等作品；

（十三）模型作品，是指为展示、试验或者观测等用途，根据物体的形状和结构，按照一定比例制成的立体作品。

第五条　著作权法和本条例中下列用语的含义：

（一）时事新闻，是指通过报纸、期刊、广播电台、电视台等媒体报道的单纯事实消息；

（二）录音制品，是指任何对表演的声音和其他声音的录制品；

（三）录像制品，是指电影作品和以类似摄制电影的方法创作的作品以外的任何有伴音或者无伴音的连续相关形象、图像的录制品；

（四）录音制作者，是指录音制品的首次制作人；

（五）录像制作者，是指录像制品的首次制作人；

（六）表演者，是指演员、演出单位或者其他表演文学、艺术作品的人。

第六条　著作权自作品创作完成之日起产生。

第七条　著作权法第二条第三款规定的首先在中国境内出版的外国人、无国籍人的作品，其著作权自首次出版之日起受保护。

第八条　外国人、无国籍人的作品在中国境外首先出版后，30日内在中国境内出版的，视为该作品同时在中国境内出版。

第九条　合作作品不可以分割使用的，其著作权由各合作作者共同享有，通过协商一致行使；不能协商一致，又无正当理由的，任何一方不得阻止他方行使除转让以外的其他权利，但是所得收益应当合理分配给所有合作作者。

第十条　著作权人许可他人将其作品摄制成电影作品和以类似摄制电影的方法创作的作品的，视为已同意对其作品进行必要的改动，但是这种改动不得歪曲篡改原作品。

第十一条　著作权法第十六条第一款关于职务作品的规定中的"工作任务"，是指公民在该法人或者该组织中应当履行的职责。

著作权法第十六条第二款关于职务作品的规定中的"物质技术条件",是指该法人或者该组织为公民完成创作专门提供的资金、设备或者资料。

第十二条　职务作品完成两年内,经单位同意,作者许可第三人以与单位使用的相同方式使用作品所获报酬,由作者与单位按约定的比例分配。

作品完成两年的期限,自作者向单位交付作品之日起计算。

第十三条　作者身份不明的作品,由作品原件的所有人行使除署名权以外的著作权。作者身份确定后,由作者或者其继承人行使著作权。

第十四条　合作作者之一死亡后,其对合作作品享有的著作权法第十条第一款第(五)项至第(十七)项规定的权利无人继承又无人受遗赠的,由其他合作作者享有。

第十五条　作者死亡后,其著作权中的署名权、修改权和保护作品完整权由作者的继承人或者受遗赠人保护。

著作权无人继承又无人受遗赠的,其署名权、修改权和保护作品完整权由著作权行政管理部门保护。

第十六条　国家享有著作权的作品的使用,由国务院著作权行政管理部门管理。

第十七条　作者生前未发表的作品,如果作者未明确表示不发表,作者死亡后50年内,其发表权可由继承人或者受遗赠人行使;没有继承人又无人受遗赠的,由作品原件的所有人行使。

第十八条　作者身份不明的作品,其著作权法第十条第一款第(五)项至第(十七)项规定的权利的保护期截止于作品首次发表后第50年的12月31日。作者身份确定后,适用著作权法第二十一条的规定。

第十九条　使用他人作品的,应当指明作者姓名、作品名称;但是,当事人另有约定或者由于作品使用方式的特性无法指明的除外。

第二十条　著作权法所称已经发表的作品,是指著作权人自行或者许可他人公之于众的作品。

第二十一条　依照著作权法有关规定,使用可以不经著作权人许可的已经发表的作品的,不得影响该作品的正常使用,也不得不合理地损害著作权人的合法利益。

第二十二条　依照著作权法第二十三条、第三十二条第二款、第三十九条第三款的规定使用作品的付酬标准,由国务院著作权行政管理部门会同国务院价格主管部门制定、公布。

第二十三条　使用他人作品应当同著作权人订立许可使用合同,许可使用的权利是专有使用权的,应当采取书面形式,但是报社、期刊社刊登作品除外。

第二十四条　著作权法第二十四条规定的专有使用权的内容由合同约定,合同没有约定或者约定不明的,视为被许可人有权排除包括著作权人在内的任何人以同样的方式使用作品;除合同另有约定外,被许可人许可第三人行使同一权利,必须取得著作权人的许可。

第二十五条　与著作权人订立专有许可使用合同、转让合同的,可以向著作权行政管理部门备案。

第二十六条　著作权法和本条例所称与著作权有关的权益,是指出版者对其出版的图书和期刊的版式设计享有的权利,表演者对其表演享有的权利,录音录像制作者对其制作的录音录像制品享有的权利,广播电台、电视台对其播放的广播、电视节目享有的权利。

第二十七条　出版者、表演者、录音录像制作者、广播电台、电视台行使权利,不得损害被使用作品和原作品著作权人的权利。

第二十八条　图书出版合同中约定图书出版者享有专有出版权但没有明确其具体内容的,视为图书出版者享有在合同有效期限内和在合同约定的地域范围内以同种文字的原版、修订版出版图书的专有权利。

第二十九条　著作权人寄给图书出版者的两份订单在6个月内未能得到履行,视为著作权法第三十一条所称图书脱销。

第三十条　著作权人依照著作权法第三十二条第二款声明不得转载、摘编其作品的,应当在报纸、期刊刊登该作品时附带声明。

第三十一条　著作权人依照著作权法第三十九条第三款声明不得对其作品制作录音制品的,应当在该作品合法录制为录音制品时声明。

第三十二条　依照著作权法第二十三条、第三十二条第二款、第三十九条第三款的规定,使用他人作品的,应当自使用该作品之日起2个月内向著作权人支付报酬。

第三十三条 外国人、无国籍人在中国境内的表演,受著作权法保护。

外国人、无国籍人根据中国参加的国际条约对其表演享有的权利,受著作权法保护。

第三十四条 外国人、无国籍人在中国境内制作、发行的录音制品,受著作权法保护。

外国人、无国籍人根据中国参加的国际条约对其制作、发行的录音制品享有的权利,受著作权法保护。

第三十五条 外国的广播电台、电视台根据中国参加的国际条约对其播放的广播、电视节目享有的权利,受著作权法保护。

第三十六条 有著作权法第四十七条所列侵权行为,同时损害社会公共利益的,著作权行政管理部门可以处非法经营额3倍以下的罚款;非法经营额难以计算的,可以处10万元以下的罚款。

第三十七条 有著作权法第四十七条所列侵权行为,同时损害社会公共利益的,由地方人民政府著作权行政管理部门负责查处。

国务院著作权行政管理部门可以查处在全国有重大影响的侵权行为。

第三十八条 本条例自2002年9月15日起施行。1991年5月24日国务院批准、1991年5月30日国家版权局发布的《中华人民共和国著作权法实施条例》同时废止。

中华人民共和国专利法

(1984年3月12日第六届全国人民代表大会常务委员会第四次会议通过

根据1992年9月4日第七届全国人民代表大会常务委员会第二十七次会议《关于修改〈中华人民共和国专利法〉的决定》第一次修正

根据2000年8月25日第九届全国人民代表大会常务委员会第十七次会议《关于修改〈中华人民共和国专利法〉的决定》第二次修正)

第一章 总 则

第一条 为了保护发明创造专利权,鼓励发明创造,有利于发明创造的推广应用,促进科学技术进步和创新,适应社会主义现代化建设的需要,特制定本法。

第二条 本法所称的发明创造是指发明、实用新型和外观设计。

第三条 国务院专利行政部门负责管理全国的专利工作;统一受理和审查专利申请,依法授予专利权。

省、自治区、直辖市人民政府管理专利工作的部门负责本行政区域内的专利管理工作。

第四条 申请专利的发明创造涉及国家安全或者重大利益需要保密的,按照国家有关规定办理。

第五条 对违反国家法律、社会公德或者妨害公共利益的发明创造,不授予专利权。

第六条 执行本单位的任务或者主要是利用本单位的物质技术条件所完成的发明创造为职务发明创造。职务发明创造申请专利的权利属于该单位;申请被批准后,该单位为专利权人。

非职务发明创造,申请专利的权利属于发明人或者设计人;申请被批准后,该发明人或者设计人为专利权人。

利用本单位的物质技术条件所完成的发明创造,单位与发明人或者设计人订有合同,对申请专利的权利和专利权的归属作出约定的,从其约定。

第七条 对发明人或者设计人的非职务发明创造专利申请,任何单位或者个人不得压制。

第八条 两个以上单位或者个人合作完成的发明创造、一个单位或者个人接受其他单位或者个人委托所完成的发明创造,除另有协议的以外,申请专利的权利属于完成或者共同完成的单位或者个人;申请被批准后,申请的单位或者个人为专利权人。

第九条 两个以上的申请人分别就同样的发明创造申请专利的,专利权授予最先申请的人。

第十条 专利申请权和专利权可以转让。

中国单位或者个人向外国人转让专利申请权或者专利权的,必须经国务院有关主管部门批准。

转让专利申请权或者专利权的,当事人应当订立书面合同,并向国务院专利行政部门登记,由国务院专利行政部门予以公告。专利申请权或者专利权的转让自登记之日起生效。

第十一条 发明和实用新型专利权被授予后,除本法另有规定的以外,任何单位或者个人未经专利权人许可,都不得实施其专利,即不得为生产经营目的制造、使用、许诺销售、销售、进口其专利产品,或者使用其专利方法以及使用、许诺销售、销售、进口依照该专利方法直接获得的产品。

外观设计专利权被授予后,任何单位或者个人未经专利权人许可,都不得实施其专利,即不得为生产经营目的制造、销售、进口其外观设计专利产品。

第十二条 任何单位或者个人实施他人专利的,应当与专利权人订立书面实施许可合同,向专利权人支付专利使用费。被许可人无权允许合同规定以外的任何单位或者个人实施该专利。

第十三条 发明专利申请公布后,申请人可以要求实施其发明的单位或者个人支付适当的费用。

第十四条 公共利益具有重大意义的,国务院有关主管部门和省、自治区、直辖市人民政府报经国务院批准,可以决定在批准的范围内推广应用,允许指定的单位实施,由实施单位按照国家规定向专利权人支付使用费。

中国集体所有制单位和个人的发明专利,对国家利益或者公共利益具有重大意义,需要推广应用的,参照前款规定办理。

第十五条 专利权人有权在其专利产品或者该产品的包装上标明专利标记和专利号。

第十六条　被授予专利权的单位应当对职务发明创造的发明人或者设计人给予奖励；发明创造专利实施后，根据其推广应用的范围和取得的经济效益，对发明人或者设计人给予合理的报酬。

第十七条　发明人或者设计人有在专利文件中写明自己是发明人或者设计人的权利。

第十八条　在中国没有经常居所或者营业所的外国人、外国企业或者外国其他组织在中国申请专利的，依照其所属国同中国签订的协议或者共同参加的国际条约，或者依照互惠原则，根据本法办理。

第十九条　在中国没有经常居所或者营业所的外国人、外国企业或者外国其他组织在中国申请专利和办理其他专利事务的，应当委托国务院专利行政部门指定的专利代理机构办理。

中国单位或者个人在国内申请专利和办理其他专利事务的，可以委托专利代理机构办理。

专利代理机构应当遵守法律、行政法规，按照被代理人的委托办理专利申请或者其他专利事务；对被代理人发明创造的内容，除专利申请已经公布或者公告的以外，负有保密责任。专利代理机构的具体管理办法由国务院规定。

第二十条　中国单位或者个人将其在国内完成的发明创造向外国申请专利的，应当先向国务院专利行政部门申请专利，委托其指定的专利代理机构办理，并遵守本法第四条的规定。

中国单位或者个人可以根据中华人民共和国参加的有关国际条约提出专利国际申请。申请人提出专利国际申请的，应当遵守前款规定。

国务院专利行政部门依照中华人民共和国参加的有关国际条约、本法和国务院有关规定处理专利国际申请。

第二十一条　国务院专利行政部门及其专利复审委员会应当按照客观、公正、准确、及时的要求，依法处理有关专利的申请和请求。

在专利申请公布或者公告前，国务院专利行政部门的工作人员及有关人员对其内容负有保密责任。

第二章　授予专利权的条件

第二十二条　授予专利权的发明和实用新型，应当具备新颖性、创造性和实用性。

新颖性，是指在申请日以前没有同样的发明或者实用新型在国内外出版物上公开发表过、在国内公开使用过或者以其他方式为公众所知，也没有同样的发明或者实用新型由他人向国务院专利行政部门提出过申请并且记载在申请日以后公布的专利申请文件中。

创造性，是指同申请日以前已有的技术相比，该发明有突出的实质性特点和显著的进步，该实用新型有实质性特点和进步。

实用性，是指该发明或者实用新型能够制造或者使用，并且能够产生积极效果。

第二十三条　授予专利权的外观设计，应当同申请日以前在国内外出版物上公开发表过或者国内公开使用过的外观设计不相同和不相近似，并不得与他人在先取得的合法权利相冲突。

第二十四条　申请专利的发明创造在申请日以前六个月内，有下列情形之一的，不丧失新颖性：

（一）在中国政府主办或者承认的国际展览会上首次展出的；

（二）在规定的学术会议或者技术会议上首次发表的；

（三）他人未经申请人同意而泄露其内容的。

第二十五条　对下列各项，不授予专利权：

（一）科学发现；

（二）智力活动的规则和方法；

（三）疾病的诊断和治疗方法；

（四）动物和植物品种；

（五）用原子核变换方法获得的物质。

对前款第（四）项所列产品的生产方法，可以依照本法规定授予专利权。

第三章　专利的申请

第二十六条　申请发明或者实用新型专利的，应当提交请求书、说明书及其摘要和权利要求书等文件。

请求书应当写明发明或者实用新型的名称，发明人或者设计人的姓名，申请人姓名或者名称、地址，以及其他事项。

说明书应当对发明或者实用新型作出清楚、完整的说明，以所属技术领域的技术人员能够实现为准；必要的时候，应当有附图。摘要应当简要说明发明或者实用新型的技术要点。

权利要求书应当以说明书为依据，说明要求专利保护的范围。

第二十七条 申请外观设计专利的，应当提交请求书以及该外观设计的图片或者照片等文件，并且应当写明使用该外观设计的产品及其所属的类别。

第二十八条 国务院专利行政部门收到专利申请文件之日为申请日。如果申请文件是邮寄的，以寄出的邮戳日为申请日。

第二十九条 申请人自发明或者实用新型在外国第一次提出专利申请之日起十二个月内，或者自外观设计在外国第一次提出专利申请之日起六个月内，又在中国就相同主题提出专利申请的，依照该外国同中国签订的协议或者共同参加的国际条约，或者依照相互承认优先权的原则，可以享有优先权。

申请人自发明或者实用新型在中国第一次提出专利申请之日起十二个月内，又向国务院专利行政部门就相同主题提出专利申请的，可以享有优先权。

第三十条 申请人要求优先权的，应当在申请的时候提出书面声明，并且在三个月内提交第一次提出的专利申请文件的副本；未提出书面声明或者逾期未提交专利申请文件副本的，视为未要求优先权。

第三十一条 一件发明或者实用新型专利申请应当限于一项发明或者实用新型。属于一个总的发明构思的两项以上的发明或者实用新型，可以作为一件申请提出。

一件外观设计专利申请应当限于一种产品所使用的一项外观设计。用于同一类别并且成套出售或者使用的产品的两项以上的外观设计，可以作为一件申请提出。

第三十二条 申请人可以在被授予专利权之前随时撤回其专利申请。

第三十三条 申请人可以对其专利申请文件进行修改，但是，对发明和实用新型专利申请文件的修改不得超出原说明书和权利要求书记载的范围，对外观设计专利申请文件的修改不得超出原图片或者照片表示的范围。

第四章 专利申请的审查和批准

第三十四条 国务院专利行政部门收到发明专利申请后，经初步审查认为符合本法要求的，自申请日起满十八个月，即行公布。国务院专利行政部门可以根据申请人的请求早日公布其申请。

第三十五条 发明专利申请自申请日起三年内，国务院专利行政部门可以根据申请人随时提出的请求，对其申请进行实质审查；申请人无正当理由逾期不请求实质审查的，该申请即被视为撤回。

国务院专利行政部门认为必要的时候，可以自行对发明专利申请进行实质审查。

第三十六条 发明专利的申请人请求实质审查的时候，应当提交在申请日前与其发明有关的参考资料。

发明专利已经在外国提出过申请的，国务院专利行政部门可以要求申请人在指定期限内提交该国为审查其申请进行检索的资料或者审查结果的资料；无正当理由逾期不提交的，该申请即被视为撤回。

第三十七条 国务院专利行政部门对发明专利申请进行实质审查后，认为不符合本法规定的，应当通知申请人，要求其在指定的期限内陈述意见，或者对其申请进行修改；无正当理由逾期不答复的，该申请即被视为撤回。

第三十八条 发明专利申请经申请人陈述意见或者进行修改后，国务院专利行政部门仍然认为不符合本法规定的，应当予以驳回。

第三十九条 发明专利申请经实质审查没有发现驳回理由的，由国务院专利行政部门作出授予发明专利证书，同时予以登记和公告。发明专利权自公告之日起生效。

第四十条 实用新型和外观设计专利申请经初步审查没有发现驳回理由的，由国务院专利行政部门作出授予实用新型专利权或者外观设计专利权的决定，发给相应的专利证书，同时予以登记和公告。实用新型专利权和外观设计专利权自公告之日起生效。

第四十一条 国务院专利行政部门设立专利复审委员会。专利申请人对国务院专利行政部门驳回申请的决定不服的，可以自收到通知之日起三个月内，向专利复审委员会请求复审。专利复审委员会复审后，作出决定,并通知专利申请人。

专利申请人对专利复审委员会的复审决定不服的,可以自收到通知之日起三个月内向人民法院起诉。

第五章　专利权的期限、终止和无效

第四十二条　发明专利权的期限为二十年,实用新型专利权和外观设计专利权的期限为十年,均自申请日起计算。

第四十三条　专利权人应当自被授予专利权的当年开始缴纳年费。

第四十四条　有下列情形之一的,专利权在期限届满前终止:

(一)没有按照规定缴纳年费的;

(二)专利权人以书面声明放弃其专利权的。

专利权在期限届满前终止的,由国务院专利行政部门登记和公告。

第四十五条　自国务院专利行政部门公告授予专利权之日起,任何单位或者个人认为该专利权的授予不符合本法有关规定的,可以请求专利复审委员会宣告该专利权无效。

第四十六条　专利复审委员会对宣告专利权无效的请求应当及时审查和作出决定,并通知请求人和专利权人。宣告专利权无效的决定,由国务院专利行政部门登记和公告。

对专利复审委员会宣告专利权无效或者维持专利权的决定不服的,可以自收到通知之日起三个月内向人民法院起诉。人民法院应当通知无效宣告请求程序的对方当事人作为第三人参加诉讼。

第四十七条　宣告无效的专利权视为自始即不存在。

宣告专利权无效的决定,对在宣告专利权无效前人民法院作出并已执行的专利侵权的判决、裁定,已经履行或者强制执行的专利侵权纠纷处理决定,以及已经履行的专利实施许可合同和专利权转让合同,不具有追溯力。但是因专利权人的恶意给他人造成的损失,应当给予赔偿。

如果依照前款规定,专利权人或者专利权转让人不向被许可实施专利人或者专利权受让人返还专利使用费或者专利权转让费,明显违反公平原则,专利权人或者专利权转让人应当向被许可实施专利人或者专利权受让人返还全部或者部分专利使用费或者专利权转让费。

第六章　专利实施的强制许可

第四十八条　具备实施条件的单位以合理的条件请求发明或者实用新型专利权人许可实施其专利,而未能在合理长的时间内获得这种许可时,国务院专利行政部门根据该单位的申请,可以给予实施该发明专利或者实用新型专利的强制许可。

第四十九条　在国家出现紧急状态或者非常情况时,或者为了公共利益的目的,国务院专利行政部门可以给予实施发明专利或者实用新型专利的强制许可。

第五十条　一项取得专利权的发明或者实用新型比前已经取得专利权的发明或者实用新型具有显著经济意义的重大技术进步,其实施又有赖于前一发明或者实用新型的实施的,国务院专利行政部门根据后一专利权人的申请,可以给予实施前一发明或者实用新型的强制许可。

在依照前款规定给予实施强制许可的情形下,国务院专利行政部门根据前一专利权人的申请,也可以给予实施后一发明或者实用新型的强制许可。

第五十一条　依照本法规定申请实施强制许可的单位或者个人,应当提出未能以合理条件与专利权人签订实施许可合同的证明。

第五十二条　国务院专利行政部门作出的给予实施强制许可的决定,应当及时通知专利权人,并予以登记和公告。

给予实施强制许可的决定,应当根据强制许可的理由规定实施的范围和时间。强制许可的理由消除并不再发生时,国务院专利行政部门应当根据专利权人的请求,经审查后作出终止实施强制许可的决定。

第五十三条　取得实施强制许可的单位或者个人不享有独占的实施权,并且无权允许他人实施。

第五十四条　取得实施强制许可的单位或者个人应当付给专利权人合理的使用费,其数额由双方协商;双方不能达成协议的,由国务院专利行政部门裁决。

第五十五条 专利权人对国务院专利行政部门关于实施强制许可的决定不服的,专利权人和取得实施强制许可的单位或者个人对国务院专利行政部门关于实施强制许可的使用费的裁决不服的,可以自收到通知之日起三个月内向人民法院起诉。

第七章　专利权的保护

第五十六条 发明或者实用新型专利权的保护范围以其权利要求的内容为准,说明书及附图可以用于解释权利要求。

外观设计专利权的保护范围以表示在图片或者照片中的该外观设计专利产品为准。

第五十七条 未经专利权人许可,实施其专利,即侵犯其专利权,引起纠纷的,由当事人协商解决;不愿协商或者协商不成的,专利权人或者利害关系人可以向人民法院起诉,也可以请求管理专利工作的部门处理。管理专利工作的部门处理时,认定侵权行为成立的,可以责令侵权人立即停止侵权行为,当事人不服的,可以自收到处理通知之日起十五日内依照《中华人民共和国行政诉讼法》向人民法院起诉;侵权人期满不起诉又不停止侵权行为的,管理专利工作的部门可以申请人民法院强制执行。进行处理的管理专利工作的部门应当事人的请求,可以就侵犯专利权的赔偿数额进行调解;调解不成的,当事人可以依照《中华人民共和国民事诉讼法》向人民法院起诉。

专利侵权纠纷涉及新产品制造方法的发明专利的,制造同样产品的单位或者个人应当提供其产品制造方法不同于专利方法的证明;涉及实用新型专利的,人民法院或者管理专利工作的部门可以要求专利权人出具由国务院专利行政部门作出的检索报告。

第五十八条 假冒他人专利的,除依法承担民事责任外,由管理专利工作的部门责令改正并予公告,没收违法所得,可以并处违法所得三倍以下的罚款,没有违法所得的,可以处五万元以下的罚款;构成犯罪的,依法追究刑事责任。

第五十九条 以非专利产品冒充专利产品、以非专利方法冒充专利方法的,由管理专利工作的部门责令改正并予公告,可以处五万元以下的罚款。

第六十条 侵犯专利权的赔偿数额,按照权利人因被侵权所受到的损失或者侵权人因侵权所获得的利益确定;被侵权人的损失或者侵权人获得的利益难以确定的,参照该专利许可使用费的倍数合理确定。

第六十一条 专利权人或者利害关系人有证据证明他人正在实施或者即将实施侵犯其专利权的行为,如不及时制止将会使其合法权益受到难以弥补的损害的,可以在起诉前向人民法院申请采取责令停止有关行为和财产保全的措施。

人民法院处理前款申请,适用《中华人民共和国民事诉讼法》第九十三条至第九十六条和第九十九条的规定。

第六十二条 侵犯专利权的诉讼时效为二年,自专利权人或者利害关系人得知或者应当得知侵权行为之日起计算。

发明专利申请公布后至专利权授予前使用该发明未支付适当使用费的,专利权人要求支付使用费的诉讼时效为二年,自专利权人得知或者应当得知他人使用其发明之日起计算,但是,专利权人于专利权授予之日前即已得知或者应当得知的,自专利权授予之日起计算。

第六十三条 有下列情形之一的,不视为侵犯专利权:

(一)专利权人制造、进口或者经专利权人许可而制造、进口的专利产品或者依照专利方法直接获得的产品售出后,使用、许诺销售或者销售该产品的;

(二)在专利申请日前已经制造相同产品、使用相同方法或者已经作好制造、使用的必要准备,并且仅在原有范围内继续制造、使用的;

(三)临时通过中国领陆、领水、领空的外国运输工具,依照其所属国同中国签订的协议或者共同参加的国际条约,或者依照互惠原则,为运输工具自身需要而在其装置和设备中使用有关专利的;

(四)专为科学研究和实验而使用有关专利的。

为生产经营目的使用或者销售不知道是未经专利权人许可而制造并售出的专利产品或者依照专利方法直接获得的产品,能证明其产品合法来源的,不承担赔偿责任。

第六十四条 违反本法第二十条规定向外国申请专利,泄露国家秘密的,由所在单位或者上级主管机关给予行政处分;构成犯罪的,依法追究刑事责任。

第六十五条 侵夺发明人或者设计人的非职务发明创造专利申请权和本法规定的其他权益的，由所在单位或者上级主管机关给予行政处分。

第六十六条 管理专利工作的部门不得参与向社会推荐专利产品等经营活动。

管理专利工作的部门违反前款规定的，由其上级机关或者监察机关责令改正，消除影响，有违法收入的予以没收；情节严重的，对直接负责的主管人员和其他直接责任人员依法给予行政处分。

第六十七条 从事专利管理工作的国家机关工作人员以及其他有关国家机关工作人员玩忽职守、滥用职权、徇私舞弊，构成犯罪的，依法追究刑事责任；尚不构成犯罪的，依法给予行政处分。

第八章 附 则

第六十八条 向国务院专利行政部门申请专利和办理其他手续，应当按照规定缴纳费用。

第六十九条 本法自 1985 年 4 月 1 日起施行。

中华人民共和国专利法实施细则

(2001年6月15日中华人民共和国国务院令第306号公布,根据2002年12月28日《国务院关于修改〈中华人民共和国专利法实施细则〉的决定》修订)

第一章 总 则

第一条 根据《中华人民共和国专利法》(以下简称专利法),制定本细则。

第二条 专利法所称发明,是指对产品、方法或者其改进所提出的新的技术方案。

专利法所称实用新型,是指对产品的形状、构造或者其结合所提出的适于实用的新的技术方案。

专利法所称外观设计,是指对产品的形状、图案或者其结合以及色彩与形状、图案的结合所作出的富有美感并适于工业应用的新设计。

第三条 专利法和本细则规定的各种手续,应当以书面形式或者国务院专利行政部门规定的其他形式办理。

第四条 依照专利法和本细则规定提交的各种文件应当使用中文;国家有统一规定的科技术语的,应当采用规范词;外国人名、地名和科技术语没有统一中文译文的,应当注明原文。

依照专利法和本细则规定提交的各种证件和证明文件是外文的,国务院专利行政部门认为必要时,可以要求当事人在指定期限内附送中文译文;期满未附送的,视为未提交该证件和证明文件。

第五条 向国务院专利行政部门邮寄的各种文件,以寄出的邮戳日为递交日;邮戳日不清晰的,除当事人能够提出证明外,以国务院专利行政部门收到日为递交日。

国务院专利行政部门的各种文件,可以通过邮寄、直接送交或者其他方式送达当事人。当事人委托专利代理机构的,文件送交专利代理机构;未委托专利代理机构的,文件送交请求书中指明的联系人。

国务院专利行政部门邮寄的各种文件,自文件发出之日起满15日,推定为当事人收到文件之日。

根据国务院专利行政部门规定应当直接送交的文件,以交付日为送达日。

文件送交地址不清,无法邮寄的,可以通过公告的方式送达当事人。自公告之日起满1个月,该文件视为已经送达。

第六条 专利法和本细则规定的各种期限的第一日不计算在期限内。期限以年或者月计算的,以其最后一月的相应日为期限届满日;该月无相应日的,以该月最后一日为期限届满日;期限届满日是法定节假日的,以节假日后的第一个工作日为期限届满日。

第七条 当事人因不可抗拒的事由而延误专利法或者本细则规定的期限或者国务院专利行政部门指定的期限,导致其权利丧失的,自障碍消除之日起2个月内,最迟自期限届满之日起2年内,可以向国务院专利行政部门说明理由并附具有关证明文件,请求恢复权利。

当事人因正当理由而延误专利法或者本细则规定的期限或者国务院专利行政部门指定的期限,导致其权利丧失的,可以自收到国务院专利行政部门的通知之日起2个月内向国务院专利行政部门说明理由,请求恢复权利。

当事人请求延长国务院专利行政部门指定的期限的,应当在期限届满前,向国务院专利行政部门说明理由并办理有关手续。

本条第一款和第二款的规定不适用专利法第二十四条、第二十九条、第四十二条、第六十二条规定的期限。

第八条 发明专利申请涉及国防方面的国家秘密需要保密的,由国防专利机构受理;国务院专利行政部门受理的涉及国防方面的国家秘密需要保密的发明专利申请,应当移交国防专利机构审查,由国务院专利行政部门根据国防专利机构的审查意见作出决定。

除前款规定的外,国务院专利行政部门受理发明专利申请后,应当将需要进行保密审查的申请转送国务院有关主管部门审查;有关主管部门应当自收到该申请之日起4个月内,将审查结果通知国务院专利行政部门;需要保密的,由国务院专利行政部门按照保密专利申请处理,并通知申请人。

第九条 专利法第五条所称违反国家法律的发明创造，不包括仅其实施为国家法律所禁止的发明创造。

第十条 除专利法第二十八条和第四十二条规定的情形外，专利法所称申请日，有优先权的，指优先权日。

本细则所称申请日，除另有规定的外，是指专利法第二十八条规定的申请日。

第十一条 专利法第六条所称执行本单位的任务所完成的职务发明创造，是指：

（一）在本职工作中作出的发明创造；

（二）履行本单位交付的本职工作之外的任务所作出的发明创造；

（三）退职、退休或者调动工作后1年内作出的，与其在原单位承担的本职工作或者原单位分配的任务有关的发明创造。

专利法第六条所称本单位，包括临时工作单位；专利法第六条所称本单位的物质技术条件，是指本单位的资金、设备、零部件、原材料或者不对外公开的技术资料等。

第十二条 专利法所称发明人或者设计人，是指对发明创造的实质性特点作出创造性贡献的人。在完成发明创造过程中，只负责组织工作的人、为物质技术条件的利用提供方便的人或者从事其他辅助工作的人，不是发明人或者设计人。

第十三条 同样的发明创造只能被授予一项专利。

依照专利法第九条的规定，两个以上的申请人在同一日分别就同样的发明创造申请专利的，应当在收到国务院专利行政部门的通知后自行协商确定申请人。

第十四条 中国单位或者个人向外国人转让专利申请权或者专利权的，由国务院对外经济贸易主管部门会同国务院科学技术行政部门批准。

第十五条 除依照专利法第十条规定转让专利权外，专利权因其他事由发生转移的，当事人应当凭有关证明文件或者法律文书向国务院专利行政部门办理专利权人变更手续。

专利权人与他人订立的专利实施许可合同，应当自合同生效之日起3个月内向国务院专利行政部门备案。

第二章 专利的申请

第十六条 以书面形式申请专利的，应当向国务院专利行政部门提交申请文件一式两份。

以国务院专利行政部门规定的其他形式申请专利的，应当符合规定的要求。

申请人委托专利代理机构向国务院专利行政部门申请专利和办理其他专利事务的，应当同时提交委托书，写明委托权限。

申请人有2人以上且未委托专利代理机构的，除请求书中另有声明的外，以请求书中指明的第一申请人为代表人。

第十七条 专利法第二十六条第二款所称请求书中的其他事项，是指：

（一）申请人的国籍；

（二）申请人是企业或者其他组织的，其总部所在地的国家；

（三）申请人委托专利代理机构的，应当注明的有关事项；申请人未委托专利代理机构的，其联系人的姓名、地址、邮政编码及联系电话；

（四）要求优先权的，应当注明的有关事项；

（五）申请人或者专利代理机构的签字或者盖章；

（六）申请文件清单；

（七）附加文件清单；

（八）其他需要注明的有关事项。

第十八条 发明或者实用新型专利申请的说明书应当写明发明或者实用新型的名称，该名称应当与请求书中的名称一致。说明书应当包括下列内容：

（一）技术领域：写明要求保护的技术方案所属的技术领域；

（二）背景技术：写明对发明或者实用新型的理解、检索、审查有用的背景技术；有可能的，并引证反映这些背景技术的文件；

（三）发明内容：写明发明或者实用新型所要解决的技术问题以及解决其技术问题采用的技术方案，并对照现有技术写明发明或者实用新型的有益效果；

（四）附图说明：说明书有附图的，对各幅附图作简略说明；

（五）具体实施方式：详细写明申请人认为实现

发明或者实用新型的优选方式；必要时，举例说明；有附图的，对照附图。

发明或者实用新型专利申请人应当按照前款规定的方式和顺序撰写说明书，并在说明书每一部分前面写明标题，除非其发明或者实用新型的性质用其他方式或者顺序撰写能节约说明书的篇幅并使他人能够准确理解其发明或者实用新型。

发明或者实用新型说明书应当用词规范、语句清楚，并不得使用"如权利要求……所述的……"一类的引用语，也不得使用商业性宣传用语。

发明专利申请包含一个或者多个核苷酸或者氨基酸序列的，说明书应当包括符合国务院专利行政部门规定的序列表。申请人应当将该序列表作为说明书的一个单独部分提交，并按照国务院专利行政部门的规定提交该序列表的计算机可读形式的副本。

第十九条 发明或者实用新型的几幅附图可以绘在一张图纸上，并按照"图1，图2，……"顺序编号排列。

附图的大小及清晰度，应当保证在该图缩小到三分之二时仍能清晰地分辨出图中的各个细节。

发明或者实用新型说明书文字部分中未提及的附图标记不得在附图中出现，附图中未出现的附图标记不得在说明书文字部分中提及。申请文件中表示同一组成部分的附图标记应当一致。

附图中除必需的词语外，不应当含有其他注释。

第二十条 权利要求书应当说明发明或者实用新型的技术特征，清楚、简要地表述请求保护的范围。

权利要求书有几项权利要求的，应当用阿拉伯数字顺序编号。

权利要求书中使用的科技术语应当与说明书中使用的科技术语一致，可以有化学式或者数学式，但是不得有插图。除绝对必要的外，不得使用"如说明书……部分所述"或者"如图……所示"的用语。

权利要求中的技术特征可以引用说明书附图中相应的标记，该标记应当放在相应的技术特征后并置于括号内，便于理解权利要求。附图标记不得解释为对权利要求的限制。

第二十一条 权利要求书应当有独立权利要求，也可以有从属权利要求。

独立权利要求应当从整体上反映发明或者实用新型的技术方案，记载解决技术问题的必要技术特征。

从属权利要求应当用附加的技术特征，对引用的权利要求作进一步限定。

第二十二条 发明或者实用新型的独立权利要求应当包括前序部分和特征部分，按照下列规定撰写：

（一）前序部分：写明要求保护的发明或者实用新型技术方案的主题名称和发明或者实用新型主题与最接近的现有技术共有的必要技术特征；

（二）特征部分：使用"其特征是……"或者类似的用语，写明发明或者实用新型区别于最接近的现有技术的技术特征。这些特征和前序部分写明的特征合在一起，限定发明或者实用新型要求保护的范围。

发明或者实用新型的性质不适于用前款方式表达的，独立权利要求可以用其他方式撰写。

一项发明或者实用新型应当只有一个独立权利要求，并写在同一发明或者实用新型的从属权利要求之前。

第二十三条 发明或者实用新型的从属权利要求应当包括引用部分和限定部分，按照下列规定撰写：

（一）引用部分：写明引用的权利要求的编号及其主题名称；

（二）限定部分：写明发明或者实用新型附加的技术特征。

从属权利要求只能引用在前的权利要求。引用两项以上权利要求的多项从属权利要求，只能以择一方式引用在前的权利要求，并不得作为另一项多项从属权利要求的基础。

第二十四条 说明书摘要应当写明发明或者实用新型专利申请所公开内容的概要，即写明发明或者实用新型的名称和所属技术领域，并清楚地反映所要解决的技术问题、解决该问题的技术方案的要点以及主要用途。

说明书摘要可以包含最能说明发明的化学式；有附图的专利申请，还应当提供一幅最能说明该发明或者实用新型技术特征的附图。附图的大小及清晰度应当保证在该图缩小到4厘米×6厘米时，仍能清晰地分辨出图中的各个细节。摘要文字部分不得超过300个字。摘要中不得使用商业性宣传用语。

第二十五条 申请专利的发明涉及新的生物材料，该生物材料公众不能得到，并且对该生物材料的

设计法规 [7] 中华人民共和国专利法实施细则

说明不足以使所属领域的技术人员实施其发明的，除应当符合专利法和本细则的有关规定外，申请人还应当办理下列手续：

（一）在申请日前或者最迟在申请日（有优先权的，指优先权日），将该生物材料的样品提交国务院专利行政部门认可的保藏单位保藏，并在申请时或者最迟自申请日起4个月内提交保藏单位出具的保藏证明和存活证明；期满未提交证明的，该样品视为未提交保藏；

（二）在申请文件中，提供有关该生物材料特征的资料；

（三）涉及生物材料样品保藏的专利申请应当在请求书和说明书中写明该生物材料的分类命名（注明拉丁文名称）、保藏该生物材料样品的单位名称、地址、保藏日期和保藏编号；申请时未写明的，应当自申请日起4个月内补正；期满未补正的，视为未提交保藏。

第二十六条 发明专利申请人依照本细则第二十五条的规定保藏生物材料样品的，在发明专利申请公布后，任何单位或者个人需要将该专利申请所涉及的生物材料作为实验目的使用的，应当向国务院专利行政部门提出请求，并写明下列事项：

（一）请求人的姓名或者名称和地址；

（二）不向其他任何人提供该生物材料的保证；

（三）在授予专利权前，只作为实验目的使用的保证。

第二十七条 依照专利法第二十七条规定提交的外观设计的图片或者照片，不得小于3厘米×8厘米，并不得大于15厘米×22厘米。

同时请求保护色彩的外观设计专利申请，应当提交彩色图片或者照片一式两份。

申请人应当就每件外观设计产品所需要保护的内容提交有关视图或者照片，清楚地显示请求保护的对象。

第二十八条 申请外观设计专利的，必要时应当写明对外观设计的简要说明。

外观设计的简要说明应当写明使用该外观设计的产品的设计要点、请求保护色彩、省略视图等情况。简要说明不得使用商业性宣传用语，也不能用来说明产品的性能。

第二十九条 国务院专利行政部门认为必要时，可以要求外观设计专利申请人提交使用外观设计的产品样品或者模型。样品或者模型的体积不得超过30厘米×30厘米×30厘米，重量不得超过15公斤。易腐、易损或者危险品不得作为样品或者模型提交。

第三十条 专利法第二十二条第三款所称已有的技术，是指申请日（有优先权的，指优先权日）前在国内外出版物上公开发表、在国内公开使用或者以其他方式为公众所知的技术，即现有技术。

第三十一条 专利法第二十四条第（二）项所称学术会议或者技术会议，是指国务院有关主管部门或者全国性学术团体组织召开的学术会议或者技术会议。

申请专利的发明创造有专利法第二十四条第（一）项或者第（二）项所列情形的，申请人应当在提出专利申请时声明，并自申请日起2个月内，提交有关国际展览会或者学术会议、技术会议的组织单位出具的有关发明创造已经展出或者发表，以及展出或者发表日期的证明文件。

申请专利的发明创造有专利法第二十四条第（三）项所列情形的，国务院专利行政部门认为必要时，可以要求申请人在指定期限内提交证明文件。

申请人未依照本条第二款的规定提出声明和提交证明文件的，或者未依照本条第三款的规定在指定期限内提交证明文件的，其申请不适用专利法第二十四条的规定。

第三十二条 申请人依照专利法第三十条的规定办理要求优先权手续的，应当在书面声明中写明第一次提出专利申请（以下称在先申请）的申请日、申请号和受理该申请的国家；书面声明中未写明在先申请的申请日和受理该申请的国家的，视为未提出声明。

要求外国优先权的，申请人提交的在先申请文件副本应当经原受理机关证明；提交的证明材料中，在先申请人的姓名或者名称与在后申请的申请人姓名或者名称不一致的，应当提交优先权转让证明材料；要求本国优先权的，申请人提交的在先申请文件副本应当由国务院专利行政部门制作。

第三十三条 申请人在一件专利申请中，可以要求一项或者多项优先权；要求多项优先权的，该申请的优先权期限从最早的优先权日起计算。

申请人要求本国优先权，在先申请是发明专利申请的，可以就相同主题提出发明或者实用新型专利申请；在先申请是实用新型专利申请的，可以就相同主题提出实用新型或者发明专利申请。但是，提出后一申请时，在先申请的主题有下列情形之一的，不得作为要求本国优先权的基础：

（一）已经要求外国优先权或者本国优先权的；

（二）已经被授予专利权的；

（三）属于按照规定提出的分案申请的。

申请人要求本国优先权的，其在先申请自后一申请提出之日起即视为撤回。

第三十四条 在中国没有经常居所或者营业所的申请人，申请专利或者要求外国优先权的，国务院专利行政部门认为必要时，可以要求其提供下列文件：

（一）国籍证明；

（二）申请人是企业或者其他组织的，其营业所或者总部所在地的证明文件；

（三）申请人的所属国，承认中国单位和个人可以按照该国国民的同等条件，在该国享有专利权、优先权和其他与专利有关的权利的证明文件。

第三十五条 依照专利法第三十一条第一款规定，可以作为一件专利申请提出的属于一个总的发明构思的两项以上的发明或者实用新型，应当在技术上相互关联，包含一个或者多个相同或者相应的特定技术特征，其中特定技术特征是指每一项发明或者实用新型作为整体，对现有技术作出贡献的技术特征。

第三十六条 专利法第三十一条第二款所称同一类别，是指产品属于分类表中同一小类；成套出售或者使用，是指各产品的设计构思相同，并且习惯上是同时出售、同时使用。

依照专利法第三十一条第二款规定将两项以上外观设计作为一件申请提出的，应当将各项外观设计顺序编号标在每件使用外观设计产品的视图名称之前。

第三十七条 申请人撤回专利申请的，应当向国务院专利行政部门提出声明，写明发明创造的名称、申请号和申请日。

撤回专利申请的声明在国务院专利行政部门作好公布专利申请文件的印刷准备工作后提出的，申请文件仍予公布；但是，撤回专利申请的声明应当在以后出版的专利公报上予以公告。

第三章 专利申请的审查和批准

第三十八条 在初步审查、实质审查、复审和无效宣告程序中，实施审查和审理的人员有下列情形之一的，应当自行回避，当事人或者其他利害关系人可以要求其回避：

（一）是当事人或者其代理人的近亲属的；

（二）与专利申请或者专利权有利害关系的；

（三）与当事人或者其代理人有其他关系，可能影响公正审查和审理的；

（四）专利复审委员会成员曾参与原申请的审查的。

第三十九条 国务院专利行政部门收到发明或者实用新型专利申请的请求书、说明书（实用新型必须包括附图）和权利要求书，或者外观设计专利申请的请求书和外观设计的图片或者照片后，应当明确申请日，给予申请号，并通知申请人。

第四十条 专利申请文件有下列情形之一的，国务院专利行政部门不予受理，并通知申请人：

（一）发明或者实用新型专利申请缺少请求书、说明书（实用新型无附图）和权利要求书的，或者外观设计专利申请缺少请求书、图片或者照片的；

（二）未使用中文的；

（三）不符合本细则第一百二十条第一款规定的；

（四）请求书中缺少申请人姓名或者名称及地址的；

（五）明显不符合专利法第十八条或者第十九条第一款的规定的；

（六）专利申请类别（发明、实用新型或者外观设计）不明确或者难以确定的。

第四十一条 说明书中写有对附图的说明但无附图或者缺少部分附图的，申请人应当在国务院专利行政部门指定的期限内补交附图或者声明取消对附图的说明。申请人补交附图的，以向国务院专利行政部门提交或者邮寄附图之日为申请日；取消对附图的说明的，保留原申请日。

第四十二条 一件专利申请包括两项以上发明、实用新型或者外观设计的，申请人可以在本细则第五十四条第一款规定的期限届满前，向国务院专利行

设计法规 [7] 中华人民共和国专利法实施细则

政部门提出分案申请；但是，专利申请已经被驳回、撤回或者视为撤回的，不能提出分案申请。

国务院专利行政部门认为一件专利申请不符合专利法第三十一条和本细则第三十五条或者第三十六条的规定的，应当通知申请人在指定期限内对其申请进行修改；申请人期满未答复的，该申请视为撤回。

分案的申请不得改变原申请的类别。

第四十三条 依照本细则第四十二条规定提出的分案申请，可以保留原申请日，享有优先权的，可以保留优先权日，但是不得超出原申请公开的范围。

分案申请应当依照专利法及本细则的规定办理有关手续。

分案申请的请求书中应当写明原申请的申请号和申请日。提交分案申请时，申请人应当提交原申请文件副本；原申请享有优先权的，并应当提交原申请的优先权文件副本。

第四十四条 专利法第三十四条和第四十条所称初步审查，是指审查专利申请是否具备专利法第二十六条或者第二十七条规定的文件和其他必要的文件，这些文件是否符合规定的格式，并审查下列各项：

（一）发明专利申请是否明显属于专利法第五条、第二十五条的规定，或者不符合专利法第十八条、第十九条第一款的规定，或者明显不符合专利法第三十一条第一款、第三十三条、本细则第二条第一款、第十八条、第二十条的规定；

（二）实用新型专利申请是否明显属于专利法第五条、第二十五条的规定，或者不符合专利法第十八条、第十九条第一款的规定，或者明显不符合专利法第二十六条第三款、第四款、第三十一条第一款、第三十三条、本细则第二条第二款、第十三条第一款、第十八条至第二十三条、第四十三条第一款的规定，或者依照专利法第九条规定不能取得专利权；

（三）外观设计专利申请是否明显属于专利法第五条的规定，或者不符合专利法第十八条、第十九条第一款的规定，或者明显不符合专利法第三十一条第二款、第三十三条、本细则第二条第三款、第十三条第一款、第四十三条第一款的规定，或者依照专利法第九条规定不能取得专利权。

国务院专利行政部门应当将审查意见通知申请人，要求其在指定期限内陈述意见或者补正；申请人期满未答复的，其申请视为撤回。申请人陈述意见或者补正后，国务院专利行政部门仍然认为不符合前款所列各项规定的，应当予以驳回。

第四十五条 除专利申请文件外，申请人向国务院专利行政部门提交的与专利申请有关的其他文件，有下列情形之一的，视为未提交：

（一）未使用规定的格式或者填写不符合规定的；

（二）未按照规定提交证明材料的。

国务院专利行政部门应当将视为未提交的审查意见通知申请人。

第四十六条 申请人请求早日公布其发明专利申请的，应当向国务院专利行政部门声明。国务院专利行政部门对该申请进行初步审查后，除予以驳回的外，应当立即将申请予以公布。

第四十七条 申请人依照专利法第二十七条的规定写明使用外观设计的产品及其所属类别时，应当使用国务院专利行政部门公布的外观设计产品分类表。未写明使用外观设计的产品所属类别或者所写的类别不确切的，国务院专利行政部门可以予以补充或者修改。

第四十八条 自发明专利申请公布之日起至公告授予专利权之日前，任何人均可以对不符合专利法规定的专利申请向国务院专利行政部门提出意见，并说明理由。

第四十九条 发明专利申请人因有正当理由无法提交专利法第三十六条规定的检索资料或者审查结果资料的，应当向国务院专利行政部门声明，并在得到有关资料后补交。

第五十条 国务院专利行政部门依照专利法第三十五条第二款的规定对专利申请自行进行审查时，应当通知申请人。

第五十一条 发明专利申请人在提出实质审查请求时以及在收到国务院专利行政部门发出的发明专利申请进入实质审查阶段通知书之日起的3个月内，可以对发明专利申请主动提出修改。

实用新型或者外观设计专利申请人自申请日起2个月内，可以对实用新型或者外观设计专利申请主动提出修改。

申请人在收到国务院专利行政部门发出的审查意见通知书后对专利申请文件进行修改的，应当按照通知书的要求进行修改。

国务院专利行政部门可以自行修改专利申请文件中文字和符号的明显错误。国务院专利行政部门自行修改的，应当通知申请人。

第五十二条 发明或者实用新型专利申请的说明书或者权利要求书的修改部分，除个别文字修改或者增删外，应当按照规定格式提交替换页。外观设计专利申请的图片或者照片的修改，应当按照规定提交替换页。

第五十三条 依照专利法第三十八条的规定，发明专利申请经实质审查应当予以驳回的情形是指：

（一）申请不符合本细则第二条第一款规定的；

（二）申请属于专利法第五条、第二十五条的规定，或者不符合专利法第二十二条、本细则第十三条第一款、第二十条第一款、第二十一条第二款的规定，或者依照专利法第九条规定不能取得专利权的；

（三）申请不符合专利法第二十六条第三款、第四款或者第三十一条第一款的规定的；

（四）申请的修改不符合专利法第三十三条规定，或者分案的申请不符合本细则第四十三条第一款规定的。

第五十四条 国务院专利行政部门发出授予专利权的通知后，申请人应当自收到通知之日起2个月内办理登记手续。申请人按期办理登记手续的，国务院专利行政部门应当授予专利权，颁发专利证书，并予以公告。

期满未办理登记手续的，视为放弃取得专利权的权利。

第五十五条 授予实用新型专利权的决定公告后，实用新型专利权人可以请求国务院专利行政部门作出实用新型专利检索报告。

请求作出实用新型专利检索报告的，应当提交请求书，并指明实用新型专利的专利号。每项请求应当限于一项实用新型专利。

国务院专利行政部门收到作出实用新型专利检索报告的请求后，应当进行审查。请求不符合规定要求的，应当通知请求人在指定期限内补正。

第五十六条 经审查，实用新型专利检索报告请求书符合规定的，国务院专利行政部门应当及时作出实用新型专利检索报告。

经检索，国务院专利行政部门认为所涉及的实用新型专利不符合专利法第二十二条关于新颖性或者创造性的规定的，应当引证对比文件，说明理由，并附具所引证对比文件的复印件。

第五十七条 国务院专利行政部门对专利公告、专利文件中出现的错误，一经发现，应当及时更正，并对所作更正予以公告。

第四章 专利申请的复审与专利权的无效宣告

第五十八条 专利复审委员会由国务院专利行政部门指定的技术专家和法律专家组成，主任委员由国务院专利行政部门负责人兼任。

第五十九条 依照专利法第四十一条的规定向专利复审委员会请求复审的，应当提交复审请求书，说明理由，必要时还应当附具有关证据。

复审请求书不符合规定格式的，复审请求人应当在专利复审委员会指定的期限内补正；期满未补正的，该复审请求视为未提出。

第六十条 请求人在提出复审请求或者在对专利复审委员会的复审通知书作出答复时，可以修改专利申请文件；但是，修改应当仅限于消除驳回决定或者复审通知书指出的缺陷。

修改的专利申请文件应当提交一式两份。

第六十一条 专利复审委员会应当将受理的复审请求书转交国务院专利行政部门原审查部门进行审查。原审查部门根据复审请求人的请求，同意撤销原决定的，专利复审委员会应当据此作出复审决定，并通知复审请求人。

第六十二条 专利复审委员会进行复审后，认为复审请求不符合专利法和本细则有关规定的，应当通知复审请求人，要求其在指定期限内陈述意见。期满未答复的，该复审请求视为撤回；经陈述意见或者进行修改后，专利复审委员会认为仍不符合专利法和本细则有关规定的，应当作出维持原驳回决定的复审决定。

专利复审委员会进行复审后，认为原驳回决定不符合专利法和本细则有关规定的，或者认为经过修改的专利申请文件消除了原驳回决定指出的缺陷的，应当撤销原驳回决定，由原审查部门继续进行审查程序。

第六十三条 复审请求人在专利复审委员会作出决定前，可以撤回其复审请求。

复审请求人在专利复审委员会作出决定前撤回其复审请求的，复审程序终止。

第六十四条 依照专利法第四十五条的规定，请求宣告专利权无效或者部分无效的，应当向专利复审委员会提交专利权无效宣告请求书和必要的证据一式两份。无效宣告请求书应当结合提交的所有证据，具体说明无效宣告请求的理由，并指明每项理由所依据的证据。

前款所称无效宣告请求的理由，是指被授予专利的发明创造不符合专利法第二十二条、第二十三条、第二十六条第三款、第四款、第三十三条或者本细则第二条、第十三条第一款、第二十条第一款、第二十一条第二款的规定，或者属于专利法第五条、第二十五条的规定，或者依照专利法第九条规定不能取得专利权。

第六十五条 专利权无效宣告请求书不符合本细则第六十四条规定的，专利复审委员会不予受理。

在专利复审委员会就无效宣告请求作出决定之后，又以同样的理由和证据请求无效宣告的，专利复审委员会不予受理。

以授予专利权的外观设计与他人在先取得的合法权利相冲突为理由请求宣告外观设计专利权无效，但是未提交生效的能够证明权利冲突的处理决定或者判决的，专利复审委员会不予受理。

专利权无效宣告请求书不符合规定格式的，无效宣告请求人应当在专利复审委员会指定的期限内补正；期满未补正的，该无效宣告请求视为未提出。

第六十六条 在专利复审委员会受理无效宣告请求后，请求人可以在提出无效宣告请求之日起1个月内增加理由或者补充证据。逾期增加理由或者补充证据的，专利复审委员会可以不予考虑。

第六十七条 专利复审委员会应当将专利权无效宣告请求书和有关文件的副本送交专利权人，要求其在指定的期限内陈述意见。

专利权人和无效宣告请求人应当在指定期限内答复专利复审委员会发出的转送文件通知书或者无效宣告请求审查通知书；期满未答复的，不影响专利复审委员会审理。

第六十八条 在无效宣告请求的审查过程中，发明或者实用新型专利的专利权人可以修改其权利要求书，但是不得扩大原专利的保护范围。

发明或者实用新型专利的专利权人不得修改专利说明书和附图，外观设计专利的专利权人不得修改图片、照片和简要说明。

第六十九条 专利复审委员会根据当事人的请求或者案情需要，可以决定对无效宣告请求进行口头审理。

专利复审委员会决定对无效宣告请求进行口头审理的，应当向当事人发出口头审理通知书，告知举行口头审理的日期和地点。当事人应当在通知书指定的期限内作出答复。

无效宣告请求人对专利复审委员会发出的口头审理通知书在指定的期限内未作答复，并且不参加口头审理的，其无效宣告请求视为撤回；专利权人不参加口头审理的，可以缺席审理。

第七十条 在无效宣告请求审查程序中，专利复审委员会指定的期限不得延长。

第七十一条 专利复审委员会对无效宣告的请求作出决定前，无效宣告请求人可以撤回其请求。

无效宣告请求人在专利复审委员会作出决定之前撤回其请求的，无效宣告请求审查程序终止。

第五章　专利实施的强制许可

第七十二条 自专利权被授予之日起满3年后，任何单位均可以依照专利法第四十八条的规定，请求国务院专利行政部门给予强制许可。

请求强制许可的，应当向国务院专利行政部门提交强制许可请求书，说明理由并附具有关证明文件各一式两份。

国务院专利行政部门应当将强制许可请求书的副本送交专利权人，专利权人应当在国务院专利行政部门指定的期限内陈述意见；期满未答复的，不影响国务院专利行政部门作出关于强制许可的决定。

国务院专利行政部门作出的给予实施强制许可的决定，应当限定强制许可实施主要是为供应国内市场的需要；强制许可涉及的发明创造是半导体技术的，强制许可实施仅限于公共的非商业性使用，或者经司法程序或者行政程序确定为反竞争行为而给予救济的使用。

第七十三条　依照专利法第五十四条的规定，请求国务院专利行政部门裁决使用费数额的，当事人应当提出裁决请求书，并附具双方不能达成协议的证明文件。国务院专利行政部门应当自收到请求书之日起3个月内作出裁决，并通知当事人。

第六章　对职务发明创造的发明人或者设计人的奖励和报酬

第七十四条　被授予专利权的国有企业事业单位应当自专利权公告之日起3个月内发给发明人或者设计人奖金。一项发明专利的奖金最低不少于2000元；一项实用新型专利或者外观设计专利的奖金最低不少于500元。

由于发明人或者设计人的建议被其所属单位采纳而完成的发明创造，被授予专利权的国有企业事业单位应当从优发给奖金。

发给发明人或者设计人的奖金，企业可以计入成本，事业单位可以从事业费中列支。

第七十五条　被授予专利权的国有企业事业单位在专利权有效期限内，实施发明创造专利后，每年应当从实施该项发明或者实用新型专利所得利润纳税后提取不低于2%或者从实施该项外观设计专利所得利润纳税后提取不低于0.2%，作为报酬支付发明人或者设计人；或者参照上述比例，发给发明人或者设计人一次性报酬。

第七十六条　被授予专利权的国有企业事业单位许可其他单位或者个人实施其专利的，应当从许可实施该项专利收取的使用费纳税后提取不低于10%作为报酬支付发明人或者设计人。

第七十七条　本章关于奖金和报酬的规定，中国其他单位可以参照执行。

第七章　专利权的保护

第七十八条　专利法和本细则所称管理专利工作的部门，是指由省、自治区、直辖市人民政府以及专利管理工作量大又有实际处理能力的设区的市人民政府设立的管理专利工作的部门。

第七十九条　除专利法第五十七条规定的外，管理专利工作的部门应当事人请求，还可以对下列专利纠纷进行调解：

（一）专利申请权和专利权归属纠纷；

（二）发明人、设计人资格纠纷；

（三）职务发明的发明人、设计人的奖励和报酬纠纷；

（四）在发明专利申请公布后专利权授予前使用发明而未支付适当费用的纠纷。

对于前款第（四）项所列的纠纷，专利权人请求管理专利工作的部门调解，应当在专利权被授予之后提出。

第八十条　国务院专利行政部门应当对管理专利工作的部门处理和调解专利纠纷进行业务指导。

第八十一条　当事人请求处理或者调解专利纠纷的，由被请求人所在地或者侵权行为地的管理专利工作的部门管辖。

两个以上管理专利工作的部门都有管辖权的专利纠纷，当事人可以向其中一个管理专利工作的部门提出请求；当事人向两个以上有管辖权的管理专利工作的部门提出请求的，由最先受理的管理专利工作的部门管辖。

管理专利工作的部门对管辖权发生争议的，由其共同的上级人民政府管理专利工作的部门指定管辖；无共同上级人民政府管理专利工作的部门的，由国务院专利行政部门指定管辖。

第八十二条　在处理专利侵权纠纷过程中，被请求人提出无效宣告请求并被专利复审委员会受理的，可以请求管理专利工作的部门中止处理。

管理专利工作的部门认为被请求人提出的中止理由明显不能成立的，可以不中止处理。

第八十三条　专利权人依照专利法第十五条的规定，在其专利产品或者该产品的包装上标明专利标记的，应当按照国务院专利行政部门规定的方式予以标明。

第八十四条　下列行为属于假冒他人专利的行为：

（一）未经许可，在其制造或者销售的产品、产品的包装上标注他人的专利号；

（二）未经许可，在广告或者其他宣传材料中使

用他人的专利号,使人将所涉及的技术误认为是他人的专利技术;

(三)未经许可,在合同中使用他人的专利号,使人将合同涉及的技术误认为是他人的专利技术;

(四)伪造或者变造他人的专利证书、专利文件或者专利申请文件。

第八十五条 下列行为属于以非专利产品冒充专利产品、以非专利方法冒充专利方法的行为:

(一)制造或者销售标有专利标记的非专利产品;

(二)专利权被宣告无效后,继续在制造或者销售的产品上标注专利标记;

(三)在广告或者其他宣传材料中将非专利技术称为专利技术;

(四)在合同中将非专利技术称为专利技术;

(五)伪造或者变造专利证书、专利文件或者专利申请文件。

第八十六条 当事人因专利申请权或者专利权的归属发生纠纷,已请求管理专利工作的部门处理或者向人民法院起诉的,可以请求国务院专利行政部门中止有关程序。

依照前款规定请求中止有关程序的,应当向国务院专利行政部门提交请求书,并附具管理专利工作的部门或者人民法院的有关受理文件副本。

在管理专利工作的部门作出的处理决定或者人民法院作出的判决生效后,当事人应当向国务院专利行政部门办理恢复有关程序的手续。自请求中止之日起1年内,有关专利申请权或者专利权归属的纠纷未能结案,需要继续中止有关程序的,请求人应当在该期限内请求延长中止。期满未请求延长的,国务院专利行政部门自行恢复有关程序。

第八十七条 人民法院在审理民事案件中裁定对专利权采取保全措施的,国务院专利行政部门在协助执行时中止被保全的专利权的有关程序。保全期限届满,人民法院没有裁定继续采取保全措施的,国务院专利行政部门自行恢复有关程序。

第八章 专利登记和专利公报

第八十八条 国务院专利行政部门设置专利登记簿,登记下列与专利申请和专利权有关的事项:

(一)专利权的授予;

(二)专利申请权、专利权的转移;

(三)专利权的质押、保全及其解除;

(四)专利实施许可合同的备案;

(五)专利权的无效宣告;

(六)专利权的终止;

(七)专利权的恢复;

(八)专利实施的强制许可;

(九)专利权人的姓名或者名称、国籍和地址的变更。

第八十九条 国务院专利行政部门定期出版专利公报,公布或者公告下列内容:

(一)专利申请中记载的著录事项;

(二)发明或者实用新型说明书的摘要,外观设计的图片或者照片及其简要说明;

(三)发明专利申请的实质审查请求和国务院专利行政部门对发明专利申请自行进行实质审查的决定;

(四)保密专利的解密;

(五)发明专利申请公布后的驳回、撤回和视为撤回;

(六)专利权的授予;

(七)专利权的无效宣告;

(八)专利权的终止;

(九)专利申请权、专利权的转移;

(十)专利实施许可合同的备案;

(十一)专利权的质押、保全及其解除;

(十二)专利实施的强制许可的给予;

(十三)专利申请或者专利权的恢复;

(十四)专利权人的姓名或者名称、地址的变更;

(十五)对地址不明的当事人的通知;

(十六)国务院专利行政部门作出的更正;

(十七)其他有关事项。

发明或者实用新型的说明书及其附图、权利要求书由国务院专利行政部门另行全文出版。

第九章 费 用

第九十条 向国务院专利行政部门申请专利和办理其他手续时,应当缴纳下列费用:

（一）申请费、申请附加费、公布印刷费；
（二）发明专利申请实质审查费、复审费；
（三）专利登记费、公告印刷费、申请维持费、年费；
（四）著录事项变更费、优先权要求费、恢复权利请求费、延长期限请求费、实用新型专利检索报告费；
（五）无效宣告请求费、中止程序请求费、强制许可请求费、强制许可使用费的裁决请求费。

前款所列各种费用的缴纳标准，由国务院价格管理部门会同国务院专利行政部门规定。

第九十一条 专利法和本细则规定的各种费用，可以直接向国务院专利行政部门缴纳，也可以通过邮局或者银行汇付，或者以国务院专利行政部门规定的其他方式缴纳。

通过邮局或者银行汇付的，应当在送交国务院专利行政部门的汇单上写明正确的申请号或者专利号以及缴纳的费用名称。不符合本款规定的，视为未办理缴费手续。

直接向国务院专利行政部门缴纳费用的，以缴纳当日为缴费日。以邮局汇付方式缴纳费用的，以邮局汇出的邮戳日为缴费日。以银行汇付方式缴纳费用的，以银行实际汇出日为缴费日；但是，自汇出日至国务院专利行政部门收到日超过15日的，除邮局或者银行出具证明外，以国务院专利行政部门收到日为缴费日。

多缴、重缴、错缴专利费用的，当事人可以自缴费日起1年内，向国务院专利行政部门提出退款请求。

第九十二条 申请人应当在收到受理通知书后，最迟自申请之日起2个月内缴纳申请费、公布印刷费和必要的附加费；期满未缴纳或者未缴足的，其申请视为撤回。

申请人要求优先权的，应当在缴纳申请费的同时缴纳优先权要求费；期满未缴纳或者未缴足的，视为未要求优先权。

第九十三条 当事人请求实质审查、恢复权利或者复审的，应当在专利法及本细则规定的相关期限内缴纳费用；期满未缴纳或者未缴足的，视为未提出请求。

第九十四条 发明专利申请人自申请日起满2年尚未被授予专利权的，自第三年度起应当缴纳申请维持费。

第九十五条 申请人办理登记手续时，应当缴纳专利登记费、公告印刷费和授予专利权当年的年费。发明专利申请人应当一并缴纳各个年度的申请维持费，授予专利权的当年不包括在内。期满未缴纳费用的，视为未办理登记手续。以后的年费应当在前一年度期满前1个月内预缴。

第九十六条 专利权人未按时缴纳授予专利权当年以后的年费或者缴纳的数额不足的，国务院专利行政部门应当通知专利权人自应当缴纳年费期满之日起6个月内补缴，同时缴纳滞纳金；滞纳金的金额按照每超过规定的缴费时间1个月，加收当年全额年费的5%计算；期满未缴纳的，专利权自应当缴纳年费期满之日起终止。

第九十七条 著录事项变更费、实用新型专利检索报告费、中止程序请求费、强制许可请求费、强制许可使用费的裁决请求费、无效宣告请求费应当自提出请求之日起1个月内，按照规定缴纳；延长期限请求费应当在相应期限届满之日前缴纳；期满未缴纳或者未缴足的，视为未提出请求。

第九十八条 申请人或者专利权人缴纳本细则规定的各种费用有困难的，可以按照规定向国务院专利行政部门提出减缴或者缓缴的请求。减缴或者缓缴的办法由国务院专利行政部门商国务院财政部门、国务院价格管理部门规定。

第十章 关于国际申请的特别规定

第九十九条 国务院专利行政部门根据专利法第二十条规定，受理按照专利合作条约提出的专利国际申请。

按照专利合作条约提出并指定中国的专利国际申请（以下简称国际申请）进入中国国家阶段的条件和程序适用本章的规定；本章没有规定的，适用专利法及本细则其他各章的有关规定。

第一百条 按照专利合作条约已确定国际申请日并指定中国的国际申请，视为向国务院专利行政部门提出的专利申请，该国际申请日视为专利法第二十八条所称的申请日。

在国际阶段，国际申请或者国际申请中对中国的指定撤回或者视为撤回的，该国际申请在中国的效力终止。

第一百零一条 国际申请的申请人应当在专利合作条约第二条所称的优先权日（本章简称"优先权日"）起30个月内，向国务院专利行政部门办理国际申请进入中国国家阶段的下列手续：

（一）提交其国际申请进入中国国家阶段的书面声明。声明中应当写明国际申请号，并以中文写明要求获得的专利权类型、发明创造的名称、申请人姓名或者名称、申请人的地址和发明人的姓名，上述内容应当与国际局的记录一致；

（二）缴纳本细则第九十条第一款规定的申请费、申请附加费和公布印刷费；

（三）国际申请以中文以外的文字提出的，应当提交原始国际申请的说明书、权利要求书、附图中的文字和摘要的中文译文；国际申请以中文提出的，应当提交国际公布文件中的摘要副本；

（四）国际申请有附图的，应当提交附图副本。国际申请以中文提出的，应当提交国际公布文件中的摘要附图副本。

申请人在前款规定的期限内未办理进入中国国家阶段手续的，在缴纳宽限费后，可以在自优先权日起32个月的相应期限届满前办理。

第一百零二条 申请人在本细则第一百零一条第二款规定的期限内未办理进入中国国家阶段手续，或者在该期限届满时有下列情形之一的，其国际申请在中国的效力终止：

（一）进入中国国家阶段声明中未写明国际申请号的；

（二）未缴纳本细则第九十条第一款规定的申请费、公布印刷费和本细则第一百零一条第二款规定的宽限费的；

（三）国际申请以中文以外的文字提出而未提交原始国际申请的说明书和权利要求书的中文译文的。

国际申请在中国的效力已经终止的，不适用本细则第七条第二款的规定。

第一百零三条 申请人办理进入中国国家阶段手续时有下列情形之一的，国务院专利行政部门应当通知申请人在指定期限内补正：

（一）未提交摘要的中文译文或者摘要副本的；

（二）未提交附图副本或者摘要附图副本的；

（三）未在进入中国国家阶段声明中以中文写明发明创造的名称、申请人姓名或者名称、申请人的地址和发明人的姓名的；

（四）进入中国国家阶段声明的内容或者格式不符合规定的。

期限届满申请人未补正的，其申请视为撤回。

第一百零四条 国际申请在国际阶段作过修改，申请人要求以经修改的申请文件为基础进行审查的，申请人应当在国务院专利行政部门作好国家公布的准备工作前提交修改的中文译文。在该期间内未提交中文译文的，对申请人在国际阶段提出的修改，国务院专利行政部门不予考虑。

第一百零五条 申请人办理进入中国国家阶段手续时，还应当满足下列要求：

（一）国际申请中未指明发明人的，在进入中国国家阶段声明中指明发明人姓名；

（二）国际阶段向国际局已办理申请人变更手续的，应当提供变更后的申请人享有申请权的证明材料；

（三）申请人与作为优先权基础的在先申请的申请人不是同一人，或者提出在先申请后更改姓名的，必要时，应当提供申请人享有优先权的证明材料；

（四）国际申请涉及的发明创造有专利法第二十四条第（一）项或者第（二）项所列情形之一，在提出国际申请时作过声明的，应当在进入中国国家阶段声明中予以说明，并自办理进入中国国家阶段手续之日起2个月内提交本细则第三十一条第二款规定的有关证明文件。

申请人未满足前款第（一）项、第（二）项和第（三）项要求的，国务院专利行政部门应当通知申请人在指定期限内补正。期满未补正第（一）项或者第（二）项内容的，该申请视为撤回；期满未补正第（三）项内容的，该优先权要求视为未提出。

申请人未满足本条第一款第（四）项要求的，其申请不适用专利法第二十四条的规定。

第一百零六条 申请人按照专利合作条约的规定，对生物材料样品的保藏已作出说明的，视为已经满足了本细则第二十五条第（三）项的要求。申请人应当在进入中国国家阶段声明中指明记载生物材料样品保藏事项的文件以及在该文件中的具体记载位置。

申请人在原始提交的国际申请的说明书中已记载

生物材料样品保藏事项，但是没有在进入中国国家阶段声明中指明的，应当在办理进入中国国家阶段手续之日起4个月内补正。期满未补正的，该生物材料视为未提交保藏。

申请人在办理进入中国国家阶段手续之日起4个月内向国务院专利行政部门提交生物材料样品保藏证明和存活证明的，视为在本细则第二十五条第（一）项规定的期限内提交。

第一百零七条 申请人在国际阶段已要求一项或者多项优先权，在进入中国国家阶段时该优先权要求继续有效的，视为已经依照专利法第三十条的规定提出了书面声明。

申请人在国际阶段提出的优先权书面声明有书写错误或者未写明在先申请的申请号的，可以在办理进入中国国家阶段手续时提出改正请求或者写明在先申请的申请号。申请人提出改正请求的，应当缴纳改正优先权要求请求费。

申请人在国际阶段已依照专利合作条约的规定，提交过在先申请文件副本的，办理进入中国国家阶段手续时不需要向国务院专利行政部门提交在先申请文件副本。申请人在国际阶段未提交在先申请文件副本的，国务院专利行政部门认为必要时，可以通知申请人在指定期限内补交。申请人期满未补交的，其优先权要求视为未提出。

优先权要求在国际阶段视为未提出并经国际局公布该信息，申请人有正当理由的，可以在办理进入中国国家阶段手续时请求国务院专利行政部门恢复其优先权要求。

第一百零八条 在优先权日起30个月期满前要求国务院专利行政部门提前处理和审查国际申请的，申请人除应当办理进入中国国家阶段手续外，还应当依照专利合作条约第二十三条第二款规定提出请求。国际局尚未向国务院专利行政部门传送国际申请的，申请人应当提交经确认的国际申请副本。

第一百零九条 要求获得实用新型专利权的国际申请，申请人可以在办理进入中国国家阶段手续之日起1个月内，向国务院专利行政部门提出修改说明书、附图和权利要求书。

要求获得发明专利权的国际申请，适用本细则第五十一条第一款的规定。

第一百一十条 申请人发现提交的说明书、权利要求书或者附图中的文字的中文译文存在错误的，可以在下列规定期限内依照原始国际申请文本提出改正：

（一）在国务院专利行政部门作好国家公布的准备工作之前；

（二）在收到国务院专利行政部门发出的发明专利申请进入实质审查阶段通知书之日起3个月内。

申请人改正译文错误的，应当提出书面请求，提交译文的改正页，并缴纳规定的译文改正费。

申请人按照国务院专利行政部门的通知书的要求改正译文的，应当在指定期限内办理本条第二款规定的手续；期满未办理规定手续的，该申请视为撤回。

第一百一十一条 对要求获得发明专利权的国际申请，国务院专利行政部门经初步审查认为符合专利法和本细则有关规定的，应当在专利公报上予以公布；国际申请以中文以外的文字提出的，应当公布申请文件的中文译文。

要求获得发明专利权的国际申请，由国际局以中文进行国际公布的，自国际公布日起适用专利法第十三条的规定；由国际局以中文以外的文字进行国际公布的，自国务院专利行政部门公布之日起适用专利法第十三条的规定。

对国际申请，专利法第二十一条和第二十二条中所称的公布是指本条第一款所规定的公布。

第一百一十二条 国际申请包含两项以上发明或者实用新型的，申请人在办理进入中国国家阶段手续后，依照本细则第四十二条第一款的规定，可以提出分案申请。

在国际阶段，国际检索单位或者国际初步审查单位认为国际申请不符合专利合作条约规定的单一性要求时，申请人未按照规定缴纳附加费，导致国际申请某些部分未经国际检索或者未经国际初步审查，在进入中国国家阶段时，申请人要求将所述部分作为审查基础，国务院专利行政部门认为国际检索单位或者国际初步审查单位对发明单一性的判断正确的，应当通知申请人在指定期限内缴纳单一性恢复费。期满未缴纳或者未足额缴纳的，国际申请中未经检索或者未经国际初步审查的部分视为撤回。

第一百一十三条 申请人依照本细则第一百零一

条的规定提交文件和缴纳费用的,以国务院专利行政部门收到文件之日为提交日、收到费用之日为缴纳日。

提交的文件邮递延误的,申请人自发现延误之日起1个月内证明该文件已经在本细则第一百零一条规定的期限届满之日前5日交付邮寄的,该文件视为在期限届满之日收到。但是,申请人提供证明的时间不得迟于本细则第一百零一条规定的期限届满后6个月。

申请人依照本细则第一百零一条的规定向国务院专利行政部门提交文件,可以使用传真方式。申请人使用传真方式的,以国务院专利行政部门收到传真件之日为提交日。申请人应当自发送传真之日起14日内向国务院专利行政部门提交传真件的原件。期满未提交原件的,视为未提交该文件。

第一百一十四条　国际申请要求优先权的,申请人应当在办理进入中国国家阶段手续时缴纳优先权要求费;未缴纳或者未足额缴纳的,国务院专利行政部门应当通知申请人在指定的期限内缴纳;期满仍未缴纳或者未足额缴纳的,视为未要求该优先权。

第一百一十五条　国际申请在国际阶段被有关国际单位拒绝给予国际申请日或者宣布视为撤回的,申请人在收到通知之日起2个月内,可以请求国际局将国际申请档案中任何文件的副本转交国务院专利行政部门,并在该期限内向国务院专利行政部门办理本细则第一百零一条规定的手续,国务院专利行政部门应当在接到国际局传送的文件后,对国际单位作出的决定是否正确进行复查。

第一百一十六条　基于国际申请授予的专利权,由于译文错误,致使依照专利法第五十六条规定确定的保护范围超出国际申请的原文所表达的范围的,以依据原文限制后的保护范围为准;致使保护范围小于国际申请的原文所表达的范围的,以授权时的保护范围为准。

第十一章　附　则

第一百一十七条　经国务院专利行政部门同意,任何人均可以查阅或者复制已经公布或者公告的专利申请的案卷和专利登记簿,并可以请求国务院专利行政部门出具专利登记簿副本。

已视为撤回、驳回和主动撤回的专利申请的案卷,自该专利申请失效之日起满2年后不予保存。

已放弃、宣告全部无效和终止的专利权的案卷,自该专利权失效之日起满3年后不予保存。

第一百一十八条　向国务院专利行政部门提交申请文件或者办理各种手续,应当使用国务院专利行政部门制定的统一格式,由申请人、专利权人、其他利害关系人或其代表人签字或者盖章;委托专利代理机构的,由专利代理机构盖章。

请求变更发明人姓名、专利申请人和专利权人的姓名或者名称、国籍和地址、专利代理机构的名称、地址和代理人姓名的,应当向国务院专利行政部门办理著录事项变更手续,并附具变更理由的证明材料。

第一百一十九条　向国务院专利行政部门邮寄有关申请或者专利权的文件,应当使用挂号信函,不得使用包裹。

除首次提交申请文件外,向国务院专利行政部门提交各种文件、办理各种手续时,应当标明申请号或者专利号、发明创造名称和申请人或者专利权人姓名或者名称。

一件信函中应当只包含同一申请的文件。

第一百二十条　各类申请文件应当打字或者印刷,字迹呈黑色,整齐清晰,并不得涂改。附图应当用制图工具和黑色墨水绘制,线条应当均匀清晰,并不得涂改。

请求书、说明书、权利要求书、附图和摘要应当分别用阿拉伯数字顺序编号。

申请文件的文字部分应当横向书写。纸张限于单面使用。

第一百二十一条　国务院专利行政部门根据专利法和本细则制定专利审查指南。

第一百二十二条　本细则自2001年7月1日起施行。1992年12月12日国务院批准修订、1992年12月21日中国专利局发布的《中华人民共和国专利法实施细则》同时废止。

中华人民共和国商标法

(1982年8月23日第五届全国人民代表大会常务委员会第二十四次会议通过根据1993年2月22日第七届全国人民代表大会常务委员会第三十次会议《关于修改〈中华人民共和国商标法〉的决定》第一次修正根据2001年10月27日第九届全国人民代表大会常务委员会第二十四次会议《关于修改〈中华人民共和国商标法〉的决定》第二次修正)

第一章 总 则

第一条 为了加强商标管理,保护商标专用权,促使生产、经营者保证商品和服务质量,维护商标信誉,以保障消费者和生产、经营者的利益,促进社会主义市场经济的发展,特制定本法。

第二条 国务院工商行政管理部门商标局主管全国商标注册和管理的工作。

国务院工商行政管理部门设立商标评审委员会,负责处理商标争议事宜。

第三条 经商标局核准注册的商标为注册商标,包括商品商标、服务商标和集体商标、证明商标;商标注册人享有商标专用权,受法律保护。

本法所称集体商标,是指以团体、协会或者其他组织名义注册,供该组织成员在商事活动中使用,以表明使用者在该组织中的成员资格的标志。

本法所称证明商标,是指由对某种商品或者服务具有监督能力的组织所控制,而由该组织以外的单位或者个人使用于其商品或者服务,用以证明该商品或者服务的原产地、原料、制造方法、质量或者其他特定品质的标志。

集体商标、证明商标注册和管理的特殊事项,由国务院工商行政管理部门规定。

第四条 自然人、法人或者其他组织对其生产、制造、加工、拣选或者经销的商品,需要取得商标专用权的,应当向商标局申请商品商标注册。

自然人、法人或者其他组织对其提供的服务项目,需要取得商标专用权的,应当向商标局申请服务商标注册。

本法有关商品商标的规定,适用于服务商标。

第五条 两个以上的自然人、法人或者其他组织可以共同向商标局申请注册同一商标,共同享有和行使该商标专用权。

第六条 国家规定必须使用注册商标的商品,必须申请商标注册,未经核准注册的,不得在市场销售。

第七条 商标使用人应当对其使用商标的商品质量负责。各级工商行政管理部门应当通过商标管理,制止欺骗消费者的行为。

第八条 任何能够将自然人、法人或者其他组织的商品与他人的商品区别开的可视性标志,包括文字、图形、字母、数字、三维标志和颜色组合,以及上述要素的组合,均可以作为商标申请注册。

第九条 申请注册的商标,应当有显著特征,便于识别,并不得与他人在先取得的合法权利相冲突。

商标注册人有权标明"注册商标"或者注册标记。

第十条 下列标志不得作为商标使用:

(一)同中华人民共和国的国家名称、国旗、国徽、军旗、勋章相同或者近似的,以及同中央国家机关所在地特定地点的名称或者标志性建筑物的名称、图形相同的;

(二)同外国的国家名称、国旗、国徽、军旗相同或者近似的,但该国政府同意的除外;

(三)同政府间国际组织的名称、旗帜、徽记相同或者近似的,但经该组织同意或者不易误导公众的除外;

(四)与表明实施控制、予以保证的官方标志、检验印记相同或者近似的,但经授权的除外;

(五)同"红十字"、"红新月"的名称、标志相同或者近似的;

(六)带有民族歧视性的;

(七)夸大宣传并带有欺骗性的;

(八)有害于社会主义道德风尚或者有其他不良影响的。

县级以上行政区划的地名或者公众知晓的外国地名,不得作为商标。但是,地名具有其他含义或者作为集体商标、证明商标组成部分的除外;已经注册的使用地名的商标继续有效。

第十一条 下列标志不得作为商标注册:

（一）仅有本商品的通用名称、图形、型号的；
（二）仅仅直接表示商品的质量、主要原料、功能、用途、重量、数量及其他特点的；
（三）缺乏显著特征的。

前款所列标志经过使用取得显著特征，并便于识别的，可以作为商标注册。

第十二条 以三维标志申请注册商标的，仅由商品自身的性质产生的形状、为获得技术效果而需有的商品形状或者使商品具有实质性价值的形状，不得注册。

第十三条 就相同或者类似商品申请注册的商标是复制、摹仿或者翻译他人未在中国注册的驰名商标，容易导致混淆的，不予注册并禁止使用。

就不相同或者不相类似商品申请注册的商标是复制、摹仿或者翻译他人已经在中国注册的驰名商标，误导公众，致使该驰名商标注册人的利益可能受到损害的，不予注册并禁止使用。

第十四条 认定驰名商标应当考虑下列因素：
（一）相关公众对该商标的知晓程度；
（二）该商标使用的持续时间；
（三）该商标的任何宣传工作的持续时间、程度和地理范围；
（四）该商标作为驰名商标受保护的记录；
（五）该商标驰名的其他因素。

第十五条 未经授权，代理人或者代表人以自己的名义将被代理人或者被代表人的商标进行注册，被代理人或者被代表人提出异议的，不予注册并禁止使用。

第十六条 商标中有商品的地理标志，而该商品并非来源于该标志所标示的地区，误导公众的，不予注册并禁止使用；但是，已经善意取得注册的继续有效。

前款所称地理标志，是指标示某商品来源于某地区，该商品的特定质量、信誉或者其他特征，主要由该地区的自然因素或者人文因素所决定的标志。

第十七条 外国人或者外国企业在中国申请商标注册的，应当按其所属国和中华人民共和国签订的协议或者共同参加的国际条约办理，或者按对等原则办理。

第十八条 外国人或者外国企业在中国申请商标注册和办理其他商标事宜的，应当委托国家认可的具有商标代理资格的组织代理。

第二章 商标注册的申请

第十九条 申请商标注册的，应当按规定的商品分类表填报使用商标的商品类别和商品名称。

第二十条 商标注册申请人在不同类别的商品上申请注册同一商标的，应当按商品分类表提出注册申请。

第二十一条 注册商标需要在同一类的其他商品上使用的，应当另行提出注册申请。

第二十二条 注册商标需要改变其标志的，应当重新提出注册申请。

第二十三条 注册商标需要变更注册人的名义、地址或者其他注册事项的，应当提出变更申请。

第二十四条 商标注册申请人自其商标在外国第一次提出商标注册申请之日起六个月内，又在中国就相同商品以同一商标提出商标注册申请的，依照该外国同中国签订的协议或者共同参加的国际条约，或者按照相互承认优先权的原则，可以享有优先权。

依照前款要求优先权的，应当在提出商标注册申请的时候提出书面声明，并且在三个月内提交第一次提出的商标注册申请文件的副本；未提出书面声明或者逾期未提交商标注册申请文件副本的，视为未要求优先权。

第二十五条 商标在中国政府主办的或者承认的国际展览会展出的商品上首次使用的，自该商品展出之日起六个月内，该商标的注册申请人可以享有优先权。

依照前款要求优先权的，应当在提出商标注册申请的时候提出书面声明，并且在三个月内提交展出其商品的展览会名称、在展出商品上使用该商标的证据、展出日期等证明文件；未提出书面声明或者逾期未提交证明文件的，视为未要求优先权。

第二十六条 为申请商标注册所申报的事项和所提供的材料应当真实、准确、完整。

第三章 商标注册的审查和核准

第二十七条 申请注册的商标，凡符合本法有关规定的，由商标局初步审定，予以公告。

第二十八条 申请注册的商标，凡不符合本法有关规定或者同他人在同一种商品或者类似商品上已经注册的或者初步审定的商标相同或者近似的，由商标局驳回申请，不予公告。

第二十九条 两个或者两个以上的商标注册申请人，在同一种商品或者类似商品上，以相同或者近似的商标申请注册的，初步审定并公告申请在先的商标；同一天申请的，初步审定并公告使用在先的商标，驳回其他人的申请，不予公告。

第三十条 对初步审定的商标，自公告之日起三个月内，任何人均可以提出异议。公告期满无异议的，予以核准注册，发给商标注册证，并予公告。

第三十一条 申请商标注册不得损害他人现有的在先权利，也不得以不正当手段抢先注册他人已经使用并有一定影响的商标。

第三十二条 对驳回申请、不予公告的商标，商标局应当书面通知商标注册申请人。商标注册申请人不服的，可以自收到通知之日起十五日内向商标评审委员会申请复审，由商标评审委员会做出决定，并书面通知申请人。

当事人对商标评审委员会的决定不服的，可以自收到通知之日起三十日内向人民法院起诉。

第三十三条 对初步审定、予以公告的商标提出异议的，商标局应当听取异议人和被异议人陈述事实和理由，经调查核实后，做出裁定。当事人不服的，可以自收到通知之日起十五日内向商标评审委员会申请复审，由商标评审委员会做出裁定，并书面通知异议人和被异议人。

当事人对商标评审委员会的裁定不服的，可以自收到通知之日起三十日内向人民法院起诉。人民法院应当通知商标复审程序的对方当事人作为第三人参加诉讼。

第三十四条 当事人在法定期限内对商标局做出的裁定不申请复审或者对商标评审委员会做出的裁定不向人民法院起诉的，裁定生效。

经裁定异议不能成立的，予以核准注册，发给商标注册证，并予公告；经裁定异议成立的，不予核准注册。

经裁定异议不能成立而核准注册的，商标注册申请人取得商标专用权的时间自初审公告三个月期满之日起计算。

第三十五条 对商标注册申请和商标复审申请应当及时进行审查。

第三十六条 商标注册申请人或者注册人发现商标申请文件或者注册文件有明显错误的，可以申请更正。商标局依法在其职权范围内作出更正，并通知当事人。

前款所称更正错误不涉及商标申请文件或者注册文件的实质性内容。

第四章 注册商标的续展、转让和使用许可

第三十七条 注册商标的有效期为十年，自核准注册之日起计算。

第三十八条 注册商标有效期满，需要继续使用的，应当在期满前六个月内申请续展注册；在此期间未能提出申请的，可以给予六个月的宽展期。宽展期满仍未提出申请的，注销其注册商标。

每次续展注册的有效期为十年。

续展注册经核准后，予以公告。

第三十九条 转让注册商标的，转让人和受让人应当签订转让协议，并共同向商标局提出申请。受让人应当保证使用该注册商标的商品质量。

转让注册商标经核准后，予以公告。受让人自公告之日起享有商标专用权。

第四十条 商标注册人可以通过签订商标使用许可合同，许可他人使用其注册商标。许可人应当监督被许可人使用其注册商标的商品质量。被许可人应当保证使用该注册商标的商品质量。

经许可使用他人注册商标的，必须在使用该注册商标的商品上标明被许可人的名称和商品产地。

商标使用许可合同应当报商标局备案。

第五章 注册商标争议的裁定

第四十一条 已经注册的商标，违反本法第十条、第十一条、第十二条规定的，或者是以欺骗手段或者其他不正当手段取得注册的，由商标局撤销该注册商标；其他单位或者个人可以请求商标评审委员会裁定撤销该注册商标。

已经注册的商标，违反本法第十三条、第十五条、第十六条、第三十一条规定的，自商标注册之日起五年内，商标所有人或者利害关系人可以请求商标评审委员会裁定撤销该注册商标。对恶意注册的，驰名商标所有人不受五年的时间限制。

除前两款规定的情形外，对已经注册的商标有争议的，可以自该商标经核准注册之日起五年内，向商标评审委员会申请裁定。

商标评审委员会收到裁定申请后，应当通知有关当事人，并限期提出答辩。

第四十二条 对核准注册前已经提出异议并经裁定的商标，不得再以相同的事实和理由申请裁定。

第四十三条 商标评审委员会做出维持或者撤销注册商标的裁定后，应当书面通知有关当事人。

当事人对商标评审委员会的裁定不服的，可以自收到通知之日起三十日内向人民法院起诉。人民法院应当通知商标裁定程序的对方当事人作为第三人参加诉讼。

第六章 商标使用的管理

第四十四条 使用注册商标，有下列行为之一的，由商标局责令限期改正或者撤销其注册商标：

（一）自行改变注册商标的；

（二）自行改变注册商标的注册人名义、地址或者其他注册事项的；

（三）自行转让注册商标的；

（四）连续三年停止使用的。

第四十五条 使用注册商标，其商品粗制滥造，以次充好，欺骗消费者的，由各级工商行政管理部门分别不同情况，责令限期改正，并可以予以通报或者处以罚款，或者由商标局撤销其注册商标。

第四十六条 注册商标被撤销的或者期满不再续展的，自撤销或者注销之日起一年内，商标局对与该商标相同或者近似的商标注册申请，不予核准。

第四十七条 违反本法第六条规定的，由地方工商行政管理部门责令限期申请注册，可以并处罚款。

第四十八条 使用未注册商标，有下列行为之一的，由地方工商行政管理部门予以制止，限期改正，并可以予以通报或者处以罚款：

（一）冒充注册商标的；

（二）违反本法第十条规定的；

（三）粗制滥造，以次充好，欺骗消费者的。

第四十九条 对商标局撤销注册商标的决定，当事人不服的，可以自收到通知之日起十五日内向商标评审委员会申请复审，由商标评审委员会做出决定，并书面通知申请人。当事人对商标评审委员会的决定不服的，可以自收到通知之日起三十日内向人民法院起诉。

第五十条 对工商行政管理部门根据本法第四十五条、第四十七条、第四十八条的规定做出的罚款决定，当事人不服的，可以自收到通知之日起十五日内，向人民法院起诉；期满不起诉又不履行的，由有关工商行政管理部门申请人民法院强制执行。

第七章 注册商标专用权的保护

第五十一条 注册商标的专用权，以核准注册的商标和核定使用的商品为限。

第五十二条 有下列行为之一的，均属侵犯注册商标专用权：

（一）未经商标注册人的许可，在同一种商品或者类似商品上使用与其注册商标相同或者近似的商标的；

（二）销售侵犯注册商标专用权的商品的；

（三）伪造、擅自制造他人注册商标标识或者销售伪造、擅自制造的注册商标标识的；

（四）未经商标注册人同意，更换其注册商标并将该更换商标的商品又投入市场的；

（五）给他人的注册商标专用权造成其他损害的。

第五十三条 有本法第五十二条所列侵犯注册商标专用权行为之一，引起纠纷的，由当事人协商解决；不愿协商或者协商不成的，商标注册人或者利害关系人可以向人民法院起诉，也可以请求工商行政管理部门处理。工商行政管理部门处理时，认定侵权行为成立的，责令立即停止侵权行为，没收、销毁侵权商品和专门用于制造侵权商品、伪造注册商标标识的工具，并可处以罚款。当事人对处理决定不服的，可以自收到处理通知之日起十五日内依照《中华人民共和国行政诉讼法》向人民法院起诉；侵权人期满不起诉又不履行的，工商行政管理部门可以申请人民法院强制执行。进行处理的工商行政管理部门根据当事人的请求，可以就侵犯商标专用权的赔偿数额进行调解；调解不成的，当事人可以依照《中华人民共和国民事诉讼法》向人民法院起诉。

第五十四条 对侵犯注册商标专用权的行为，工商行政管理部门有权依法查处；涉嫌犯罪的，应当及时移送司法机关依法处理。

第五十五条 县级以上工商行政管理部门根据已经取得的违法嫌疑证据或者举报，对涉嫌侵犯他人注册商标专用权的行为进行查处时，可以行使下列职权：

（一）询问有关当事人，调查与侵犯他人注册商标专用权有关的情况；

（二）查阅、复制当事人与侵权活动有关的合同、发票、账簿以及其他有关资料；

（三）对当事人涉嫌从事侵犯他人注册商标专用权活动的场所实施现场检查；

（四）检查与侵权活动有关的物品；对有证据证明是侵犯他人注册商标专用权的物品，可以查封或者扣押。工商行政管理部门依法行使前款规定的职权时，当事人应当予以协助、配合，不得拒绝、阻挠。

第五十六条 侵犯商标专用权的赔偿数额，为侵权人在侵权期间因侵权所获得的利益，或者被侵权人在被侵权期间因被侵权所受到的损失，包括被侵权人为制止侵权行为所支付的合理开支。

前款所称侵权人因侵权所得利益，或者被侵权人因被侵权所受损失难以确定的，由人民法院根据侵权行为的情节判决给予五十万元以下的赔偿。

销售不知道是侵犯注册商标专用权的商品，能证明该商品是自己合法取得的并说明提供者的，不承担赔偿责任。

第五十七条 商标注册人或者利害关系人有证据证明他人正在实施或者即将实施侵犯其注册商标专用权的行为，如不及时制止，将会使其合法权益受到难以弥补的损害的，可以在起诉前向人民法院申请采取责令停止有关行为和财产保全的措施。

人民法院处理前款申请，适用《中华人民共和国民事诉讼法》第九十三条至第九十六条和第九十九条的规定。

第五十八条 为制止侵权行为，在证据可能灭失或者以后难以取得的情况下，商标注册人或者利害关系人可以在起诉前向人民法院申请保全证据。

人民法院接受申请后，必须在四十八小时内做出裁定；裁定采取保全措施的，应当立即开始执行。

人民法院可以责令申请人提供担保，申请人不提供担保的，驳回申请。

申请人在人民法院采取保全措施后十五日内不起诉的，人民法院应当解除保全措施。

第五十九条 未经商标注册人许可，在同一种商品上使用与其注册商标相同的商标，构成犯罪的，除赔偿被侵权人的损失外，依法追究刑事责任。

伪造、擅自制造他人注册商标标识或者销售伪造、擅自制造的注册商标标识，构成犯罪的，除赔偿被侵权人的损失外，依法追究刑事责任。

销售明知是假冒注册商标的商品，构成犯罪的，除赔偿被侵权人的损失外，依法追究刑事责任。

第六十条 从事商标注册、管理和复审工作的国家机关工作人员必须秉公执法，廉洁自律，忠于职守，文明服务。商标局、商标评审委员会以及从事商标注册、管理和复审工作的国家机关工作人员不得从事商标代理业务和商品生产经营活动。

第六十一条 工商行政管理部门应当建立健全内部监督制度，对负责商标注册、管理和复审工作的国家机关工作人员执行法律、行政法规和遵守纪律的情况，进行监督检查。

第六十二条 从事商标注册、管理和复审工作的国家机关工作人员玩忽职守、滥用职权、徇私舞弊，违法办理商标注册、管理和复审事项，收受当事人财物，牟取不正当利益，构成犯罪的，依法追究刑事责任；尚不构成犯罪的，依法给予行政处分。

第八章 附 则

第六十三条 申请商标注册和办理其他商标事宜的，应当缴纳费用，具体收费标准另定。

第六十四条 本法自1983年3月1日起施行。1963年4月10日国务院公布的《商标管理条例》同时废止；其他有关商标管理的规定，凡与本法抵触的，同时失效。本法施行前已经注册的商标继续有效。

中华人民共和国商标法实施条例

(《中华人民共和国商标法实施条例》，自2002年9月15日起施行)

第一章 总则

第一条 根据《中华人民共和国商标法》（以下简称商标法），制定本条例。

第二条 本条例有关商品商标的规定，适用于服务商标。

第三条 商标法和本条例所称商标的使用，包括将商标用于商品、商品包装或者容器以及商品交易文书上，或者将商标用于广告宣传、展览以及其他商业活动中。

第四条 商标法第六条所称国家规定必须使用注册商标的商品，是指法律、行政法规规定的必须使用注册商标的商品。

第五条 依照商标法和本条例的规定，在商标注册、商标评审过程中产生争议时，有关当事人认为其商标构成驰名商标的，可以相应向商标局或者商标评审委员会请求认定驰名商标，驳回违反商标法第十三条规定的商标注册申请或者撤销违反商标法第十三条规定的商标注册。有关当事人提出申请时，应当提交其商标构成驰名商标的证据材料。

商标局、商标评审委员会根据当事人的请求，在查明事实的基础上，依照商标法第十四条的规定，认定其商标是否构成驰名商标。

第六条 商标法第十六条规定的地理标志，可以依照商标法和本条例的规定，作为证明商标或者集体商标申请注册。

以地理标志作为证明商标注册的，其商品符合使用该地理标志条件的自然人、法人或者其他组织可以要求使用该证明商标，控制该证明商标的组织应当允许。以地理标志作为集体商标注册的，其商品符合使用该地理标志条件的自然人、法人或者其他组织，可以要求参加以该地理标志作为集体商标注册的团体、协会或者其他组织，该团体、协会或者其他组织应当依据其章程接纳为会员；不要求参加以该地理标志作为集体商标注册的团体、协会或者其他组织的，也可以正当使用该地理标志，该团体、协会或者其他组织无权禁止。

第七条 当事人委托商标代理组织申请商标注册或者办理其他商标事宜，应当提交代理委托书。代理委托书应当载明代理内容及权限；外国人或者外国企业的代理委托书还应当载明委托人的国籍。

外国人或者外国企业的代理委托书及与其有关的证明文件的公证、认证手续，按照对等原则办理。

商标法第十八条所称外国人或者外国企业，是指在中国没有经常居所或者营业所的外国人或者外国企业。

第八条 申请商标注册或者办理其他商标事宜，应当使用中文。

依照商标法和本条例规定提交的各种证件、证明文件和证据材料是外文的，应当附送中文译文；未附送的，视为未提交该证件、证明文件或者证据材料。

第九条 商标局、商标评审委员会工作人员有下列情形之一的，应当回避，当事人或者利害关系人可以要求其回避：

（一）是当事人或者当事人、代理人的近亲属的；

（二）与当事人、代理人有其他关系，可能影响公正的；

（三）与申请商标注册或者办理其他商标事宜有利害关系的。

第十条 除本条例另有规定的外，当事人向商标局或者商标评审委员会提交文件或者材料的日期，直接递交的，以递交日为准；邮寄的，以寄出的邮戳日为准；邮戳日不清晰或者没有邮戳的，以商标局或者商标评审委员会实际收到日为准，但是当事人能够提出实际邮戳日证据的除外。

第十一条 商标局或者商标评审委员会的各种文件，可以通过邮寄、直接递交或者其他方式送达当事人。当事人委托商标代理组织的，文件送达商标代理组织视为送达当事人。

商标局或者商标评审委员会向当事人送达各种文件的日期，邮寄的，以当事人收到的邮戳日为准；邮戳日不清晰或者没有邮戳的，自文件发出之日起满15

日，视为送达当事人；直接递交的，以递交日为准。文件无法邮寄或者无法直接递交的，可以通过公告方式送达当事人，自公告发布之日起满30日，该文件视为已经送达。

第十二条 商标国际注册依照我国加入的有关国际条约办理。具体办法由国务院工商行政管理部门规定。

第二章 商标注册的申请

第十三条 申请商标注册，应当按照公布的商品和服务分类表按类申请。每一件商标注册申请应当向商标局提交《商标注册申请书》1份、商标图样5份；指定颜色的，并应当提交着色图样5份、黑白稿1份。

商标图样必须清晰、便于粘贴，用光洁耐用的纸张印制或者用照片代替，长或者宽应当不大于10厘米，不小于5厘米。

以三维标志申请注册商标的，应当在申请书中予以声明，并提交能够确定三维形状的图样。

以颜色组合申请注册商标的，应当在申请书中予以声明，并提交文字说明。

申请注册集体商标、证明商标的，应当在申请书中予以声明，并提交主体资格证明文件和使用管理规则。

商标为外文或者包含外文的，应当说明含义。

第十四条 申请商标注册的，申请人应当提交能够证明其身份的有效证件的复印件。商标注册申请人的名义应当与所提交的证件相一致。

第十五条 商品名称或者服务项目应当按照商品和服务分类表填写；商品名称或者服务项目未列入商品和服务分类表的，应当附送对该商品或者服务的说明。

商标注册申请等有关文件，应当打字或者印刷。

第十六条 共同申请注册同一商标的，应当在申请书中指定一个代表人；没有指定代表人的，以申请书中顺序排列的第一人为代表人。

第十七条 申请人变更其名义、地址、代理人，或者删减指定的商品的，可以向商标局办理变更手续。

申请人转让其商标注册申请的，应当向商标局办理转让手续。

第十八条 商标注册的申请日期，以商标局收到申请文件的日期为准。申请手续齐备并按照规定填写申请文件的，商标局予以受理并书面通知申请人；申请手续不齐备或者未按照规定填写申请文件的，商标局不予受理，书面通知申请人并说明理由。

申请手续基本齐备或者申请文件基本符合规定，但是需要补正的，商标局通知申请人予以补正，限其自收到通知之日起30日内，按照指定内容补正并交回商标局。在规定期限内补正并交回商标局的，保留申请日期；期满未补正的，视为放弃申请，商标局应当书面通知申请人。

第十九条 两个或者两个以上的申请人，在同一种商品或者类似商品上，分别以相同或者近似的商标在同一天申请注册的，各申请人应当自收到商标局通知之日起30日内提交其申请注册前在先使用该商标的证据。同日使用或者均未使用的，各申请人可以自收到商标局通知之日起30日内自行协商，并将书面协议报送商标局；不愿协商或者协商不成的，商标局通知各申请人以抽签的方式确定一个申请人，驳回其他人的注册申请。商标局已经通知但申请人未参加抽签的，视为放弃申请，商标局应当书面通知未参加抽签的申请人。

第二十条 依照商标法第二十四条规定要求优先权的，申请人提交的第一次提出商标注册申请文件的副本应当经受理该申请的商标主管机关证明，并注明申请日期和申请号。

依照商标法第二十五条规定要求优先权的，申请人提交的证明文件应当经国务院工商行政管理部门规定的机构认证；展出其商品的国际展览会是在中国境内举办的除外。

第三章 商标注册申请的审查

第二十一条 商标局对受理的商标注册申请，依照商标法及本条例的有关规定进行审查，对符合规定的或者在部分指定商品上使用商标的注册申请符合规定的，予以初步审定，并予以公告；对不符合规定或者在部分指定商品上使用商标的注册申请不符合规定的，予以驳回或者驳回在部分指定商品上使用商标的注册申请，书面通知申请人并说明理由。

商标局对在部分指定商品上使用商标的注册申请予以初步审定的，申请人可以在异议期满之日前，申请放弃在部分指定商品上使用商标的注册申请；申请人放弃在部分指定商品上使用商标的注册申请的，商标局应当撤回原初步审定，终止审查程序，并重新公告。

第二十二条 对商标局初步审定予以公告的商标提出异议的，异议人应当向商标局提交商标异议书一式两份。商标异议书应当写明被异议商标刊登《商标公告》的期号及初步审定号。商标异议书应当有明确的请求和事实依据，并附送有关证据材料。

商标局应当将商标异议书副本及时送交被异议人，限其自收到商标异议书副本之日起30日内答辩。被异议人不答辩的，不影响商标局的异议裁定。

当事人需要在提出异议申请或者答辩后补充有关证据材料的，应当在申请书或者答辩书中声明，并自提交申请书或者答辩书之日起3个月内提交；期满未提交的，视为当事人放弃补充有关证据材料。

第二十三条 商标法第三十四条第二款所称异议成立，包括在部分指定商品上成立。异议在部分指定商品上成立的，在该部分指定商品上的商标注册申请不予核准。

被异议商标在异议裁定生效前已经刊发注册公告的，撤销原注册公告，经异议裁定核准注册的商标重新公告。

经异议裁定核准注册的商标，自该商标异议期满之日起至异议裁定生效前，对他人在同一种或者类似商品上使用与该商标相同或者近似的标志的行为不具有追溯力；但是，因该使用人的恶意给商标注册人造成的损失，应当给予赔偿。

经异议裁定核准注册的商标，对其提出评审申请的期限自该商标异议裁定公告之日起计算。

第四章 注册商标的变更、转让、续展

第二十四条 变更商标注册人名义、地址或者其他注册事项的，应当向商标局提交变更申请书。商标局核准后，发给商标注册人相应证明，并予以公告；不予核准的，应当书面通知申请人并说明理由。

变更商标注册人名义的，还应当提交有关登记机关出具的变更证明文件。未提交变更证明文件的，可以自提出申请之日起30日内补交；期满不提交的，视为放弃变更申请，商标局应当书面通知申请人。

变更商标注册人名义或者地址的，商标注册人应当将其全部注册商标一并变更；未一并变更的，视为放弃变更申请，商标局应当书面通知申请人。

第二十五条 转让注册商标的，转让人和受让人应当向商标局提交转让注册商标申请书。转让注册商标申请手续由受让人办理。商标局核准转让注册商标申请后，发给受让人相应证明，并予以公告。

转让注册商标的，商标注册人对其在同一种或者类似商品上注册的相同或者近似的商标，应当一并转让；未一并转让的，由商标局通知其限期改正；期满不改正的，视为放弃转让该注册商标的申请，商标局应当书面通知申请人。

对可能产生误认、混淆或者其他不良影响的转让注册商标申请，商标局不予核准，书面通知申请人并说明理由。

第二十六条 注册商标专用权因转让以外的其他事由发生移转的，接受该注册商标专用权移转的当事人应当凭有关证明文件或者法律文书到商标局办理注册商标专用权移转手续。

注册商标专用权移转的，注册商标专用权人在同一种或者类似商品上注册的相同或者近似的商标，应当一并移转；未一并移转的，由商标局通知其限期改正；期满不改正的，视为放弃该移转注册商标的申请，商标局应当书面通知申请人。

第二十七条 注册商标需要续展注册的，应当向商标局提交商标续展注册申请书。商标局核准商标注册续展申请后，发给相应证明，并予以公告。

续展注册商标有效期自该商标上一届有效期满次日起计算。

第五章 商标评审

第二十八条 商标评审委员会受理依据商标法第三十二条、第三十三条、第四十一条、第四十九条的规定提出的商标评审申请。商标评审委员会根据事实，依法进行评审。

第二十九条 商标法第四十一条第三款所称对已

经注册的商标有争议，是指在先申请注册的商标注册人认为他人在后申请注册的商标与其在同一种或者类似商品上的注册商标相同或者近似。

第三十条 申请商标评审，应当向商标评审委员会提交申请书，并按照对方当事人的数量提交相应份数的副本；基于商标局的决定书或者裁定书申请复审的，还应当同时附送商标局的决定书或者裁定书副本。

商标评审委员会收到申请书后，经审查，符合受理条件的，予以受理；不符合受理条件的，不予受理，书面通知申请人并说明理由；需要补正的，通知申请人自收到通知之日起30日内补正。经补正仍不符合规定的，商标评审委员会不予受理，书面通知申请人并说明理由；期满未补正的，视为撤回申请，商标评审委员会应当书面通知申请人。

商标评审委员会受理商标评审申请后，发现不符合受理条件的，予以驳回，书面通知申请人并说明理由。

第三十一条 商标评审委员会受理商标评审申请后，应当及时将申请书副本送交对方当事人，限其自收到申请书副本之日起30日内答辩；期满未答辩的，不影响商标评审委员会的评审。

第三十二条 当事人需要在提出评审申请或者答辩后补充有关证据材料的，应当在申请书或者答辩书中声明，并自提交申请书或者答辩书之日起3个月内提交；期满未提交的，视为放弃补充有关证据材料。

第三十三条 商标评审委员会根据当事人的请求或者实际需要，可以决定对评审申请进行公开评审。

商标评审委员会决定对评审申请进行公开评审的，应当在公开评审前15日书面通知当事人，告知公开评审的日期、地点和评审人员。当事人应当在通知书指定的期限内作出答复。

申请人不答复也不参加公开评审的，其评审申请视为撤回，商标评审委员会应当书面通知申请人；被申请人不答复也不参加公开评审的，商标评审委员会可以缺席评审。

第三十四条 申请人在商标评审委员会作出决定、裁定前，要求撤回申请的，经书面向商标评审委员会说明理由，可以撤回；撤回申请的，评审程序终止。

第三十五条 申请人撤回商标评审申请的，不得以相同的事实和理由再次提出评审申请；商标评审委员会对商标评审申请已经作出裁定或者决定的，任何人不得以相同的事实和理由再次提出评审申请。

第三十六条 依照商标法第四十一条的规定撤销的注册商标，其商标专用权视为自始即不存在。有关撤销注册商标的决定或者裁定，对在撤销前人民法院作出并已执行的商标侵权案件的判决、裁定，工商行政管理部门作出并已执行的商标侵权案件的处理决定，以及已经履行的商标转让或者使用许可合同，不具有追溯力；但是，因商标注册人恶意给他人造成的损失，应当给予赔偿。

第六章 商标使用的管理

第三十七条 使用注册商标，可以在商品、商品包装、说明书或者其他附着物上标明"注册商标"或者注册标记。

注册标记包括（注外加○）和（R外加○）。使用注册标记，应当标注在商标的右上角或者右下角。

第三十八条 《商标注册证》遗失或者破损的，应当向商标局申请补发。《商标注册证》遗失的，应当在《商标公告》上刊登遗失声明。破损的《商标注册证》，应当在提交补发申请时交回商标局。

伪造或者变造《商标注册证》的，依照刑法关于伪造、变造国家机关证件罪或者其他罪的规定，依法追究刑事责任。

第三十九条 有商标法第四十四条第（一）项、第（二）项、第（三）项行为之一的，由工商行政管理部门责令商标注册人限期改正；拒不改正的，报请商标局撤销其注册商标。

有商标法第四十四条第（四）项行为的，任何人可以向商标局申请撤销该注册商标，并说明有关情况。商标局应当通知商标注册人，限其自收到通知之日起2个月内提交该商标在撤销申请提出前使用的证据材料或者说明不使用的正当理由；期满不提供使用的证据材料或者证据材料无效并没有正当理由的，由商标局撤销其注册商标。

前款所称使用的证据材料，包括商标注册人使用注册商标的证据材料和商标注册人许可他人使用注册商标的证据材料。

第四十条 依照商标法第四十四条、第四十五条的规定被撤销的注册商标，由商标局予以公告；该注册商标专用权自商标局的撤销决定作出之日起终止。

第四十一条 商标局、商标评审委员会撤销注册商标，撤销理由仅及于部分指定商品的，撤销在该部分指定商品上使用的商标注册。

第四十二条 依照商标法第四十五条、第四十八条的规定处以罚款的数额为非法经营额20％以下或者非法获利2倍以下。

依照商标法第四十七条的规定处以罚款的数额为非法经营额10％以下。

第四十三条 许可他人使用其注册商标的，许可人应当自商标使用许可合同签订之日起3个月内将合同副本报送商标局备案。

第四十四条 违反商标法第四十条第二款规定的，由工商行政管理部门责令限期改正；逾期不改正的，收缴其商标标识；商标标识与商品难以分离的，一并收缴、销毁。

第四十五条 使用商标违反商标法第十三条规定的，有关当事人可以请求工商行政管理部门禁止使用。当事人提出申请时，应当提交其商标构成驰名商标的证据材料。经商标局依照商标法第十四条的规定认定为驰名商标的，由工商行政管理部门责令侵权人停止违反商标法第十三条规定使用该驰名商标的行为，收缴、销毁其商标标识；商标标识与商品难以分离的，一并收缴、销毁。

第四十六条 商标注册人申请注销其注册商标或者注销其商标在部分指定商品上的注册的，应当向商标局提交商标注销申请书，并交回原《商标注册证》。

商标注册人申请注销其注册商标或者注销其商标在部分指定商品上的注册的，该注册商标专用权或者该注册商标专用权在该部分指定商品上的效力自商标局收到其注销申请之日起终止。

第四十七条 商标注册人死亡或者终止，自死亡或者终止之日起1年期满，该注册商标没有办理移转手续的，任何人可以向商标局申请注销该注册商标。提出注销申请的，应当提交有关该商标注册人死亡或者终止的证据。

注册商标因商标注册人死亡或者终止而被注销的，该注册商标专用权自商标注册人死亡或者终止之日起终止。

第四十八条 注册商标被撤销或者依照本条例第四十六条、第四十七条的规定被注销的，原《商标注册证》作废；撤销该商标在部分指定商品上的注册的，或者商标注册人申请注销其商标在部分指定商品上的注册的，由商标局在原《商标注册证》上加注发还，或者重新核发《商标注册证》，并予公告。

第七章 注册商标专用权的保护

第四十九条 注册商标中含有的本商品的通用名称、图形、型号，或者直接表示商品的质量、主要原料、功能、用途、重量、数量及其他特点，或者含有地名，注册商标专用权人无权禁止他人正当使用。

第五十条 有下列行为之一的，属于商标法第五十二条第（五）项所称侵犯注册商标专用权的行为：

（一）在同一种或者类似商品上，将与他人注册商标相同或者近似的标志作为商品名称或者商品装潢使用，误导公众的；

（二）故意为侵犯他人注册商标专用权行为提供仓储、运输、邮寄、隐匿等便利条件的。

第五十一条 对侵犯注册商标专用权的行为，任何人可以向工商行政管理部门投诉或者举报。

第五十二条 对侵犯注册商标专用权的行为，罚款数额为非法经营额3倍以下；非法经营额无法计算的，罚款数额为10万元以下。

第五十三条 商标所有人认为他人将其驰名商标作为企业名称登记，可能欺骗公众或者对公众造成误解的，可以向企业名称登记主管机关申请撤销该企业名称登记。企业名称登记主管机关应当依照《企业名称登记管理规定》处理。

第八章 附 则

第五十四条 连续使用至1993年7月1日的服务商标，与他人在相同或者类似的服务上已注册的服务商标相同或者近似的，可以继续使用；但是，1993年7月1日后中断使用3年以上的，不得继续使用。

第五十五条 商标代理的具体管理办法由国务院

另行规定。

第五十六条 商标注册用商品和服务分类表，由国务院工商行政管理部门制定并公布。

申请商标注册或者办理其他商标事宜的文件格式，由国务院工商行政管理部门制定并公布。

商标评审委员会的评审规则由国务院工商行政管理部门制定并公布。

第五十七条 商标局设置《商标注册簿》，记载注册商标及有关注册事项。

商标局编印发行《商标公告》，刊登商标注册及其他有关事项。

第五十八条 申请商标注册或者办理其他商标事宜，应当缴纳费用。缴纳费用的项目和标准，由国务院工商行政管理部门会同国务院价格主管部门规定并公布。

第五十九条 本条例自2002年9月15日起施行。1983年3月10日国务院发布、1988年1月3日国务院批准第一次修订、1993年7月15日国务院批准第二次修订的《中华人民共和国商标法实施细则》和1995年4月23日《国务院关于办理商标注册附送证件问题的批复》同时废止。

■ 参考书目

[1] 田自秉．中国工艺美术史，上海：知识出版社，1985年
[2] 阮长江．中国历代家具图录大全，南京：江苏美术出版社，1993年
[3] 雷达编．家具设计，杭州：中国美术学院出版社，1995年3月
[4] 庄荣，吴叶红．家具与陈设，北京：中国建筑工业出版社，1996年10月
[5] 周泗阳，万三．中国青铜器图案集，上海：上海书店出版社，1997年
[6] 李纪贤．中国古代陶瓷百图，北京：人民美术出版社，1987年
[7] 郑为．中国彩陶艺术，上海：上海人民出版社，1985年
[8] 王世襄．锦灰堆，北京：生活·读书·新知三联书店，2000年9月
[9] 何人可．工业设计史，北京：北京理工大学出版社，2004年7月第3版
[10] 李莉，何人可，刘景华．美国工业设计，上海：上海科学技术出版社，1992年
[11] 王受之．世界现代设计史，深圳：新世纪出版社，1995年
[12] 李亮之．世界工业设计史潮，北京：中国轻工业出版社，2001年
[13] 曹琦．人机工程，成都：四川科学技术出版社，1991年
[14] 丁玉兰．人机工程学，北京：北京理工大学出版社，2005年1月第3版
[15] 周美玉．工业设计应用人类工程学，北京：中国轻工业出版社，2001年
[16] 张乃仁．设计辞典，北京：北京理工大学出版社，2002年
[17] 朱铭，奚传绩．设计艺术教育大辞典，济南：山东教育出版社，2001年
[18] 刘健编．古家具，上海：上海书店出版社，2004年9月
[19] 杨耀．明式家具研究，北京：中国建筑工业出版社，2002年10月第2版
[20] 王世襄．明式家具珍赏，北京：文物出版社，2003年9月
[21] 张承志．中国古漆器，武汉：湖北美术出版社，2001年1月
[22] 张金明，陆雪春．中国古铜镜鉴赏图录，北京：中国民族摄影艺术出版社，2002年5月
[23] 王玉哲．中华远古史，上海：上海人民出版社，1995年
[24] 王琥，何晓佑．中国传统器具设计研究，南京：江苏美术出版社，2004年
[25] 陈汗青，万仞．设计与法规，北京：化学工业出版社，2004年10月
[26] 朱陈春田．包装设计，台北：锦冠出版社，1993年6月第2版
[27] （日）文部省，デザイン技术，东京：株式会社コロナ社，1987年2月
[28] （日）山本良一．益田文和＋DMN エコデザイン研究会编，エコデザイン
东京：ダイヤモンド社，1999年12月

后记

本集的编写历时三年,画图五千,师生数十人持续奋战才得以完成。本人负责全书框架、第 1 章总论、第 2 章中国古代设计部分,李亮之负责第 3 章西方古代设计和第 4 章西方近现代设计部分,于帆负责第 5 章人体工程学部分,周晓江负责第 6 章产品包装和第 7 章设计法规部分。最后由本人统稿。在编写过程中,陈建荣、丁治中、钱钰、李琳、周慧虹等为中国古代设计和人体工程学部分的资料收集、编写绘制敖过了炎热的夏天,陈建荣还协助完成了最后的统稿工作。孙媛媛、宗霞、王莉莉、徐媛媛、王智、高兴、周瞳、夏琳、宋仕凤、陈雨、何景浩、沈明杰等为西方古代和近现代设计部分的资料收集和绘制付出了辛勤的汗水。周美玉、陈嬿分别为人体工程学部分的编写提供了资料和制作的帮助。确确实实可以说这是集体智慧和劳动的结晶。本资料集编写过程中参考大量的书籍、期刊和网页,但由于经验不足,在多人收集过程中未能全部一一登录,致使参考书目残缺不全。在此除向原作者致谢致歉之外,亦希望提供书目,以待今后补上。

2007 年 8 月

图书在版编目（CIP）数据

工业设计资料集1　总论/刘观庆主编. —北京：中国建筑工业出版社，2007
ISBN 978-7-112-09220-8

Ⅰ．工... Ⅱ．刘... Ⅲ．工业设计-资料-汇编-世界
Ⅳ．TB47

中国版本图书馆CIP数据核字（2007）第052705号

责任编辑：李晓陶　李东禧
责任设计：孙　梅　崔兰萍
责任校对：梁珊珊　陈晶晶

工业设计资料集 1
总论

分册主编　刘观庆
总　主　编　刘观庆

*

中国建筑工业出版社出版、发行（北京西郊百万庄）
各地新华书店、建筑书店经销
北京嘉泰利德公司制版
北京中科印刷有限公司印刷

*

开本：880×1230毫米　1/16　印张：22½　字数：687千字
2007年10月第一版　2007年10月第一次印刷
印数：1—3,000册　定价：**80.00**元
ISBN 978-7-112-09220-8
　　　（15884）

版权所有　翻印必究
如有印装质量问题，可寄本社退换
（邮政编码 100037）